2025 소방설비기사 필기 기계 분야

필수기출
500제

기계 분야

소방유체역학
+
소방기계시설의 구조 및 원리

김앤북
KIM&BOOK

"15개년 1,800문제를 17개 대표유형 500문제로 정리했습니다."

소방설비기사 시험은 30대 이상 직장인이 많이 응시하는 시험으로 적은 시간을 투자하여 효율적으로 학습하는 것이 중요합니다.

엔지니어랩 연구소에서는 수험생들이 문제의 핵심을 파악하고, 개정된 소방법 기준으로 수정된 문제로 학습하여 빠른 시간 안에 합격점수를 만들 수 있도록 다음과 같이 구성했습니다.

❶ 단순한 기출문제 나열이 아닌 대표유형별로 문제 분류

비슷한 문항이 계속 반복되는 연도별 기출문제가 아니라 각 대표유형별로 합격에 꼭 필요한 필수 기출문제만 엄선하여 수록했습니다.

❷ 소방시설관리사의 검수를 포함, 개정 소방법 반영 완료

소방설비기사를 공부하기 위해서는 필수적으로 소방법에 대한 문제를 풀어야 합니다. 소방법은 다른 법에 비해 자주 개정이 되고, 법이 개정되면 기존에 출제된 기출문제도 개정된 법에 맞게 바꾸어 주어야 합니다.

엔지니어랩 연구소의 연구인력이 교재 내에 수록된 모든 기출문제 중 법과 관련된 문제는 개정된 법에 맞는지 확인했고, 현직 소방시설관리사의 검수를 통해 개정된 소방법을 문제와 해설에 모두 반영했습니다.

❸ 소방유체역학 관련 공식을 포함한 친절하고 자세한 해설 수록

교재의 해설은 "문제유형 → 난이도 → 접근 POINT → 용어 CHECK 또는 공식 CHECK → 해설 → 관련개념 또는 유사문제"의 단계적으로 수록했습니다.

소방유체역학의 경우 문제에서 활용되는 공식을 해설 앞에 수록하여 공식과 해설을 연계하여 학습할 수 있도록 구성했습니다.

소방설비기사 필기 기계 분야
필수기출 500제 200% 활용 방법

1 대표유형 문제로 출제경향 파악 및 핵심개념 CHECK

대표유형별로
출제비율 및
출제경향 확인

과목별로 기출문제를
대표유형별로 정리하여
수록함

대표유형 ① 유체의 기본적 성질

출제경향 CHECK!
유체의 기본적 성질은 유체의 구분, 압력, 밀도, 비중량과 같은
내용으로 이 유형 자체로도 20% 이상 출제됩니다.
이 유형은 이후에 나오는 관 내의 유동, 유체 유동의 해석 문제
를 풀기 위해서도 알아야 하는 유형으로 소방유체역학에서 가
장 기본적이고 중요한 유형입니다.

유체의 기본적 성질
20.74%
▲ 출제비율

대표유형 문제

유체에 관한 설명으로 틀린 것은?   20년 4회 기출
① 실제유체는 유동할 때 마찰로 인한 손실이 생긴다.
② 이상유체는 높은 압력에서 밀도가 변화하는 유체이다.
③ 유체에 압력을 가하면 체적이 줄어드는 유체는 압축성 유체이다.
④ 전단력을 받았을 때 저항하지 못하고 연속적으로 변형하는 물질을 유체라 한다.
정답 ②
해설 이상유체는 밀도가 변하지 않는다.

핵심이론 CHECK!

1. 실제유체와 이상유체의 구분

구분	내용
실제유체	• 점성이 있으며 압축성이 있다. • 유동시 마찰이 존재한다.
이상유체	• 점성이 없으며 비압축성이다. • 밀도가 변하지 않는다.

2. 표준대기압 1기압(1[atm])과 같은 단위

① 760[mmHg]   ② 10.332[mAq] = 10,332[mmAq]
③ 101.325[kPa] = 101,325[Pa]   ④ 1.01325[bar]
⑤ 1.0332[kgf/cm²]

과목별
대표유형에 해당되는
핵심이론 CHECK

각 유형별 대표유형
문제 풀이

2 유형별 기출문제 풀이로 합격점수 완성

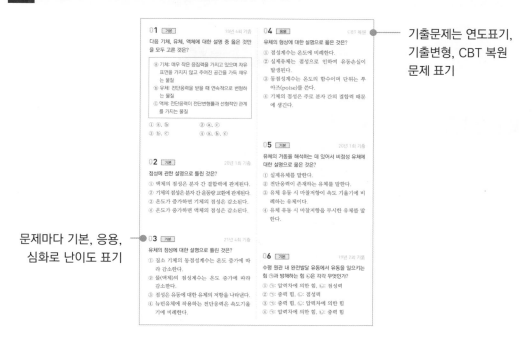

기출문제는 연도표기, 기출변형, CBT 복원 문제 표기

문제마다 기본, 응용, 심화로 난이도 표기

3 역대급 단계적·친절한 해설로 학습 마무리

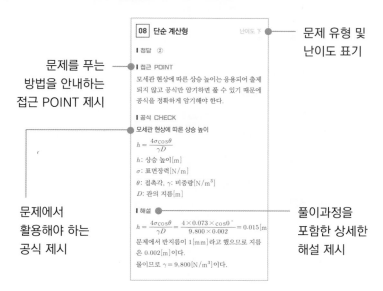

문제 유형 및 난이도 표기

문제를 푸는 방법을 안내하는 접근 POINT 제시

문제에서 활용해야 하는 공식 제시

풀이과정을 포함한 상세한 해설 제시

차례
CONTENTS

문제

정답 및 해설

SUBJECT

01

소방유체역학

출제비중

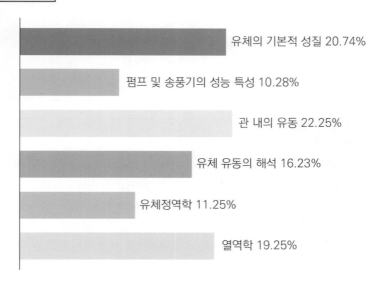

유체의 기본적 성질 20.74%

펌프 및 송풍기의 성능 특성 10.28%

관 내의 유동 22.25%

유체 유동의 해석 16.23%

유체정역학 11.25%

열역학 19.25%

출제경향 분석

소방유체역학 과목은 특정 유형에 집중되어 문제가 출제되지는 않고, 전 유형에서 문제가 고르게 출제되는 편입니다.

소방유체역학과 관련된 문제는 실기에도 일정 부분 이상 출제되기 때문에 기본개념은 이해하고, 공식을 암기한 후 단위환산을 정확하게 해서 문제를 푸는 연습을 해야 합니다.

유체의 기본적 성질은 단위와 차원, 절대압력, 무게, 비중, 밀도, 전압력 등 유체의 기본적인 성질에 관한 내용인데 이 개념은 뒤에 나오는 복합적인 계산문제를 풀기 위해 기본적으로 알아야 하는 내용입니다. 따라서 이 유형에 나오는 용어는 기본개념은 정확하게 이해해야 합니다.

세부적으로 보면 관 내의 유동 유형에서는 달시-웨버 공식이 자주 출제되고, 유체 유동의 해석 유형에서는 베르누이 방정식이 자주 출제되며 열역학 유형에서는 이상기체상태방정식과 관련된 문제가 자주 출제됩니다.

출제경향 CHECK!

유체의 기본적 성질은 유체의 구분, 압력, 밀도, 비중량과 같은
내용으로 이 유형 자체로도 20% 이상 출제됩니다.
이 유형은 이후에 나오는 관 내의 유동, 유체 유동의 해석 문제
를 풀기 위해서도 알아야 하는 유형으로 소방유체역학에서 가
장 기본적이고 중요한 유형입니다.

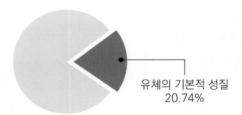

유체의 기본적 성질
20.74%

▲ 출제비율

대표유형 문제

유체에 관한 설명으로 틀린 것은?   20년 4회 기출

① 실제유체는 유동할 때 마찰로 인한 손실이 생긴다.
② 이상유체는 높은 압력에서 밀도가 변화하는 유체이다.
③ 유체에 압력을 가하면 체적이 줄어드는 유체는 압축성 유체이다.
④ 전단력을 받았을 때 저항하지 못하고 연속적으로 변형하는 물질을 유체라 한다.

정답 ②
해설 이상유체는 밀도가 변하지 않는다.

핵심이론 CHECK!

1. 실제유체와 이상유체의 구분

구분	내용
실제유체	• 점성이 있으며 압축성이 있다. • 유동시 마찰이 존재한다.
이상유체	• 점성이 없으며 비압축성이다. • 밀도가 변하지 않는다.

2. 표준대기압 1기압(1[atm])과 같은 단위

① $760[mmHg]$

② $10.332[mAq] = 10,332[mmAq]$

③ $101.325[kPa] = 101,325[Pa]$

④ $1.01325[bar]$

⑤ $1.0332[kgf/cm^2]$

01 [기본] 18년 4회 기출

다음 기체, 유체, 액체에 대한 설명 중 옳은 것만을 모두 고른 것은?

> ⓐ 기체: 매우 작은 응집력을 가지고 있으며 자유표면을 가지지 않고 주어진 공간을 가득 채우는 물질
> ⓑ 유체: 전단응력을 받을 때 연속적으로 변형하는 물질
> ⓒ 액체: 전단응력이 전단변형률과 선형적인 관계를 가지는 물질

① ⓐ, ⓑ   ② ⓐ, ⓒ
③ ⓑ, ⓒ   ④ ⓐ, ⓑ, ⓒ

02 [기본] 20년 1회 기출

점성에 관한 설명으로 틀린 것은?

① 액체의 점성은 분자 간 결합력에 관계된다.
② 기체의 점성은 분자 간 운동량 교환에 관계된다.
③ 온도가 증가하면 기체의 점성은 감소된다.
④ 온도가 증가하면 액체의 점성은 감소된다.

03 [기본] 21년 4회 기출

유체의 점성에 대한 설명으로 틀린 것은?

① 질소 기체의 동점성계수는 온도 증가에 따라 감소한다.
② 물(액체)의 점성계수는 온도 증가에 따라 감소한다.
③ 점성은 유동에 대한 유체의 저항을 나타낸다.
④ 뉴턴유체에 작용하는 전단응력은 속도기울기에 비례한다.

04 [응용] CBT 복원

유체의 형상에 대한 설명으로 옳은 것은?

① 점성계수는 온도에 비례한다.
② 실제유체는 점성으로 인하여 유동손실이 발생된다.
③ 동점성계수는 온도의 함수이며 단위는 푸아즈(poise)를 쓴다.
④ 기체의 점성은 주로 분자 간의 결합력 때문에 생긴다.

05 [기본] 20년 1회 기출

유체의 거동을 해석하는 데 있어서 비점성 유체에 대한 설명으로 옳은 것은?

① 실제유체를 말한다.
② 전단응력이 존재하는 유체를 말한다.
③ 유체 유동 시 마찰저항이 속도 기울기에 비례하는 유체이다.
④ 유체 유동 시 마찰저항을 무시한 유체를 말한다.

06 [기본] 19년 2회 기출

수평 원관 내 완전발달 유동에서 유동을 일으키는 힘 ⊙과 방해하는 힘 ⓛ은 각각 무엇인가?

① ⊙: 압력차에 의한 힘, ⓛ: 점성력
② ⊙: 중력 힘, ⓛ: 점성력
③ ⊙: 중력 힘, ⓛ: 압력차에 의한 힘
④ ⊙: 압력차에 의한 힘, ⓛ: 중력 힘

07 [기본]

액체 분자들 사이의 응집력과 고체면에 대한 부착력의 차이에 의하여 관 내 액체 표면과 자유표면 사이에 높이 차이가 나타나는 것과 가장 관계가 깊은 것은?

① 관성력
② 점성
③ 뉴턴의 마찰법칙
④ 모세관 현상

08 [기본]

그림과 같이 매끄러운 유리관에 물이 채워져 있을 때 모세관 상승높이 h는 약 몇 [m]인가?

조건
- 액체의 표면장력 $\sigma = 0.073[\text{N/m}]$
- $R = 1[\text{mm}]$
- 매끄러운 유리관의 접촉각 $\theta \approx 0°$

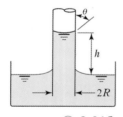

① 0.007
② 0.015
③ 0.07
④ 0.15

09 [기본]

물을 사용하여 모세관 현상에 의한 물의 상승높이를 2[mm] 이하로 유지하려고 한다. 이때 관의 내경은 최소 몇 [mm] 이상으로 해야 하는가? (단, 물의 표면장력은 0.08[N/m], 밀도는 1,000[kg/m³], 접촉각은 0° 이다.)

① 2.8
② 4.1
③ 6.7
④ 16.3

10 [응용]

모세관 현상에 있어서 물이 모세관을 따라 올라가는 높이에 대한 설명으로 옳은 것은?

① 표면장력이 클수록 높이 올라간다.
② 관의 지름이 클수록 높이 올라간다.
③ 밀도가 클수록 높이 올라간다.
④ 중력의 크기와는 무관하다.

11 [응용]

지름의 비가 1:2인 2개의 모세관을 물 속에 수직으로 세울 때 모세관 현상으로 물이 관속으로 올라가는 높이의 비는?

① 1:4
② 1:2
③ 2:1
④ 4:1

12 [응용]

표면장력에 관련된 설명 중 옳은 것은?

① 표면장력의 차원은 힘/면적이다.
② 액체와 공기의 경계면에서 액체분자의 응집력보다 공기분자와 액체분자 사이의 부착력이 클 때 발생된다.
③ 대기 중의 물방울은 크기가 작을수록 내부 압력이 크다.
④ 모세관 현상에 의한 수면 상승 높이는 모세관의 직경에 비례한다.

13 기본   19년 1회 기출

다음 중 표준대기압인 1기압에 가장 가까운 것은?

① 860[mmHg]

② 10.33[mAq]

③ 101.325[bar]

④ 1.0332[kgf/m^2]

16 기본   18년 1회 기출

다음 중 동력의 단위가 아닌 것은?

① J/sec   ② W

③ kg · m^2/sec   ④ N · m/sec

14 기본   16년 1회 기출

수두 100[mmAq]로 표시되는 압력은 몇 [Pa]인가?

① 0.098   ② 0.98

③ 9.8   ④ 980

17 심화   16년 1회 기출

전체 질량이 3,000[kg]인 소방차의 속력을 4초 만에 시속 40[km]에서 80[km]로 가속하는 데 필요한 동력은 약 몇 [kW]인가?

① 34   ② 70

③ 139   ④ 209

15 기본   22년 2회 기출

동력(Power)의 차원을 MLT(질량: M, 길이: L, 시간: T)계로 바르게 나타낸 것은?

① MLT^{-1} ② M^{2}LT^{-2}

③ ML^{2}T^{-3} ④ MLT^{-2}

18 응용   21년 4회 기출

다음 중 차원이 서로 같은 것을 모두 고르면? (단, P: 압력, ρ: 밀도, V: 속도, h: 높이, F: 힘, m: 질량, g: 중력가속도이다.)

㉠ ρV^2	㉡ ρgh
㉢ P	㉣ F/m

① ㉠, ㉡   ② ㉠, ㉢

③ ㉠, ㉡, ㉢   ④ ㉠, ㉡, ㉢, ㉣

19 응용

다음 단위 중 3가지는 동일한 단위이고 나머지 하나는 다른 단위이다. 이 중 동일한 단위가 아닌 것은?

① J

② N · sec

③ Pa · m³

④ kg · m²/sec²

20 기본

다음 중 길이의 단위로 표시할 수 없는 것은?

① 물의 밀도

② 속도수두

③ 수차의 유효낙차

④ 펌프의 전양정

21 응용

시간 $\triangle t$ 사이에 유체의 선운동량이 $\triangle P$ 만큼 변했을 때 $\triangle P / \triangle t$는 무엇을 뜻하는가?

① 유체 운동량의 변화량

② 유체 충격량의 변화량

③ 유체의 가속도

④ 유체에 작용하는 힘

22 기본

화씨온도 200°F는 섭씨온도(℃)로 약 얼마인가?

① 93.3℃

② 186.6℃

③ 279.9℃

④ 392℃

23 기본

대기의 압력이 106[kPa]이라면 게이지 압력이 1,226[kPa]인 용기에서 절대압력은 몇 [kPa]인가?

① 1,120

② 1,125

③ 1,327

④ 1,332

24 기본

240[mmHg]의 절대압력은 계기압력으로 약 몇 [kPa]인가? (단, 대기압은 760[mmHg]이고, 수은의 비중은 13.6이다.)

① -32.0

② 32.0

③ -69.3

④ 69.3

25 기본
21년 1회 기출

대기압이 $90[\text{kPa}]$인 곳에서 진공 $76[\text{mmHg}]$는 절대압력$[\text{kPa}]$으로 약 얼마인가?

① 10.1
② 79.9
③ 99.9
④ 101.1

28 기본
19년 2회 기출

$0.02[\text{m}^3]$의 체적을 갖는 액체가 강체의 실린더 속에서 $730[\text{kPa}]$의 압력을 받고 있다. 압력이 $1,030[\text{kPa}]$로 증가되었을 때 액체의 체적이 $0.019[\text{m}^3]$으로 축소되었다. 이때 이 액체의 체적탄성계수는 약 몇 $[\text{kPa}]$인가?

① 3,000
② 4,000
③ 5,000
④ 6,000

26 응용
17년 2회 기출

계기압력(Gauge pressure)이 $50[\text{kPa}]$인 파이프 속의 압력은 진공압력(Vacuum pressure)이 $30[\text{kPa}]$인 용기 속의 압력보다 얼마나 높은가?

① $0[\text{kPa}]$(동일하다.)
② $20[\text{kPa}]$
③ $80[\text{kPa}]$
④ $130[\text{kPa}]$

29 기본
20년 2회 기출

물의 체적탄성계수가 $2.5[\text{GPa}]$일 때 물의 체적을 $1[\%]$ 감소시키기 위해서 얼마의 압력$[\text{MPa}]$을 가하여야 하는가?

① 20
② 25
③ 30
④ 35

27 기본
21년 1회 기출

호주에서 무게가 $20[\text{N}]$인 어떤 물체를 한국에서 재어보니 $19.8[\text{N}]$이었다면 한국에서의 중력가속도$[\text{m}/\text{sec}^2]$는 얼마인가? (단, 호주에서의 중력가속도는 $9.82[\text{m}/\text{sec}^2]$이다.)

① 9.46
② 9.61
③ 9.72
④ 9.82

30 기본
16년 1회 기출

기체의 체적탄성계수에 관한 설명으로 옳지 않은 것은?

① 체적탄성계수는 압력의 차원을 가진다.
② 체적탄성계수가 큰 기체는 압축하기가 쉽다.
③ 체적탄성계수의 역수를 압축률이라 한다.
④ 이상기체를 등온압축시킬 때 체적탄성계수는 절대압력과 같은 값이다.

31 응용

비압축성 유체를 설명한 것으로 가장 옳은 것은?

① 체적탄성계수가 ∞인 유체를 말한다.

② 관로 내에 흐르는 유체를 말한다.

③ 점성을 갖고 있는 유체를 말한다.

④ 난류 유동을 하는 유체를 말한다.

34 기본

수은의 비중이 13.6일 때 수은의 비체적은 몇 $[\mathrm{m}^3/\mathrm{kg}]$인가?

① $\dfrac{1}{13.6}$

② $\dfrac{1}{13.6} \times 10^{-3}$

③ 13.6

④ 13.6×10^{-3}

32 응용

물의 체적을 $5[\%]$ 감소시키려면 얼마의 압력 $[\mathrm{kPa}]$을 가하여야 하는가? (단, 물의 압축률은 $5 \times 10^{-10}[\mathrm{m}^2/\mathrm{N}]$이다.)

① 1

② 10^2

③ 10^4

④ 10^5

35 응용

다음 중 동일한 액체의 물성치를 나타낸 것이 아닌 것은?

① 비중이 0.8

② 밀도가 $800[\mathrm{kg/m}^3]$

③ 비중량이 $7,840[\mathrm{N/m}^3]$

④ 비체적이 $1.25[\mathrm{m}^3/\mathrm{kg}]$

33 기본

압축률에 대한 설명으로 틀린 것은?

① 압축률은 체적탄성계수의 역수이다.

② 압축률의 단위는 압력의 단위인 [Pa]이다.

③ 밀도와 압축률의 곱은 압력에 대한 밀도의 변화율과 같다.

④ 압축률이 크다는 것은 같은 압력 변화를 가할 때 압축하기 쉽다는 것을 의미한다.

36 심화

$10[\mathrm{kg}]$의 수증기가 들어 있는 체적 $2[\mathrm{m}^3]$의 단단한 용기를 냉각하여 온도를 $200[\mathrm{℃}]$에서 $150[\mathrm{℃}]$로 낮추었다. 나중 상태에서 액체 상태의 물은 약 몇 $[\mathrm{kg}]$인가? (단, $150[\mathrm{℃}]$에서 물의 포화액 및 포화증기의 비체적은 각각 $0.0011[\mathrm{m}^3/\mathrm{kg}]$, $0.3925[\mathrm{m}^3/\mathrm{kg}]$이다.)

① 0.508

② 1.24

③ 4.92

④ 7.86

37 기본

다음 중 뉴튼(Newton)의 점성법칙을 이용하여 만든 회전 원통식 점도계는?

① 세이볼트(Saybolt) 점도계
② 오스왈트(Ostwald) 점도계
③ 레드우드(Redwood) 점도계
④ 맥미셸(MacMichael) 점도계

38 기본

Newton의 점성법칙에 대한 옳은 설명으로 모두 짝지은 것은?

> ㉮ 전단응력은 점성계수와 속도기울기의 곱이다.
> ㉯ 전단응력은 점성계수에 비례한다.
> ㉰ 전단응력은 속도기울기에 반비례한다.

① ㉮, ㉯
② ㉯, ㉰
③ ㉮, ㉰
④ ㉮, ㉯, ㉰

39 심화

$2[\text{cm}]$ 떨어진 두 수평한 판 사이에 기름이 차 있고, 두 판 사이의 정중앙에 두께가 매우 얇은 한 변의 길이가 $10[\text{cm}]$인 정사각형 판이 놓여 있다. 이 판을 $10[\text{cm/sec}]$의 일정한 속도로 수평하게 움직이는데 $0.02[\text{N}]$의 힘이 필요하다면, 기름의 점도는 약 몇 $[\text{N} \cdot \text{sec/m}^2]$인가? (단, 정사각형 판의 두께는 무시한다.)

① 0.1
② 0.2
③ 0.01
④ 0.02

40 심화

유체가 평판 위를 $u[\text{m/sec}] = 500\text{y} - 6\text{y}^2$의 속도분포로 흐르고 있다. 이때 $\text{y}(\text{m})$는 벽면으로부터 측정된 수직거리일 때 벽면에서의 전단응력은 약 몇 $[\text{N/m}^2]$인가?

(단, 점성계수는 $1.4 \times 10^{-3}[\text{Pa} \cdot \text{sec}]$이다.)

① 14
② 7
③ 1.4
④ 0.7

41 심화

직경이 D인 원형 축과 슬라이딩 베어링 사이에 (간격$=t$, 길이$=L$)에 점성계수가 μ인 유체가 채워져 있다. 축을 ω의 각속도로 회전시킬 때 필요한 토크를 구하면? (단, $t \ll D$이다.)

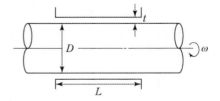

① $T = \mu \dfrac{\omega D}{2t}$
② $T = \dfrac{\pi \mu \omega D^2 L}{2t}$
③ $T = \dfrac{\pi \mu \omega D^3 L}{2t}$
④ $T = \dfrac{\pi \mu \omega D^3 L}{4t}$

42 기본   18년 1회 기출

원형 단면을 가진 관 내에 유체가 완전 발달된 비압축성 층류유동으로 흐를 때 전단응력은?

① 중심에서 0이고, 중심선으로부터 거리에 비례하여 변한다.
② 관벽에서 0이고, 중심선에서 최대이며 선형분포한다.
③ 중심에서 0이고, 중심선으로부터 거리의 제곱에 비례하여 변한다.
④ 전 단면에 걸쳐 일정하다.

43 기본   19년 4회 기출

검사체적(Control volume)에 대한 운동량방정식(Momentum equation)과 가장 관계가 깊은 법칙은?

① 열역학 제2법칙
② 질량보존의 법칙
③ 에너지보존의 법칙
④ 뉴턴(Newton)의 법칙

44 응용   CBT 복원

단순화된 선형 운동량 방정식 $\sum \vec{F} = m(\vec{V_2} - \vec{V_1})$ 이 성립할 수 있는 조건을 다음에서 모두 고른 것은?
(단, m은 질량유량, $\vec{V_1}$은 검사체적 입구 평균속도, $\vec{V_2}$는 출구 평균속도이다.)

㉠ 정상상태   ㉡ 균일유동   ㉢ 비정상유동

① ㉠   ② ㉠, ㉡
③ ㉡, ㉢   ④ ㉠, ㉡, ㉢

45 기본   20년 1회 기출

다음 중 배관의 유량을 측정하는 계측장치가 아닌 것은?

① 로터미터(Rotameter)
② 유동노즐(Flow Nozzele)
③ 마노미터(Manometer)
④ 오리피스(Orifice)

46 기본   16년 4회 기출

다음 계측기 중 측정하고자 하는 것이 다른 것은?

① Bourdon 압력계   ② U자관 마노미터
③ 피에조미터   ④ 열선풍속계

47 기본   16년 1회 기출

A, B 두 원관 속을 기체가 미소한 압력 차로 흐르고 있을 때 이 압력 차를 측정하려면 다음 중 어떤 압력계를 쓰는 것이 가장 적절한가?

① 간섭계   ② 오리피스
③ 마이크로마노미터   ④ 부르동 압력계

48 응용

비중량 및 비중에 대한 설명으로 옳은 것은?

① 비중량은 단위 부피당 유체의 질량이다.

② 비중은 유체의 질량 대 표준상태 유체의 질량비이다.

③ 기체인 수소의 비중은 액체인 수은의 비중보다 크다.

④ 압력의 변화에 대한 액체의 비중량 변화는 기체 비중량 변화보다 작다.

49 기본

비중병의 무게가 비었을 때는 $2[N]$이고, 액체로 충만되어 있을 때는 $8[N]$이다. 액체의 체적이 $0.5[L]$이면 이 액체의 비중량은 약 몇 $[N/m^3]$인가?

① 11,000   ② 11,500

③ 12,000   ④ 12,500

50 기본

비중이 0.8인 액체가 한 변이 10[cm]인 정육면체 모양인 그릇의 반을 채울 때 액체의 질량[kg]은?

① 0.4   ② 0.8

③ 400   ④ 800

51 기본

체적이 $10[m^3]$인 기름의 무게가 $30,000[N]$이라면 이 기름의 비중은 얼마인가? (단, 물의 밀도는 $1,000[kg/m^3]$이다.)

① 0.153   ② 0.306

③ 0.459   ④ 0.612

52 응용

중력가속도가 $2[m/sec^2]$인 곳에서 무게가 $8[kN]$이고 부피가 $5[m^3]$인 물체의 비중은 약 얼마인가?

① 0.2   ② 0.8

③ 1.0   ④ 1.6

53 기본

$2[m]$ 깊이로 물이 차 있는 물탱크 바닥에 한 변이 $20[cm]$인 정사각형 모양의 관측창이 설치되어 있다. 관측창이 물로 인하여 받는 순 힘(Net force)은 몇 $[N]$인가? (단, 관측창 밖의 압력은 대기압이다.)

① 784   ② 392

③ 196   ④ 98

54 기본   20년 1회 기출

그림과 같이 수족관에 직경 3[m]의 투시경이 설치되어 있다. 이 투시경에 작용하는 힘[kN]은?

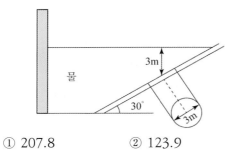

① 207.8   ② 123.9

③ 87.1   ④ 52.4

56 응용   17년 1회 기출

아래 그림과 같은 탱크에 물이 들어있다. 물이 탱크의 밑면에 가하는 힘은 약 몇 [N]인가? (단, 물의 밀도는 $1,000[kg/m^3]$, 중력가속도는 $10[m/sec^2]$로 가정하며 대기압은 무시하고, 탱크의 폭은 전체가 1[m]로 동일하다.)

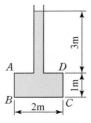

① 40,000   ② 20,000

③ 80,000   ④ 60,000

55 응용   17년 4회 기출

그림과 같이 수조에 비중이 1.03인 액체가 담겨 있다. 이 수조의 바닥면적이 $4[m^2]$일 때의 수조 바닥 전체에 작용하는 힘은 약 몇 [kN]인가? (단, 대기압은 무시한다.)

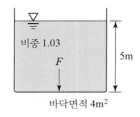

바닥면적 4m²

① 98   ② 51

③ 156   ④ 202

57 기본   21년 1회 기출

정육면체의 그릇에 물을 가득 채울 때, 그릇 밑면이 받는 압력에 의한 수직 방향 평균 힘의 크기를 P라고 하면, 한 측면이 받는 압력에 의한 수평방향 평균 힘의 크기는 얼마인가?

① 0.5P   ② P

③ 2P   ④ 4P

58 응용

그림과 같이 탱크에 비중이 0.8인 기름과 물이 들어 있다. 벽면 AB에 작용하는 유체(기름 및 물)에 의한 힘은 약 몇 $[kN]$인가? (단, 벽면 AB의 폭(y 방향)은 $1[m]$이다.)

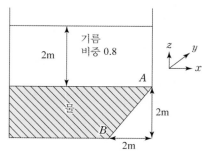

① 50
② 72
③ 82
④ 96

59 응용

다음 그림에서 A, B점의 압력 차$[kPa]$는? (단, A는 비중 1의 물, B는 비중 0.899의 벤젠이다.)

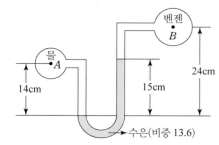

① 278.7
② 191.4
③ 23.07
④ 19.4

60 응용

그림과 같은 U자관 차압액주계에서 h_2는 몇 $[m]$ 인가? (단, 조건은 다음과 같다.)

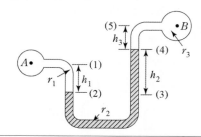

- $\gamma_1 = 9.8[kN/m^3]$
- $\gamma_2 = 133[kN/m^3]$
- $\gamma_3 = 9.0[kN/m^3]$
- $h_1 = 0.2[m]$
- $h_3 = 0.1[m]$
- $P_A - P_B = 30[kPa]$

① 0.218
② 0.226
③ 0.234
④ 0.247

61 응용

그림의 역U자관 마노미터에서 압력 차$(P_x - P_y)$ 는 약 몇 $[Pa]$인가?

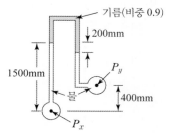

① 3,215
② 4,116
③ 5,045
④ 6,826

62 심화

그림과 같이 기름이 흐르는 관에 오리피스가 설치되어 있고, 그 사이의 압력을 측정하기 위해 U 자형 차압 액주계가 설치되어 있다. 이때 두 지점 간의 압력 차($P_x - P_y$)는 약 몇 [kPa]인가?

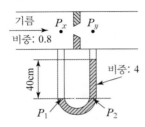

① 28.8   ② 15.7
③ 12.5   ④ 3.14

64 응용

그림의 액주계에서 밀도 $\rho_1 = 1,000[\text{kg/m}^3]$, $\rho_2 = 13,600[\text{kg/m}^3]$, 높이 $h_1 = 500[\text{mm}]$, $h_2 = 800[\text{mm}]$일 때 중심 A의 계기압력은 몇 [kPa]인가?

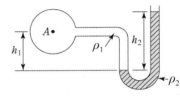

① 101.7   ② 109.6
③ 126.4   ④ 131.7

63 심화

그림과 같은 거꾸로 된 마노미터에서 물과 기름, 수은이 채워져 있다. $a = 10[\text{cm}]$, $c = 25[\text{cm}]$이고 A의 압력이 B의 압력보다 $80[\text{kPa}]$ 작을 때 b의 길이는 약 몇 [cm]인가? (단, 수은의 비중량은 $133,100[\text{N/m}^3]$, 기름의 비중은 0.9이다.)

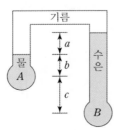

① 17.8   ② 27.8
③ 37.8   ④ 47.8

65 응용

그림과 같이 비중이 0.8인 기름이 흐르고 있는 관에 U자관이 설치되어 있다. A점에서의 계기압력이 $200[\text{kPa}]$일 때 높이 $h[\text{m}]$는 얼마인가? (단, U자관 내의 유체의 비중은 13.6이다.)

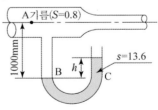

① 1.42   ② 1.56
③ 2.43   ④ 3.20

66 [심화]

그림과 같이 수평면에 대하여 $60°$ 기울어진 경사관에 비중(s)이 13.6인 수은이 채워져 있으며, A와 B에는 물이 채워져 있다. A의 압력이 $250[\mathrm{kPa}]$, B의 압력이 $200[\mathrm{kPa}]$일 때, 길이 L은 약 몇 $[\mathrm{cm}]$인가?

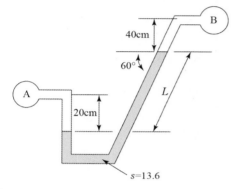

① 33.3
② 38.2
③ 41.6
④ 45.1

67 [응용]

그림과 같이 물이 들어 있는 아주 큰 탱크에 사이펀이 장치되어 있다. 출구에서의 속도 V와 관의 상부 중심 A 지점에서의 게이지 압력 P_A를 구하는 식은? (단. g는 중력가속도, ρ는 물의 밀도이며, 관의 직경은 일정하고 모든 손실은 무시한다.)

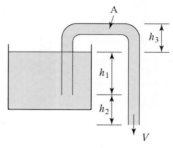

① $V = \sqrt{2g(h_1 + h_2)}$, $P_A = -\rho g h_3$

② $V = \sqrt{2g(h_1 + h_2)}$,
$P_A = -\rho g(h_1 + h_2 + h_3)$

③ $V = \sqrt{2gh_2}$, $P_A = -\rho g(h_1 + h_2 + h_3)$

④ $V = \sqrt{2g(h_1 + h_2)}$,
$P_A = \rho g(h_1 + h_2 - h_3)$

68 [심화]

그림에서 물과 기름의 표면은 대기에 개방되어 있고, 물과 기름 표면의 높이가 같을 때 h는 약 몇 $[\mathrm{m}]$인가? (단, 기름의 비중은 0.8, 액체 A의 비중은 1.6이다.)

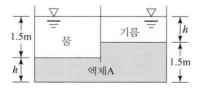

① 1
② 1.1
③ 1.125
④ 1.25

69 응용

그림과 같이 평형상태를 유지하고 있을 때 오른쪽 관에 있는 유체의 비중(s)은? (단, 물의 밀도는 $1,000[\text{kg/m}^3]$이다.)

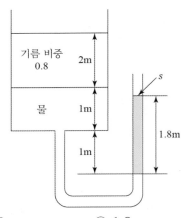

① 0.9

② 1.8

③ 2.0

④ 2.2

70 응용

그림과 같이 밀폐된 용기 내 공기의 계기압력은 몇 $[\text{Pa}]$인가?

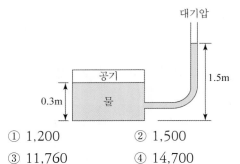

① 1,200

② 1,500

③ 11,760

④ 14,700

71 응용

수은이 채워진 U자관에 수은보다 비중이 작은 어떤 액체를 넣었다. 액체 기둥의 높이가 $10[\text{cm}]$, 수은과 액체의 자유표면의 높이 차이가 $6[\text{cm}]$일 때 이 액체의 비중은? (단, 수은의 비중은 13.6이다.)

① 5.44

② 8.16

③ 9.63

④ 10.88

72 응용

원통 속의 물이 중심축에 대하여 ω의 각속도로 강체와 같이 등속회전하고 있을 때 가장 압력이 높은 지점은?

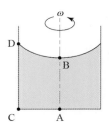

① 액체 표면의 가장자리 D

② 바닥면의 가장자리 C

③ 액체 표면의 중심점 B

④ 바닥면의 중심점 A

펌프 및 송풍기의 성능 특성

이 유형의 출제비율은 약 10%로 다른 유형에 비해서는 적은 편이고, 기본공식만 암기하면 풀 수 있는 문제가 많이 출제됩니다. 수동력, 축동력, 전동기 동력, 펌프의 상사법칙 공식은 자주 출제되므로 정확하게 암기해야 하고, 개념 이해형 문제로는 펌프의 이상현상과 관련된 문제가 자주 출제됩니다.

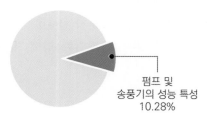

펌프 및
송풍기의 성능 특성
10.28%

▲ 출제비율

대표유형 문제

원심펌프를 이용하여 $0.2[\mathrm{m}^3/\sec]$로 저수지의 물을 $2[\mathrm{m}]$ 위의 물탱크로 퍼 올리고자 한다. 펌프의 효율이 $80[\%]$라고 하면 펌프에 공급해야 하는 동력$[\mathrm{kW}]$은? *20년 2회 기출*

① 1.96

② 3.14

③ 3.92

④ 4.90

정답 ④

해설 $P = \dfrac{\gamma QH}{\eta} = \dfrac{9.8 \times 0.2 \times 2}{0.8} = 4.9[\mathrm{kW}]$

핵심이론 CHECK!

1. 펌프의 수동력, 축동력, 전동기 동력 공식

수동력	축동력	전동기 동력
$P = \gamma QH$	$P = \dfrac{\gamma QH}{\eta}$	$P = \dfrac{\gamma QH}{\eta}K$

P: 펌프의 동력$[\mathrm{kW}]$, γ: 비중량$[\mathrm{kN/m}^3]$, Q: 유량$[\mathrm{m}^3/\sec]$, H: 전양정$[\mathrm{m}]$, η: 효율, K: 전달계수

2. 펌프의 상사법칙

수동력	축동력	전동기 동력
$Q_2 = Q_1 \times \left(\dfrac{N_2}{N_1}\right)$	$H_2 = H_1 \times \left(\dfrac{N_2}{N_1}\right)^2$	$P_2 = P_1 \times \left(\dfrac{N_2}{N_1}\right)^3$

Q_1, Q_2: 변경 전후의 유량$[\mathrm{m}^3/\min]$, H_1, H_2: 변경 전후의 전양정$[\mathrm{m}]$,
N_1, N_2: 변경 전후의 회전수$[\mathrm{rpm}]$, P_1, P_2: 변경 전후의 동력$[\mathrm{kW}]$

01 기본

펌프에 대한 설명 중 틀린 것은?

① 회전식 펌프는 대용량에 적당하며 고장 수리가 간단하다.
② 기어 펌프는 회전식 펌프의 일종이다.
③ 플런저 펌프는 왕복식 펌프이다.
④ 터빈 펌프는 고양정, 대용량에 적합하다.

02 기본

성능이 같은 3대의 펌프를 병렬로 연결하였을 경우 양정과 유량은 얼마인가? (단, 펌프 1대의 유량은 Q, 양정은 H이다.)

① 유량은 3Q, 양정은 H
② 유량은 3Q, 양정은 3H
③ 유량은 9Q, 양정은 H
④ 유량은 9Q, 양정은 3H

03 응용

다음 중 펌프를 직렬 운전해야 할 상황으로 가장 적절한 것은?

① 유량의 변화가 크고 1대로는 유량이 부족할 때
② 소요되는 양정이 일정하지 않고 크게 변동될 때
③ 펌프에 폐입현상이 발생할 때
④ 펌프에 무구속속도(Run away speed)가 나타날 때

04 응용

펌프 중심으로부터 $2[\text{m}]$ 아래에 있는 물을 펌프 중심으로부터 $15[\text{m}]$ 위에 있는 송출수면으로 양수하려 한다. 관로의 전체 손실수두가 $6[\text{m}]$이고, 송출수량이 $1[\text{m}^3/\text{min}]$라면 필요한 펌프의 동력은 약 몇 $[\text{W}]$인가?

① 2,777   ② 3,103
③ 3,430   ④ 3,757

05 응용

펌프의 입구에서 측정한 진공계의 계기압력은 $-160[\text{mmHg}]$, 출구에서 압력계의 계기압력은 $300[\text{kPa}]$, 송출 유량은 $10[\text{m}^3/\text{min}]$일 때 펌프의 수동력$[\text{kW}]$은? (단, 진공계와 압력계 사이의 수직거리는 $2[\text{m}]$이고, 흡입관과 송출관의 직경은 같으며, 손실은 무시한다.)

① 5.7   ② 56.8
③ 557   ④ 3,400

06 응용

펌프에 의하여 유체에 실제로 주어지는 동력은? (단, L_w는 동력$[\text{kW}]$, γ는 물의 비중량$[\text{N}/\text{m}^3]$, Q는 토출량$[\text{m}^3/\text{min}]$, H는 전양정$[\text{m}]$, g는 중력가속도$[\text{m}/\text{sec}^2]$이다.)

① $L_w = \dfrac{\gamma QH}{102 \times 60}$ ② $L_w = \dfrac{\gamma QH}{1,000 \times 60}$

③ $L_w = \dfrac{\gamma QHg}{102 \times 60}$ ④ $L_w = \dfrac{\gamma QHg}{1,000 \times 60}$

07 기본　　　　　　　　　　21년 1회 기출

토출량이 $0.65[\text{m}^3/\text{min}]$인 펌프를 사용하는 경우 펌프의 소요 축동력[kW]은? (단, 전양정은 $40[\text{m}]$이고, 펌프의 효율은 $50[\%]$이다.)

① 4.2　　　　　　　② 8.5
③ 17.2　　　　　　　④ 50.9

10 응용　　　　　　　　　　21년 4회 기출

원심펌프가 전양정 $120[\text{m}]$에 대해 $6[\text{m}^3/\text{sec}]$의 물을 공급할 때 필요한 축동력이 $9,530[\text{kW}]$이었다. 이때 펌프의 체적효율과 기계효율이 각각 $88[\%]$, $89[\%]$라고 하면, 이 펌프의 수력효율은 약 몇 $[\%]$인가?

① 74.1　　　　　　　② 84.2
③ 88.5　　　　　　　④ 94.5

08 응용　　　　　　　　　　17년 1회 기출

유량이 $0.6[\text{m}^3/\text{min}]$일 때 손실수두가 $5[\text{m}]$인 관로를 통하여 $10[\text{m}]$ 높이 위에 있는 저수조로 물을 이송하고자 한다. 펌프의 효율이 $85[\%]$라고 할 때 펌프에 공급해야 하는 전력은 약 몇 $[\text{kW}]$인가?

① 0.58　　　　　　　② 1.15
③ 1.47　　　　　　　④ 1.73

11 기본　　　　　　　　　　22년 2회 기출

물을 송출하는 펌프의 소요 축동력이 $70[\text{kW}]$, 펌프의 효율이 $78[\%]$, 전양정이 $60[\text{m}]$일 때, 펌프의 송출유량은 약 몇 $[\text{m}^3/\text{min}]$인가?

① 5.57　　　　　　　② 2.57
③ 1.09　　　　　　　④ 0.093

09 응용　　　　　　　　　　CBT 복원

압력이 $100[\text{kPa}]$, $4[\text{℃}]$의 물을 $3,000[\text{kg/hr}]$의 $500[\text{kPa}]$로 공급하기 위해 필요한 펌프의 동력은 몇 $[\text{kW}]$인가? (단, 펌프의 효율은 $70[\%]$이다.)

① $0.23[\text{kW}]$　　　　② $0.39[\text{kW}]$
③ $0.48[\text{kW}]$　　　　④ $2.48[\text{kW}]$

12 기본　　　　　　　　　　22년 1회 기출

물분무 소화설비의 가압송수장치로 전동기 구동형 펌프를 사용하였다. 펌프의 토출량 $800[\text{L/min}]$, 전양정 $50[\text{m}]$, 효율 0.65, 전달계수 1.1인 경우 적당한 전동기 용량은 몇 $[\text{kW}]$인가?

① 4.2　　　　　　　② 4.7
③ 10.0　　　　　　　④ 11.1

13 기본 17년 4회 기출

전양정 $80[m]$, 토출량 $500[L/min]$인 물을 사용하는 소화펌프가 있다. 펌프효율 $65[\%]$, 전달계수(K) 1.1인 경우 필요한 전동기의 최소 동력은 약 몇 $[kW]$인가?

① $9[kW]$ ② $11[kW]$
③ $13[kW]$ ④ $15[kW]$

14 기본 20년 4회 기출

12층 건물의 지하 1층에 제연설비용 배연기를 설치하였다. 이 배연기의 풍량은 $500[m^3/min]$이고, 풍압이 $290[Pa]$일 때 배연기의 동력$[kW]$은? (단, 배연기의 효율은 $60[\%]$이다.)

① 3.55   ② 4.03
③ 5.55   ④ 6.11

15 기본 16년 4회 기출

송풍기의 풍량 $15[m^3/sec]$, 전압 $540[Pa]$, 전압효율이 $55[\%]$일 때 필요한 축동력은 몇 $[kW]$인가?

① 2.23   ② 4.46
③ 8.1   ④ 14.7

16 기본 21년 2회 기출

양정 $220[m]$, 유량 $0.025[m^3/sec]$, 회전수 $2,900[rpm]$인 4단 원심펌프의 비교회전도(비속도)는 얼마인가?

① 176   ② 167
③ 45   ④ 23

17 응용 CBT 복원

어떤 펌프의 회전수는 변동이 없고 유량과 양정을 각각 2배로 하면 비속도는 어떻게 되는가?

① $2^{-\frac{1}{4}}$ ② $2^{-\frac{1}{2}}$
③ $2^{\frac{1}{2}}$ ④ $2^{\frac{1}{4}}$

18 기본 20년 1회 기출

다음 ㉠, ㉡에 알맞은 것은?

> 파이프 속을 유체가 흐를 때 파이프 끝의 밸브를 갑자기 닫으면 유체의 (㉠) 에너지가 압력으로 변환되면서 밸브 직전에서 높은 압력이 발생하고 상류로 압축파가 전달되는 (㉡)현상이 발생한다.

① ㉠ 운동, ㉡ 서징
② ㉠ 운동, ㉡ 수격작용
③ ㉠ 위치, ㉡ 서징
④ ㉠ 위치, ㉡ 수격작용

19 기본　　　　　　　　　　17년 1회 기출

펌프 운전 중 발생하는 수격작용의 발생을 예방하기 위한 방법에 해당되지 않는 것은?

① 밸브를 가능한 펌프 송출구에서 멀리 설치한다.
② 서지탱크를 관로에 설치한다.
③ 밸브의 조작을 천천히 한다.
④ 관 내의 유속을 낮게 한다.

20 기본　　　　　　　　　　20년 2회 기출

펌프가 운전 중에 한숨을 쉬는 것과 같은 상태가 되어 펌프 입구의 진공계 및 출구의 압력계 지침이 흔들리고 송출유량도 주기적으로 변화하는 이상 현상을 무엇이라고 하는가?

① 공동현상(Cavitation)
② 수격작용(Water hammering)
③ 맥동현상(Surging)
④ 언밸런스(Unbalance)

21 기본　　　　　　　　　　21년 1회 기출

물이 배관 내에 유동하고 있을 때 흐르는 물 속 어느 부분의 정압이 그 때 물의 온도에 해당하는 증기압 이하로 되면 부분적으로 기포가 발생하는 현상을 무엇이라고 하는가?

① 수격현상　　　　② 서징현상
③ 공동현상　　　　④ 와류현상

22 기본　　　　　　　　　　22년 2회 기출

펌프의 공동현상(Cavitation)을 방지하기 위한 방법이 아닌 것은?

① 펌프의 설치 위치를 되도록 낮게 하여 흡입양정을 짧게 한다.
② 펌프의 회전수를 크게 한다.
③ 펌프의 흡입 관경을 크게 한다.
④ 단흡입펌프보다는 양흡입펌프를 사용한다.

23 기본　　　　　　　　　　16년 4회 기출

공동현상(Cavitation)의 발생원인과 가장 관계가 먼 것은?

① 관 내의 수온이 높을 때
② 펌프의 흡입양정이 클 때
③ 펌프의 설치 위치가 수원보다 낮을 때
④ 관 내의 물의 정압이 그때의 증기압보다 낮을 때

24 기본　　　　　　　　　　22년 1회 기출

펌프와 관련된 용어의 설명으로 옳은 것은?

① 캐비테이션: 송출압력과 송출유량이 주기적으로 변하는 현상
② 서징: 액체가 포화 증기압 이하에서 비등하여 기포가 발생하는 현상
③ 수격작용: 관을 흐르던 물이 갑자기 정지할 때 압력파에 의해 이상음(異常音)이 발생하는 현상
④ NPSH: 펌프에서 상사법칙을 나타내기 위한 비속도

25 기본 16년 2회 기출

구조가 상사한 2대의 펌프에서, 유동상태가 상사할 경우 2대의 펌프 사이에 성립하는 상사법칙이 아닌 것은? (단, 비압축성 유체인 경우이다.)

① 유량에 관한 상사법칙
② 전양정에 관한 상사법칙
③ 축동력에 관한 상사법칙
④ 밀도에 관한 상사법칙

26 기본 20년 1회 기출

회전속도 $N[\mathrm{rpm}]$일 때 송출량 $Q[\mathrm{m^3/min}]$, 전양정 $H[\mathrm{m}]$인 원심펌프를 상사한 조건에서 회전속도를 $1.4N[\mathrm{rpm}]$으로 바꾸어 작동할 때 ㉠ 유량과 ㉡ 전양정은?

① ㉠ 1.4Q, ㉡ 1.4H
② ㉠ 1.4Q, ㉡ 1.96H
③ ㉠ 1.96Q, ㉡ 1.4H
④ ㉠ 1.96Q, ㉡ 1.96H

27 기본 20년 2회 기출

터보팬을 $6,000[\mathrm{rpm}]$으로 회전시킬 경우, 풍량은 $0.5[\mathrm{m^3/min}]$, 축동력은 $0.049[\mathrm{kW}]$이었다. 만약 터보팬의 회전수를 $8,000[\mathrm{rpm}]$으로 바꾸어 회전시킬 경우 축동력$[\mathrm{kW}]$은?

① 0.0207   ② 0.207
③ 0.116   ④ 1.161

28 기본 20년 4회 기출

토출량이 $1,800[\mathrm{L/min}]$, 회전차의 회전수가 $1,000[\mathrm{rpm}]$인 소화펌프의 회전수를 $1,400[\mathrm{rpm}]$으로 증가시키면 토출량은 처음보다 얼마나 더 증가되는가?

① 10%   ② 20%
③ 30%   ④ 40%

29 [기본]

소화펌프의 회전수가 $1,450[\mathrm{rpm}]$일 때 양정이 $25[\mathrm{m}]$, 유량이 $5[\mathrm{m^3/min}]$이었다. 펌프의 회전수를 $1,740[\mathrm{rpm}]$으로 높일 경우 양정$[\mathrm{m}]$과 유량$[\mathrm{m^3/min}]$은? (단, 완전상사가 유지되고, 회전차의 지름은 일정하다.)

① 양정: 17, 유량: 4.2
② 양정: 21, 유량: 5
③ 양정: 30.2, 유량: 5.2
④ 양정: 36, 유량: 6

30 [응용]

회전속도 $1,000[\mathrm{rpm}]$일 때 송출량 $Q[\mathrm{m^3/min}]$, 전양정 $H[\mathrm{m}]$인 원심펌프가 상사한 조건에서 송출량이 $1.1Q[\mathrm{m^3/min}]$가 되도록 회전속도를 증가시킬 때, 전양정은 어떻게 되는가?

① 0.91H
② H
③ 1.1H
④ 1.21H

31 [응용]

분당 토출량이 $1,600[\mathrm{L}]$, 전양정이 $100[\mathrm{m}]$인 물펌프의 회전수를 $1,000[\mathrm{rpm}]$에서 $1,400[\mathrm{rpm}]$으로 증가하면 전동기 소요동력은 약 몇 $[\mathrm{kW}]$가 되어야 하는가? (단, 펌프의 효율은 $65[\%]$이고, 전달계수는 1.1이다.)

① 441
② 82.1
③ 121
④ 142

32 [심화]

지름이 $400[\mathrm{mm}]$인 베어링이 $400[\mathrm{rpm}]$으로 회전하고 있을 때 마찰에 의한 손실동력$[\mathrm{kW}]$은? (단, 다음과 같이 베어링과 축 사이에는 점성계수가 $0.049[\mathrm{N \cdot sec/m^2}]$인 기름이 차 있다.)

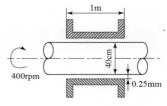

① 15.1
② 15.6
③ 16.3
④ 17.3

관 내의 유동

관 내의 유동은 약 22% 이상 출제되는 중요한 유형입니다. 이 유형에서는 달시-웨버공식과 관련된 문제의 출제비율이 가장 높습니다. 유량 공식은 체적유량, 질량유량, 중량유량 세 가지가 있는데 다른 계산문제를 풀 때에도 자주 쓰이는 공식이므로 유량 공식은 정확하게 암기해야 합니다.

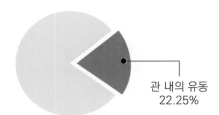

관 내의 유동
22.25%

▲ 출제비율

대표유형 문제

수평관의 길이가 $100[\text{m}]$이고, 안지름이 $100[\text{mm}]$인 소화설비 배관 내를 평균유속 $2[\text{m/sec}]$로 물이 흐를 때 마찰손실수두는 약 몇 $[\text{m}]$인가? (단, 관의 마찰계수는 0.05이다.)   19년 2회 기출

① 9.2   ② 10.2
③ 11.2   ④ 12.2

정답 ②

해설 $H = f \times \dfrac{l}{D} \times \dfrac{V^2}{2g} = 0.05 \times \dfrac{100}{0.1} \times \dfrac{2^2}{2 \times 9.8} = 10.204[\text{m}]$

핵심이론 CHECK!

1. 레이놀즈수(Re)

공식	레이놀즈 수에 따른 유체의 흐름
$Re = \dfrac{DV\rho}{\mu} = \dfrac{DV}{\nu}$ D: 직경(지름)$[\text{m}]$, V: 유속$[\text{m/sec}]$, ρ: 밀도$[\text{kg/m}^3]$, μ: 점성계수$[\text{kg/m} \cdot \text{sec}]$, ν: 동점성계수$[\text{m}^2/\text{sec}]$	• 층류: 2,100 이하 • 천이유동: 2,100~4,000 • 난류: 4,000 이상

2. 달시-웨버공식(배관의 마찰손실 계산)

$H = f \times \dfrac{l}{D} \times \dfrac{V^2}{2g}$

H: 마찰손실수두$[\text{m}]$, f: 관마찰계수, l: 길이$[\text{m}]$, D: 직경(지름)$[\text{m}]$

V: 유속$[\text{m/sec}]$, g: 중력가속도=$9.8[\text{m/sec}^2]$

01 기본

밀도가 $10[kg/m^3]$인 유체가 지름 $30[cm]$인 관 내를 $1[m^3/sec]$로 흐른다. 이때의 평균유속은 몇 $[m/sec]$인가?

① 4.25   ② 14.1
③ 15.7   ④ 84.9

02 기본

안지름 $40[mm]$의 배관 속을 정상류의 물이 매분 $150[L]$로 흐를 때의 평균유속$[m/sec]$은?

① 0.99   ② 1.99
③ 2.45   ④ 3.01

03 기본

평균유속 $2[m/sec]$로 $50[L/sec]$ 유량의 물을 흐르게 하는데 필요한 관의 안지름은 약 몇 $[mm]$인가?

① 158   ② 168
③ 178   ④ 188

04 기본

액체가 일정한 유량으로 파이프를 흐를 때 유체속도에 대한 설명으로 틀린 것은?

① 관 지름에 반비례한다.
② 관 단면적에 반비례한다.
③ 관 지름의 제곱에 반비례한다.
④ 관 반지름의 제곱에 반비례한다.

05 응용

지름이 $75[mm]$인 관로 속에 물이 약 $4[m/sec]$의 평균속도로 흐르고 있을 때 유량$[kg/sec]$은?

① 15.52   ② 16.92
③ 17.67   ④ 18.52

06 응용

지름 $40[cm]$인 소방용 배관에 물이 $80[kg/sec]$로 흐르고 있다면 물의 유속$[m/sec]$은?

① 6.4   ② 0.64
③ 12.7   ④ 1.27

07 응용   14년 4회 기출

그림과 같이 지름이 $300[\mathrm{mm}]$에서 $200[\mathrm{mm}]$로 축소된 관으로 물이 흐르고 있다. 이 때 질량유량이 $130[\mathrm{kg/sec}]$라면 작은 관에서의 평균속도는 약 몇 $[\mathrm{m/sec}]$인가?

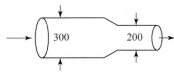

① 3.84
② 4.14
③ 6.24
④ 18.4

08 응용   CBT 복원

시속 $1,200[\mathrm{km}]$로 날아가는 제트기의 공기 흡입량은 $80[\mathrm{kg/sec}]$이고, 연료 흡입량이 $2[\mathrm{kg/sec}]$일 때 제트기의 추진력은 $25,000[\mathrm{N}]$이다. 이 경우 제트기의 배기속도$[\mathrm{m/sec}]$는 얼마인가?

① 304.88
② 394.23
③ 493.84
④ 503.03

09 응용   21년 2회 기출

직경이 약 $20[\mathrm{cm}]$인 소화용 호스 안에서 물이 $392[\mathrm{N/sec}]$로 흐르고 있다. 이때의 평균유속 $[\mathrm{m/sec}]$은?

① 2.96
② 4.34
③ 3.68
④ 1.27

10 응용   18년 4회 기출

관로에서 $20[\text{℃}]$의 물이 수조에 5분 동안 유입되었을 때 유입된 물의 중량이 $60[\mathrm{kN}]$이라면 이 때 유량은 몇 $[\mathrm{m^3/sec}]$인가?

① 0.015
② 0.02
③ 0.025
④ 0.03

11 기본   19년 2회 기출

그림과 같은 관에 비압축성 유체가 흐를 때 A 단면의 평균속도가 V_1이라면 B단면에서의 평균속도 V_2는? (단, A 단면의 지름은 d_1이고 B단면의 지름은 d_2이다.)

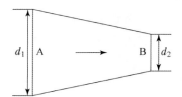

① $V_2 = \left(\dfrac{d_1}{d_2}\right) V_1$
② $V_2 = \left(\dfrac{d_1}{d_2}\right)^2 V_1$
③ $V_2 = \left(\dfrac{d_2}{d_1}\right) V_1$
④ $V_2 = \left(\dfrac{d_2}{d_1}\right)^2 V_1$

12 기본   20년 1회 기출

그림과 같이 단면 A에서 정압이 $500[\text{kPa}]$이고 $10[\text{m/sec}]$로 난류의 물이 흐르고 있을 때 단면 B에서의 유속$[\text{m/sec}]$은?

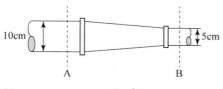

① 20   ② 40

③ 60   ④ 80

13 응용   22년 2회 기출

원형 물탱크의 안지름이 $1[\text{m}]$이고, 아래쪽 옆면에 안지름 $100[\text{mm}]$인 송출관을 통해 물을 수송할 때의 순간 유속이 $3[\text{m/sec}]$이었다. 이 때 탱크 내 수면이 내려오는 속도는 몇 $[\text{m/sec}]$인가?

① 0.015   ② 0.02

③ 0.025   ④ 0.03

14 응용   22년 2회 기출

유체의 흐름 중 난류 흐름에 대한 설명으로 틀린 것은?

① 원관 내부 유동에서는 레이놀즈수가 약 4,000 이상인 경우가 해당한다.
② 유체의 각 입자가 불규칙한 경로를 따라 움직인다.
③ 유체의 입자가 갖는 관성력이 입자에 작용하는 점성력에 비하여 매우 크다.
④ 원관 내 완전 발달 유동에서는 평균속도가 최대속도의 1/2이다.

15 응용   16년 4회 기출

그림과 같은 원형관에 유체가 흐르고 있다. 원형관 내의 유속분포를 측정하여 실험식을 구하였더니 $V = V_{\max}\dfrac{(r_0^2 - r^2)}{r_0^2}$이었다. 관 속을 흐르는 유체의 평균속도는 얼마인가?

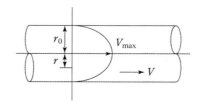

① $\dfrac{V_{\max}}{8}$ ② $\dfrac{V_{\max}}{4}$

③ $\dfrac{V_{\max}}{2}$ ④ $V_{\max}$

16 기본   21년 1회 기출

반지름 R_0인 원형 파이프에 유체가 층류로 흐를 때, 중심으로부터 거리 R에서의 유속 U와 최대속도 $U_{\max}$의 비에 대한 분포식으로 옳은 것은?

① $\dfrac{U}{U_{\max}} = \left(\dfrac{R}{R_0}\right)^2$

② $\dfrac{U}{U_{\max}} = 2\left(\dfrac{R}{R_0}\right)^2$

③ $\dfrac{U}{U_{\max}} = \left(\dfrac{R}{R_0}\right)^2 - 2$

④ $\dfrac{U}{U_{\max}} = 1 - \left(\dfrac{R}{R_0}\right)^2$

17 기본 20년 4회 기출

원관 내에 유체가 흐를 때 유동의 특성을 결정하는 가장 중요한 요소는?

① 관성력과 점성력 ② 압력과 관성력
③ 중력과 압력 ④ 압력과 점성력

18 기본 15년 2회 기출

펌프로부터 분당 $150[L]$의 소방용수가 토출되고 있다. 토출 배관의 내경이 $65[mm]$일 때 레이놀즈수는 약 얼마인가? (단, 물의 점성계수는 $0.001[kg/m \cdot sec]$로 한다.)

① 1,300 ② 5,400
③ 49,000 ④ 82,000

19 응용 CBT 복원

지름이 $30[cm]$인 원관 속에 유체가 $0.003[m^3/sec]$의 유량으로 흐르고 있다. 이 유체의 동점성계수가 $1.002 \times 10^{-6}[m^2/sec]$일 때 유체의 흐름은 어떤 상태인가?

① 비정상류 ② 층류
③ 천이유동 ④ 난류

20 기본 17년 1회 기출

파이프 내에 정상 비압축성 유동에 있어서 관마찰계수는 어떤 변수들의 함수인가?

① 절대조도와 관지름
② 절대조도와 상대조도
③ 레이놀즈수와 상대조도
④ 마하수와 코우시수

21 기본 19년 2회 기출

점성계수와 동점성계수에 관한 설명으로 올바른 것은?

① 동점성계수=점성계수×밀도
② 점성계수=동점성계수×중력가속도
③ 동점성계수=점성계수/밀도
④ 점성계수=동점성계수/중력가속도

22 기본 20년 2회 기출

원관 속의 흐름에서 관의 직경, 유체의 속도, 유체의 밀도, 유체의 점성계수가 각각 D, V, ρ, μ로 표시될 때 층류 흐름의 마찰계수(f)는 어떻게 표현될 수 있는가?

① $f = \dfrac{64\mu}{DV\rho}$ ② $f = \dfrac{64\rho}{DV\mu}$

③ $f = \dfrac{64D}{V\rho\mu}$ ④ $f = \dfrac{64}{DV\rho\mu}$

23 기본

다음 중 점성계수 μ의 차원은 어느 것인가? (단, M: 질량, L: 길이, T: 시간의 차원이다.)

① $ML^{-1}T^{-1}$　　② $ML^{-1}T^{-2}$

③ $ML^{-2}T^{-1}$　　④ $M^{-1}L^{-1}T$

24 기본

점성계수의 단위로 사용되는 푸아즈(poise)의 환산 단위로 옳은 것은?

① cm^2/sec　　② $N \cdot sec^2/m^2$

③ $dyne/cm \cdot sec$　④ $dyne \cdot sec/cm^2$

25 응용

물이 지름 $30[mm]$인 원관 속을 흐르고 있다. 동점성계수가 $1.15 \times 10^{-6}[m^2/sec]$일 때 층류가 기대될 수 있는 최대 유량은 약 몇 $[m^3/sec]$인가? (단, 임계 레이놀즈수는 2,100이다.)

① 2.85×10^{-5}　　② 5.69×10^{-5}

③ 2.85×10^{-7}　　④ 5.69×10^{-7}

26 응용

동점성계수 $2 \times 10^{-3}[cm^2/sec]$인 유체가 안지름 $50[mm]$인 관에 흐르고 있다. 층류로 흐를 수 있는 최대유량은 약 얼마인가? (단, 임계 레이놀즈수는 2,100으로 한다.)

① $16.5[cm^3/sec]$　② $33[cm^3/sec]$

③ $49.5[cm^3/sec]$　④ $66[cm^3/sec]$

27 응용

지름이 $150[mm]$인 원관에 비중이 0.85, 동점성계수 $1.33 \times 10^{-4}[m^2/sec]$ 기름이 $0.01[m^3/sec]$의 유량으로 흐르고 있다. 이때 관마찰계수는? (단, 임계 레이놀즈수는 2,100이다.)

① 0.10　　② 0.14

③ 0.18　　④ 0.22

28 응용

온도가 $37.5[℃]$인 원유가 $0.3[m^3/sec]$의 유량으로 원관에 흐르고 있다. 레이놀즈수가 2,100일 때, 관의 지름은 약 몇 $[m]$인가? (단, 원유의 동점성계수는 $6 \times 10^{-5}[m^2/sec]$이다.)

① 1.25　　② 2.45

③ 3.03　　④ 4.45

29 심화

지름이 5[cm]인 원형 관 내에 이상기체가 층류로 흐른다. 다음 중 이 기체의 속도가 될 수 있는 것을 모두 고르면? (단, 이 기체의 절대압력은 200[kPa], 온도는 27[℃], 기체상수는 2,080[J/kg · K], 점성계수는 2×10^{-5}[N · sec/m²], 하임계 레이놀즈수는 2,200으로 한다.)

| ㄱ. 0.3[m/sec] | ㄴ. 1.5[m/sec] |
| ㄷ. 8.3[m/sec] | ㄹ. 15.5[m/sec] |

① ㄱ
② ㄱ, ㄴ
③ ㄱ, ㄴ, ㄷ
④ ㄱ, ㄴ, ㄷ, ㄹ

30 기본

프루드(Froude)수의 물리적인 의미는?

① 관성력/탄성력
② 관성력/중력
③ 압축력/관성력
④ 관성력/점성력

31 응용

수평원관 속을 층류 상태로 흐르는 경우 유량에 대한 설명으로 틀린 것은?

① 점성계수에 반비례한다.
② 관의 길이에 반비례한다.
③ 관 지름의 4제곱에 비례한다.
④ 압력 강하량에 반비례한다.

32 심화

모세관에 일정한 압력 차를 가함에 따라 발생하는 층류 유동의 유량을 측정함으로써 유체의 점도를 측정할 수 있다. 같은 압력 차에서 두 유체의 유량의 비 $Q_2/Q_1 = 2$이고, 밀도비 $\rho_2/\rho_1 = 2$일 때, 점성계수비 μ_2/μ_1은?

① 1/4
② 1/2
③ 1
④ 2

33 기본

부차적 손실계수가 5인 밸브가 관에 부착되어 있으며 물의 평균유속 4[m/sec]인 경우, 이 밸브에서 발생하는 부차적 손실수두는 몇 [m]인가?

① 61.3
② 6.13
③ 40.8
④ 4.08

34 기본

부차적 손실계수 K가 2인 관 부속품에서의 손실수두가 2[m]이라면 이때의 유속은 약 몇 [m/sec]인가?

① 4.43
② 3.14
③ 2.21
④ 2.00

35 [심화]

파이프 단면적이 2.5배로 급격하게 확대되는 구간을 지난 후의 유속이 $1.2[\text{m/sec}]$이다. 부차적 손실계수가 0.36이라면 급격확대로 인한 손실수두는 몇 $[\text{m}]$인가?

① 0.0264　　　　② 0.0661

③ 0.165　　　　④ 0.331

37 [기본]

다음과 같은 유동형태를 갖는 파이프 입구 영역의 유동에서 부차적 손실계수가 가장 큰 것은?

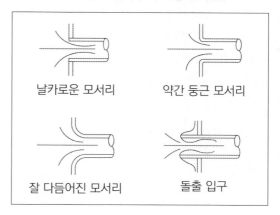

날카로운 모서리　　약간 둥근 모서리

잘 다듬어진 모서리　　돌출 입구

① 날카로운 모서리

② 약간 둥근 모서리

③ 잘 다듬어진 모서리

④ 돌출 입구

36 [기본]

다음 중 배관의 출구측 형상에 따라 손실계수가 가장 큰 것은?

㉠ 돌출 출구　　㉡ 사각모서리 출구　　㉢ 둥근 출구

① ㉠　　　　　② ㉡

③ ㉢　　　　　④ 모두 같다.

38 [기본]

글로브 밸브에 의한 손실을 지름이 $10[\text{cm}]$이고 관마찰계수가 0.025인 관의 길이로 환산하면 상당길이가 $40[\text{m}]$가 된다. 이 밸브의 부차적 손실계수는?

① 0.25　　　　② 1

③ 2.5　　　　④ 10

39 응용 16년 1회 기출

어떤 밸브가 장치된 지름 20[cm]인 원관에 4[℃]의 물이 2[m/sec]의 평균속도로 흐르고 있다. 밸브의 앞과 뒤에서의 압력 차이가 7.6[kPa]일 때, 이 밸브의 부차적 손실계수 K와 등가길이 L_e은? (단, 관의 마찰계수는 0.02이다.)

① $K = 3.8,\ L_e = 38[m]$

② $K = 7.6,\ L_e = 38[m]$

③ $K = 38,\ L_e = 3.8[m]$

④ $K = 38,\ L_e = 7.6[m]$

40 심화 22년 4회 기출

밸브가 장치된 지름 10[cm]인 원관에 비중 0.8인 유체가 2[m/sec]의 평균속도로 흐르고 있다. 밸브 전후의 압력 차이가 4[kPa]일 때, 이 밸브의 등가길이는 몇 [m]인가? (단, 관의 마찰계수는 0.02이다.)

① 10.5   ② 12.5

③ 14.5   ④ 16.5

41 기본 CBT 복원

직경 5[cm]의 관에 5[m/sec]의 물이 흐르고 있다. 관마찰계수가 0.025일 때 관의 길이가 100[m]라면 관 내의 압력강하[kPa]는?

① 62.5   ② 31.2

③ 312   ④ 625

42 기본 16년 1회 기출

$\varnothing 150[mm]$ 관을 통해 소방용수가 흐르고 있다. 평균유속이 5[m/sec]이고 50[m] 떨어진 두 지점 사이의 수두손실이 10[m]라고 하면 이 관의 마찰계수는?

① 0.0235   ② 0.0315

③ 0.0351   ④ 0.0472

43 응용 18년 2회 기출

저장용기로부터 20[℃]의 물을 길이 300[m], 지름 900[mm]인 콘크리트 수평원관을 통하여 공급하고 있다. 유량이 1[m³/sec]일 때 원관에서의 압력강하는 약 몇 [kPa]인가? (단, 관마찰계수는 약 0.023이다.)

① 3.57   ② 9.47

③ 14.3   ④ 18.8

44 응용 19년 4회 기출

거리가 1,000[m]되는 곳에 안지름 20[cm]의 관을 통하여 물을 수평으로 수송하려고 한다. 한 시간에 800[m³]를 보내기 위해 필요한 압력[kPa]는? (단, 관의 마찰계수는 0.03이다.)

① 1,370   ② 2,010

③ 3,750   ④ 4,580

45 응용

안지름 $300[\text{mm}]$, 길이 $200[\text{m}]$인 수평 원관을 통해 유량 $0.2[\text{m}^3/\text{sec}]$의 물이 흐르고 있다. 관의 양 끝단에서의 압력 차이가 $500[\text{mmHg}]$이면 관의 마찰계수는 약 얼마인가? (단, 수은의 비중은 13.6이다.)

① 0.017   ② 0.025
③ 0.038   ④ 0.041

46 응용

비중이 0.85이고 동점성계수가 $3 \times 10^{-4}[\text{m}^2/\text{sec}]$인 기름이 직경 $10[\text{cm}]$의 수평 원형 관 내에서 $20[\text{L/sec}]$으로 흐르고 있다. 이 원형 관의 $100[\text{m}]$ 길이에서의 수두손실$[\text{m}]$은? (단, 정상 비압축성 유동이다.)

① 16.6   ② 25.0
③ 49.8   ④ 82.2

47 응용

점성계수가 $0.101[\text{N} \cdot \text{sec/m}^2]$, 비중이 0.85인 기름이 내경 $300[\text{mm}]$, 길이 $3[\text{km}]$의 주철관 내부를 $0.0444[\text{m}^3/\text{sec}]$의 유량으로 흐를 때 손실수두$[\text{m}]$는?

① 7.1   ② 7.7
③ 8.1   ④ 8.9

48 심화

길이 $1,200[\text{m}]$, 안지름 $100[\text{mm}]$인 매끈한 원관을 통해서 $0.01[\text{m}^3/\text{sec}]$의 유량으로 기름을 수송한다. 이때 관에서 발생하는 압력손실은 약 몇 $[\text{kPa}]$인가? (단, 기름의 비중은 0.8, 점성계수는 $0.06[\text{N} \cdot \text{sec/m}^2]$이다.)

① 163.2   ② 201.5
③ 293.4   ④ 349.7

49 기본

한 변의 길이가 L인 정사각형 단면의 수력지름(Hydraulic diameter)은?

① L/4   ② L/2
③ L   ④ 2L

50 응용

길이가 $400[\text{m}]$이고 유동단면이 $20[\text{cm}] \times 30[\text{cm}]$인 직사각형 관에 물이 가득 차서 평균속도 $3[\text{m/sec}]$로 흐르고 있다. 이 때 손실수두는 약 몇 $[\text{m}]$인가? (단, 관마찰계수는 0.01이다.)

① 2.38   ② 4.76
③ 7.65   ④ 9.52

51 응용

직사각형 단면의 덕트에서 가로와 세로가 각각 a 및 $1.5a$이고, 길이가 L이며, 이 안에서 공기가 V의 평균속도로 흐르고 있다. 이때 손실수두를 구하는 식으로 옳은 것은? (단, f는 이 수력지름에 기초한 마찰계수이고, g는 중력가속도를 의미한다.)

① $f\dfrac{L}{a}\dfrac{V^2}{2.4g}$ ② $f\dfrac{L}{a}\dfrac{V^2}{2g}$

③ $f\dfrac{L}{a}\dfrac{V^2}{1.4g}$ ④ $f\dfrac{L}{a}\dfrac{V^2}{g}$

52 기본

안지름 $4[\mathrm{cm}]$, 바깥지름 $6[\mathrm{cm}]$인 동심 이중관의 수력직경(Hydraulic diameter)은 몇 $[\mathrm{cm}]$인가?

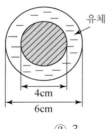

유체

4cm
6cm

① 2   ② 3
③ 4   ④ 5

53 응용

외부 지름이 $30[\mathrm{cm}]$이고 내부 지름이 $20[\mathrm{cm}]$이고 길이가 $10[\mathrm{m}]$인 환형(Annular)관에 물이 $2[\mathrm{m/sec}]$의 평균속도로 흐르고 있다. 이때 손실수두가 $1[\mathrm{m}]$일 때, 수력직경에 기초한 마찰계수는 얼마인가?

① 0.049   ② 0.054
③ 0.065   ④ 0.078

54 응용

길이가 $5[\mathrm{m}]$이며 외경과 내경이 각각 $40[\mathrm{cm}]$와 $30[\mathrm{cm}]$인 환형(Annular)관에 물이 $4[\mathrm{m/sec}]$의 평균속도로 흐르고 있다. 수력지름에 기초한 마찰계수가 0.02일 때 손실수두는 약 몇 $[\mathrm{m}]$인가?

① 0.063   ② 0.204
③ 0.472   ④ 0.816

55 응용

지름 $0.4[\mathrm{m}]$인 관에 물이 $0.5[\mathrm{m}^3/\mathrm{sec}]$로 흐를 때 길이 $300[\mathrm{m}]$에 대한 동력손실은 $60[\mathrm{kW}]$이었다. 이 때 관마찰계수(f)는 얼마인가?

① 0.0151   ② 0.0202
③ 0.0256   ④ 0.0301

56 응용

안지름 $10[\mathrm{cm}]$의 관로에서 마찰손실수두가 속도수두와 같다면 그 관로의 길이는 약 몇 $[\mathrm{m}]$인가? (단, 관마찰계수는 0.03이다.)

① 1.58   ② 2.54
③ 3.33   ④ 4.52

57 심화

그림과 같이 매우 큰 탱크에 연결된 길이 $100[\text{m}]$, 안지름 $20[\text{cm}]$인 원관에 부차적 손실계수가 5인 밸브 A가 부착되어 있다. 관 입구에서의 부차적 손실계수가 0.5, 관마찰계수는 0.02이고, 평균속도가 $2[\text{m/sec}]$일 때 물의 높이 $H[\text{m}]$는?

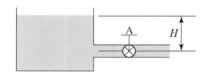

① 1.48 ② 2.14
③ 2.81 ④ 3.36

59 심화

관의 길이가 l이고, 지름이 d, 관마찰계수가 f일 때, 총 손실수두 $H[\text{m}]$를 식으로 바르게 나타낸 것은? (단, 입구 손실계수가 0.5, 출구 손실계수가 1.0, 속도수두는 $V^2/2g$이다.)

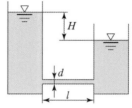

① $\left(1.5 + f\dfrac{l}{d}\right)\dfrac{V^2}{2g}$ ② $\left(f\dfrac{l}{d} + 1\right)\dfrac{V^2}{2g}$

③ $\left(0.5 + f\dfrac{l}{d}\right)\dfrac{V^2}{2g}$ ④ $\left(f\dfrac{l}{d}\right)\dfrac{V^2}{2g}$

58 기본

일반적인 배관 시스템에서 발생되는 손실을 주손실과 부차적 손실로 구분할 때 다음 중 주손실에 속하는 것은?

① 직관에서 발생하는 마찰 손실
② 파이프 입구와 출구에서의 손실
③ 단면의 확대 및 축소에 의한 손실
④ 배관부품(엘보, 리턴밴드, 티, 리듀서, 유니언, 밸브 등)에서 발생하는 손실

60 심화

수평으로 놓인 지름 $10[\text{cm}]$, 길이 $200[\text{m}]$인 파이프에 완전히 열린 글로브 밸브가 설치되어 있고, 흐르는 물의 평균속도는 $2[\text{m/sec}]$이다. 파이프의 관마찰계수가 0.02이고, 전체 손실수두가 $10[\text{m}]$이면 글로브 밸브의 손실계수는?

① 0.8 ② 2.5
③ 6.3 ④ 9

61 심화

안지름이 $30[\text{cm}]$이고 길이가 $800[\text{m}]$인 관로를 통하여 $300[\text{L/sec}]$의 물을 $50[\text{m}]$ 높이까지 양수하는 데 필요한 펌프의 동력은 약 몇 $[\text{kW}]$인가? (단, 관마찰계수는 0.03이고 펌프의 효율은 $85[\%]$이다.)

① 173   ② 259
③ 398   ④ 427

62 심화

안지름이 $10[\text{cm}]$인 수평 상태 원관의 층류 유동으로 약 $4[\text{km}]$ 떨어진 곳에 원유(점성계수 $0.02[\text{N} \cdot \text{sec/m}^2]$, 비중 0.86)를 수송하려고 한다. 이때 $0.10[\text{m}^3/\text{min}]$의 유량으로 수송하려 할 때 펌프에 필요한 동력(W)은? (단, 펌프의 효율은 $100[\%]$로 가정한다.)

① 76   ② 91
③ 10,900   ④ 9,100

63 응용

원관에서 길이가 2배, 속도가 2배가 되면 손실수두는 원래의 몇 배가 되는가? (단, 두 경우 모두 완전발달 난류유동에 해당되며, 관마찰계수는 일정하다.)

① 동일하다.   ② 2배
③ 4배   ④ 8배

64 응용

길이 $100[\text{m}]$, 직경 $50[\text{mm}]$, 상대조도 0.01인 원형 수도관 내에 물이 흐르고 있다. 관 내 평균유속이 $3[\text{m/sec}]$에서 $6[\text{m/sec}]$로 증가하면 압력손실은 몇 배로 되겠는가? (단, 유동은 마찰계수가 일정한 완전난류로 가정한다.)

① 1.41배   ② 2배
③ 4배   ④ 8배

대표유형 ④ 유체 유동의 해석

유체 유동의 해석

출제경향 CHECK!

유체 유동의 해석 유형에서는 베르누이 방정식과 토리첼리 법칙과 관련된 문제가 자주 출제됩니다.
플랜지볼트에 작용하는 힘과 노즐의 방수량 관련 문제는 기본 공식을 암기하면 풀 수 있는 정도의 문제가 주로 출제됩니다.

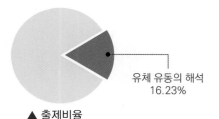

유체 유동의 해석
16.23%

▲ 출제비율

대표유형 문제

유체의 흐름에 적용되는 다음 베르누이 방정식에 관한 설명으로 옳은 것은?   22년 2회 기출

$$\frac{P}{\gamma} + \frac{V^2}{2g} + Z = C(일정)$$

① 비정상 상태의 흐름에 대해 적용된다.
② 동일한 유선상이 아니더라도 흐름 유체의 임의점에 대해 항상 적용된다.
③ 흐름 유체의 마찰효과가 충분히 고려된다.
④ 압력수두, 속도수두, 위치수두의 합이 일정함을 표시한다.

정답 ④

해설 베르누이 방정식은 에너지 보존법칙을 유체에 적용한 것으로 속도수두 $\left(\dfrac{V^2}{2g}\right)$, 압력수두 $\left(\dfrac{P}{\gamma}\right)$, 위치수두($Z$)의 합은 항상 일정하다는 것을 나타낸 것이다.

핵심이론 CHECK!

1. **베르누이 방정식을 적용할 수 있는 조건**
   ① 정상상태이고, 비압축성의 흐름이다.
   ② 이상유체의 흐름으로 비점성 흐름(마찰이 없는 흐름)이다.
   ③ 같은 유선 위의 두 점에 적용한다.

2. **베르누이 방정식**

$$\frac{V_1^2}{2g} + \frac{P_1}{\gamma} + Z_1 = \frac{V_2^2}{2g} + \frac{P_2}{\gamma} + Z_2 + \triangle H$$

V_1, V_2 : 유속[m/sec], P_1, P_2 : 압력[kPa], Z_1, Z_2 : 높이[m]
g : 중력가속도=9.8[m/sec^2], γ : 비중량(물의 비중량=9.8[kN/m^3]), $\triangle H$: 손실수두[m]

01 기본   22년 1회 기출

베르누이의 정리($\dfrac{P}{\rho} + \dfrac{V^2}{2} + gZ = \text{constant}$)

가 적용되는 조건이 아닌 것은?

① 압축성의 흐름이다.

② 정상상태의 흐름이다.

③ 마찰이 없는 흐름이다.

④ 베르누이 정리가 적용되는 임의의 두 점은 같은 유선상에 있다.

02 기본   21년 1회 기출

흐르는 유체에서 정상류의 의미로 옳은 것은?

① 흐름의 임의의 점에서 흐름 특성이 시간에 따라 일정하게 변하는 흐름

② 흐름의 임의의 점에서 흐름 특성이 시간에 관계없이 항상 일정한 상태에 있는 흐름

③ 임의의 시각에 유로 내 모든 점의 속도벡터가 일정한 흐름

④ 임의의 시각에 유로 내 각 점의 속도벡터가 다른 흐름

03 기본   20년 2회 기출

두 개의 가벼운 공을 그림과 같이 실로 매달아 놓았다. 두 개의 공 사이로 공기를 불어 넣으면 공은 어떻게 되겠는가?

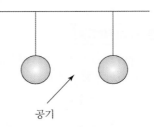

공기

① 파스칼의 법칙에 따라 벌어진다.

② 파스칼의 법칙에 따라 가까워진다.

③ 베르누이의 법칙에 따라 벌어진다.

④ 베르누이의 법칙에 따라 가까워진다.

04 기본   17년 2회 기출

관 내에 흐르는 물의 속도가 $12[\text{m/sec}]$, 압력이 $103[\text{kPa}]$이다. 속도수두(H_v)와 압력수두(H_p)는 각각 약 몇 $[\text{m}]$인가?

① $H_v = 7.35$, $H_p = 9.8$

② $H_v = 7.35$, $H_p = 10.5$

③ $H_v = 6.52$, $H_p = 9.8$

④ $H_v = 6.52$, $H_p = 10.5$

05 기본   18년 2회 기출

물이 소방노즐을 통해 대기로 방출될 때 유속이 $24[m/sec]$가 되도록 하기 위해서는 노즐입구의 압력은 몇 $[kPa]$가 되어야 하는가? (단, 압력은 계기압력으로 표시되며 마찰손실 및 노즐입구에서의 속도는 무시한다.)

① 153   ② 203

③ 288   ④ 312

07 응용   20년 1회 기출

펌프의 일과 손실을 고려할 때 베르누이 수정 방정식을 바르게 나타낸 것은? (단, H_P와 H_L은 펌프의 수두와 손실수두를 나타내며, 하첨자 1, 2는 각각 펌프의 전후 위치를 나타낸다.)

① $\dfrac{v_1^2}{2g}+\dfrac{P_1}{\gamma}+Z_1=\dfrac{v_2^2}{2g}+\dfrac{P_2}{\gamma}+H_L$

② $\dfrac{v_1^2}{2g}+\dfrac{P_1}{\gamma}+Z_1+H_P=\dfrac{v_2^2}{2g}+\dfrac{P_2}{\gamma}+H_L$

③ $\dfrac{v_1^2}{2g}+\dfrac{P_1}{\gamma}+H_P=\dfrac{v_2^2}{2g}+\dfrac{P_2}{\gamma}+Z_2+H_L$

④ $\dfrac{v_1^2}{2g}+\dfrac{P_1}{\gamma}+Z_1+H_P=\dfrac{v_2^2}{2g}+\dfrac{P_2}{\gamma}+Z_2+H_L$

06 응용   CBT 복원

관 내에서 관마찰에 의한 손실수두가 속도수두와 같게 될 때의 관의 길이는 약 몇 $[m]$인가? (단, 관의 지름은 $400[mm]$이고, 관마찰계수는 0.041이다.)

① 9.75   ② 10.05

③ 10.45   ④ 10.24

08 기본   19년 1회 기출

지면으로부터 $4[m]$의 높이에 설치된 수평관 내로 물이 $4[m/sec]$로 흐르고 있다. 물의 압력이 $78.4[kPa]$인 관 내의 한 점에서 전수두는 지면을 기준으로 약 몇 $[m]$인가?

① 4.76   ② 6.24

③ 8.82   ④ 12.81

09 응용   15년 4회 기출

그림과 같이 크기가 다른 관이 접속된 수평배관 내에 화살표의 방향으로 정상류의 물이 흐르고 있고 두 개의 압력계 A, B가 각각 설치되어 있다. 압력계 A, B에서 지시하는 압력을 각각 P_A, P_B라고 할 때 P_A와 P_B의 관계로 옳은 것은? (단, A와 B 지점 간의 배관 내 마찰손실은 없다고 가정한다.)

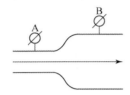

① $P_A > P_B$
② $P_A < P_B$
③ $P_A = P_B$
④ 이 조건만으로는 판단할 수 없다.

10 응용   12년 2회 기출

그림과 같은 벤추리관에 유량 $3[\text{m}^3/\text{min}]$으로 물이 흐르고 있다. 단면 1의 직경이 $20[\text{cm}]$, 단면 2의 직경이 $10[\text{cm}]$일 때 벤추리 효과에 의한 물의 높이 차 $\triangle h$는 약 몇 $[\text{m}]$인가? (단, 모든 손실은 무시한다.)

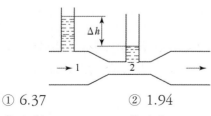

① 6.37
② 1.94
③ 1.61
④ 1.2

11 심화   20년 1회 기출

그림과 같이 길이 $5[\text{m}]$, 입구직경(D_1) $30[\text{cm}]$, 출구직경(D_2) $16[\text{cm}]$인 직관을 수평면과 $30°$ 기울어지게 설치하였다. 입구에서 $0.3[\text{m}^3/\text{sec}]$로 유입되어 출구에서 대기중으로 분출된다면 입구에서의 압력[kPa]은? (단, 대기는 표준대기압 상태이고 마찰손실은 없다.)

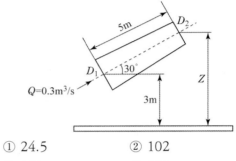

① 24.5
② 102
③ 127
④ 228

12 응용   12년 1회 기출

펌프의 출구와 입구에서의 높이 차이와 속도 차이는 매우 작고 압력 차이는 $\triangle P$일 때 비중량이 γ인 액체를 체적유량 Q로 송출하기 위하여 필요한 펌프의 최소 동력은?

① $\gamma Q \triangle P$
② $\dfrac{Q \triangle P}{\gamma}$
③ $Q \triangle P$
④ $\dfrac{\gamma}{2} Q^2 \triangle P$

13 [심화]

그림과 같이 사이폰에 의해 용기 속의 물이 $4.8[\mathrm{m}^3/\mathrm{min}]$로 방출된다면 전체 손실수두$[\mathrm{m}]$는 얼마인가? (단, 관 내 마찰은 무시한다.)

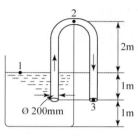

① 0.668

② 0.330

③ 1.043

④ 1.826

14 [심화]

비중이 0.877인 기름이 단면적이 변하는 원관을 흐르고 있으며 체적유량은 $0.146[\mathrm{m}^3/\mathrm{sec}]$이다. A점에서는 안지름이 $150[\mathrm{mm}]$, 압력이 $91[\mathrm{kPa}]$이고, B점에서는 안지름이 $450[\mathrm{mm}]$, 압력이 $60.3[\mathrm{kPa}]$이다. 또한 B점은 A점보다 $3.66[\mathrm{m}]$ 높은 곳에 위치한다. 기름이 A점에서 B점까지 흐르는 동안의 손실수두는 약 몇 $[\mathrm{m}]$인가? (단, 물의 비중량은 $9,810[\mathrm{N}/\mathrm{m}^3]$이다.)

① 3.3

② 7.2

③ 10.7

④ 14.1

15 [심화]

물탱크의 자유표면으로부터 약 $10[\mathrm{m}]$ 아래에 지름이 $2[\mathrm{cm}]$이고, 길이가 $40[\mathrm{m}]$인 수평 형태의 파이프를 연결하고, 끝에 지름이 $1[\mathrm{cm}]$인 수도꼭지를 달았다. 이 경우 수도꼭지의 출구에서의 유속은 약 몇 $[\mathrm{m}/\mathrm{sec}]$인가? (단, 파이프 내의 마찰계수는 0.025이고, 수도꼭지에서의 부차적 손실계수는 50이며, 문제에 주어지지 않은 다른 손실은 무시한다.)

① 0.5

② 1.1

③ 1.9

④ 2.9

16 [심화]

펌프의 입구 및 출구측에 연결된 진공계와 압력계가 각각 $25[\mathrm{mmHg}]$와 $260[\mathrm{kPa}]$을 가리켰다. 이 펌프의 배출유량이 $0.15[\mathrm{m}^3/\mathrm{sec}]$가 되려면 펌프의 동력은 약 몇 $[\mathrm{kW}]$가 되어야 하는가? (단, 펌프의 입구와 출구의 높이차는 없고, 입구측 안지름은 $20[\mathrm{cm}]$, 출구측 안지름은 $15[\mathrm{cm}]$이다.)

① 3.95

② 4.32

③ 39.5

④ 43.2

17 [심화]

관의 단면적이 $0.6[\mathrm{m}^2]$ 에서 $0.2[\mathrm{m}^2]$로 감소하는 수평 원형 축소관으로 공기를 수송하고 있다. 관에서의 마찰손실은 없는 것으로 가정하고 $7.26[\mathrm{N}/\mathrm{sec}]$의 공기가 흐를 때 압력 감소는 몇 $[\mathrm{Pa}]$인가? (단, 공기 밀도는 $1.23[\mathrm{kg}/\mathrm{m}^3]$이다.)

① 4.96

② 5.58

③ 6.20

④ 9.92

18 [심화]
CBT 복원

다음과 같은 물탱크에서 지름이 $25[\mathrm{mm}]$인 원형 모양의 출구를 통해 물이 유출되고 있다. 출구의 모양을 동일한 단면적의 사각형으로 변경했을 때 유출되는 유량의 변화로 옳은 것은? (단, 사각 및 원형 모양의 출구의 손실계수는 각각 0.5, 0.04 이다.)

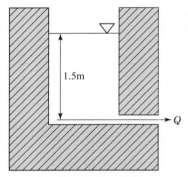

① $0.00044[\mathrm{m^3/sec}]$만큼 증가한다.
② $0.00044[\mathrm{m^3/sec}]$만큼 감소한다.
③ $0.00088[\mathrm{m^3/sec}]$만큼 증가한다.
④ $0.00088[\mathrm{m^3/sec}]$만큼 감소한다.

19 [기본]
20년 2회 기출

경사진 관로의 유체 흐름에서 수력기울기선의 위치로 옳은 것은?

① 언제나 에너지선보다 위에 있다.
② 에너지선보다 속도수두만큼 아래에 있다.
③ 항상 수평이 된다.
④ 개수로의 수면보다 속도수두 만큼 위에 있다.

20 [기본]
CBT 복원

에너지선(E.L)에 대한 설명으로 옳은 것은?

① 수력구배선보다 압력수두 만큼 위에 있다.
② 압력수두와 속도수두의 합이다.
③ 수력구배선보다 위치수두 만큼 위에 있다.
④ 수력구배선보다 속도수두 만큼 위에 있다.

21 [응용]
21년 2회 기출

유속 $6[\mathrm{m/sec}]$로 정상류의 물이 화살표 방향으로 흐르는 배관에 압력계와 피토계가 설치되어 있다. 이때 압력계의 계기압력이 $300[\mathrm{kPa}]$이었다면 피토계의 계기압력은 약 몇 $[\mathrm{kPa}]$인가?

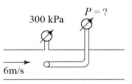

① 180   ② 280
③ 318   ④ 336

22 [응용]
CBT 복원

관 내에 물이 $30[\mathrm{m/sec}]$로 흐르고 있다. 그 지점의 정압이 $100[\mathrm{kPa}]$일 때 정체압은 몇 $[\mathrm{kPa}]$인가?

① 0.45   ② 100
③ 450   ④ 550

23 [기본]

$3[\text{m/sec}]$의 속도로 물이 흐르고 있는 관로 내에 피토관을 삽입하고, 비중 1.8의 액체를 넣은 시차 액주계에서 나타나게 되는 액주차는 약 몇 $[\text{m}]$인가?

① 0.191   ② 0.573

③ 1.41   ④ 2.15

25 [응용]

지름이 $15[\text{cm}]$인 관에 질소가 흐르는데, 피토관에 의한 마노미터는 $4[\text{cmHg}]$의 차를 나타냈다. 유속은 약 몇 $[\text{m/sec}]$인가? (단, 질소의 비중은 0.00114, 수은의 비중은 13.6, 중력가속도는 $9.8[\text{m/sec}^2]$이다.)

① 76.5   ② 85.6

③ 96.7   ④ 105.6

24 [응용]

피토관을 사용하여 일정 속도로 흐르고 있는 물의 유속(V)을 측정하기 위해, 그림과 같이 비중 s인 유체를 갖는 액주계를 설치하였다. $s = 2$일 때 액주의 높이 차이가 $H = h$가 되면, $s = 3$일 때 액주의 높이 차(H)는 얼마가 되는가?

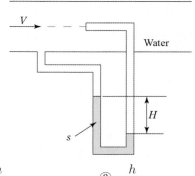

① $\dfrac{h}{9}$ ② $\dfrac{h}{\sqrt{3}}$

③ $\dfrac{h}{3}$ ④ $\dfrac{h}{2}$

26 [기본]

그림과 같이 수은 마노미터를 이용하여 물의 유속을 측정하고자 한다. 마노미터에서 측정한 높이차 (h)가 $30[\text{mm}]$일 때 오리피스 전후의 압력 $[\text{kPa}]$ 차이는? (단, 수은의 비중은 13.6이다.)

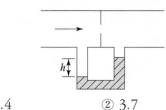

① 3.4   ② 3.7

③ 3.9   ④ 4.4

27 기본

그림과 같이 수조의 밑부분에 구멍을 뚫고 물을 유량 Q로 방출시키고 있다. 손실을 무시할 때 수위가 처음 높이의 1/2로 되었을 때 방출되는 유량은 어떻게 되는가?

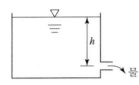

① $\dfrac{1}{\sqrt{2}}Q$

② $\dfrac{1}{2}Q$

③ $\dfrac{1}{\sqrt{3}}Q$

④ $\dfrac{1}{3}Q$

28 기본

그림과 같은 사이펀에서 마찰손실을 무시할 때, 사이펀 끝단에서의 속도(V)가 $4[\mathrm{m/sec}]$이기 위해서는 h가 약 몇 $[\mathrm{m}]$이어야 하는가?

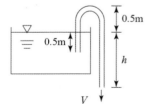

① $0.82[\mathrm{m}]$

② $0.77[\mathrm{m}]$

③ $0.72[\mathrm{m}]$

④ $0.87[\mathrm{m}]$

29 기본

대기 중으로 방사되는 물제트에 피토관의 흡입구를 갖다 대었을 때, 피토관의 수직부에 나타나는 수주의 높이가 $0.6[\mathrm{m}]$라고 하면, 물제트의 유속은 약 몇 $[\mathrm{m/sec}]$인가? (단, 모든 손실은 무시한다.)

① 0.25

② 1.55

③ 2.75

④ 3.43

30 기본

물이 들어 있는 탱크에 수면으로부터 $20[\mathrm{m}]$ 깊이에 지름 $50[\mathrm{mm}]$의 오리피스가 있다. 이 오리피스에서 흘러나오는 유량 $[\mathrm{m^3/min}]$은? (단, 탱크의 수면 높이는 일정하고 모든 손실은 무시한다.)

① 1.3

② 2.3

③ 3.3

④ 4.3

31 응용

그림과 같은 수조에 $0.3[\mathrm{m}] \times 1.0[\mathrm{m}]$ 크기의 사각 수문을 통하여 유출되는 유량은 몇 $[\mathrm{m^3/sec}]$인가? (단, 마찰손실은 무시하고 수조의 크기는 매우 크다고 가정한다.)

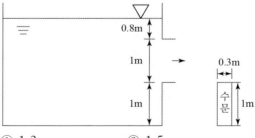

① 1.3

② 1.5

③ 1.7

④ 1.9

32 기본

관 내에 물이 흐르고 있을 때, 그림과 같이 액주계를 설치하였다. 관 내에서 물의 유속은 약 몇 [m/sec]인가?

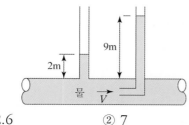

① 2.6
② 7
③ 11.7
④ 137.2

33 응용

피토관으로 파이프 중심선에서 흐르는 물의 유속을 측정할 때 피토관의 액주높이가 $5.2[m]$, 정압 튜브의 액주높이가 $4.2[m]$를 나타낸다면 유속 [m/sec]은? (단, 속도계수(C_v)는 0.97이다.)

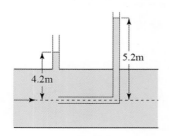

① 4.3
② 3.5
③ 2.8
④ 1.9

34 응용

그림과 같이 물이 수조에 연결된 원형 파이프를 통해 분출하고 있다. 수면과 파이프의 출구 사이에 총 손실수두가 $200[mm]$이라고 할 때 파이프에서의 방출유량은 약 몇 $[m^3/sec]$인가? (단, 수면 높이의 변화 속도는 무시한다.)

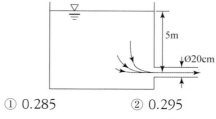

① 0.285
② 0.295
③ 0.305
④ 0.315

35 응용

직경이 $19[mm]$인 노즐을 사용하여 노즐압력이 $400[kPa]$인 계기압력으로 옥내소화전을 방수할 경우 방수속도[m/sec]는?

① 15.28
② 19.28
③ 23.28
④ 28.28

36 응용

물탱크에 담긴 물의 수면의 높이가 $10[m]$인데, 물탱크 바닥에 원형 구멍이 생겨서 $10[L/sec]$ 만큼 물이 유출되고 있다. 원형 구멍의 지름은 약 몇 [cm]인가? (단, 구멍의 유량보정계수는 0.6이다.)

① 2.7
② 3.1
③ 3.5
④ 3.9

37 심화

깊이 $1[\text{m}]$까지 물을 넣은 물탱크의 밑에 오리피스가 있다. 수면에 대기압이 작용할 때의 초기 오리피스에서의 유속 대비 2배 유속으로 물을 유출시키려면 수면에는 몇 $[\text{kPa}]$의 압력을 더 가하면 되는가? (단, 손실은 무시한다.)

① 9.8

② 19.6

③ 29.4

④ 39.2

38 심화

그림과 같이 수조의 두 노즐에서 물이 분출하여 한 점(A)에서 만나려고 하면 어떤 관계가 성립되어야 하는가? (단, 공기저항과 노즐의 손실은 무시한다.)

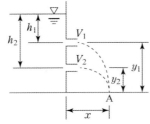

① $h_1 y_1 = h_2 y_2$

② $h_1 y_2 = h_2 y_1$

③ $h_1 h_2 = y_1 y_2$

④ $h_1 y_1 = 2h_2 y_2$

39 심화

다음과 같이 물이 유량 Q로 수조에 들어가고 있고, 수조 바닥에 있는 면적 A_2의 구멍을 통하여 속도 $V = \sqrt{2gh}$로 나가고 있다. 수조의 수면 높이가 변화하는 속도 $\dfrac{dh}{dt}$를 구하는 식은?

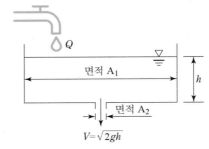

① $\dfrac{Q}{A_2}$

② $\dfrac{A_2 \sqrt{2gh}}{A_1}$

③ $\dfrac{Q - A_2 \sqrt{2gh}}{A_1}$

④ $\dfrac{Q - A_2 \sqrt{2gh}}{A_2}$

40 기본

출구 지름이 $50[\text{mm}]$인 노즐이 $100[\text{mm}]$의 수평관과 연결되어 있다. 이 관을 통하여 물(밀도 $1,000[\text{kg/m}^3]$)이 $0.02[\text{m}^3/\text{sec}]$의 유량으로 흐르는 경우 이 노즐에 작용하는 힘은 몇 $[\text{N}]$인가?

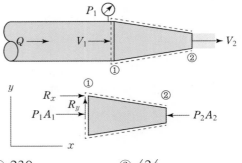

① 230

② 424

③ 508

④ 7,709

41 응용

지름 $10[\text{cm}]$의 호스에 출구 지름이 $3[\text{cm}]$인 노즐이 부착되어 있고, $1,500[\text{L/min}]$의 물이 대기 중으로 뿜어져 나온다. 이때 4개의 플랜지볼트를 사용하여 노즐을 호스에 부착하고 있다면 볼트 1개에 작용되는 힘의 크기[N]는? (단, 유동에서 마찰이 존재하지 않는다고 가정한다.)

① 58.3

② 899.4

③ 1,018.4

④ 4,098.2

42 심화

직경이 D/2인 출구를 통해 유체가 대기로 방출될 때, 이음매에 작용하는 힘은? (단, 마찰손실과 중력의 영향은 무시하고, 유체의 밀도는 ρ이고, 단면적 $A = \dfrac{\pi}{4}D^2$이다.)

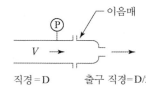

① $\dfrac{1}{2}\rho V^2 A$

② $3\rho V^2 A$

③ $\dfrac{9}{2}\rho V^2 A$

④ $\dfrac{15}{2}\rho V^2 A$

43 심화

다음과 같은 면적 A_1인 원형관의 출구에 노즐이 볼트로 연결되어 있으며 물이 분출하고 있다. 노즐 끝의 면적은 $A_2 = 0.2A_1$이고, 1 지점에서의 절대압력이 P_1, 속도는 V_1일 때 전체 볼트에 작용하는 힘의 크기는? (단, 대기압은 P_{atm}, 물의 밀도는 ρ이다.)

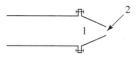

① $P_1 A_1 - P_{atm}A_2 - 4\rho A_1 V_1^2$

② $P_1 A_1 - P_{atm}A_2 + 4\rho A_1 V_1^2$

③ $(P_1 - P_{atm})A_1 - 4\rho A_1 V_1^2$

④ $(P_1 - P_{atm})A_1 + 4\rho A_1 V_1^2$

44 응용

무한한 두 평판 사이에 유체가 채워져 있고 한 평판은 정지해 있고 또 다른 평판은 일정한 속도로 움직이는 Couette 유동을 하고 있다. 유체 A만 채워져 있을 때 평판을 움직이기 위한 단위면적당 힘을 τ_1이라 하고 같은 평판 사이에 점성이 다른 유체 B만 채워져 있을 때 필요한 힘을 τ_2라 하면 유체 A와 B가 반반씩 위아래로 채워져 있을 때 평판을 같은 속도로 움직이기 위한 단위면적당 힘에 대한 표현으로 옳은 것은?

① $\dfrac{\tau_1 + \tau_2}{2}$

② $\sqrt{\tau_1 \tau_2}$

③ $\dfrac{2\tau_1 \tau_2}{\tau_1 + \tau_2}$

④ $\tau_1 + \tau_2$

45 기본
20년 4회 기출

옥내소화전에서 노즐의 직경이 $2[cm]$이고, 방수량이 $0.5[m^3/min]$이라면 방수압(계기압력)$[kPa]$은?

① 35.18   ② 351.8

③ 566.4   ④ 56.64

46 기본
19년 2회 기출

안지름이 $25[mm]$인 노즐 선단에서의 방수압력은 계기압력으로 $5.8 \times 10^5[Pa]$이다. 이때 방수량은 약 $[m^3/sec]$인가?

① 0.017   ② 0.17

③ 0.034   ④ 0.34

47 기본
21년 2회 기출

동일한 노즐구경을 갖는 소방차에서 방수압력이 1.5배가 되면 방수량은 몇 배로 되는가?

① 1.22배   ② 1.41배

③ 1.52배   ④ 2.25배

48 응용
20년 4회 기출

용량 $1,000[L]$의 탱크차가 만수 상태로 화재현장에 출동하여 노즐압력 $294.2[kPa]$, 노즐구경 $21[mm]$를 사용하여 방수한다면 탱크차 내의 물을 전부 방수하는데 몇 분 소요되는가? (단, 모든 손실은 무시한다.)

① 1.7분   ② 2분

③ 2.3분   ④ 2.7분

49 응용
17년 4회 기출

안지름이 $13[mm]$인 옥내소화전의 노즐에서 방출되는 물의 압력(계기압력)이 $230[kPa]$이라면 10분 동안의 방수량은 약 몇 $[m^3]$인가?

① 1.7   ② 3.6

③ 5.2   ④ 7.4

⑤ 유체정역학

출제경향 CHECK!

유체정역학 유형의 출제비율은 약 11%로 한 회차에서 2~3문제 정도가 출제됩니다. 이 유형에서는 부력과 관련된 문제가 자주 출제되는데 부력 관련 문제는 응용되어 출제되는 경향이 있어 공식만 암기하기 보다는 기본개념을 이해해야 합니다.

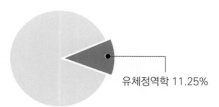

유체정역학 11.25%

▲ 출제비율

대표유형 문제

공기 중에서 무게가 $941[\mathrm{N}]$인 돌이 물속에서 $500[\mathrm{N}]$이라면 이 돌의 체적$[\mathrm{m}^3]$은? (단, 공기의 부력은 무시한다.)

20년 4회 기출

① 0.012
② 0.028
③ 0.034
④ 0.045

정답 ④

해설 부력 F_B=공기 중 무게-물속 무게$= 941 - 500 = 441[\mathrm{N}]$

$$V = \frac{F_B}{\gamma} = \frac{441}{9,800} = 0.045[\mathrm{m}^3]$$

핵심이론 CHECK!

1. 부력

① 물체가 물에 완전히 잠긴 경우 부력(F_B)=공기 중 무게-물속 무게

② 부력(F_B) 공식

$$F_B = \gamma V$$

γ: 유체의 비중량(물의 경우$= 9,800[\mathrm{N/m}^3]$), V: 물체가 잠긴 부피$[\mathrm{m}^3]$

2. 수평분력과 수직분력

수평분력	수직분력
$F_H = \gamma h A$	$F_V = \gamma V$
F_H: 수평분력$[\mathrm{kN}]$, F_V: 수직분력$[\mathrm{kN}]$,	
γ: 비중량$[\mathrm{kN/m}^3]$, h: 수면에서 수문 중심까지의 수직길이$[\mathrm{m}]$, A: 단면적$[\mathrm{m}^2]$ V: 부피$[\mathrm{m}^3]$	

01 [기본]

19년 2회 기출

출구 단면적이 $0.02[m^2]$인 수평 노즐을 통하여 물이 수평 방향으로 $8[m/sec]$의 속도로 노즐 출구에 놓여있는 수직 평판에 분사될 때 평판에 작용하는 힘은 약 몇 $[N]$인가?

① 800　　　　② 1,280

③ 2,560　　　④ 12,544

02 [응용]

20년 2회 기출

출구 단면적이 $0.0004[m^2]$인 소방호스로부터 $25[m/sec]$의 속도로 수평으로 분출되는 물제트가 수직으로 세워진 평판과 충돌한다. 평판을 고정시키기 위한 힘(F)은 몇 $[N]$인가?

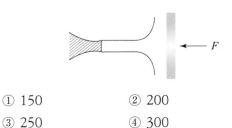

① 150　　　　② 200

③ 250　　　　④ 300

03 [응용]

21년 2회 기출

그림과 같이 중앙 부분에 구멍이 뚫린 원판에 지름 D의 원형 물제트가 대기압 상태에서 V의 속도로 충돌하여 원판 뒤로 지름 $D/2$의 원형 물제트가 V의 속도로 흘러나가고 있다. 이 경우 원판이 받는 힘을 구하는 계산식으로 옳은 것은? (단, ρ는 물의 밀도이다.)

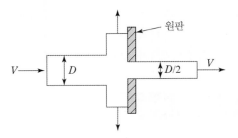

① $\dfrac{3}{16}\rho\pi V^2 D^2$　　② $\dfrac{3}{8}\rho\pi V^2 D^2$

③ $\dfrac{3}{4}\rho\pi V^2 D^2$　　④ $3\rho\pi V^2 D^2$

04 [심화]

22년 2회 기출

그림과 같은 중앙 부분에 구멍이 뚫린 원판에 지름 $20[cm]$의 원형 물제트가 대기압 상태에서 $5[m/sec]$의 속도로 충돌하여, 원판 뒤로 지름 $10[cm]$의 원형 물제트가 $5[m/sec]$의 속도로 흘러나가고 있을 때, 원판을 고정하기 위한 힘은 약 몇 $[N]$인가?

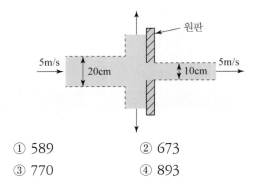

① 589　　　　② 673

③ 770　　　　④ 893

05 응용
21년 4회 기출

그림에서 물 탱크차가 받는 추력은 약 몇 [N]인가? (단, 노즐의 단면적은 $0.03[\text{m}^2]$이며, 탱크 내의 계기압력은 $40[\text{kPa}]$이다. 또한 노즐에서 마찰손실은 무시한다.)

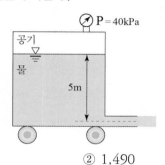

① 812
② 1,490
③ 2,710
④ 5,340

06 심화
21년 1회 기출

그림과 같이 $60°$로 기울어진 고정된 평판에 직경 $50[\text{mm}]$의 물 분류가 $20[\text{m/sec}]$ 속도로 충돌하고 있다. 분류가 충돌할 때 판에 수직으로 작용하는 충격력 $R[\text{N}]$은?

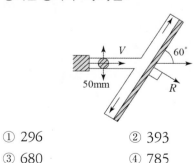

① 296
② 393
③ 680
④ 785

07 심화
18년 4회 기출

그림과 같이 스프링상수(Spring constant)가 $10[\text{N/cm}]$인 4개의 스프링으로 평판 A를 벽 B에 그림과 같이 설치되어 있다. 이 평판에 유량 $0.01[\text{m}^3/\text{sec}]$, 속도 $10[\text{m/sec}]$인 물제트가 평판 A의 중앙에 직각으로 충돌할 때, 물제트에 의해 평판과 벽 사이의 단축되는 거리는 약 몇 [cm]인가?

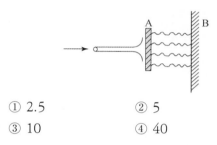

① 2.5
② 5
③ 10
④ 40

08 응용
18년 1회 기출

그림과 같이 수직 평판에 속도 $2[\text{m/sec}]$로 단면적이 $0.01[\text{m}^2]$인 물제트가 수직으로 세워진 벽면에 충돌하고 있다. 벽면의 오른쪽에서 물제트를 왼쪽 방향으로 쏘아 벽면의 평형을 이루게 하려면 물제트의 속도를 약 몇 [m/sec]로 해야 하는가? (단, 오른쪽에서 쏘는 물제트의 단면적은 $0.005[\text{m}^2]$이다.)

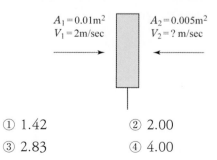

① 1.42
② 2.00
③ 2.83
④ 4.00

09 [기본]

그림과 같이 대기압 상태에서 V의 균일한 속도로 분출된 직경 D의 원형 물제트가 원판에 충돌할 때 원판이 U의 속도로 오른쪽으로 계속 동일한 속도로 이동하려면 외부에서 원판에 가해야 하는 힘 F는? (단, ρ는 물의 밀도, g는 중력가속도이다.)

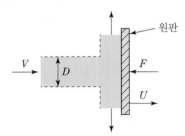

① $\dfrac{\rho\pi D^2}{4}(V-U)^2$

② $\dfrac{\rho\pi D^2}{4}(V+U)^2$

③ $\rho\pi D^2(V-U)(V+U)$

④ $\dfrac{\rho\pi D^2(V-U)(V+U)}{4}$

10 [기본]

노즐에서 분사되는 물의 속도가 $12[\mathrm{m/sec}]$이고, 분류에 수직인 평판은 속도 $u=4[\mathrm{m/sec}]$로 움직일 때, 평판이 받는 힘은 약 몇 $[\mathrm{N}]$인가? (단, 노즐(분류)의 단면적은 $0.01[\mathrm{m}^2]$이다.)

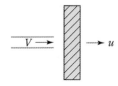

① 640　　　　② 960

③ 1,280　　　④ 1,440

11 [응용]

물속에 수직으로 완전히 잠긴 원판의 도심과 압력 중심 사이의 최대 거리는 얼마인가? (단, 원판의 반지름은 R이며, 이 원판의 면적 관성모멘트는 $I_{xc}=\dfrac{\pi R^4}{4}$이다.)

① R/8　　　　② R/4

③ R/2　　　　④ 2R/3

12 [심화]

그림과 같이 수평과 30° 경사된 폭 $50[\mathrm{cm}]$인 수문 AB가 A점에서 힌지(hinge)로 되어 있다. 이 문을 열기 위한 최소한의 힘 F(수문에 직각 방향)는 약 몇 $[\mathrm{kN}]$인가? (단, 수문의 무게는 무시하고, 유체의 비중은 1이다.)

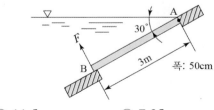

① 11.5　　　　② 7.35

③ 5.51　　　　④ 2.71

13 심화   20년 4회 기출

그림과 같은 곡관에 물이 흐르고 있을 때 계기압력으로 P_1이 98[kPa]이고, P_2가 29.42[kPa]이면 이 곡관을 고정시키는 데 필요한 힘[N]은? (단, 높이차 및 모든 손실은 무시한다.)

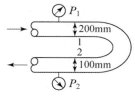

① 4,141   ② 4,314
③ 4,565   ④ 4,744

14 심화   16년 1회 기출

그림과 같이 속도 V인 유체가 정지하고 있는 곡면 깃에 부딪혀 그림의 각도로 유동 방향이 바뀐다. 유체가 곡면에 가하는 힘의 x, y 성분의 크기를 $|F_x|$와 $|F_y|$라 할 때 $|F_y| / |F_x|$는? (단, 유동 단면적은 일정하고, $0° < \theta < 90°$ 이다.)

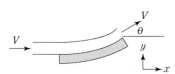

① $\dfrac{1-\cos\theta}{\sin\theta}$ ② $\dfrac{\sin\theta}{1-\cos\theta}$

③ $\dfrac{1-\sin\theta}{\cos\theta}$ ④ $\dfrac{\cos\theta}{1-\sin\theta}$

15 기본   19년 4회 기출

지름이 다른 두 개의 피스톤이 그림과 같이 연결되어 있다. "1" 부분의 피스톤의 지름이 "2"부분의 2배일 때, 각 피스톤에 작용하는 힘 F_1과 F_2의 크기의 관계는?

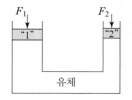

① $F_1 = F_2$ ② $F_1 = 2F_2$
③ $F_1 = 4F_2$ ④ $4F_1 = F_2$

16 응용   21년 2회 기출

수압기에서 피스톤의 반지름이 각각 20[cm]와 10[cm]이다. 작은 피스톤에 19.6[N]의 힘을 가하는 경우 평형을 이루기 위해 큰 피스톤에는 몇 [N]의 하중을 가하여야 하는가?

① 4.9   ② 9.8
③ 68.4   ④ 78.4

17 응용   18년 4회 기출

피스톤의 지름이 각각 10[mm], 50[mm]인 두 개의 유압장치가 있다. 두 피스톤 안에 작용하는 압력은 동일하고, 큰 피스톤이 1,000[N]의 힘을 발생시킨다고 할 때 작은 피스톤에서 발생시키는 힘은 약 몇 [N]인가?

① 40   ② 400
③ 25,000   ④ 245,000

18 응용   21년 1회 기출

그림에서 두 피스톤이 지름이 각각 $30[\text{cm}]$와 $5[\text{cm}]$이다. 큰 피스톤이 $1[\text{cm}]$ 아래로 움직이면 작은 피스톤은 위로 몇 $[\text{cm}]$ 움직이는가?

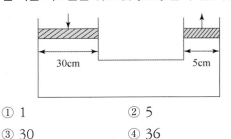

① 1   ② 5
③ 30   ④ 36

19 심화   19년 1회 기출

단면적이 A와 $2A$인 U자형 관에 밀도가 d인 기름이 담겨져 있다. 단면적이 $2A$인 관에 관벽과 마찰이 없는 물체를 놓았더니 그림과 같이 평형을 이루었다. 이때 이 물체의 질량은?

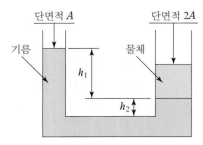

① $2Ah_1d$ ② Ah_1d
③ $A(h_1+h_2)d$ ④ $A(h_1-h_2)d$

20 응용   22년 2회 기출

어떤 물체가 공기 중에서 무게는 $588[\text{N}]$이고, 수중에서 무게는 $98[\text{N}]$이었다. 이 물체의 체적(V)과 비중(s)은?

① $V=0.05[\text{m}^3]$, $s=1.2$

② $V=0.05[\text{m}^3]$, $s=1.5$

③ $V=0.5[\text{m}^3]$, $s=1.2$

④ $V=0.5[\text{m}^3]$, $s=1.5$

21 응용   16년 4회 기출

수면에 잠긴 무게가 $490[\text{N}]$인 매끈한 쇠구슬을 줄에 매달아서 일정한 속도로 내리고 있다. 쇠구슬이 물속으로 내려갈수록 들고 있는데 필요한 힘은 어떻게 되는가? (단, 물은 정지된 상태이며, 쇠구슬은 완전한 구형체이다.)

① 적어진다.
② 동일하다.
③ 수면 위보다 커진다.
④ 수면 바로 아래보다 커진다.

22 응용   18년 2회 기출

비중이 1.03인 바닷물에 비중 0.9인 빙산이 떠있다. 전체 부피의 몇 $[\%]$가 해수면 위로 올라와 있는가?

① 12.6   ② 10.8
③ 7.2   ④ 6.3

23 [응용]   CBT 복원

비중이 1.02인 유체에 어떤 물체를 넣었더니 그 물체의 95[%]가 잠겼다. 이 물체의 비중은 얼마 인가?

① 0.843   ② 0.969

③ 1.173   ④ 1.248

24 [응용]   18년 1회 기출

비중 0.92인 빙산이 비중 1.025의 바닷물 수면에 떠 있다. 수면 위에 나온 빙산의 체적이 150[m³]이면 빙산의 전체 체적은 약 몇 [m³]인가?

① 1,314   ② 1,464

③ 1,725   ④ 1,875

25 [심화]   21년 4회 기출

한 변이 8[cm]인 정육면체를 비중이 1.26인 글리세린에 담그니 절반의 부피가 잠겼다. 이때 정육면체를 수직 방향으로 눌러 완전히 잠기게 하는 데 필요한 힘은 약 몇 [N]인가?

① 2.56   ② 3.16

③ 6.53   ④ 12.5

26 [심화]   22년 1회 기출

비중이 0.6이고 길이 20[m], 폭 10[m], 높이 3[m]인 직육면체 모양의 소방정 위에 비중이 0.9인 포소화약제 5톤을 실었다. 바닷물의 비중이 1.03일 때 바닷물 속에 잠긴 소방정의 깊이는 몇 [m]인가?

① 3.54   ② 2.5

③ 1.77   ④ 0.6

27 [응용]   19년 1회 기출

그림과 같은 1/4 원형의 수문(水門) AB가 받는 수평성분 힘(F_H)과 수직성분 힘(F_V)은 각각 약 몇 [kN]인가? (단, 수문의 반지름은 2[m]이고, 폭은 3[m]이다.)

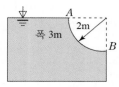

① $F_H = 24.4$, $F_V = 46.2$

② $F_H = 24.4$, $F_V = 92.4$

③ $F_H = 58.8$, $F_V = 46.2$

④ $F_H = 58.8$, $F_V = 92.4$

28 응용

반지름이 같은 4분원 모양의 두 수문 AB와 CD에 작용하는 단위 폭당 수직 정수력의 크기의 비는? (단, 대기압은 무시하며 물속에서 A와 C의 압력은 같다고 가정한다.)

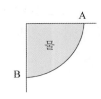 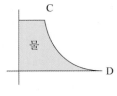

① $1 : \dfrac{2}{3}$

② $1 : 1$

③ $1 : \left(1 - \dfrac{\pi}{4}\right)$

④ $\left(1 - \dfrac{\pi}{4}\right) : 1$

29 기본

폭이 $4[\mathrm{m}]$이고 반경이 $1[\mathrm{m}]$인 그림과 같은 1/4 원형 모양으로 설치된 수문 AB가 있다. 이 수문이 받는 수직 방향 분력 F_V의 크기[N]는?

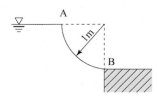

① 7,613

② 9,801

③ 30,787

④ 123,000

30 응용

그림에서 물에 의하여 점 B에서 힌지된 사분원 모양의 수문이 평형을 유지하기 위하여 수면에서 수문을 잡아당겨야 하는 힘 T는 약 몇 $[\mathrm{kN}]$인가? (단, 수문의 폭은 $1[\mathrm{m}]$, 반지름 $r = \overline{OB}$은 $2[\mathrm{m}]$, 4분원의 중심은 O점에서 왼쪽으로 $4r/3\pi$인 곳에 있다.)

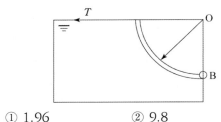

① 1.96

② 9.8

③ 19.6

④ 29.4

31 응용

그림과 같이 반지름 $0.8[\mathrm{m}]$이고 폭이 $2[\mathrm{m}]$인 곡면 AB가 수문으로 이용된다. 물에 의한 힘의 수평성분의 크기는 약 몇 $[\mathrm{kN}]$인가? (단, 수문의 폭은 $2[\mathrm{m}]$이다.)

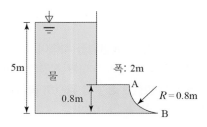

① 72.1

② 84.7

③ 90.2

④ 95.4

32 [응용]

CBT 복원

그림과 같이 반지름이 $2[\text{m}]$이고, 폭이 $3[\text{m}]$인 곡면 모양의 수문 AB가 받는 수평분력$[\text{kN}]$은?

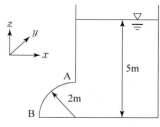

① 218.7
② 220.8
③ 235.2
④ 274.7

33 [응용]

16년 1회 기출

그림과 같이 반경 $2[\text{m}]$, 폭(y방향) $4[\text{m}]$의 곡면 AB가 수문으로 이용된다. 이 수문에 작용하는 물에 의한 힘의 수평성분(x방향)의 크기는 약 얼마인가?

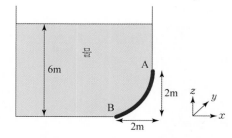

① $337[\text{kN}]$
② $392[\text{kN}]$
③ $437[\text{kN}]$
④ $492[\text{kN}]$

34 [응용]

20년 2회 기출

그림과 같이 반지름이 $1[\text{m}]$, 폭(y방향) $2[\text{m}]$인 곡면 AB에 작용하는 물에 의한 힘의 수직성분(z방향) F_z와 수평성분(x방향) F_x와의 비(F_z/F_x)는 얼마인가?

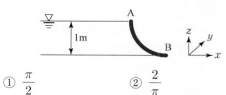

① $\dfrac{\pi}{2}$
② $\dfrac{2}{\pi}$
③ 2π
④ $\dfrac{1}{2}\pi$

열역학

열역학의 출제비율은 약 19%로 자주 출제되는 유형입니다.
열역학에서 개념 이해형 문제는 변형되어 출제되는 비율이 낮기 때문에 출제된 문제 위주로 공부하는 것이 좋습니다.
열전달과 이상기체 상태방정식 관련 문제는 자주 출제되며 변형되어 출제되는 경향이 많으므로 기본개념을 이해해야 합니다.

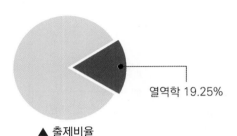

열역학 19.25%

▲ 출제비율

대표유형 문제

다음 중 열전달 매질이 없이도 열이 전달되는 형태는?   21년 2회 기출

① 전도   ② 자연대류
③ 복사   ④ 강제대류

| 정답 | ③ |

| 해설 | 복사는 열전달 매질 없이 열이 전달되는 현상으로 태양열이 지구까지 도달하는 것에 해당된다. |

핵심이론 CHECK!

1. 열전달의 종류

구분	내용
전도	물체가 직접 접촉하여 열이 이동하는 현상
대류	유체의 흐름에 의해 열이 이동하는 현상
복사	열전달 매질이 없이 열이 전달되는 현상

2. 이상기체상태방정식

① 이상기체는 기체 분자 간에 상호작용이 없는 기체로 이상기체상태방정식을 만족한다.

② 공식: $PV = \dfrac{w}{M}RT = w\overline{R}T$

P: 압력$[\mathrm{kPa}]$, V: 부피$[\mathrm{m^3}]$, w: 질량$[\mathrm{kg}]$, M: 분자량$[\mathrm{kg/kmol}]$

R: 일반 기체상수$[\mathrm{kN \cdot m/kmol \cdot K}]$, $\overline{R}$: 특정 기체상수$[\mathrm{kN \cdot m/kg \cdot K}]$

T: 절대온도$[\mathrm{K}]$

01 기본   20년 1회 기출

과열증기에 대한 설명으로 틀린 것은?

① 과열증기의 압력은 해당 온도에서의 포화 압력보다 높다.

② 과열증기의 온도는 해당 압력에서의 포화 온도보다 높다.

③ 과열증기의 비체적은 해당 온도에서의 포화증기의 비체적보다 크다.

④ 과열증기의 엔탈피는 해당 압력에서의 포화증기의 엔탈피보다 크다.

02 기본   21년 4회 기출

실내의 난방용 방열기(물-공기 열교환기)에는 대부분 방열핀(fin)이 달려 있다. 그 주된 이유는?

① 열전달 면적 증가

② 열전달계수 증가

③ 방사율 증가

④ 열저항 증가

03 기본   21년 1회 기출

질량 m[kg]의 어떤 기체로 구성된 밀폐계가 Q[kJ]의 열을 받아 일을 하고, 이 기체의 온도가 $\triangle T$[℃] 상승하였다면 이 계가 외부에 한 일 W[kJ]을 구하는 계산식으로 옳은 것은? (단, 이 기체의 정적비열은 C_v[kJ/kg · K], 정압비열은 C_p[kJ/kg · K]이다.)

① $W = Q - mC_v\triangle T$

② $W = Q + mC_v\triangle T$

③ $W = Q - mC_p\triangle T$

④ $W = Q + mC_p\triangle T$

04 응용   21년 4회 기출

열역학 관련 설명 중 틀린 것은?

① 삼중점에서는 물체의 고상, 액상, 기상이 공존한다.

② 압력이 증가하면 물의 끓는점도 높아진다.

③ 열을 완전히 일로 변환할 수 있는 효율이 100%인 열기관은 만들 수 없다.

④ 기체의 정적비열은 정압비열보다 크다.

05 응용   18년 4회 기출

다음 열역학적 용어에 대한 설명으로 틀린 것은?

① 물질의 3중점(Triple point)은 고체, 액체, 기체의 3상이 평형상태로 공존하는 상태의 지점을 말한다.

② 일정한 압력하에서 고체가 상변화를 일으켜 액체로 변화할 때 필요한 열을 융해열(융해 잠열)이라 한다.

③ 고체가 일정한 압력하에서 액체를 거치지 않고 직접 기체로 변화하는데 필요한 열을 승화열이라 한다.

④ 포화액체를 정압하에서 가열할 때 온도 변화 없이 포화증기로 상변화를 일으키는데 사용 되는 열을 현열이라 한다.

06 응용   17년 4회 기출

이상적인 교축 과정(Throttling process)에 대한 설명 중 옳은 것은?

① 압력이 변하지 않는다.

② 온도가 변하지 않는다.

③ 엔탈피가 변하지 않는다.

④ 엔트로피가 변하지 않는다.

07 기본   20년 1회 기출

$-10[℃]$, 6기압의 이산화탄소 $10[kg]$이 분사 노즐에서 1기압까지 가역단열 팽창하였다면 팽창 후의 온도는 몇 $[℃]$가 되겠는가? (단, 이산화탄소의 비열비는 1.289이다.)

① -85   ② -97

③ -105   ④ -115

08 응용   21년 4회 기출

초기 상태에서 압력 $100[kPa]$, 온도 $15[℃]$인 공기가 있다. 공기의 부피가 초기 부피의 1/20이 될 때까지 가역단열 압축할 때 압축 후의 온도는 약 몇 $[℃]$인가? (단, 공기의 비열비는 1.4이다.)

① 54   ② 348

③ 682   ④ 912

09 응용   CBT 복원

초기 상태에서 압력 $100[kPa]$인 공기가 있다. 공기의 부피가 초기 부피의 1/2이 될 때까지 가역단열 압축했을 때 압축 후의 압력은 몇 $[kPa]$인가? (단, 공기의 비열비는 1.4, 공기의 기체상수는 $287[J/kg \cdot K]$이다.)

① 236.5   ② 263.9

③ 189.7   ④ 176.5

10 기본   21년 1회 기출

$300[K]$의 저온 열원을 가지고 카르노사이클로 작동하는 열기관의 효율이 $70[\%]$가 되기 위해서 필요한 고온 열원의 온도$[K]$는?

① 800   ② 900

③ 1,000   ④ 1,100

11 기본   17년 4회 기출

Carnot 사이클이 $800[K]$의 고온 열원과 $500[K]$의 저온 열원 사이에서 작동한다. 이 사이클에 공급하는 열량이 사이클 당 $800[kJ]$이라 할 때, 한 사이클 당 외부에 하는 일은 약 몇 $[kJ]$인가?

① 200   ② 300

③ 400   ④ 500

12 응용

이상적인 카르노사이클의 과정인 단열압축과 등온압축의 엔트로피 변화에 관한 설명으로 옳은 것은?

① 등온압축의 경우 엔트로피 변화는 없고, 단열압축의 경우 엔트로피 변화는 감소한다.
② 등온압축의 경우 엔트로피 변화는 없고, 단열압축의 경우 엔트로피 변화는 증가한다.
③ 단열압축의 경우 엔트로피 변화는 없고, 등온압축의 경우 엔트로피 변화는 감소한다.
④ 단열압축의 경우 엔트로피 변화는 없고, 등온압축의 경우 엔트로피 변화는 증가한다.

13 응용

다음 보기는 열역학적 사이클에서 일어나는 여러 가지의 과정이다. 이들 중 카르노(Carnot) 사이클에서 일어나는 과정을 모두 고른 것은?

㉠ 등온압축	㉡ 단열팽창
㉢ 정적압축	㉣ 정압팽창

① ㉠
② ㉠, ㉡
③ ㉡, ㉢, ㉣
④ ㉠, ㉡, ㉢, ㉣

14 기본

외부 표면의 온도가 $24[℃]$, 내부 표면의 온도가 $24.5[℃]$일 때, 높이 $1.5[m]$, 폭 $1.5[m]$, 두께 $0.5[cm]$인 유리창을 통한 열전달률은 약 몇 $[W]$인가?
(단, 유리창의 열전도계수는 $0.8[W/m \cdot K]$이다.)

① 180
② 200
③ 1,800
④ 2,000

15 기본

열전달 면적이 A이고, 온도 차이가 $10[℃]$, 벽의 열전도율이 $10[W/m \cdot K]$, 두께 $25[cm]$인 벽을 통한 열류량은 $100[W]$이다. 동일한 열전달 면적에서 온도 차이가 2배, 벽의 열전도율이 4배가 되고 벽의 두께가 2배가 되는 경우 열류량$[W]$은 얼마인가?

① 50
② 200
③ 400
④ 800

16 기본

열전도계수가 $0.7[W/m \cdot ℃]$인 $5 \times 6[m]$ 벽돌벽의 안팎의 온도가 $20[℃]$, $5[℃]$일 때 열손실을 $1[kW]$ 이하로 유지하기 위한 벽의 최소 두께는 몇 $[cm]$인가?

① 1.05
② 2.10
③ 31.5
④ 64.3

17 응용

열전도도가 $0.08[W/m \cdot K]$인 단열재의 고온부가 $75[℃]$, 저온부가 $20[℃]$이다. 단위 면적당 열손실이 $200[W/m^2]$인 경우의 단열재 두께는 몇 $[mm]$인가?

① 22
② 45
③ 55
④ 80

18 응용

온도 차이가 $\triangle T$, 열전도율이 k_1, 두께 x인 벽을 통한 열유속(Heat Flux)과 온도 차이가 $2\triangle T$, 열전도율이 k_2, 두께 $0.5x$인 벽을 통한 열유속이 서로 같다면 두 재질의 열전도율비 k_1/k_2의 값은?

① 1   ② 2

③ 4   ④ 8

21 응용

지름 2[cm]의 금속공은 선풍기를 켠 상태에서 냉각하고, 지름 4[cm]의 금속공은 선풍기를 끄고 냉각할 때 동일 시간당 발생하는 대류 열전달량의 비(2[cm] 공 : 4[cm] 공)는? (단, 두 경우 온도차는 같고, 선풍기를 켜면 대류열전달계수가 10배가 된다고 가정한다.)

① 1:0.3375   ② 1:0.4

③ 1:5   ④ 1:10

19 응용

온도 차이 20[℃], 열전도율 5[W/m・K], 두께 20[cm]인 벽을 통한 열유속(Heat flux)과 온도 차이 40[℃], 열전도율 10[W/m・K], 두께 t인 같은 면적을 가진 벽을 통한 열유속이 같다면 두께 t는 약 몇 [cm]인가?

① 10   ② 20

③ 40   ④ 80

22 기본

표면적이 2[m²]이고 표면온도가 60[℃]인 고체 표면을 20[℃]의 공기로 대류 열전달에 의해서 냉각한다. 평균 대류열전달계수가 30[W/m²・K]라고 할 때 고체표면의 열손실은 몇 [W]인가?

① 600   ② 1,200

③ 2,400   ④ 3,600

20 기본

100[cm]×100[cm]이고, 300[℃]로 가열된 평판에 25[℃]의 공기를 불어준다고 할 때 열전달량은 약 몇 [kW]인가? (단, 대류열전달계수는 30[W/m²・K]이다.)

① 2.98   ② 5.34

③ 8.25   ④ 10.91

23 기본

지름 5[cm]인 구가 대류에 의해 열을 외부공기로 방출한다. 이 구는 50[W]의 전기히터에 의해 내부에서 가열되고 있고 구 표면과 공기 사이의 온도차가 30[℃]라면 공기와 구 사이의 대류 열전달계수는 약 몇 [W/m²・℃]인가?

① 111   ② 212

③ 313   ④ 414

24 심화   20년 1회 기출

두께가 $20[cm]$이고 열전도율이 $4[W/m \cdot K]$인 벽의 내부 표면온도는 $20[℃]$이고, 외부 벽은 $-10[℃]$인 공기에 노출되어 있어 대류 열전달이 일어난다. 외부의 대류열전달계수가 $20[W/m^2 \cdot K]$일 때, 정상상태에서 벽의 외부 표면온도($℃$)는 얼마인가? (단, 복사 열전달은 무시한다.)

① 5   ② 10
③ 15   ④ 20

25 기본   20년 2회 기출

마그네슘은 절대온도 $293[K]$에서 열전도도가 $156[W/m \cdot K]$이고, 밀도는 $1,740[kg/m^3]$이며 비열이 $1,017[J/kg \cdot K]$이다. 이 경우 열확산계수$[m^2/sec]$는?

① 8.96×10^{-2} ② 1.53×10^{-1}
③ 8.81×10^{-5} ④ 8.81×10^{-4}

26 기본   22년 1회 기출

표면온도가 약 $15[℃]$이고, 방사율이 약 0.85인 $40[cm] \times 50[cm]$ 직사각형 나무판의 한쪽 면으로부터 방사되는 복사열은 약 몇 $[W]$인가? (단, 복사열 계산시 사용하는 스테판-볼츠만 상수는 $5.67 \times 10^{-8}[W/m^2 \cdot K^4]$이다.)

① 12   ② 66
③ 78   ④ 521

27 기본   19년 4회 기출

표면적이 같은 두 물체가 있다. 표면온도가 $2,000[K]$인 물체가 내는 복사에너지는 표면온도가 $1,000[K]$인 물체가 내는 복사에너지의 몇 배인가?

① 4   ② 8
③ 16   ④ 32

28 기본   17년 1회 기출

표면적이 A, 절대온도가 T_1인 흑체와 절대온도가 T_2인 흑체 주위의 밀폐 공간 사이의 열전달량은?

① $T_1 - T_2$에 비례한다.
② $T_1^2 - T_2^2$에 비례한다.
③ $T_1^3 - T_2^3$에 비례한다.
④ $T_1^4 - T_2^4$에 비례한다.

29 응용   16년 1회 기출

직경 $2[m]$인 구 형태의 화염이 $1[MW]$의 발열량을 내고 있다. 모두 복사로 방출될 때 화염의 표면온도는? (단, 조건은 다음과 같다.)

- 화염은 흑체로 가정한다.
- 주변온도: $300[K]$
- 스테판-볼츠만 상수: $5.67 \times 10^{-8}[W/m^2 \cdot T^4]$

① $1,090[K]$ ② $2,619[K]$
③ $3,720[K]$ ④ $6,240[K]$

30 기본   22년 2회 기출

다음 중 이상기체에서 폴리트로픽 지수(n)가 1인 과정은?

① 단열 과정   ② 정압 과정

③ 등온 과정   ④ 정적 과정

31 기본   CBT 복원

실제기체가 이상기체에 가까워지는 조건은?

① 온도가 낮을수록, 압력이 높을수록

② 온도가 높을수록, 압력이 낮을수록

③ 온도가 낮을수록, 압력이 낮을수록

④ 온도가 높을수록, 압력이 높을수록

32 응용   16년 4회 기출

절대온도와 비체적이 각각 T, v인 이상기체 $1[\mathrm{kg}]$이 압력이 P로 일정하게 유지되는 가운데 가열되어 절대온도가 $6\,T$까지 상승되었다. 이 과정에서 이상기체가 한 일은 얼마인가?

① Pv ② $3Pv$

③ $5Pv$ ④ $6Pv$

33 응용   21년 1회 기출

이상기체의 기체상수에 대해 옳은 설명으로 모두 짝지어진 것은?

> a. 기체상수의 단위는 비열의 단위와 차원이 같다.
> b. 기체상수는 온도가 높을수록 커진다.
> c. 분자량이 큰 기체의 기체상수가 분자량이 작은 기체의 기체상수보다 크다.
> d. 기체상수의 값은 기체의 종류에 관계없이 일정하다.

① a   ② a, c

③ b, c   ④ a, b, d

34 기본   20년 2회 기출

체적 $0.1[\mathrm{m^3}]$의 밀폐 용기 안에 기체상수가 $0.4615[\mathrm{kJ/kg \cdot K}]$인 기체 $1[\mathrm{kg}]$이 압력 $2[\mathrm{MPa}]$, 온도 $250[\mathrm{℃}]$ 상태로 들어 있다. 이때 이 기체의 압축계수(또는 압축성 인자)는?

① 0.578   ② 0.828

③ 1.21   ④ 1.73

35 응용   18년 4회 기출

이상기체의 정압비열 C_p와 정적비열 C_v와의 관계로 옳은 것은? (단, R은 이상기체상수이고, k는 비열이다.)

① $C_p = \dfrac{1}{2}\,C_v$ ② $C_p < C_v$

③ $C_p - C_v = R$ ④ $\dfrac{C_v}{C_p} = k$

72 SUBJECT 01 소방유체역학

36 응용

공기를 체적비율이 산소(O_2, 분자량 $32[g/mol]$) 20%, 질소(N_2, 분자량 $28[g/mol]$) 80%의 혼합기체라 가정할 때 공기의 기체상수는 약 몇 $[kJ/kg \cdot K]$인가? (단, 일반 기체상수는 $8.3145[kJ/kmol \cdot K]$이다.

① 0.294   ② 0.289
③ 0.284   ④ 0.279

37 응용

$20[℃]$의 이산화탄소 소화약제가 체적 $4[m^3]$의 용기 속에 들어 있다. 용기 내 압력이 $1[MPa]$일 때 이산화탄소 소화약제의 질량은 약 몇 $[kg]$인가? (단, 이산화탄소의 기체상수는 $189[J/kg \cdot K]$이다.)

① 0.069   ② 0.072
③ 68.9   ④ 72.2

38 응용

어떤 용기 내의 이산화탄소 $45[kg]$이 방호공간에 가스 상태로 방출되고 있다. 방출온도가 $15[℃]$, 압력이 $101[kPa]$일 때 방출가스의 체적은 약 몇 $[m^3]$인가? (단, 일반 기체상수는 $8,314[J/kmol \cdot K]$이다.)

① 2.2   ② 12.2
③ 20.2   ④ 24.3

39 응용

부피가 $240[m^3]$인 방에 있는 공기의 질량은 몇 $[kg]$인가? (단, 압력은 $100[kPa]$, 온도는 $300[K]$이며, 공기의 기체상수는 $0.287[kJ/kg \cdot K]$이다.)

① 0.279   ② 2.79
③ 27.9   ④ 279

40 응용

초기에 비어 있는 체적이 $0.1[m^3]$인 견고한 용기 안에 공기(이상기체)를 서서히 주입한다. 공기 $1[kg]$을 넣었을 때 용기 안의 온도가 $300[K]$가 되었다면 이때 용기 안의 압력$[kPa]$은? (단, 공기의 기체상수는 $0.287[kJ/kg \cdot K]$이다.)

① 287   ② 300
③ 448   ④ 861

41 심화

부피가 $0.3[m^3]$으로 일정한 용기 내의 공기가 원래 $300[kPa]$(절대압력), $400[K]$의 상태였으나, 일정 시간 동안 출구가 개방되어 공기가 빠져나가 $200[kPa]$(절대압력), $350[K]$의 상태가 되었다. 빠져나간 공기의 질량은 약 몇 $[g]$인가? (단, 공기는 이상기체로 가정하며 기체상수는 $287[J/kg \cdot K]$이다.)

① 74   ② 187
③ 295   ④ 388

42 심화   17년 2회 기출

체적 $2,000[L]$의 용기 내에서 압력 $0.4[MPa]$, 온도 $55[℃]$의 혼합기체의 체적비가 각각 메탄(CH_4) $35[\%]$, 수소(H_2) $40[\%]$, 질소(N_2) $25[\%]$이다. 이 혼합기체의 질량은 약 몇 $[kg]$인가? (단, 일반 기체상수는 $8.314[kJ/kmol \cdot K]$이다.)

① 3.11   ② 3.53
③ 3.93   ④ 4.52

43 심화   20년 1회 기출

압력이 $100[kPa]$이고 온도가 $20[℃]$인 이산화탄소를 완전기체라고 가정할 때 밀도$[kg/m^3]$는? (단, 이산화탄소의 기체상수는 $188.95[J/kg \cdot K]$이다.)

① 1.1   ② 1.8
③ 2.56   ④ 3.8

44 심화   CBT 복원

안지름이 $150[mm]$이고 내부가 진공인 구에 미지의 가스를 채웠을 때 압력이 $875[kPa]$이 되었다. 이때 질량의 차이가 $0.00125[kg]$이었고, 온도는 $25[℃]$이었다. 이 미지의 가스가 순수한 물질일 때 이 가스는 무엇인가? (단, 일반 기체상수는 $8,314[J/kmol \cdot K]$이다.)

① 수소(H_2, 분자량 약 2)
② 헬륨(He, 분자량 약 4)
③ 산소(O_2, 분자량 약 32)
④ 아르곤(Ar, 분자량 약 40)

45 심화   13년 4회 기출

온도 $150[℃]$, $95[kPa]$에서 $2[kg/m^3]$의 밀도를 갖는 기체의 분자량은? (단, 일반 기체상수는 $8,314[J/kmol \cdot K]$이다.)

① 26   ② 70
③ 74   ④ 90

46 심화   16년 1회 기출

안지름이 약 $30[cm]$인 원관 속을 절대압력 $0.32[MPa]$, 온도 $27[℃]$인 공기가 $4[kg/sec]$로 흐를 때 이 원관 속을 흐르는 공기의 평균속도는 약 몇 $[m/sec]$인가? (단, 공기의 기체상수 $R = 287[J/kg \cdot K]$이다.)

① 15.2   ② 20.3
③ 25.2   ④ 32.5

47 기본   22년 1회 기출

$30[℃]$에서 부피가 $10[L]$인 이상기체를 일정한 압력으로 $0[℃]$로 냉각시키면 부피는 약 몇 $[L]$로 변하는가?

① 3   ② 9
③ 12   ④ 18

48 기본

압력의 변화가 없을 경우 $0[℃]$의 이상기체는 약 몇 $[℃]$가 되면 부피가 2배로 되는가?

① 273℃

② 373℃

③ 546℃

④ 646℃

49 기본

어떤 기체를 $20[℃]$에서 등온 압축하여 절대압력이 $0.2[MPa]$에서 $1[MPa]$으로 변할 때 체적은 초기 체적과 비교하여 어떻게 변화하는가?

① 5배로 증가한다.

② 10배로 증가한다.

③ 1/5로 감소한다.

④ 1/10로 감소한다.

50 응용

고속 주행시 타이어의 온도가 $20[℃]$에서 $80[℃]$로 상승하였다. 타이어의 체적이 변하지 않고, 타이어 내의 공기를 이상기체로 하였을 때 압력상승은 약 몇 $[kPa]$인가? (단, 온도 $20[℃]$에서의 게이지 압력은 $0.183[MPa]$, 대기압은 $101.3[kPa]$이다.)

① 37

② 58

③ 286

④ 345

51 응용

표준대기압 상태인 어떤 지방의 호수 밑 $72.4[m]$에 있던 공기의 기포가 수면으로 올라오면 기포의 부피는 최초 부피의 몇 배가 되는가? (단, 기포 내의 공기는 보일의 법칙을 따른다.)

① 2

② 4

③ 7

④ 8

52 심화

호수 수면 아래에서 지름 d인 공기방울이 수면으로 올라오면서 지름이 1.5배로 팽창하였다. 공기방울의 최초 위치는 수면에서부터 몇 $[m]$되는 곳인가? (단, 이 호수의 대기압은 $750[mmHg]$, 수은의 비중은 13.6, 공기방울 내부의 공기는 Boyle의 법칙에 따른다.)

① 12.0

② 24.2

③ 34.4

④ 43.3

53 심화

두 개의 견고한 밀폐용기 A, B가 밸브로 연결되어 있다. 용기 A에는 온도 $300[K]$, 압력 $100[kPa]$의 공기 $1[m^3]$, 용기 B에는 온도 $300[K]$, 압력 $330[kPa]$의 공기 $2[m^3]$가 들어 있다. 밸브를 열어 두 용기 안에 들어 있는 공기(이상기체)를 혼합한 후 장시간 방치하였다. 이 때 주위온도는 $300[K]$로 일정하다. 내부 공기의 최종압력은 약 몇 $[kPa]$인가?

① 177

② 210

③ 215

④ 253

54 기본   19년 1회 기출

다음 중 열역학 제1법칙에 관한 설명으로 옳은 것은?

① 열은 그 자신만으로 저온에서 고온으로 이동할 수 없다.

② 일은 열로 변환시킬 수 있고 열은 일로 변환시킬 수 있다.

③ 사이클 과정에서 열이 모두 일로 변화할 수 없다.

④ 열평형 상태에 있는 물체의 온도는 같다.

55 기본   14년 4회 기출

다음은 어떤 열역학 법칙을 설명한 것인가?

> 열은 고온 열원에서 저온의 물체로 이동하나, 반대로 스스로 돌아갈 수 없는 비가역 변화이다.

① 열역학 제0법칙

② 열역학 제1법칙

③ 열역학 제2법칙

④ 열역학 제3법칙

56 기본   CBT 복원

다음 중 열역학 제2법칙과 관련이 없는 것은?

① 열은 스스로 차가운 물체에서 뜨거운 물체로 옮겨갈 수 없다.

② 열을 완전히 일로 바꿀 수 있는 열기관은 만들 수 없다.

③ 제2종 영구기관은 만들 수 없다.

④ 에너지 보존의 법칙의 일종이다.

57 응용   21년 2회 기출

압력이 $0.1[\text{MPa}]$이고, 온도가 $250[℃]$ 상태인 물의 엔탈피가 $2,974.33[\text{kJ/kg}]$이고 비체적은 $2.40604[\text{m}^3/\text{kg}]$이다. 이 상태에서 물의 내부에너지$[\text{kJ/kg}]$는 얼마인가?

① 2,733.7   ② 2,974.1

③ 3,214.9   ④ 3,582.7

58 응용   22년 2회 기출

$2[\text{MPa}]$, $400[℃]$의 과열증기를 단면확대 노즐을 통하여 $20[\text{kPa}]$로 분출시킬 경우 최대 속도는 약 몇 $[\text{m/sec}]$인가? (단, 노즐입구에서 엔탈피는 $3,243.3[\text{kJ/kg}]$이고, 출구에서 엔탈피는 $2,345.8[\text{kJ/kg}]$이며, 입구속도는 무시한다.)

① 1,340   ② 1,349

③ 1,402   ④ 1,412

59 기본   20년 4회 기출

다음 중 등엔트로피 과정은 어느 과정인가?

① 가역 단열과정

② 가역 등온과정

③ 비가역 단열과정

④ 비가역 등온과정

60 [응용]

물질의 열역학적 변화에 대한 설명으로 틀린 것은?

① 마찰은 비가역성의 원인이 될 수 있다.
② 열역학 제1법칙은 에너지 보존에 대한 것이다.
③ 이상기체는 이상기체상태방정식을 만족한다.
④ 가역 단열과정은 엔트로피가 증가하는 과정이다.

61 [기본]

대기압에서 $10[℃]$의 물 $10[kg]$을 $70[℃]$까지 가열할 경우 엔트로피 증가량$[kJ/K]$은? (단, 물의 정압비열은 $4.18[kJ/kg \cdot K]$이다.)

① 0.43   ② 8.03
③ 81.3   ④ 2,508.1

62 [응용]

대기압 하에서 $10[℃]$의 물 $2[kg]$이 전부 증발하여 $100[℃]$의 수증기로 되는 동안 흡수되는 열량$[kJ]$은 얼마인가?

(단, 물의 비열은 $4.2[kJ/kg \cdot K]$, 기화열은 $2,250[kJ/kg]$이다.)

① 756   ② 2,638
③ 5,256   ④ 5,360

63 [심화]

$-15[℃]$의 얼음 $10[g]$을 $100[℃]$의 증기로 만드는데 필요한 열량은 약 몇 $[kJ]$인가? (단, 조건은 다음과 같다.)

- 얼음의 융해열: $335[kJ/kg]$
- 물의 증발잠열: $2,256[kJ/kg]$
- 얼음의 평균 비열: $2.1[kJ/kg \cdot K]$
- 물의 평균 비열: $4.18[kJ/kg \cdot K]$

① 7.85   ② 27.1
③ 30.4   ④ 35.2

64 [심화]

온도 $20[℃]$의 물을 계기압력이 $400[kPa]$인 보일러에 공급하여 포화 수증기 $1[kg]$을 만들고자 한다. 주어진 표를 이용하여 필요한 열량을 구하면? (단, 대기압은 $100[kPa]$, 액체 상태 물의 평균비열은 $4.18[kJ/kg \cdot K]$이다.)

포화압력 [kPa]	포화온도 [℃]	수증기의 증발엔탈피 [kJ/kg]
400	143.63	2,133.81
500	151.86	2,108.47
600	158.85	2,086.26

① 2,640   ② 2,651
③ 2,660   ④ 2,667

소방기계시설의 구조 및 원리

출제비중

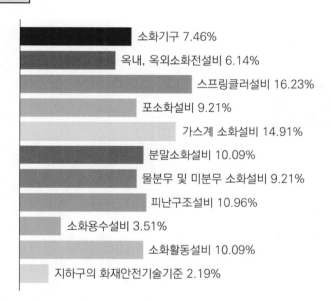

소화기구 7.46%

옥내, 옥외소화전설비 6.14%

스프링클러설비 16.23%

포소화설비 9.21%

가스계 소화설비 14.91%

분말소화설비 10.09%

물분무 및 미분무 소화설비 9.21%

피난구조설비 10.96%

소화용수설비 3.51%

소화활동설비 10.09%

지하구의 화재안전기술기준 2.19%

출제경향 분석

소방기계시설의 구조 및 원리 과목은 화재안전기술기준 또는 화재안전성능기준과 각
종 형식승인과 관련된 기준에서 문제가 출제되므로 기본적으로는 암기 위주로 공부
해야 합니다.

출제비중을 보면 형식승인 내용 보다는 화재안전기술기준 또는 화재안전성능기준에
관련된 내용이 많이 출제되고, 실기에서도 형식승인과 관련된 내용은 많이 출제되지
않기 때문에 화재안전기술기준 또는 화재안전성능기준과 관련된 문제를 중심으로 공
부하는 것이 좋습니다.

유형별로는 스프링클러설비와 가스계 소화설비에서 많은 문제가 출제됩니다. 이 유
형은 실기에서도 자주 출제되는 유형이므로 소화설비의 기본개념을 이해한 후 자주
나오는 기준은 정확하게 암기해야 합니다.

대표유형 1 소화기구

출제경향 CHECK!

소화기구 유형은 소화기구 및 자동소화장치의 화재안전기술기준에서 많은 문제가 출제됩니다.
소화기구의 능력단위에 대한 문제가 많이 출제되는데 이러한 유형의 문제는 기준에 나온 수치만 암기하고 있다면 정답을 고를 수 있습니다.

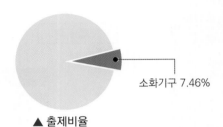

소화기구 7.46%

▲ 출제비율

대표유형 문제

「소화기구 및 자동소화장치의 화재안전기술기준」상 대형소화기의 정의 중 다음 ( ) 안에 알맞은 것은?

21년 2회 기출

> 화재 시 사람이 운반할 수 있도록 운반대와 바퀴가 설치되어 있고 능력단위가 A급 (㉠)단위 이상, B급 (㉡)단위 이상인 소화기를 말한다.

① ㉠ 20, ㉡ 10
② ㉠ 10, ㉡ 20
③ ㉠ 10, ㉡ 5
④ ㉠ 5, ㉡ 10

정답 ②

해설 대형소화기는 화재 시 사람이 운반할 수 있도록 운반대와 바퀴가 설치되어 있고 능력단위가 A급 10단위 이상, B급 20단위 이상인 소화기이다.

핵심이론 CHECK!

「소화기구 및 자동소화장치의 화재안전기술기준」상 용어 정의

구분	내용
소형소화기	능력단위가 1단위 이상이고 대형소화기의 능력단위 미만인 소화기
대형소화기	화재 시 사람이 운반할 수 있도록 운반대와 바퀴가 설치되어 있고 능력단위가 A급 10단위 이상, B급 20단위 이상인 소화기
일반화재(A급 화재)	나무, 섬유, 종이, 고무, 플라스틱류와 같은 일반 가연물이 타고 나서 재가 남는 화재
유류화재(B급 화재)	인화성 액체, 가연성 액체, 석유 그리스, 타르, 오일, 유성도료, 솔벤트, 래커, 알코올 및 인화성 가스와 같은 유류가 타고 나서 재가 남지 않는 화재
전기화재(C급 화재)	전류가 흐르고 있는 전기기기, 배선과 관련된 화재
주방화재(K급 화재)	주방에서 동식물유를 취급하는 조리기구에서 일어나는 화재

01 [기본]

「소화기구 및 자동소화장치의 화재안전기술기준」에 따른 용어에 대한 정의로 틀린 것은?

① "소화약제"란 소화기구 및 자동소화장치에 사용되는 소화성능이 있는 고체·액체 및 기체의 물질을 말한다.
② "대형소화기"란 화재 시 사람이 운반할 수 있도록 운반대와 바퀴가 설치되어 있고 능력단위가 A급 20단위 이상, B급 10단위 이상인 소화기를 말한다.
③ "전기화재(C급 화재)"란 전류가 흐르고 있는 전기기기, 배선과 관련된 화재를 말한다.
④ "능력단위"란 소화기 및 소화약제에 따른 간이소화용구에 있어서는 소방시설법에 따라 형식승인 된 수치를 말한다.

02 [기본]

소화약제 외의 것을 이용한 간이소화용구의 능력단위 기준 중 다음 (   ) 안에 알맞은 것은?

간이소화용구	능력단위	
마른모래	삽을 상비한 50L 이상의 것 1포	( )단위

① 0.5
② 1
③ 3
④ 5

03 [응용]

「소화기구 및 자동소화장치의 화재안전기술기준」에 따라 다음과 같이 간이소화용구를 비치하였을 경우 능력단위의 합은?

- 삽을 상비한 마른모래 50L포 2개
- 삽을 상비한 팽창질석 80L포 1개

① 1단위
② 1.5단위
③ 2.5단위
④ 3단위

04 [기본]

「소화기구 및 자동소화장치의 화재안전기술기준」상 타고 나서 재가 남는 일반화재에 해당하는 일반 가연물은?

① 고무
② 타르
③ 솔벤트
④ 유성도료

05 [기본]

「소화기구 및 자동소화장치의 화재안전기술기준」상 규정하는 화재의 종류에 해당되지 않는 것은?

① A급 화재
② B급 화재
③ G급 화재
④ K급 화재

06 기본   21년 4회 기출

「소화기구 및 자동소화장치의 화재안전기술기준」 상 소화기구의 소화약제별 적응성 중 C급 화재에 적응성이 없는 소화약제는?

① 마른모래
② 할로겐화합물 및 불활성기체 소화약제
③ 이산화탄소 소화약제
④ 중탄산염류 소화약제

07 기본   21년 1회 기출

「소화기구 및 자동소화장치의 화재안전기술기준」 상 일반화재, 유류화재, 전기화재 모두에 적응성이 있는 소화약제는?

① 마른모래
② 인산염류소화약제
③ 중탄산염류소화약제
④ 팽창질석 · 팽창진주암

08 기본   19년 2회 기출

특정소방대상물별 소화기구의 능력단위의 기준 중 다음 ( ) 안에 알맞은 것은?

특정소방대상물	소화기구의 능력단위
장례식장 및 의료시설	해당 용도의 바닥면적 (㉠)m^2 마다 능력단위 1단위 이상
노유자 시설	해당 용도의 바닥면적 (㉡)m^2 마다 능력단위 1단위 이상
위락시설	해당 용도의 바닥면적 (㉢)m^2 마다 능력단위 1단위 이상

① ㉠ 30, ㉡ 50, ㉢ 100
② ㉠ 30, ㉡ 100, ㉢ 50
③ ㉠ 50, ㉡ 100, ㉢ 30
④ ㉠ 50, ㉡ 30, ㉢ 100

09 심화   18년 4회 기출

바닥면적이 1,300m^2인 관람장에 소화기구를 설치할 경우 소화기구의 최소 능력단위는? (단, 주요구조부가 내화구조이고, 벽 및 반자의 실내와 면하는 부분이 불연재료로 된 특정소방대상물이다.)

① 7단위   ② 13단위
③ 22단위   ④ 26단위

10 응용   21년 1회 기출

「소화기구 및 자동소화장치의 화재안전기술기준」 상 바닥면적이 280m^2인 발전실에 부속용도별로 추가하여야 할 적응성이 있는 소화기의 최소 수량은 몇 개인가?

① 2   ② 4
③ 6   ④ 12

11 [기본]　　　　　　　CBT 복원

「소화기구 및 자동소화장치의 화재안전기술기준」상 특정소방대상물에 따른 소화기구의 능력단위 외에 부속용도별로 추가해야 할 소화기구 및 자동소화장치의 설치기준에 대한 내용 중 ( ) 안에 들어갈 알맞은 내용은?

건조실 · 세탁소 · 대량화기취급소
- 해당 용도의 바닥면적 (㉠)m² 마다 능력단위 (㉡) 단위 이상의 소화기로 할 것
- 자동확산소화기는 해당 용도의 바닥면적을 기준으로 (㉢)m² 이하는 1개, (㉢)m² 초과는 2개 이상을 설치하되 방호대상에 유효하게 분사될 수 있는 위치에 배치될 수 있는 수량으로 할 것
---

① ㉠ 25, ㉡ 1, ㉢ 10
② ㉠ 20, ㉡ 2, ㉢ 10
③ ㉠ 25, ㉡ 2, ㉢ 30
④ ㉠ 25, ㉡ 1, ㉢ 20

12 [기본]　　　　　　　19년 4회 기출

주거용 주방자동소화장치의 설치기준으로 틀린 것은?

① 감지부는 형식승인 받은 유효한 높이 및 위치에 설치해야 한다.
② 소화약제 방출구는 환기구의 청소부분과 분리되어 있어야 한다.
③ 가스차단장치는 상시 확인 및 점검이 가능하도록 설치해야 한다.
④ 탐지부는 수신부와 분리하여 설치하되, 공기보다 무거운 가스를 사용하는 장소에는 바닥면으로부터 0.2m 이하의 위치에 설치해야 한다.

13 [응용]　　　　　　　16년 1회 기출

액화천연가스(LNG)를 사용하는 아파트 주방에 주거용 주방자동소화장치를 설치할 경우 탐지부의 설치위치로 옳은 것은?

① 바닥면으로부터 30cm 이하의 위치
② 천장면으로부터 30cm 이하의 위치
③ 가스차단장치로부터 30cm 이상의 위치
④ 소화약제 분사노즐로부터 30cm 이상의 위치

14 [기본]　　　　　　　CBT 복원

오피스텔에는 주거용 주방자동소화장치를 설치해야 한다. 이때 몇 층 이상인 경우 이러한 조치를 취해야 하는가?

① 모든 층　　　　② 5층 이상
③ 10층 이상　　　④ 20층 이상

15 기본   19년 1회 기출

대형 이산화탄소 소화기의 소화약제 충전량은 얼마인가?

① 20kg 이상   ② 30kg 이상

③ 50kg 이상   ④ 70kg 이상

16 기본   18년 1회 기출

소화기에 호스를 부착하지 아니할 수 있는 기준 중 틀린 것은?

① 소화약제의 중량이 2kg 이하인 분말소화기

② 소화약제의 중량이 3kg 이하인 이산화탄소 소화기

③ 소화약제의 중량이 4kg 이하인 할로겐화합물소화기

④ 소화약제의 중량이 5kg 이하인 산알칼리소화기

출제경향 CHECK!

옥내·옥외소화전설비의 출제비율은 약 6% 정도 되고, 배관
에 관련된 설치기준과 관련된 문제가 자주 출제됩니다.
옥내소화전설비와 옥외소화전설비의 설치기준은 대부분 비슷
하지만 방수량, 방수압력 등의 일부 기준은 약간 다른 부분이
있으므로 두 소화설비의 설치기준을 구분할 수 있어야 합니다.

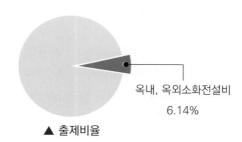

옥내, 옥외소화전설비
6.14%

▲ 출제비율

대표유형 문제

다음 중 옥내소화전의 배관 등에 대한 설치방법으로 옳지 않은 것은?　　　　　19년 1회 기출

① 펌프의 토출 측 주배관의 구경은 평균유속을 5m/s가 되도록 설치하였다.
② 배관 내 사용압력이 1.1MPa인 곳에 배관용 탄소 강관을 사용하였다.
③ 옥내소화전 송수구를 단구형으로 설치하였다.
④ 송수구로부터 주배관에 이르는 연결배관에는 개폐밸브를 설치하지 않았다.

　정답　① ①

　해설　펌프의 토출 측 주배관의 구경은 유속이 4m/s 이하가 될 수 있는 크기 이상으로 해야 한다.

핵심이론 CHECK!

「옥내소화전설비의 화재안전기술기준」상 배관 등에 관한 설치기준

① 펌프의 토출 측 주배관의 구경은 유속이 4m/s 이하가 될 수 있는 크기 이상으로 해야 하고, 옥내소화전방
　수구와 연결되는 가지배관의 구경은 40mm(호스릴옥내소화전설비의 경우에는 25mm) 이상으로 해야
　하며, 주배관 중 수직배관의 구경은 50mm(호스릴옥내소화전설비의 경우에는 32mm) 이상으로 해야
　한다.
② 연결송수관설비의 배관과 겸용할 경우의 주배관은 구경 100mm 이상, 방수구로 연결되는 배관의 구경
　은 65mm 이상의 것으로 해야 한다.
③ 성능시험배관은 펌프의 토출 측에 설치된 개폐밸브 이전에서 분기하여 직선으로 설치하고, 유량측정장치
　를 기준으로 전단 직관부에는 개폐밸브를 후단 직관부에는 유량조절밸브를 설치할 것
④ 유량측정장치는 펌프의 정격토출량의 175% 이상까지 측정할 수 있는 성능이 있을 것
⑤ 가압송수장치의 체절운전 시 수온의 상승을 방지하기 위하여 체크밸브와 펌프 사이에서 분기한 구경
　20mm 이상의 배관에 체절압력 미만에서 개방되는 릴리프밸브를 설치할 것

01 기본 21년 2회 기출

「옥내소화전설비의 화재안전기술기준」상 배관 등에 관한 설명으로 옳은 것은?

① 펌프의 토출측 주배관의 구경은 유속이 5m/s 이하가 될 수 있는 크기 이상으로 하여야 한다.
② 연결송수관설비의 배관과 겸용할 경우의 주배관은 구경 80mm 이상, 방수구로 연결되는 배관의 구경은 65mm 이상의 것으로 하여야 한다.
③ 성능시험배관은 펌프의 토출측에 설치된 개폐밸브 이전에서 분기하여 설치하고, 유량측정장치를 기준으로 전단 직관부에 개폐밸브를 후단 직관부에는 유량조절밸브를 설치하여야 한다.
④ 가압송수장치의 체절운전 시 수온의 상승을 방지하기 위하여 체크밸브와 펌프 사이에서 분기한 구경 20mm 이상의 배관에 체절압력 이상에서 개방되는 릴리프밸브를 설치하여야 한다.

02 기본 16년 4회 기출

옥내소화전설비 배관의 설치기준 중 틀린 것은?

① 옥내소화전방수구와 연결되는 가지배관의 구경은 40mm 이상으로 한다.
② 연결송수관설비의 배관과 겸용할 경우 주배관의 구경은 100mm 이상으로 한다.
③ 펌프의 토출 측 주배관의 구경은 유속이 4m/s 이하가 될 수 있는 크기 이상으로 한다.
④ 주배관 중 수직배관의 구경은 15mm 이상으로 한다.

03 기본 22년 2회 기출

화재안전기술기준상 물계통의 소화설비 중 펌프의 성능시험배관에 사용되는 유량측정장치는 펌프의 정격토출량의 몇 % 이상 측정할 수 있는 성능이 있어야 하는가?

① 65
② 100
③ 120
④ 175

04 기본 17년 4회 기출

옥내소화전설비 배관과 배관이음쇠의 설치기준 중 배관 내 사용압력이 1.2MPa 미만일 경우에 사용하는 것이 아닌 것은?

① 배관용 탄소 강관(KS D 3507)
② 배관용 스테인리스 강관(KS D 3576)
③ 덕타일 주철관(KS D 4311)
④ 배관용 아크용접 탄소강 강관(KS D 3583)

05 [기본]　21년 2회 기출

「옥내소화전설비의 화재안전기술기준」상 옥내소화전펌프의 풋밸브를 소방용 설비 외의 다른 설비의 풋밸브보다 낮은 위치에 설치한 경우의 유효수량으로 옳은 것은? (단, 옥내소화전설비와 다른 설비 수원을 저수조로 겸용하여 사용한 경우이다.)

① 저수조의 바닥면과 상단 사이의 전체 수량
② 옥내소화전설비 풋밸브와 소방용 설비 외의 다른 설비의 풋밸브 사이의 수량
③ 옥내소화전설비의 풋밸브와 저수조 상단 사이의 수량
④ 저수조의 바닥면과 소방용 설비 외의 다른 설비의 풋밸브 사이의 수량

06 [기본]　21년 1회 기출

「옥내소화설비의 화재안전기술기준」상 가압송수장치를 기동용수압개폐장치로 사용할 경우 압력챔버의 용적 기준은?

① 50L 이상　② 100L 이상
③ 150L 이상　④ 200L 이상

07 [응용]　19년 4회 기출

옥내소화전이 하나의 층에는 6개, 또 다른 층에는 3개, 나머지 모든 층에는 4개씩 설치되어 있다. 수원의 최소수량(m^3) 기준은? (단, 창고시설이 아니다.)

① 5.2　② 10.4
③ 13　④ 15.6

08 [기본]　19년 2회 기출

학교, 공장, 창고시설에 설치하는 옥내소화전에서 가압송수장치 및 기동장치가 동결의 우려가 있는 경우 일부 사항을 제외하고는 주펌프와 동등 이상의 성능이 있는 별도의 펌프로서 내연기관의 기동과 연동하여 작동되거나 비상전원을 연결한 펌프를 추가로 설치해야 한다. 다음 중 이러한 조치를 취해야 하는 경우는?

① 지하층이 없이 지상층만 있는 건축물
② 고가수조를 가압송수장치로 설치한 경우
③ 수원이 건축물의 최상층에 설치된 방수구보다 높은 위치에 설치된 경우
④ 건축물의 높이가 지표면으로부터 10m 이하인 경우

09 [기본]　18년 4회 기출

옥내소화전설비 수원의 산출된 유효수량 외에 유효수량의 1/3 이상을 옥상에 설치하지 아니할 수 있는 경우의 기준 중 다음 (　) 알맞은 것은?

- 수원이 건축물의 최상층에 설치된 (㉠)보다 높은 위치에 설치된 경우
- 건축물의 높이가 지표면으로부터 (㉡)m 이하인 경우

① ㉠ 송수구, ㉡ 7　② ㉠ 방수구, ㉡ 7
③ ㉠ 송수구, ㉡ 10　④ ㉠ 방수구, ㉡ 10

10 [기본]
21년 2회 기출

「소화전함의 성능인증 및 제품검사의 기술기준」상 옥내소화전함의 재질을 합성수지 재료로 할 경우 두께는 최소 몇 mm 이상이어야 하는가?

① 1.5   ② 2.0
③ 3.0   ④ 4.0

11 [기본]
18년 2회 기출

전동기 또는 내연기관에 따른 펌프를 이용하는 옥외소화전설비에서 가압송수장치의 설치기준 중 다음 ( ) 안에 알맞은 것은?

> 특정소방대상물에 설치된 옥외소화전(2개 이상 설치된 경우에는 2개의 옥외소화전)을 동시에 사용할 경우 각 옥외소화전의 노즐선단에서의 방수압력이 (㉠)MPa 이상이고, 방수량이 (㉡)L/min 이상이 되는 성능의 것으로 할 것

① ㉠ 0.17, ㉡ 350   ② ㉠ 0.25, ㉡ 350
③ ㉠ 0.17, ㉡ 130   ④ ㉠ 0.25, ㉡ 130

12 [기본]
18년 1회 기출

옥외소화전설비 설치 시 고가수조의 자연낙차를 이용한 가압송수장치의 설치기준 중 고가수조의 최소 자연낙차수두 산출공식으로 옳은 것은? (단, H: 필요한 낙차[m], h_1 : 호스의 마찰손실 수두[m], h_2: 배관의 마찰손실 수두[m]이다.)

① $H = h_1 + h_2 + 25$

② $H = h_1 + h_2 + 17$

③ $H = h_1 + h_2 + 12$

④ $H = h_1 + h_2 + 10$

13 [기본]
16년 2회 기출

옥외소화전설비의 호스접결구는 특정소방대상물의 각 부분으로부터 하나의 호스접결구까지의 수평거리는 몇 m 이하인가?

① 25   ② 30
③ 40   ④ 50

대표유형

③ 스프링클러설비

출제경향 CHECK!

스프링클러설비의 출제비율은 약 16%로 소방기계시설의 구조 및 원리 과목에서 가장 자주 출제되는 유형입니다.
이 유형에서는 스프링클러헤드와 배관의 설치기준에 관한 문제가 주로 출제됩니다.

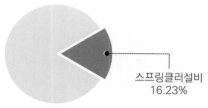

스프링클러설비
16.23%

▲ 출제비율

대표유형 문제

「스프링클러설비의 화재안전기술기준」상 개방형 스프링클러설비에서 하나의 방수구역을 담당하는 헤드의 개수는 최대 몇 개 이하로 해야 하는가? (단, 방수구역은 나누어져 있지 않고 하나의 구역으로 되어 있다.)   21년 2회 기출

① 50   ② 40
③ 30   ④ 20

정답 ①

해설 스프링클러설비에서 하나의 방수구역을 담당하는 헤드의 개수는 50개 이하로 한다.

핵심이론 CHECK!

1. 「스프링클러설비의 화재안전기술기준」상 배관의 사용압력에 따른 배관의 종류

구분	배관의 종류
1.2MPa 미만	• 배관용 탄소 강관 • 이음매 없는 구리 및 구리합금관(습식의 배관에 한함) • 배관용 스테인리스 강관 또는 일반배관용 스테인리스 강관 • 덕타일 주철관
1.2MPa 이상	• 압력 배관용 탄소 강관 • 배관용 아크용접 탄소강 강관

2. 「스프링클러설비의 화재안전기술기준」상 개방형스프링클러설비의 방수구역 설치기준

① 하나의 방수구역은 2개 층에 미치지 않아야 한다.
② 방수구역마다 일제개방밸브를 설치해야 한다.
③ 하나의 방수구역을 담당하는 헤드의 개수는 50개 이하로 할 것. 다만, 2개 이상의 방수구역으로 나눌 경우에는 하나의 방수구역을 담당하는 헤드의 개수는 25개 이상으로 해야 한다.

01 기본   21년 4회 기출

「스프링클러설비의 화재안전기술기준」에 따라 스프링클러헤드를 설치하지 않을 수 있는 장소로만 나열된 것은?

① 계단실, 병실, 목욕실, 냉동창고의 냉동실, 아파트
② 발전실, 병원의 수술실·응급처치실, 통신기기실, 관람석이 없는 실내 테니스장(실내 바닥·벽 등이 불연재료)
③ 냉동창고의 냉동실, 변전실, 병실, 목욕실, 수영장 관람석
④ 병원의 수술실, 관람석이 없는 실내 테니스장(실내 바닥·벽 등이 불연재료), 변전실, 발전실, 아파트

02 기본   21년 1회 기출

「스프링클러설비의 화재안전기술기준」상 스프링클러설비를 설치하여야 할 특정소방대상물에 있어서 스프링클러헤드를 설치하지 아니할 수 있는 장소 기준으로 틀린 것은?

① 천장과 반자 양쪽이 불연재료로 되어 있고 천장과 반자 사이의 거리가 2.5m 미만인 부분
② 천장 및 반자가 불연재료 외의 것으로 되어 있고 천장과 반자 사이의 거리가 0.5m 미만인 부분
③ 천장·반자 중 한쪽이 불연재료로 되어 있고 천장과 반자 사이의 거리가 1m 미만인 부분
④ 현관 또는 로비 등으로서 바닥으로부터 높이가 20m 이상인 장소

03 기본   22년 2회 기출

「스프링클러설비의 화재안전기술기준」상 스프링클러설비의 배관 내 사용압력이 몇 MPa 이상일 때 압력 배관용 탄소 강관을 사용해야 하는가?

① 0.1   ② 0.5
③ 0.8   ④ 1.2

04 기본   21년 1회 기출

「스프링클러설비의 화재안전기술기준」상 폐쇄형 스프링클러헤드의 방호구역·유수검지장치에 대한 기준으로 틀린 것은?

① 하나의 방호구역에는 1개 이상의 유수검지장치를 설치하되, 화재발생시 접근이 쉽고 점검하기 편리한 장소에 설치할 것
② 하나의 방호구역에는 2개 층에 미치지 아니하도록 할 것. 다만, 1개 층에 설치되는 스프링클러헤드의 수가 10개 이하인 경우와 복층형 구조의 공동주택에는 3개 층 이내로 할 수 있다.
③ 송수구를 통하여 스프링클러헤드에 공급되는 물은 유수검지장치 등을 지나도록 할 것
④ 조기반응형 스프링클러헤드를 설치하는 경우에는 습식유수검지장치 또는 부압식스프링클러설비를 설치할 것

05 응용   17년 4회 기출

간이스프링클러설비에서 폐쇄형 간이헤드를 사용하는 설비의 경우로서 1개 층에 하나의 급수배관(또는 밸브 등)이 담당하는 구역의 최대면적은 몇 m^2를 초과하지 아니하여야 하는가?

① 1,000   ② 2,000
③ 2,500   ④ 3,000

06 응용   CBT 복원

「스프링클러설비의 화재안전기술기준」에 따라 폐쇄형 스프링클러헤드를 사용하는 설비 하나의 방호구역의 바닥면적은 몇 m^2를 초과하지 않아야 하는가? (단, 격자형 배관방식은 제외한다.)

① 1,000   ② 2,000
③ 2,500   ④ 3,000

07 기본   21년 1회 기출

「스프링클러설비의 화재안전기술기준」상 조기반응형 스프링클러헤드를 설치해야 하는 장소가 아닌 것은?

① 수련시설의 침실
② 공동주택의 거실
③ 오피스텔의 침실
④ 병원의 입원실

08 기본   16년 1회 기출

스프링클러설비 배관의 설치기준으로 틀린 것은?

① 급수배관의 구경은 25mm 이상으로 한다.
② 수직배수배관의 구경은 50mm 이상으로 한다.
③ 지하매설배관은 소방용 합성수지 배관으로 설치할 수 있다.
④ 교차배관의 최소구경은 65mm 이상으로 한다.

09 기본   22년 1회 기출

「스프링클러설비의 화재안전기술기준」상 고가수조를 이용한 가압송수장치의 설치기준 중 고가수조에 설치하지 않아도 되는 것은?

① 수위계   ② 배수관
③ 압력계   ④ 오버플로우관

10 기본   18년 2회 기출

스프링클러설비 헤드의 설치기준 중 다음 (   ) 안에 알맞은 것은?

> 스프링클러헤드는 살수가 방해되지 않도록 스프링클러헤드로부터 반경 (㉠)cm 이상의 공간을 보유할 것. 다만, 벽과 스프링클러헤드 간의 공간은 (㉡)cm 이상으로 한다.

① ㉠ 10, ㉡ 60   ② ㉠ 30, ㉡ 10
③ ㉠ 60, ㉡ 10   ④ ㉠ 90, ㉡ 60

11 응용   18년 1회 기출

스프링클러헤드의 설치기준 중 옳은 것은?

① 살수가 방해되지 아니하도록 스프링클러헤드로부터 반경 30cm 이상의 공간을 보유할 것
② 스프링클러헤드와 그 부착면과의 거리는 60cm 이하로 할 것
③ 측벽형스프링클러헤드를 설치하는 경우 긴 변의 한쪽 벽에 일렬로 설치하고 3.2m 이내마다 설치할 것
④ 연소할 우려가 있는 개구부에는 그 상하좌우에 2.5m 간격으로 스프링클러헤드를 설치하되, 스프링클러헤드와 개구부의 내측면으로부터 직선거리는 15cm 이하가 되도록 할 것

12 응용   16년 4회 기출

배관 · 행거 및 조명기구가 있어 살수의 장애가 있는 경우 스프링클러헤드의 설치방법으로 옳은 것은? (단, 스프링클러헤드와 장애물과의 이격거리를 장애물 폭의 3배 이상 확보한 경우는 제외한다.)

① 부착면과의 거리는 30cm 이하로 설치한다.
② 헤드로부터 반경 60cm 이상의 공간을 보유한다.
③ 장애물과 부착면 사이에 설치한다.
④ 장애물 아래에 설치한다.

13 기본   17년 4회 기출

스프링클러헤드를 설치하는 천장 · 반자 · 천장과 반자사이 · 덕트 · 선반 등의 각 부분으로부터 하나의 스프링클러헤드까지의 수평거리 기준으로 틀린 것은?

① 무대부에 있어서는 1.7m 이하
② 라지드롭형 스프링클러헤드를 설치하는 창고에 있어서는 2.1m 이하
③ 아파트 등의 세대 내 스프링클러헤드를 설치하는 경우에 있어서는 2.6m 이하
④ 특수가연물을 저장 또는 취급하는 장소에 있어서는 2.1m 이하

14 기본   21년 4회 기출

「스프링클러설비의 화재안전기술기준」에 따라 폐쇄형스프링클러헤드를 최고 주위온도 40℃인 장소(공장 및 창고 제외)에 설치할 경우 표시온도는 몇 ℃의 것을 설치하여야 하는가?

① 79℃ 미만
② 79℃ 이상 121℃ 미만
③ 121℃ 이상 162℃ 미만
④ 162℃ 이상

15 기본   19년 4회 기출

스프링클러설비의 가압송수장치의 정격토출압력은 하나의 헤드선단에 얼마의 방수압력이 될 수 있는 크기이어야 하는가?

① 0.01MPa 이상 0.05MPa 이하
② 0.1MPa 이상 1.2MPa 이하
③ 1.5MPa 이상 2.0MPa 이하
④ 2.5MPa 이상 3.3MPa 이하

16 기본   19년 4회 기출

스프링클러설비의 교차배관에서 분기되는 지점을 기점으로 한쪽 가지배관에 설치되는 헤드는 몇 개 이하로 설치하여야 하는가? (단, 수리학적 배관방식의 경우는 제외한다.)

① 8   ② 10

③ 12   ④ 18

17 기본   17년 1회 기출

스프링클러설비 배관의 설치기준으로 틀린 것은?

① 급수배관의 구경은 수리계산에 따르는 경우 가지배관의 유속은 6m/s, 그 밖의 배관의 유속은 10m/s를 초과할 수 없다.

② 유량측정장치는 펌프의 정격토출량의 175% 이상 측정할 수 있는 성능이 있을 것

③ 수직배수배관의 구경은 50mm 이상으로 하여야 한다.

④ 가지배관에는 헤드의 설치지점 사이마다 1개 이상의 행가를 설치하되, 헤드 간의 거리가 4.5m를 초과하는 경우에는 4.5m 이내마다 1개 이상 설치해야 한다.

18 기본   16년 1회 기출

스프링클러설비 또는 옥내소화전설비에 사용되는 밸브에 대한 설명으로 옳지 않은 것은?

① 펌프의 토출측 체크밸브는 배관 내 압력이 가압송수장치로 역류되는 것을 방지한다.

② 가압송수장치의 후드밸브는 펌프의 위치가 수원의 수위보다 높을 때 설치한다.

③ 입상관에 사용하는 스윙체크밸브는 아래에서 위로 송수하는 경우에만 사용된다.

④ 펌프의 흡입측 배관에는 버터플라이밸브의 개폐표시형밸브를 설치하여야 한다.

19 기본   14년 2회 기출

스프링클러설비 급수배관의 구경을 수리계산에 따르는 경우 가지배관의 최대한계 유속은 몇 m/s인가?

① 4   ② 6

③ 8   ④ 10

20 응용   19년 1회 기출

층수가 10층인 공장에 습식 폐쇄형 스프링클러헤드가 설치되어 있다면 이 설비에 필요한 수원의 양은 얼마 이상이어야 하는가? (단, 이 공장은 특수가연물을 저장·취급하지 않고, 헤드가 가장 많이 설치된 층은 8층으로서 40개가 설치되어 있다.)

① 16m³   ② 32m³

③ 48m³   ④ 64m³

21 기본   17년 2회 기출

연소할 우려가 있는 개구부에 드렌처설비를 설치한 경우 해당 개구부에 한하여 스프링클러헤드를 설치하지 아니할 수 있는 기준으로 틀린 것은?

① 드렌처헤드는 개구부 위 측에 2.5m 이내마다 1개를 설치할 것
② 제어밸브는 특정소방대상물 층마다에 바닥면으로부터 0.5m 이상 1.5m 이하의 위치에 설치할 것
③ 드렌처헤드가 가장 많이 설치된 제어밸브에 설치된 드렌처헤드를 동시에 사용하는 경우에 각 헤드선단의 방수량은 80L/min 이상이 되도록 할 것
④ 드렌처헤드가 가장 많이 설치된 제어밸브에 설치된 드렌처헤드를 동시에 사용하는 경우에 각 헤드선단의 방수압력은 0.1MPa 이상이 되도록 할 것

22 기본   21년 4회 기출

스프링클러설비 본체 내의 유수현상을 자동적으로 검지하여 신호 또는 경보를 발하는 장치는?

① 수압계폐장치   ② 물올림장치
③ 일제개방밸브장치   ④ 유수검지장치

23 기본   19년 4회 기출

스프링클러설비의 누수로 인한 유수검지장치의 오작동을 방지하기 위한 목적으로 설치하는 것은?

① 솔레노이드 밸브   ② 리타딩 챔버
③ 물올림 장치   ④ 성능시험배관

24 기본   22년 2회 기출

스프링클러헤드에서 이융성 금속으로 융착되거나 이융성 물질에 의하여 조립된 것은?

① 프레임(frame)
② 디플렉터(deflector)
③ 유리벌브(glass bulb)
④ 퓨지블링크(fusible link)

25 기본   21년 2회 기출

「소화설비용 헤드의 성능인증 및 제품검사의 기술기준」상 소화설비용 헤드의 분류 중 수류를 살수판에 충돌하여 미세한 물방울을 만드는 물분무헤드 형식은?

① 디프렉타형   ② 충돌형
③ 슬리트형   ④ 분사형

26 기본   19년 4회 기출

천장의 기울기가 10분의 1을 초과할 경우에 가지관의 최상부에 설치되는 톱날지붕의 스프링클러헤드는 천장의 최상부로부터의 수직거리가 몇 cm 이하가 되도록 설치하여야 하는가?

① 50   ② 70
③ 90   ④ 120

27 [응용]
18년 4회 기출

개방형 스프링클러헤드 30개를 설치하는 경우 급수관의 구경은 몇 mm로 하여야 하는가?

① 65 ② 80
③ 90 ④ 100

28 [기본]
21년 2회 기출

「화재조기진압용 스프링클러설비의 화재안전기술기준」상 헤드의 설치기준 중 ( ) 안에 알맞은 것은?

> 헤드 하나의 방호면적은 (ⓐ)m² 이상 (ⓑ)m² 이하로 할 것

① ⓐ 2.4, ⓑ 3.7 ② ⓐ 3.7, ⓑ 9.1
③ ⓐ 6.0, ⓑ 9.3 ④ ⓐ 9.1, ⓑ 13.7

29 [심화]
19년 2회 기출

아래 평면도와 같이 반자가 있는 어느 실내에 전등이나 공조용 디퓨져 등의 시설물을 무시하고 수평거리를 2.1m로 하여 스프링클러헤드를 정방형으로 설치하고자 할 때 최소 몇 개의 헤드를 설치해야 하는가? (단, 반자 속에는 헤드를 설치하지 아니하는 것으로 본다.)

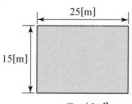

① 24개 ② 42개
③ 54개 ④ 72개

30 [응용]
19년 1회 기출

포헤드를 정방형으로 설치 시 헤드와 벽과의 최대 이격거리는 약 몇 m인가?

① 1.48 ② 1.62
③ 1.76 ④ 1.91

31 [응용]
18년 1회 기출

습식유수검지장치를 사용하는 스프링클러설비에 동 장치를 시험할 수 있는 시험장치의 설치위치 기준으로 옳은 것은?

① 유수검지장치 2차측 배관에 연결하여 설치할 것
② 교차관의 중간 부분에 연결하여 설치할 것
③ 유수검지장치의 측면배관에 연결하여 설치할 것
④ 유수검지장치에서 가장 먼 교차배관의 끝으로부터 연결하여 설치할 것

32 [응용]
16년 1회 기출

스프링클러헤드의 감도를 반응시간지수(RTI)값에 따라 구분할 때 RTI 값이 50 초과 80 이하일 때의 헤드 감도는?

① Fast response
② Special response
③ Standard response
④ Quick response

33 응용
15년 1회 기출

반응시간지수(RTI)에 따른 스프링클러헤드의 설치에 대한 설명으로 옳지 않은 것은?

① RTI가 작을수록 헤드의 설치간격을 작게 한다.
② RTI가 감지기의 설치간격에도 이용될 수 있다.
③ 주위온도가 큰 곳에서는 RTI를 크게 설정한다.
④ 고천장의 방호대상물에는 RTI가 작은 것을 설치한다.

34 기본
22년 2회 기출

「화재조기진압용 스프링클러설비의 화재안전기술기준」상 화재조기진압용 스프링클러설비의 가지배관 배열기준 중 천장의 높이가 9.1m 이상 13.7m 이하인 경우 가지배관 사이의 거리 기준으로 옳은 것은?

① 2.4m 이상 3.1m 이하
② 2.4m 이상 3.7m 이하
③ 6.0m 이상 8.5m 이하
④ 6.0m 이상 9.3m 이하

35 기본
22년 1회 기출

「간이스프링클러설비의 화재안전기술기준」상 간이스프링클러설비의 배관 및 밸브 등의 설치순서로 맞는 것은? (단, 수원이 펌프보다 낮은 경우이다.)

① 상수도직결형은 수도용계량기, 급수차단장치, 개폐표시형밸브, 체크밸브, 압력계, 유수검지장치, 2개의 시험밸브 순으로 설치할 것
② 펌프 설치 시에는 수원, 연성계 또는 진공계, 펌프 또는 압력수조, 압력계, 체크밸브, 개폐표시형밸브, 유수검지장치, 2개의 시험밸브 순으로 설치할 것
③ 가압수조 이용 시에는 수원, 가압수조, 압력계, 체크밸브, 개폐표시형밸브, 유수검지장치, 1개의 시험밸브 순으로 설치할 것
④ 캐비닛형인 경우 수원, 펌프 또는 압력수조, 압력계, 체크밸브, 연성계 또는 진공계, 개폐표시형밸브 순으로 설치할 것

36 기본
18년 1회 기출

폐쇄형 스프링클러헤드 표지블링크형의 표시온도가 121℃~162℃인 경우 프레임의 색별로 옳은 것은? (단, 폐쇄형 헤드이다.)

① 파랑
② 빨강
③ 초록
④ 흰색

포소화설비

포소화설비의 출제비율은 약 9%로 아주 높은 편은 아니나 실기에서도 관련 문제가 출제되므로 소홀히 생각할 수 없는 유형입니다.
필기에서는 특정소방대상물에 따라 적응성이 있는 포소화설비의 종류와 포소화약제를 혼합하는 방식에 대한 문제가 자주 출제됩니다.

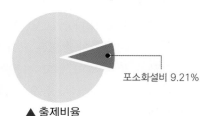

포소화설비 9.21%

▲ 출제비율

대표유형 문제

「포소화설비의 화재안전기술기준」상 특수가연물을 저장·취급하는 공장 또는 창고에 적응성이 없는 포소화설비는?

22년 2회 기출

① 고정포방출설비
② 포소화전설비
③ 압축공기포소화설비
④ 포워터스프링클러설비

정답 ②

해설 특수가연물을 저장·취급하는 공장 또는 창고에 적응성이 있는 포소화설비는 포워터스프링클러설비·포헤드설비 또는 고정포방출설비, 압축공기포소화설비이다.

핵심이론 CHECK!

1. 「포소화설비의 화재안전기술기준」상 적응성이 있는 포소화설비
    ① 특수가연물을 저장·취급하는 공장 또는 창고: 포워터스프링클러설비·포헤드설비 또는 고정포방출설비, 압축공기포소화설비
    ② 발전기실, 엔진펌프실, 변압기, 전기케이블실, 유압설비: 바닥면적의 합계가 300m² 미만의 장소에는 고정식 압축공기포소화설비

2. 「포소화설비의 화재안전기술기준」상 포소화약제를 압입시켜 혼합하는 방식의 종류
    ① 펌프 프로포셔너방식: 흡입기에 펌프에서 토출된 물의 일부를 보내고, 농도조정밸브에서 조정된 포소화약제의 필요량을 펌프 흡입측으로 보내어 이를 혼합하는 방식
    ② 프레셔 프로포셔너방식: 펌프와 발포기의 중간에 설치된 벤추리관의 벤추리 작용과 펌프 가압수의 포소화약제 저장탱크에 대한 압력에 따라 포소화약제를 흡입·혼합하는 방식
    ③ 라인 프로포셔너방식: 펌프와 발포기의 중간에 설치된 벤추리관의 벤추리 작용에 따라 포 소화약제를 흡입·혼합하는 방식
    ④ 프레셔사이드 프로포셔너방식: 펌프의 토출관에 압입기를 설치하여 포소화약제 압입용 펌프로 포소화약제를 압입시켜 혼합하는 방식

01 기본   16년 2회 기출

특정소방대상물에 따라 작용하는 포소화설비의 종류 및 적응성에 관한 설명으로 틀린 것은?

① 「소방기본법 시행령」 별표2의 특수가연물을 저장·취급하는 공장에는 호스릴포소화설비를 설치할 수 있다.

② 완전 개방된 옥상주차장 또는 고가 밑의 주차장으로서 주된 벽이 없고 기둥뿐이거나 주위가 위해 방지용 철주 등으로 둘러싸인 부분에는 호스릴포소화설비 또는 포소화전설비를 설치할 수 있다.

③ 차고에는 포워터스프링클러설비·포헤드설비 또는 고정포방출설비, 압축공기포소화설비를 설치할 수 있다.

④ 항공기 격납고에는 포워터스프링클러설비·포헤드설비 또는 고정포방출설비, 압축공기포소화설비를 설치할 수 있다.

02 기본   17년 4회 기출

특정소방대상물에 따라 적응하는 포소화설비의 설치기준 중 발전기실, 엔진펌프실, 변압기, 전기케이블실, 유압설비에서 바닥면적의 합계가 $300m^2$ 미만의 장소에 설치할 수 있는 것은?

① 포헤드설비
② 호스릴포소화설비
③ 포워터스프링클러설비
④ 고정식 압축공기포소화설비

03 기본   21년 2회 기출

「포소화설비의 화재안전기술기준」상 포소화설비의 배관 등의 설치기준으로 옳은 것은?

① 포워터스프링클러설비 또는 포헤드설비의 가지배관의 배열은 토너먼트방식으로 한다.

② 송액관은 겸용으로 하여야 한다. 다만, 포소화전의 기동장치의 조작과 동시에 다른 설비의 용도에 사용하는 배관의 송수를 차단할 수 있거나, 포소화설비의 성능에 지장이 없는 경우에는 전용으로 할 수 있다.

③ 송액관은 포의 방출 종료 후 배관 안의 액을 배출하기 위하여 적당한 기울기를 유지하도록 하고 그 낮은 부분에 배액밸브를 설치하여야 한다.

④ 유량측정장치는 펌프의 정격토출량의 140% 이상 측정할 수 있는 성능이 있을 것

04 기본   21년 4회 기출

「포소화설비의 화재안전기술기준」에 따라 포소화설비에 소방용 합성수지배관을 설치할 수 있는 경우로 틀린 것은?

① 배관을 지하에 매설하는 경우
② 다른 부분과 내화구조로 구획된 덕트 또는 피트의 내부에 설치하는 경우
③ 동결방지조치로 하거나 동결의 우려가 없는 경우
④ 천장과 반자를 불연재료 또는 준불연재료로 설치하고 그 내부에 항상 소화수가 채워진 상태로 설치하는 경우

05 기본   22년 2회 기출

포소화설비에서 펌프의 토출관에 압입기를 설치하여 포소화약제 압입용 펌프로 포소화약제를 압입시켜 혼합하는 방식은?

① 라인 프로포셔너

② 펌프 프로포셔너

③ 프레셔 프로포셔너

④ 프레셔사이드 프로포셔너

07 기본   18년 2회 기출

포소화약제의 혼합장치에 대한 설명 중 옳은 것은?

① 라인 프로포셔너방식이란 펌프의 토출관과 흡입관 사이의 배관 도중에 설치한 흡입기에 펌프에서 토출된 물의 일부를 보내고, 농도 조정밸브에서 조정된 포소화약제의 필요량을 포소화약제 탱크에서 펌프 흡입측으로 보내어 이를 혼합하는 방식을 말한다.

② 프레셔사이드 프로포셔너방식이란 펌프의 토출관에 압입기를 설치하여 포소화약제 압입용 펌프로 포소화약제를 압입시켜 혼합하는 방식을 말한다.

③ 프레셔 프로포셔너방식이란 펌프와 발포기 중간에 설치된 벤추리관의 벤추리 작용에 따라 포소화약제를 흡입·혼합하는 방식을 말한다.

④ 펌프 프로포셔너방식이란 펌프와 발포기의 중간에 설치된 벤추리관의 벤추리 작용과 펌프 가압수의 포소화약제 저장탱크에 대한 압력에 따라 포소화약제를 흡입·혼합하는 방식을 말한다.

06 기본   CBT 복원

포소화설비에서 포소화약제를 혼합하는 방식에 해당되지 않는 것은?

① 라인 프로포셔너 방식

② 펌프 프로포셔너 방식

③ 리퀴드펌핑 프로포셔너 방식

④ 프레셔사이드 프로포셔너 방식

「포소화설비의 화재안전기술기준」상 포소화설비의 자동식 기동장치에 화재감지기를 사용하는 경우, 화재감지기 회로의 발신기 설치기준 중 ( ) 안에 알맞은 것은? (단, 자동화재탐지설비의 수신기가 설치된 장소에 상시 사람이 근무하고 있고, 화재 시 즉시 해당 조작부를 작동시킬 수 있는 경우는 제외한다.)

> 특정소방대상물의 층마다 설치하되 해당 특정소방대상물의 각 부분으로부터 수평거리가 (㉠)m 이하가 되도록 할 것. 다만, 복도 또는 별로로 구획된 실로서 보행거리가 (㉡)m 이상일 경우에는 추가로 설치하여야 한다.

① ㉠ 25, ㉡ 30
② ㉠ 25, ㉡ 40
③ ㉠ 15, ㉡ 30
④ ㉠ 15, ㉡ 40

「포소화설비의 화재안전기술기준」상 포소화설비의 자동식 기동장치에 폐쇄형 스프링클러헤드를 사용하는 경우에 대한 설치기준 중 다음 ( ) 안에 알맞은 것은? (단, 자동화재탐지설비의 수신기가 설치된 장소에 상시 사람이 근무하고 있고, 화재 시 즉시 해당 조작부를 작동시킬 수 있는 경우는 제외한다.)

> • 표시온도가 (㉠)℃ 미만인 것을 사용하고 1개의 스프링클러헤드의 경계면적은 (㉡)m² 이하로 할 것
> • 부착면의 높이는 바닥으로부터 (㉢)m 이하로 하고 화재를 유효하게 감지할 수 있도록 할 것

① ㉠ 60, ㉡ 10, ㉢ 7
② ㉠ 60, ㉡ 20, ㉢ 7
③ ㉠ 79, ㉡ 10, ㉢ 5
④ ㉠ 79, ㉡ 20, ㉢ 5

다음은 포소화설비에서 배관 등 설치기준에 관한 내용이다. ㉠~㉡ 안에 들어갈 내용으로 옳은 것은?

> 펌프의 성능은 체절운전시 정격토출압력의 (㉠)%를 초과하지 아니하고, 정격토출량의 150%로 운전시 정격토출압력의 (㉡)% 이상이 되어야 한다.

① ㉠ 120, ㉡ 65   ② ㉠ 120, ㉡ 75
③ ㉠ 140, ㉡ 65   ④ ㉠ 140, ㉡ 75

11 [기본]

「포소화설비의 화재안전기술기준」에 따라 포소화설비 송수구의 설치기준에 대한 설명으로 옳은 것은?

① 구경 65mm의 쌍구형으로 할 것
② 지면으로부터 높이가 0.5m 이상 1.5m 이하의 위치에 설치할 것
③ 하나의 층 바닥면적이 2,000m²를 넘을 때마다 1개 이상을 설치할 것
④ 송수구의 가까운 부분에 자동배수밸브(또는 직경 3mm의 배수공) 및 안전밸브를 설치할 것

12 [기본]

포헤드의 설치기준 중 다음 ( ) 안에 알맞은 것은?

> 압축공기포소화설비의 분사헤드는 천장 또는 반자에 설치하되 방호대상물에 따라 측벽에 설치할 수 있으며 유류탱크 주위에는 바닥면적 (㉠)m²마다 1개 이상, 특수가연물 저장소에는 바닥면적 (㉡)m²마다 1개 이상으로 당해 방호대상물의 화재를 유효하게 소화할 수 있도록 할 것

① ㉠ 8, ㉡ 9
② ㉠ 9, ㉡ 8
③ ㉠ 9.3, ㉡ 13.9
④ ㉠ 13.9, ㉡ 9.3

13 [기본]

차고 · 주차장에 설치하는 포소화전설비의 설치기준 중 다음 ( ) 안에 알맞은 것은? (단, 1개 층의 바닥면적이 200m² 이하인 경우는 제외한다.)

> 특정소방대상물의 어느 층에 있어서도 그 층에 설치된 포소화전방수구(포소화전방수구가 5개 이상 설치된 경우에는 5개)를 동시에 사용할 경우 각 이동식 포노즐 선단의 포수용액 방사압력이 (㉠) MPa 이상이고 (㉡)L/min 이상의 포수용액을 수평거리 15m 이상으로 방사할 수 있도록 할 것

① ㉠ 0.25, ㉡ 230
② ㉠ 0.25, ㉡ 300
③ ㉠ 0.35, ㉡ 230
④ ㉠ 0.35, ㉡ 300

14 [기본]

포소화약제의 저장량 설치기준 중 포헤드방식 및 압축공기포소화설비에 있어서 하나의 방사구역 안에 설치된 포헤드를 동시에 개방하여 표준방사량으로 몇 분간 방사할 수 있는 양 이상으로 하여야 하는가?

① 10
② 20
③ 30
④ 60

15 [기본]

항공기 격납고 포헤드의 1분당 방사량은 바닥면적 1m²당 최소 몇 L 이상이어야 하는가? (단, 수성막포 소화약제를 사용한다.)

① 3.7
② 6.5
③ 8.0
④ 10

16 응용 　　　　　　　　　14년 2회 기출

옥외탱크저장소에 설치하는 포소화설비의 포원액
탱크 용량을 결정하는 데 필요 없는 것은?

① 탱크의 액표면적
② 탱크의 높이
③ 사용원액의 농도(3%형 또는 6%형)
④ 위험물의 종류

17 기본 　　　　　　　　　16년 1회 기출

포소화약제의 저장량 계산 시 가장 먼 탱크까지의
송액관에 충전하기 위한 필요량을 계산에 반영하
지 않는 경우는?

① 송액관의 내경이 75mm 이하인 경우
② 송액관의 내경이 80mm 이하인 경우
③ 송액관의 내경이 85mm 이하인 경우
④ 송액관의 내경이 100mm 이하인 경우

18 기본 　　　　　　　　　16년 4회 기출

전역방출방식 고발포용 고정포방출구의 설치기준
으로 옳은 것은? (단, 해당 방호구역에서 외부로
새는 양 이상의 포수용액을 유효하게 추가하여 방
출하는 설비가 있는 경우는 제외한다.)

① 고정포방출구는 바닥면적 600m²마다 1개
　이상으로 할 것
② 고정포방출구는 방호대상물의 최고 부분보
　다 낮은 위치에 설치할 것
③ 개구부에 자동폐쇄장치를 설치할 것
④ 특정소방대상물 및 포의 팽창비에 따른 종
　별에 관계 없이 해당 방호구역의 관포체적
　1m³에 대한 1분당 포수용액 방출량은 1L
　이상으로 할 것

19 기본 　　　　　　　　　16년 2회 기출

가솔린을 저장하는 고정지붕식의 옥외탱크에 설
치하는 포소화설비에서 포를 방출하는 기기는 어
느 것인가?

① 포워터 스프링클러헤드
② 호스릴 포 소화설비
③ 포 헤드
④ 고정포 방출구(폼 챔버)

20 기본 　　　　　　　　　CBT 복원

다음 중 차고 또는 주차장에 호스릴포소화설비를
설치할 수 있는 경우가 아닌 것은 어느 것인가?

① 완전 개방된 옥상주차장
② 지상 1층으로서 지붕이 없는 부분
③ 지상에서 수동 또는 원격조작에 따라 개방
　이 가능한 개구부의 유효면적의 합계가 바
　닥면적의 10% 이상인 부분
④ 고가 밑의 주차장 등으로서 주된 벽이 없고
　기둥뿐인 부분

출제경향 CHECK!

가스계 소화설비는 이산화탄소, 할론, 할로겐화합물 및 불활성
기체 소화설비와 관련된 내용이고, 출제비율은 약 15%입니다.
가스계 소화설비에서는 이산화탄소 소화설비 관련 내용이 자
주 출제되므로 대비가 필요합니다.

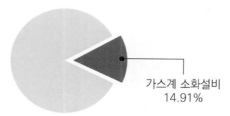

가스계 소화설비
14.91%

▲ 출제비율

대표유형 문제

이산화탄소 소화약제의 저장용기에 관한 일반적인 설명으로 옳지 않은 것은?　　19년 2회 기출

① 방호구역 내의 장소에 설치하되 피난구 부근을 피하여 설치할 것
② 온도가 40℃ 이하이고, 온도 변화가 적은 곳에 설치할 것
③ 직사광선 및 빗물이 침투할 우려가 없는 곳에 설치할 것
④ 용기 간의 간격은 점검에 지장이 없도록 3cm 이상의 간격을 유지할 것

정답　①

해설　이산화탄소 소화약제의 저장용기는 방호구역 외의 장소에 설치해야 한다.

핵심이론 CHECK!

1. 「이산화탄소 소화설비의 화재안전기술기준」상 저장용기를 설치해야 하는 장소

① 방호구역 외의 장소에 설치할 것
② 온도가 40℃ 이하이고, 온도 변화가 작은 곳에 설치할 것
③ 직사광선 및 빗물이 침투할 우려가 없는 곳에 설치할 것
④ 용기 간의 간격은 점검에 지장이 없도록 3cm 이상의 간격을 유지할 것

2. 「이산화탄소 소화설비의 화재안전기술기준」상 저장용기 기준

① 저장용기의 충전비는 고압식은 1.5 이상 1.9 이하, 저압식은 1.1 이상 1.4 이하로 할 것
② 저압식 저장용기에는 액면계 및 압력계와 2.3MPa 이상 1.9MPa 이하의 압력에서 작동하는 압력경
보장치를 설치할 것
③ 저압식 저장용기에는 용기 내부의 온도가 섭씨 영하 18℃ 이하에서 2.1MPa의 압력을 유지할 수 있는
자동냉동장치를 설치할 것
④ 저장용기는 고압식은 25MPa 이상, 저압식은 3.5MPa 이상의 내압시험압력에 합격한 것으로 할 것

01 기본   16년 1회 기출

( ) 안에 들어갈 내용으로 알맞은 것은?

> 이산화탄소 소화설비에서 이산화탄소 소화약제의 저압식 저장용기에는 용기 내부의 온도가 (㉠)에서 (㉡)의 압력을 유지할 수 있는 자동냉동장치를 설치할 것

① ㉠: 0℃ 이상, ㉡: 4Mpa
② ㉠: -18℃ 이하, ㉡: 2.1Mpa
③ ㉠: 20℃ 이하, ㉡: 2Mpa
④ ㉠: 40℃ 이하, ㉡: 2.1Mpa

02 기본   16년 2회 기출

저압식 이산화탄소 소화설비 소화약제 저장용기에 설치하는 안전밸브의 작동압력은 내압시험압력의 몇 배에서 작동하는가?

① 0.24~0.4   ② 0.44~0.6
③ 0.64~0.8   ④ 0.84~1

03 기본   19년 1회 기출

이산화탄소 소화약제의 저장용기 설치기준 중 옳은 것은?

① 저장용기의 충전비는 고압식은 1.9 이상 2.3 이하, 저압식은 1.5 이상 1.9 이하로 할 것
② 저압식 저장용기에는 액면계 및 압력계와 2.1MPa 이상 1.7MPa 이하의 압력에서 작동하는 압력경보장치를 설치할 것
③ 저장용기는 고압식은 25MPa 이상, 저압식은 3.5MPa 이상의 내압시험압력에 합격한 것으로 할 것
④ 저압식 저장용기에는 내압시험압력의 1.8배의 압력에서 작동하는 안전밸브와 내압시험압력의 0.8배부터 내압시험압력까지의 범위에서 작동하는 봉판을 설치할 것

04 기본   18년 2회 기출

이산화탄소 소화약제 저압식 저장용기의 충전비로 옳은 것은?

① 0.9 이상 1.1 이하   ② 1.1 이상 1.4 이하
③ 1.4 이상 1.7 이하   ④ 1.5 이상 1.9 이하

05 심화   CBT 복원

「이산화탄소 소화설비의 화재안전기술기준」상 소화약제 저장용기의 내부 용적과 소화약제의 중량과의 비가 고압식에 해당되는 것은?

① 50L, 45kg   ② 72L, 62kg
③ 68L, 45kg   ④ 68L, 50kg

06 [기본]
21년 4회 기출

이산화탄소 소화설비 및 할론소화설비의 국소방출방식에 대한 설명으로 옳은 것은?

① 고정식 소화약제 공급장치에 배관 및 분사헤드를 설치하여 직접 화점에 소화약제를 방출하는 방식이다.
② 고정된 분사헤드에서 밀폐 방호구역 공간 전체로 소화약제를 방출하는 방식이다.
③ 호스 선단에 부착된 노즐을 이동하여 방호대상물에 직접 소화약제를 방출하는 방식이다.
④ 소화약제 용기 노즐 등을 운반기구에 적재하고 방호대상물에 직접 소화약제를 방출하는 방식이다.

07 [기본]
21년 2회 기출

「이산화탄소 소화설비의 화재안전기술기준」상 수동식 기동장치의 설치기준에 적합하지 않은 것은?

① 전역방출방식에 있어서는 방호대상물마다 설치할 것
② 전기를 사용하는 기동장치에는 전원표시등을 설치할 것
③ 기동장치의 조작부는 바닥으로부터 높이 0.8m 이상 1.5m 이하의 위치에 설치하고, 보호판 등에 따른 보호장치를 설치할 것
④ 기동장치의 방출용 스위치는 음향경보장치와 연동하여 조작될 수 있는 것으로 할 것

08 [기본]
19년 4회 기출

이산화탄소 소화설비의 기동장치에 대한 기준으로 틀린 것은?

① 자동식 기동장치는 수동으로도 기동할 수 있는 구조이어야 한다.
② 가스압력식 기동장치에서 기동용 가스용기 및 해당 용기에 사용하는 밸브는 20MPa 이상의 압력에 견딜 수 있어야 한다.
③ 수동식 기동장치의 조작부는 바닥으로부터 높이 0.8m 이상 1.5m 이하의 위치에 설치한다.
④ 전기식 기동장치로서 7병 이상의 저장용기를 동시에 개방하는 설비는 2병 이상의 저장용기에 전자 개방밸브를 부착해야 한다.

09 [기본]
17년 2회 기출

이산화탄소 소화설비 기동장치의 설치기준으로 옳은 것은?

① 가스압력식 기동장치 기동용 가스용기의 체적은 3L 이상으로 한다.
② 전기식 기동장치로서 5병의 저장용기를 동시에 개방하는 설비는 2병 이상의 저장 용기에 전자개방밸브를 부착해야 한다.
③ 수동식 기동장치는 전역방출방식에 있어서 방호대상물마다 설치한다.
④ 수동식 기동장치의 부근에는 방출지연을 위한 방출지연스위치를 설치해야 한다.

10 [심화]

「이산화탄소 소화설비의 화재안전기술기준」에 따라 케이블실에 전역방출방식으로 이산화탄소 소화설비를 설치하고자 한다. 방호구역 체적은 750m³, 개구부의 면적은 3m²이고, 개구부에는 자동폐쇄장치가 설치되어 있지 않다. 이때 필요한 소화약제의 양은 최소 몇 kg 이상인가?

① 930   ② 1,005
③ 1,230   ④ 1,530

11 [심화]

체적 100m³의 면화류창고에 전역방출방식의 이산화탄소 소화설비를 설치하는 경우에 소화약제는 몇 kg 이상 저장하여야 하는가? (단, 방호구역의 개구부에 자동폐쇄장치가 부착되어 있다.)

① 12   ② 27
③ 120   ④ 270

12 [심화]

모피창고에 이산화탄소 소화설비를 전역방출방식으로 설치할 경우 방호구역의 체적이 600m³라면 이산화탄소 소화약제의 최소 저장량은 몇 kg인가? (단, 설계농도는 75%이고, 개구부 면적은 무시한다.)

① 780   ② 960
③ 1,200   ④ 1,620

13 [심화]

이산화탄소 소화설비의 약제 저장량을 계산하는 경우 고려해야 하는 사항이 아닌 것은?

① 개구부의 면적
② 방출시간
③ 방호대상물의 종류
④ 방호구역의 체적

14 [응용]

「이산화탄소 소화설비의 화재안전기술기준」상 이산화탄소 소화설비의 배관 설치기준으로 적합하지 않은 것은?

① 이음이 없는 동 및 동합금관으로서 고압식은 16.5MPa 이상의 압력에 견딜 수 있는 것
② 배관의 호칭구경이 20mm 이하인 경우에는 스케줄 20 이상인 것을 사용할 것
③ 고압식의 1차측(개폐밸브 또는 선택밸브 이전) 배관부속의 최소사용설계압력은 9.5MPa로 하고, 고압식의 2차측과 저압식의 배관부속의 최소사용설계압력은 4.5MPa로 할 것
④ 배관은 전용으로 할 것

15 [기본]

이산화탄소 소화설비에서 방출되는 가스압력을 이용하여 배기덕트를 차단하는 장치는?

① 방화셔터   ② 피스톤릴리져댐퍼
③ 가스체크밸브   ④ 방화댐퍼

16 기본   18년 1회 기출

호스릴 이산화탄소 소화설비의 노즐은 20℃에서 하나의 노즐마다 몇 kg/min 이상의 소화약제를 방사할 수 있는 것이어야 하는가?

① 40   ② 50

③ 60   ④ 80

17 기본   22년 2회 기출

「할론소화설비의 화재안전기술기준」에 따른 할론소화설비의 수동식 기동장치의 설치기준으로 틀린 것은?

① 국소방출방식은 방호대상물마다 설치할 것
② 기동장치의 방출용 스위치는 음향경보장치와 개별적으로 조작될 수 있는 것으로 할 것
③ 전기를 사용하는 기동장치에는 전원표시등을 설치할 것
④ 조작부는 바닥으로부터 높이 0.8m 이상 1.5m 이하의 위치에 설치할 것

18 기본   22년 1회 기출

「할론소화설비의 화재안전기술기준」상 자동차 차고나 주차장에 할론 1301 소화약제로 전역방출방식의 소화설비를 설치한 경우 방호구역의 체적 1m³당 얼마의 소화약제가 필요한가?

① 0.32kg 이상 0.64kg 이하
② 0.36kg 이상 0.71kg 이하
③ 0.40kg 이상 1.10kg 이하
④ 0.60kg 이상 0.71kg 이하

19 기본   21년 4회 기출

「할론소화설비의 화재안전기술기준」상 할론 1211을 국소방출방식으로 방출할 때 분사헤드의 방출압력 기준은 몇 MPa 이상인가?

① 0.1   ② 0.2

③ 0.9   ④ 1.05

20 기본   18년 4회 기출

국소방출방식의 할론소화설비의 분사헤드 설치기준 중 다음 ( ) 안에 알맞은 것은?

> 분사헤드의 방출압력은 할론 2402를 방출하는 것은 (㉠)MPa 이상, 할론 2402를 방출하는 분사헤드는 해당 소화약제가 (㉡)으로 분무되는 것으로 하여야 하며, 기준저장량의 소화약제를 (㉢)초 이내에 방사할 수 있는 것으로 할 것

① ㉠ 0.1, ㉡ 무상, ㉢ 10
② ㉠ 0.2, ㉡ 적상, ㉢ 10
③ ㉠ 0.1, ㉡ 무상, ㉢ 30
④ ㉠ 0.2, ㉡ 적상, ㉢ 30

21 기본 　　　　　　　　　　22년 1회 기출

「할론소화설비의 화재안전기술기준」상 할론소화약제 저장용기의 설치기준 중 다음 (　) 안에 알맞은 것은?

> 축압식 저장용기의 압력은 온도 20℃에서 할론 1301을 저장하는 것은 (　㉠　)MPa 또는 (　㉡　)MPa이 되도록 질소가스로 축압할 것

① ㉠ 2.5, ㉡ 4.2 　　② ㉠ 2.0, ㉡ 3.5
③ ㉠ 1.5, ㉡ 3.0 　　④ ㉠ 1.1, ㉡ 2.5

22 기본 　　　　　　　　　　21년 2회 기출

「할론소화설비의 화재안전기술기준」상 화재표시반의 설치기준이 아닌 것은?

① 소화약제 방출지연스위치를 설치할 것
② 소화약제의 방출을 명시하는 표시등을 설치할 것
③ 수동식 기동장치는 그 방출용 스위치의 작동을 명시하는 표시등을 설치할 것
④ 자동식 기동장치는 자동·수동의 절환을 명시하는 표시등을 설치할 것

23 기본 　　　　　　　　　　19년 1회 기출

할론소화설비에서 국소방출방식의 경우 할론소화약제의 양을 산출하는 식은 다음과 같다. 여기서 A는 무엇을 의미하는가? (단, 가연물이 비산할 우려가 있는 경우로 가정한다.)

$$Q = X - Y \frac{a}{A}$$

① 방호공간의 벽면적의 합계
② 창문이나 문의 틈새면적의 합계
③ 개구부 면적의 합계
④ 방호대상물 주위에 설치된 벽의 면적의 합계

24 응용 　　　　　　　　　　CBT 복원

할론소화설비의 국소방출방식 소화약제의 양 산출과 관련된 공식 $Q = X - Y \frac{a}{A}$ 에서 할론 1301 소화약제에 해당하는 X와 Y의 수치로 옳은 것은?

① X: 4.4, Y: 3.3
② X: 3.2, Y: 2.4
③ X: 4.0, Y: 3.0
④ X: 5.2, Y: 3.9

25 기본 　　　　　　　　　　19년 2회 기출

다음 중 할론소화설비의 수동식 기동장치의 점검내용으로 맞지 않은 것은?

① 방호구역마다 설치되어 있는지 점검한다.
② 방출지연스위치가 설치되어 있는지 점검한다.
③ 화재감지기와 연동되어 있는지 점검한다.
④ 조작부는 바닥으로부터 0.8m 이상 1.5m 이하의 위치에 설치되어 있는지 점검한다.

26 기본   21년 1회 기출

「할로겐화합물 및 불활성기체 소화설비의 화재안전기술기준」상 저장용기 설치기준으로 틀린 것은?

① 온도가 40℃ 이하이고 온도의 변화가 작은 곳에 설치할 것
② 용기 간의 간격은 점검에 지장이 없도록 3cm 이상의 간격을 유지할 것
③ 직사광선 및 빗물이 침투할 우려가 없는 곳에 설치할 것
④ 저장용기를 방호구역 외에 설치한 경우에는 방화문으로 구획된 실에 설치할 것

27 기본   17년 4회 기출

할로겐화합물 및 불활성기체 소화약제 저장용기의 설치장소 기준 중 ( ) 안에 알맞은 것은?

> 할로겐화합물 및 불활성기체 소화약제의 저장용기는 온도가 ( )℃ 이하이고 온도의 변화가 작은 곳에 설치할 것

① 40   ② 55
③ 60   ④ 75

28 기본   17년 1회 기출

할로겐화합물 및 불활성기체 소화설비의 분사헤드에 대한 설치기준 중 다음 ( ) 안에 알맞은 것은? (단, 분사헤드의 성능인증 범위 내에서 설치하는 경우는 제외한다.)

> 분사헤드의 설치높이는 방호구역의 바닥으로부터 최소 (㉠)m 이상 최대 (㉡)m 이하로 하여야 한다.

① ㉠ 0.2, ㉡ 3.7   ② ㉠ 0.8, ㉡ 1.5
③ ㉠ 1.5, ㉡ 2.0   ④ ㉠ 2.0, ㉡ 2.5

29 기본   18년 4회 기출

할로겐화합물 및 불활성기체 소화설비를 설치할 수 없는 장소의 기준 중 옳은 것은? (단, 소화성능이 인정되는 위험물은 제외한다.)

① 제1류 위험물 및 제2류 위험물 사용
② 제2류 위험물 및 제4류 위험물 사용
③ 제3류 위험물 및 제5류 위험물 사용
④ 제4류 위험물 및 제6류 위험물 사용

30 기본   17년 4회 기출

할로겐화합물 및 불활성기체 소화설비를 설치한 특정소방대상물 또는 그 부분에 대한 자동폐쇄장치의 설치기준 중 다음 ( ) 안에 알맞은 것은?

> 개구부가 있거나 천장으로부터 (㉠)m 이상의 아래 부분 또는 바닥으로부터 해당 층의 높이의 (㉡) 이내의 부분에 통기구가 있어 소화약제의 유출에 따라 소화효과를 감소시킬 우려가 있는 것은 소화약제가 방출되기 전에 해당 개구부 및 통기구를 폐쇄할 수 있도록 할 것

① ㉠ 1, ㉡ 3분의 2   ② ㉠ 2, ㉡ 3분의 2
③ ㉠ 1, ㉡ 2분의 1   ④ ㉠ 2, ㉡ 2분의 1

31 기본   16년 4회 기출

할로겐화합물 및 불활성기체 소화설비의 수동식 기동장치의 설치기준 중 틀린 것은?

① 5kg 이상의 힘을 가하여 기동할 수 있는 구조로 할 것
② 전기를 사용하는 기동장치에는 전원표시등을 설치할 것
③ 기동장치의 방출용 스위치는 음향경보장치와 연동하여 조작될 수 있는 것으로 할 것
④ 해당 방호구역의 출입구 부근 등 조작을 하는 자가 쉽게 피난할 수 있는 장소에 설치할 것

32 기본   17년 2회 기출

할로겐화합물 및 불활성기체 소화설비 중 약제의 저장 용기 내에서 저장상태가 기체 상태의 압축가스인 소화약제는?

① IG-541
② HCFC BLEND A
③ HFC-227ea
④ HFC-23

33 기본   CBT 복원

다음 중 불소, 염소, 브롬 또는 요오드 중 하나 이상의 원소를 포함하고 있는 할로겐화합물 소화약제가 아닌 것은?

① HFC-227ea
② HCFC BLEND A
③ IG-541
④ HFC-125

분말소화설비

분말소화설비와 관련된 문제 중에서는 자동식 기동장치의 설치기준, 가압용 가스의 설치기준, 배관의 설치기준 등이 자주 출제됩니다.

제1종~제3종 분말 소화약제와 관련된 내용은 소방원론에서도 출제되는 부분이므로 연계해서 공부하는 것이 좋습니다.

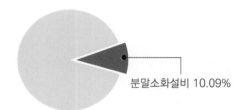

분말소화설비 10.09%

▲ 출제비율

대표유형 문제

「분말소화설비의 화재안전기술기준」상 자동화재탐지설비의 감지기의 작동과 연동하는 분말소화설비 자동식 기동장치의 설치기준 중 다음 ( ) 안에 알맞은 것은?　　　　　　　　　　　22년 2회 기출

- 전기식 기동장치로서 (㉠)병 이상의 저장용기를 동시에 개방하는 설비는 2병 이상의 저장용기에 전자 개방밸브를 부착할 것
- 가스압력식 기동장치의 기동용 가스용기 및 해당 용기에 사용하는 밸브는 (㉡)MPa 이상의 압력에 견딜 수 있는 것으로 할 것

① ㉠ 3, ㉡ 2.5　　　　　　　　　　　　② ㉠ 7, ㉡ 2.5

③ ㉠ 3, ㉡ 25　　　　　　　　　　　　④ ㉠ 7, ㉡ 25

| 정답 | ④ |

| 해설 | ㉠은 7, ㉡은 25이다. |

「분말소화설비의 화재안전기술기준」상 자동식 기동장치의 설치기준

① 자동식 기동장치에는 수동으로도 기동할 수 있는 구조로 할 것

② 전기식 기동장치로서 7병 이상의 저장용기를 동시에 개방하는 설비는 2병 이상의 저장용기에 전자 개방밸브를 부착할 것

③ 가스압력식 기동장치의 기동용 가스용기 및 해당 용기에 사용하는 밸브는 25MPa 이상의 압력에 견딜 수 있는 것으로 할 것

④ 가스압력식 기동장치의 기동용 가스용기에는 내압시험압력의 0.8배부터 내압시험압력 이하에서 작동하는 안전장치를 설치할 것

⑤ 가스압력식 기동장치의 기동용 가스용기의 체적은 5L 이상으로 하고, 해당 용기에 저장하는 질소 등의 비활성기체는 6.0MPa 이상(21℃ 기준)의 압력으로 충전할 것

⑥ 기계식 기동장치는 저장용기를 쉽게 개방할 수 있는 구조로 할 것

01 기본　　　　　　　　21년 4회 기출

「분말소화설비의 화재안전기술기준」에 따라 분말소화설비의 자동식 기동장치의 설치기준으로 틀린 것은? (단, 자동식 기동장치는 자동화재탐지설비의 감지기의 작동과 연동하는 것이다.)

① 기동용 가스용기의 충전비는 1.5 이상으로 할 것

② 자동식 기동장치에는 수동으로도 기동할 수 있는 구조로 할 것

③ 전기식 기동장치로서 3병 이상의 저장용기를 동시에 개방하는 설비는 2병 이상의 저장용기에 전자개방밸브를 부착할 것

④ 기동용 가스용기에는 내압시험압력의 0.8배부터 내압시험압력 이하에서 작동하는 안전장치를 설치할 것

02 기본　　　　　　　　21년 2회 기출

「분말소화설비의 화재안전기술기준」상 수동식 기동장치의 부근에 설치하는 방출지연스위치에 대한 설명으로 옳은 것은?

① 자동복귀형 스위치로서 수동식 기동장치의 타이머를 순간정지시키는 기능의 스위치를 말한다.

② 자동복귀형 스위치로서 수동식 기동장치가 수신기를 순간정지시키는 기능의 스위치를 말한다.

③ 수동복귀형 스위치로서 수동식 기동장치의 타이머를 순간정지시키는 기능의 스위치를 말한다.

④ 수동복귀형 스위치로서 수동식 기동장치가 수신기를 순간정지시키는 기능의 스위치를 말한다.

03 기본　　　　　　　　22년 2회 기출

「분말소화설비의 화재안전기술기준」상 분말소화약제의 가압용 가스용기에 대한 설명으로 틀린 것은?

① 가압용 가스용기를 3병 이상 설치한 경우에는 2개 이상의 용기에 전자개방밸브를 부착할 것

② 가압용 가스용기에는 2.5MPa 이하의 압력에서 조정이 가능한 압력조정기를 설치할 것

③ 가압용 가스에 질소가스를 사용하는 것의 질소가스는 소화약제 1kg마다 20L(35℃에서 1기압의 압력상태로 환산한 것) 이상으로 할 것

④ 축압용 가스에 질소가스를 사용하는 것의 질소가스는 소화약제 1kg에 대하여 10L(35℃에서 1기압의 압력상태로 환산한 것) 이상으로 할 것

04 기본   22년 1회 기출

「분말소화설비의 화재안전기술기준」상 분말소화약제의 가압용 가스 또는 축압용 가스의 설치기준으로 틀린 것은?

① 가압용 가스에 질소가스를 사용하는 것의 질소가스는 소화약제 1kg마다 40L(35℃에서 1기압의 압력상태로 환산한 것) 이상으로 할 것

② 가압용 가스에 이산화탄소를 사용하는 것의 이산화탄소는 소화약제 1kg에 대하여 20g에 배관의 청소에 필요한 양을 가산한 양 이상으로 할 것

③ 축압용 가스에 질소가스를 사용하는 것의 질소가스는 소화약제 1kg에 대하여 40L(35℃에서 1기압의 압력상태로 환산한 것) 이상으로 할 것

④ 축압용 가스에 이산화탄소를 사용하는 것의 이산화탄소는 소화약제 1kg에 대하여 20g에 배관의 청소에 필요한 양을 가산한 양 이상으로 할 것

05 기본   16년 2회 기출

분말소화설비가 작동한 후 배관 내 잔여분말의 청소용(Cleaning)으로 사용되는 가스로 옳게 연결된 것은?

① 질소, 건조공기
② 질소, 이산화탄소
③ 이산화탄소, 아르곤
④ 건조공기, 아르곤

06 기본   21년 2회 기출

「분말소화설비의 화재안전기술기준」상 다음 ( ) 안에 알맞은 것은?

> 분말소화약제의 가압용 가스용기에는 ( )의 압력에서 조정이 가능한 압력조정기를 설치하여야 한다.

① 2.5MPa 이하   ② 2.5MPa 이상
③ 25MPa 이하   ④ 25MPa 이상

07 기본   19년 2회 기출

다음 ( ) 안에 들어가는 기기로 옳은 것은?

> • 분말소화약제의 가압용 가스용기를 3병 이상 설치한 경우에는 2개 이상의 용기에 (ⓐ)를 부착해야 한다.
> • 분말소화약제의 가압용 가스용기에는 2.5MPa 이하의 압력에서 조정이 가능한 (ⓑ)를 설치해야 한다.

① ⓐ 전자개방밸브, ⓑ 압력조정기
② ⓐ 전자개방밸브, ⓑ 정압작동장치
③ ⓐ 압력조정기, ⓑ 전자개방밸브
④ ⓐ 압력조정기, ⓑ 정압개방밸브

08 [기본]

국소방출방식의 분말소화설비 분사헤드는 기준저장량의 소화약제를 몇 초 이내에 방사할 수 있는 것이어야 하는가?

① 60   ② 30
③ 20   ④ 10

09 [심화]

전역방출방식의 분말소화설비에 있어서 방호구역의 용적이 $500m^3$일 때 적합한 분사헤드의 수는? (단, 제1종 분말이며, 체적 $1m^3$당 소화약제의 양은 0.60kg이며, 분사헤드 1개의 분당 표준 방사량은 18kg이다.)

① 17개   ② 30개
③ 34개   ④ 134개

10 [기본]

「분말소화설비의 화재안전기술기준」상 배관에 관한 기준으로 틀린 것은?

① 배관은 전용으로 할 것
② 배관은 모두 스케줄 40 이상으로 할 것
③ 동관을 사용하는 경우의 배관은 고정압력 또는 최고사용압력의 1.5배 이상의 압력에 견딜 수 있는 것을 사용할 것
④ 밸브류는 개폐위치 또는 개폐방향을 표시한 것으로 할 것

11 [기본]

「분말소화설비의 화재안전기술기준」상 차고 또는 주차장에 설치하는 분말소화설비의 소화약제는?

① 제1종 분말   ② 제2종 분말
③ 제3종 분말   ④ 제4종 분말

12 [기본]

「분말소화설비의 화재안전기술기준」상 제1종 분말을 사용한 전역방출방식 분말소화설비에서 방호구역의 체적 $1m^3$에 대한 소화약제의 양은 몇 kg인가?

① 0.24   ② 0.36
③ 0.60   ④ 0.72

13 [기본]

전역방출방식 분말소화설비에서 방호구역의 개구부에 자동폐쇄장치를 설치하지 아니한 경우, 개구부의 면적 $1m^2$에 대한 분말소화약제의 가산량으로 잘못 연결된 것은?

① 제1종 분말 – 4.5kg
② 제2종 분말 – 2.7kg
③ 제3종 분말 – 2.5kg
④ 제4종 분말 – 1.8kg

14 기본   19년 4회 기출

분말소화설비의 분말소화약제 1kg당 저장용기의 내용적 기준으로 틀린 것은?

① 제1종 분말: 0.8L   ② 제2종 분말: 1.0L
③ 제3종 분말: 1.0L   ④ 제4종 분말: 1.8L

15 심화   19년 1회 기출

주차장에 분말소화약제 120kg을 저장하려고 한다. 이때 필요한 저장용기의 최소 내용적(L)은?

① 96   ② 120
③ 150   ④ 180

16 기본   17년 2회 기출

축압식 분말소화기 지시압력계의 정상 사용압력 범위 중 상한값은?

① 0.68MPa   ② 0.78MPa
③ 0.88MPa   ④ 0.98MPa

17 기본   18년 4회 기출

분말소화설비에서 분말소화약제의 저장용기의 설치기준 중 옳은 것은?

① 저장용기에는 가압식은 최고사용압력의 0.8배 이하, 축압식은 용기의 내압시험 압력의 1.8배 이하의 압력에서 작동하는 안전밸브를 설치할 것
② 저장용기의 충전비는 0.8 이상으로 할 것
③ 저장용기 간의 간격은 점검에 지장이 없도록 5cm 이상의 간격을 유지할 것
④ 저장용기에는 저장용기의 내부압력이 설정압력으로 되었을 때 주밸브를 개방하는 압력조정기를 설치할 것

18 기본   CBT 복원

「분말소화설비의 화재안전기술기준」에 따라 분말소화약제 가압식 저장용기는 최고사용압력의 몇 배 이하의 압력에서 작동하는 안전밸브를 설치해야 하는가?

① 0.8   ② 1.8
③ 2.0   ④ 3.5

19 기본 19년 2회 기출

화재 시 연기가 찰 우려가 없는 장소로서 호스릴 분말소화설비를 설치할 수 있는 기준 중 다음 ( ) 안에 알맞은 것은?

> • 지상 1층 및 피난층에 있는 부분으로서 지상에서 수동 또는 원격조작에 따라 개방할 수 있는 개구부의 유효면적의 합계가 바닥면적의 (㉠)% 이상이 되는 부분
> • 전기설비가 설치되어 있는 부분 또는 다량의 화기를 사용하는 부분의 바닥면적이 해당 설비가 설치되어 있는 구획의 바닥면적의 (㉡) 미만이 되는 부분

① ㉠ 15, ㉡ 1/5   ② ㉠ 15, ㉡ 1/2
③ ㉠ 20, ㉡ 1/5   ④ ㉠ 20, ㉡ 1/2

20 응용 17년 1회 기출

분말소화설비의 저장용기에 설치된 밸브 중 잔압 방출 시 개방·폐쇄 상태로 옳은 것은?

① 가스도입밸브-폐쇄
② 주밸브(방출밸브)-개방
③ 배기밸브-폐쇄
④ 클리닝밸브-개방

21 기본 16년 1회 기출

분말소화설비에서 사용하지 않는 밸브는?

① 드라이밸브   ② 클리닝밸브
③ 안전밸브   ④ 배기밸브

22 기본 14년 2회 기출

분말소화설비의 정압작동장치에서 가압용 가스가 저장용기 내에 가압되어 압력스위치가 동작되면 솔레노이드 밸브가 동작되어 주개방 밸브를 개방시키는 방식은?

① 압력스위치식   ② 봉판식
③ 기계식   ④ 스프링식

116 SUBJECT 02 소방기계시설의 구조 및 원리

물분무 및 미분무 소화설비

출제경향 CHECK!

물분무 및 미분무 소화설비에서는 물분무소화설비의 수원의
저수량 기준이 가장 자주 출제됩니다. 이 문제는 실기에서도
출제되는 유형의 문제로 필기 때부터 관련 기준은 정확하게 암
기해야 합니다.

미분무 소화설비에서는 용어 정의 문제가 자주 출제됩니다.

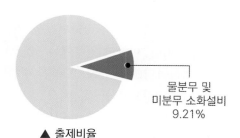

물분무 및
미분무 소화설비
9.21%

▲ 출제비율

대표유형 문제

다음은 「물분무소화설비의 화재안전기술기준」에 따른 수원의 저수량 기준이다. ( )에 들어갈 내용으로
옳은 것은?   22년 2회 기출

특수가연물을 저장 또는 취급하는 특정소방대상물 또는 그 부분에 있어서 수원의 저수량은 그 바닥면적 $1m^2$에 대하여
( )L/min로 20분간 방수할 수 있는 양 이상으로 할 것

① 10   ② 12
③ 15   ④ 20

정답   ①

해설   특수가연물을 저장 또는 취급하는 특정소방대상물 또는 그 부분에 있어서 수원의 저수량
은 그 바닥면적 $1m^2$에 대하여 10L/min로 20분간 방수할 수 있는 양 이상으로 할 것

핵심이론 CHECK!

1. 「물분무소화설비의 화재안전기술기준」상 수원의 토출량 기준

① 콘베이어벨트: $10L/mim \cdot m^2$

② 절연유 봉입변압기: $10L/mim \cdot m^2$

③ 특수가연물 저장·취급: $10L/mim \cdot m^2$

④ 케이블트레이, 케이블덕트: $12L/mim \cdot m^2$

⑤ 차고·주차장: $20L/mim \cdot m^2$

2. 「미분무소화설비의 화재안전기술기준」상 용어 정의

"미분무"란 물만을 사용하여 소화하는 방식으로 최소설계압력에서 헤드로부터 방출되는 물입자 중 99%
의 누적체적분포가 $400\mu m$ 이하로 분무되고 A, B, C급 화재에 적응성을 갖는 것을 말한다.

01 [기본]

「물분무소화설비의 화재안전기술기준」상 수원의 저수량 설치기준으로 틀린 것은?

① 특수가연물을 저장 또는 취급하는 특정소방대상물 또는 그 부분에 있어서 그 바닥면적(최대 방수구역의 바닥면적을 기준으로 하며, 50m² 이하인 경우에는 50m²) 1m²에 대하여 10L/min로 20분간 방수할 수 있는 양 이상으로 할 것

② 차고 또는 주차장은 그 바닥면적(최대방수구역의 바닥면적을 기준으로 하며, 50m² 이하인 경우에는 50m²) 1m²에 대하여 20L/min로 20분간 방수할 수 있는 양 이상으로 할 것

③ 케이블트레이, 케이블덕트 등은 투영된 바닥면적 1m²에 대하여 12L/min로 20분간 방수할 수 있는 양 이상으로 할 것

④ 콘베이어 벨트 등은 벨트 부분의 바닥면적 1m²에 대하여 20L/min로 20분간 방수할 수 있는 양 이상으로 할 것

02 [응용]

케이블트레이에 물분무소화설비를 설치하는 경우 저장하여야 할 수원의 최소 저수량은 몇 m³인가? (단, 케이블트레이의 투영된 바닥면적은 70m²이다.)

① 12.4   ② 14
③ 16.8   ④ 28

03 [응용]

물분무소화설비의 설치장소별 1m²에 대한 수원의 최소 저수량으로 옳은 것은?

① 케이블트레이: 12L/min×20분×투영된 바닥면적

② 절연유 봉입 변압기: 15L/min×20분×바닥 부분을 제외한 표면적을 합한 면적

③ 차고: 30L/min×20분×바닥면적

④ 콘베이어 벨트: 37L/min×20분×벨트부분의 바닥면적

04 [기본]

「물분무소화설비의 화재안전기술기준」상 물분무헤드를 설치하지 아니할 수 있는 장소의 기준 중 다음 (   ) 안에 알맞은 것은?

> 운전시에 표면의 온도가 (   )℃ 이상으로 되는 등 직접 분무를 하는 경우 그 부분에 손상을 입힐 우려가 있는 기계장치 등이 있는 장소

① 160   ② 200
③ 260   ④ 300

05 [응용]   CBT 복원

물분무소화설비 설치대상 공장에서 물분무헤드를 설치하지 않을 수 있는 장소로서 틀린 것은?

① 고온의 물질 및 증류범위가 넓어 끓어 넘치는 위험이 있는 물질을 저장 또는 취급하는 장소
② 물에 심하게 반응하여 위험한 물질을 생성하는 물질을 취급하는 장소
③ 운전시에 표면의 온도가 260℃ 이상으로 되는 등 직접 분무를 하는 경우 그 부분에 손상을 입힐 우려가 있는 기계장치 등이 있는 장소
④ 니트로셀룰로스 · 셀룰로이드제품 등 자기연소성물질을 저장 · 취급하는 장소

06 [기본]   22년 1회 기출

「물분무소화설비의 화재안전기술기준」상 차고 또는 주차장에 설치하는 물분무소화설비의 배수설비 기준으로 틀린 것은?

① 차량이 주차하는 바닥은 배수구를 향하여 100분의 2 이상의 기울기를 유지할 것
② 차량이 주차하는 장소의 적당한 곳에 높이 5cm 이상의 경계턱으로 배수구를 설치할 것
③ 배수설비는 가압송수장치의 최대송수능력의 수량을 유효하게 배수할 수 있는 크기 및 기울기로 할 것
④ 배수구에는 새어나온 기름을 모아 소화할 수 있도록 길이 40m 이하마다 집수관 · 소화핏트 등 기름분리장치를 설치할 것

07 [기본]   21년 2회 기출

「물분무소화설비의 화재안전기술기준」상 송수구의 설치기준으로 틀린 것은?

① 구경 65mm의 쌍구형으로 할 것
② 지면으로부터 높이가 0.5m 이상 1m 이하의 위치에 설치할 것
③ 송수구는 하나의 층의 바닥면적이 1,500m² 를 넘을 때마다 1개(5개를 넘을 경우에는 5개로 함) 이상을 설치할 것
④ 가연성 가스의 저장 · 취급시설에 설치하는 송수구는 그 방호대상물로부터 20m 이상의 거리를 두거나 방호대상물에 면하는 부분이 높이 1.5m 이상, 폭 2.5m 이상의 철근콘크리트 벽으로 가려진 장소에 설치할 것

08 [기본]   17년 2회 기출

물분무소화설비의 가압송수장치의 설치기준 중 틀린 것은? (단, 전동기 또는 내연기관에 따른 펌프를 이용하는 가압송수장치이다.)

① 기동용수압개폐장치를 기동장치로 사용할 경우에 설치하는 충압펌프의 토출압력은 가압송수장치의 정격토출압력과 같게 한다.
② 가압송수장치가 기동된 경우에는 자동으로 정지되도록 한다.
③ 기동용수압개폐장치(압력챔버)를 사용할 경우 그 용적은 100L 이상으로 한다.
④ 수원의 수위가 펌프보다 낮은 위치에 있는 가압송수장치에는 물올림장치를 설치한다.

09 기본   14년 2회 기출

물분무소화설비의 자동식 기동장치 내용으로 적합하지 않는 것은?

① 화재감지기의 작동 시 연동하여 경보를 발한다.
② 폐쇄형 스프링클러헤드의 개방과 연동하여 경보를 발한다.
③ 가압송수장치의 기동과 연동하여 경보를 발한다.
④ 가압송수장치 및 자동개방밸브를 기동할 수 있어야 한다.

10 기본   19년 2회 기출

작동전압이 22,900V의 고압의 전기기기가 있는 장소에 물분무설비를 설치할 때 전기기기와 물분무 헤드 사이의 최소 이격거리는 얼마로 해야 하는가?

① 70cm 이상   ② 80cm 이상
③ 110cm 이상   ④ 150cm 이상

11 기본   18년 4회 기출

고압의 전기기기가 있는 장소에 있어서 전기의 절연을 위한 전기기기와 물분무헤드 사이의 최소 이격거리 기준 중 옳은 것은?

① 66kV 이하-60cm 이상
② 66kV 초과 77kV 이하-80cm 이상
③ 77kV 초과 110kV 이하-100cm 이상
④ 110kV 초과 154 kV 이하-140cm 이상

12 응용   19년 4회 기출

물분무소화설비의 소화작용이 아닌 것은?

① 부촉매작용   ② 냉각작용
③ 질식작용   ④ 희석작용

13 응용   19년 1회 기출

다음 중 스프링클러설비와 비교하여 물분무소화설비의 장점으로 옳지 않은 것은?

① 소량의 물을 사용함으로써 물의 사용량 및 방사량을 줄일 수 있다.
② 운동에너지가 크므로 파괴주수 효과가 크다.
③ 전기 절연성이 높아서 고압 통전기기의 화재에도 안전하게 사용할 수 있다.
④ 물의 방수과정에서 화재열에 따른 부피 증가량이 커서 질식효과를 높일 수 있다.

14 [기본]

물분무소화설비의 가압송수장치로 압력수조의 필요압력을 산출할 때 필요한 것이 아닌 것은?

① 낙차의 환산수두압
② 물분무헤드의 설계압력
③ 배관의 마찰손실 수두압
④ 소방용 호스의 마찰손실 수두압

15 [기본]

물분무소화설비에서 압력수조를 이용한 가압송수장치의 압력수조에 설치하여야 하는 것이 아닌 것은?

① 맨홀   ② 수위계
③ 급기관   ④ 수동식 공기압축기

16 [기본]

특고압의 전기시설을 보호하기 위한 소화설비로 물분무소화설비를 사용한다. 그 주된 이유로 옳은 것은?

① 물분무 설비는 다른 물 소화설비에 비해서 신속한 소화를 보여주기 때문이다.
② 물분무 설비는 다른 물 소화설비에 비해서 물의 소모량이 적기 때문이다.
③ 분무상태의 물은 전기적으로 비전도성이기 때문이다.
④ 물분무 입자 역시 물이므로 전기전도성이 있으나 전기 시설물을 젖게 하지 않기 때문이다.

17 [기본]

「미분무소화설비의 화재안전기술기준」상 용어의 정의 중 다음 (   ) 안에 알맞은 것은?

> "미분무"란 물만을 사용하여 소화하는 방식으로 최소설계압력에서 헤드로부터 방출되는 물입자 중 99%의 누적체적분포가 (㉠)μm 이하로 분무되고 (㉡)급 화재에 적응성을 갖는 것을 말한다.

① ㉠ 400, ㉡ A, B, C
② ㉠ 400, ㉡ B, C
③ ㉠ 200, ㉡ A, B, C
④ ㉠ 200, ㉡ B, C

18 [기본]

「미분무소화설비의 화재안전기술기준」에 따라 최저사용압력이 몇 MPa를 초과할 때 고압 미분무 소화설비로 분류하는가?

① 1.2   ② 2.5
③ 3.5   ④ 4.2

19 기본   18년 4회 기출

미분무소화설비의 배관의 배수를 위한 기울기 기준 중 다음 ( ) 안에 알맞은 것은? (단, 배관의 구조상 기울기를 줄 수 없는 경우는 제외한다.)

> 개방형 미분무소화설비에는 헤드를 향하여 상향으로 수평주행배관의 기울기를 (㉠) 이상, 가지배관의 기울기를 (㉡) 이상으로 할 것

① ㉠ 1/100, ㉡ 1/500
② ㉠ 1/500, ㉡ 1/100
③ ㉠ 1/250, ㉡ 1/500
④ ㉠ 1/500, ㉡ 1/250

20 기본   21년 2회 기출

「미분무소화설비의 화재안전기술기준」상 미분무소화설비의 성능을 확인하기 위하여 하나의 발화원을 가정한 설계도서 작성 시 고려하여야 할 인자를 모두 고른 것은?

> ㉠ 화재 위치
> ㉡ 점화원의 형태
> ㉢ 시공 유형과 내장재 유형
> ㉣ 초기 점화되는 연료 유형
> ㉤ 공기조화설비, 자연형(문, 창문) 및 기계형 여부
> ㉥ 문과 창문의 초기상태(열림, 닫힘) 및 시간에 따른 변화 상태

① ㉠, ㉢, ㉥
② ㉠, ㉡, ㉢, ㉤
③ ㉠, ㉡, ㉣, ㉤, ㉥
④ ㉠, ㉡, ㉢, ㉣, ㉤, ㉥

피난구조설비

출제경향 CHECK!

이 유형에서는 피난기구의 종류와 층별로 설치해야 할 피난기구의 종류를 묻는 문제가 주로 출제됩니다.
계산이 필요하거나 응용해야 하는 문제보다는 기준을 암기하고 있는지를 묻는 문제가 주로 출제됩니다.

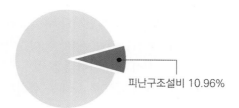

피난구조설비 10.96%

▲ 출제비율

대표유형 문제

「피난기구의 화재안전기술기준」에 따른 피난기구의 설치 및 유지에 관한 사항 중 틀린 것은? 22년 2회 기출

① 피난기구를 설치하는 개구부는 서로 동일 직선상의 위치에 있을 것
② 설치장소에는 피난기구의 위치를 표시하는 발광식 또는 축광식표지와 그 사용방법을 표시한 표지를 부착할 것
③ 피난기구는 특정소방대상물의 기둥 · 바닥 · 보 기타 구조상 견고한 부분에 볼트조임 · 매입 · 용접 기타의 방법으로 견고하게 부착할 것
④ 피난기구는 계단 · 피난구 기타 피난시설로부터 적당한 거리에 있는 안전한 구조로 된 피난 또는 소화활동상 유효한 개구부에 고정하여 설치할 것

정답 ①

해설 피난기구를 설치하는 개구부는 서로 동일 직선상이 아닌 위치에 있어야 한다.

핵심이론 CHECK!

「피난기구의 화재안전기술기준」상 피난기구의 설치기준

① 피난기구는 계단 · 피난구 기타 피난시설로부터 적당한 거리에 있는 안전한 구조로 된 피난 또는 소화활동상 유효한 개구부에 고정하여 설치할 것
② 피난기구를 설치하는 개구부는 서로 동일 직선상이 아닌 위치에 있을 것
③ 피난기구는 특정소방대상물의 기둥 · 바닥 · 보 기타 구조상 견고한 부분에 볼트조임 · 매입 · 용접 기타의 방법으로 견고하게 부착할 것
④ 4층 이상의 층에 피난사다리를 설치하는 경우에는 금속성 고정사다리를 설치하고, 당해 고정사다리에는 쉽게 피난할 수 있는 구조의 노대를 설치할 것
⑤ 승강식 피난기 및 하향식 피난구용 내림식사다리는 설치경로가 설치 층에서 피난층까지 연계될 수 있는 구조로 설치할 것

01 [기본]

피난기구 설치기준으로 옳지 않은 것은?

① 피난기구는 특정소방대상물의 기둥·바닥·보, 기타 구조상 견고한 부분에 볼트조임·매입·용접, 기타의 방법으로 견고하게 부착할 것

② 2층 이상의 층에 피난사다리(하향식 피난구용 내림식사다리는 제외)를 설치하는 경우에는 금속성 고정사다리를 설치하고, 피난에 방해되지 않도록 노대는 설치되지 않아야 할 것

③ 승강식피난기 및 하향식 피난구용 내림식사다리는 설치경로가 설치 층에서 피난층까지 연계될 수 있는 구조로 설치할 것. 다만, 건축물의 구조 및 설치 여건상 불가피한 경우에는 그러하지 아니한다.

④ 승강식피난기 및 하향식 피난구용 내림식사다리의 하강식 내측에는 기구의 연결 금속구 등이 없어야 하며 전개된 피난기구는 하강구 수평투영면적 공간 내의 범위를 침범하지 않는 구조이어야 할 것. 단, 직경 60cm 크기의 범위를 벗어난 경우이거나, 직하층의 바닥 면으로부터 높이 50cm 이하의 범위는 제외한다.

02 [기본]

주요 구조부가 내화구조이고 건널복도가 설치된 층의 피난기구 수의 설치 감소방법으로 적합한 것은?

① 피난기구를 설치하지 아니할 수 있다.

② 피난기구의 수에서 1/2을 감소한 수로 한다.

③ 원래의 수에서 건널복도 수를 더한 수로 한다.

④ 피난기구의 수에서 해당 건널복도의 수의 2배의 수를 뺀 수로 한다.

03 [응용]

다음 중 「피난기구의 화재안전기술기준」에 따라 피난기구를 설치하지 아니하여도 되는 특정소방대상물로 틀린 것은?

① 갓복도식 아파트 또는 인접세대로 피난할 수 있는 아파트

② 주요구조부가 내화구조로서 거실의 각 부분으로 직접 복도로 피난할 수 있는 학교(강의실 용도로 사용되는 층에 한함)

③ 무인공장 또는 자동창고로서 사람의 출입이 금지된 장소

④ 문화집회 및 운동시설·판매시설 및 영업시설 또는 노유자시설의 용도로 사용되는 층으로서 그 층의 바닥면적이 $1,000m^2$ 이상인 것

04 [기본]

「피난기구의 화재안전기술기준」에 따른 피난기구 중에서 사용자의 몸무게에 따라 자동적으로 내려올 수 있는 기구 중 사용자가 연속적으로 사용할 수 없는 피난기구는?

① 완강기   ② 구조대

③ 간이완강기   ④ 피난사다리

05 [기본]

다음 중 「피난기구의 화재안전기술기준」에 따라 의료시설에 구조대를 설치하여야 할 층은?

① 지하 2층   ② 지하 1층

③ 지상 1층   ④ 지상 3층

06 기본

「피난기구의 화재안전기술기준」상 노유자 시설의 4층 이상 10층 이하에서 적응성이 있는 피난기구가 아닌 것은?

① 피난교　　　　　② 다수인피난장비
③ 승강식피난기　　④ 미끄럼대

07 기본

노유자 시설의 3층에 적응성을 가진 피난기구가 아닌 것은?

① 미끄럼대　　　　② 피난교
③ 구조대　　　　　④ 간이완강기

08 기본

백화점의 7층에 적응성이 없는 피난기구는?

① 구조대　　　　　② 피난용트랩
③ 피난교　　　　　④ 완강기

09 기본

완강기의 최대사용자수 기준 중 다음 (　) 안에 알맞은 것은?

> 최대사용자수(1회에 강하할 수 있는 사용자의 최대 수)는 최대사용하중을 (　)N으로 나누어서 얻은 값으로 한다.

① 250　　　　　　② 500
③ 750　　　　　　④ 1,500

10 기본

완강기와 간이완강기를 소방대상물에 고정 설치해 줄 수 있는 지지대의 강도시험 기준 중 (　) 안에 알맞은 것은?

> 지지대는 연직 방향으로 최대사용자수에 (　)N을 곱한 하중을 가하는 경우 파괴·균열 및 현저한 변형이 없어야 한다.

① 250　　　　　　② 750
③ 1,500　　　　　④ 5,000

11 기본

완강기 벨트의 강도는 늘어뜨린 방향으로 1개에 대하여 몇 N의 인장하중을 가하는 시험에서 끊어지거나 현저한 변형이 생기지 않아야 하는가?

① 1,500　　　　　② 3,900
③ 5,000　　　　　④ 6,500

12 기본 18년 2회 기출

다음과 같은 소방대상물의 부분에 완강기를 설치할 경우 부착 금속구의 부착위치로서 가장 적합한 위치는?

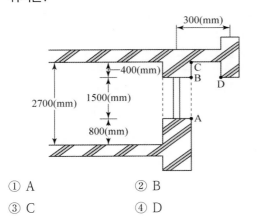

① A
② B
③ C
④ D

13 응용 CBT 복원

「피난기구의 화재안전기술기준」상 승강식 피난기 및 하향식 피난구용 내림식 사다리 설치 시 2세대 이상일 경우 대피실의 면적은 최소 몇 m^2 이상이어야 하는가?

① $1m^2$ 이상
② $2m^2$ 이상
③ $2.5m^2$ 이상
④ $3m^2$ 이상

14 기본 18년 4회 기출

다수인피난장비 설치기준 중 틀린 것은?

① 사용 시에 보관실 외측 문이 먼저 열리고 탑승기가 외측으로 자동으로 전개될 것
② 보관실의 문은 상시 개방상태를 유지하도록 할 것
③ 하강 시에 탑승기가 건물 외벽이나 돌출물에 충돌하지 않도록 설치할 것
④ 피난층에는 해당 층에 설치된 피난기구가 착지에 지장이 없도록 충분한 공간을 확보할 것

15 기본 22년 1회 기출

「특별피난계단의 계단실 및 부속실 제연설비의 화재안전기술기준」상 급기풍도 단면의 긴변 길이가 1,300mm인 경우, 강판의 두께는 최소 몇 mm 이상이어야 하는가?

① 0.6
② 0.8
③ 1.0
④ 1.2

16 [기본]

「특별피난계단의 계단실 및 부속실 제연설비의 화재안전기술기준」상 수직풍도에 따른 배출기준 중 각층의 옥내와 면하는 수직풍도의 관통부에 설치하여야 하는 배출댐퍼 설치기준으로 틀린 것은?

① 화재층에 설치된 화재감지기의 동작에 따라 당해층의 댐퍼가 개방될 것
② 풍도의 배출댐퍼는 이·탈착구조가 되지 않도록 설치할 것
③ 개폐여부를 당해 장치 및 제어반에서 확인할 수 있는 감지기능을 내장하고 있을 것
④ 배출댐퍼는 두께 1.5mm 이상의 강판 또는 이와 동등 이상의 성능이 있는 것으로 설치하여야 하며 비내식성 재료의 경우에는 부식방지 조치를 할 것

17 [기본]

「피난사다리의 형식승인 및 제품검사의 기술기준」상 피난사다리의 일반구조 기준으로 옳은 것은?

① 피난사다리는 2개 이상의 횡봉으로 구성되어야 한다. 다만, 고정식사다리인 경우에는 횡봉의 수를 1개로 할 수 있다.
② 피난사다리(종봉이 1개인 고정식사다리는 제외)의 종봉의 간격은 최외각 종봉 사이의 안치수가 15cm 이상이어야 한다.
③ 피난사다리의 횡봉은 지름 15mm 이상 25mm 이하의 원형인 단면이거나 또는 이와 비슷한 손으로 잡을 수 있는 형태의 단면이 있는 것이어야 한다.
④ 피난사다리의 횡봉은 종봉에 동일한 간격으로 부착한 것이어야 하며, 그 간격은 25cm 이상 35cm 이하이어야 한다.

18 [응용]

고정식 사다리의 구조에 따른 분류로 틀린 것은?

① 굽히는식
② 수납식
③ 접는식
④ 신축식

19 [기본]

내림식사다리의 구조기준 중 다음 ( ) 안에 공통으로 들어갈 내용은?

> 사용시 소방대상물로부터 ( )cm 이상의 거리를 유지하기 위한 유효한 돌자를 횡봉의 위치마다 설치하여야 한다. 다만, 그 돌자를 설치하지 아니하여도 사용시 소방대상물에서 ( )cm 이상의 거리를 유지할 수 있는 것은 그러하지 아니하다.

① 15
② 10
③ 7
④ 5

20 기본   21년 4회 기출

「인명구조기구의 화재안전기술기준」에 따라 특정소방대상물의 용도 및 장소별로 설치해야 할 인명구조기구의 기준으로 틀린 것은?

① 지하가 중 지하상가는 인공소생기를 층마다 2개 이상 비치할 것
② 판매시설 중 대규모 점포는 공기호흡기를 층마다 2개 이상 비치할 것
③ 지하층을 포함하는 층수가 7층 이상인 관광호텔은 방열복(또는 방화복), 공기호흡기, 인공소생기를 각 2개 이상 비치할 것
④ 물분무등소화설비 중 이산화탄소 소화설비를 설치해야 하는 특정소방대상물은 공기호흡기를 이산화탄소 소화설비가 설치된 장소의 출입구 외부 인근에 1대 이상 비치할 것

21 기본   21년 1회 기출

「인명구조기구의 화재안전기술기준」상 특정소방대상물의 용도 및 장소별로 설치하여야 할 인명구조기구 종류의 기준 중 다음 ( ) 안에 알맞은 것은?

특정소방대상물	인명구조기구의 종류
물분무등소화설비 중 ( )를 설치하여야 하는 특정소방대상물	공기호흡기

① 분말소화설비
② 할론소화설비
③ 이산화탄소 소화설비
④ 할로겐화합물 및 불활성기체소화설비

22 기본   18년 1회 기출

인명구조기구의 종류가 아닌 것은?

① 방열복   ② 구조대
③ 공기호흡기   ④ 인공소생기

23 기본   22년 1회 기출

「구조대의 형식승인 및 제품검사의 기술기준」상 경사강하식 구조대의 구조 기준으로 틀린 것은?

① 연속하여 활강할 수 있는 구조로 안전하고 쉽게 사용할 수 있어야 한다.
② 구조대 본체는 강하방향으로 봉합부가 설치되지 아니하여야 한다.
③ 입구틀 및 고정틀의 입구는 지름 40cm 이상의 구체가 통과할 수 있어야 한다.
④ 본체의 포지는 하부지지장치에 인장력이 균등하게 걸리도록 부착하여야 하며 하부지지장치는 쉽게 조작할 수 있어야 한다.

24 기본   19년 1회 기출

수직 강하식 구조대가 구조적으로 갖추어야 할 조건으로 옳지 않은 것은? (단, 건물 내부의 별실에 설치하는 경우는 제외한다.)

① 구조대의 포지는 외부포지와 내부포지로 구성한다.
② 포지는 사용시 충격을 흡수하도록 수직 방향으로 현저하게 늘어나야 한다.
③ 구조대는 연속하여 강하할 수 있는 구조이어야 한다.
④ 입구틀 및 고정틀의 입구는 지름 60cm 이상의 구체가 통과할 수 있어야 한다.

128   SUBJECT 02 소방기계시설의 구조 및 원리

대표유형 ❾ 소화용수설비

출제경향 CHECK!

소화용수설비 유형의 출제비율은 약 3.5%로 출제비율은 적지만 비교적 단순한 문제가 출제되는 경향이 있습니다.
이 유형에서는 각종 수치기준과 관련된 문제가 주로 출제되므로 기준에 명시된 수치는 정확하게 암기해야 합니다.

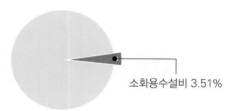

소화용수설비 3.51%

▲ 출제비율

대표유형 문제

소화용수설비에서 소화수조의 소요수량이 20m^2 이상 40m^2 미만인 경우에 설치하여야 하는 채수구의 개수는?

19년 4회 기출

① 1개   ② 2개
③ 3개   ④ 4개

정답   ①

해설   소화수조의 소요수량이 20m^2 이상 40m^2 미만인 경우에 채수구는 1개를 설치해야 한다.

핵심이론 CHECK!

「소화수조 및 저수조의 화재안전기술기준」상 소화수조 등 설치기준

① 소화수조 및 저수조의 채수구 또는 흡수관투입구는 소방차가 2m 이내의 지점까지 접근할 수 있는 위치에 설치해야 한다.

② 소화수조 또는 저수조의 저수량은 소방대상물의 연면적으로 다음 표에 따른 기준면적으로 나누어 얻은 수에 20m^{3}를 곱한 양 이상이 되도록 해야 한다.

소방대상물의 구분	기준면적
1층 및 2층의 바닥면적의 합계가 15,000m^2 이상인 소방대상물	7,500m^2
그 밖의 소방대상물	12,500m^2

③ 소화수조의 소요수량에 따른 채수구의 수는 다음의 기준에 따라 설치한다.

소요수량	채수구의 수(개)
20m^2 이상 40m^2 미만	1
40m^2 이상 100m^2 미만	2
100m^2 이상	3

01 [기본]

소화용수설비를 설치하여야 할 특정소방대상물에 있어서 유수의 양이 최소 몇 m^3/min 이상인 유수를 사용할 수 있는 경우에 소화수조를 설치하지 아니할 수 있는가?

① 0.8 ② 1
③ 1.5 ④ 2

03 [응용]

「소화수조 및 저수조의 화재안전기술기준」상 연면적이 40,000m^2인 특정소방대상물에 소화용수설비를 설치하는 경우 소화수조의 최소 저수량은 몇 m^3인가? (단, 지상 1층 및 2층의 바닥면적 합계가 15,000m^2 이상인 경우이다.)

① 53.3   ② 60
③ 106.7 ④ 120

02 [기본]

「소화수조 및 저수조의 화재안전기술기준」에 따라 소화용수설비에 설치하는 채수구의 지면으로부터 설치 높이 기준은?

① 0.3m 이상 1m 이하
② 0.3m 이상 1.5m 이하
③ 0.5m 이상 1m 이하
④ 0.5m 이상 1.5m 이하

04 [기본]

소화용수설비 중 소화수조 및 저수조에 대한 설명으로 틀린 것은?

① 소화수조, 저수조의 채수구 또는 흡수관투입구는 소방차가 2m 이내의 지점까지 접근할 수 있는 위치에 설치할 것
② 지하에 설치하는 소화용수설비의 흡수관투입구는 그 한 변이 0.6m 이상인 것으로 할 것
③ 채수구는 지면으로부터의 높이가 0.5m 이상 1m 이하의 위치에 설치하고 "채수구"라고 표시한 표시를 할 것
④ 소화수조가 옥상 또는 옥탑의 부분에 설치된 경우에는 지상에 설치된 채수구에서의 압력이 0.1MPa 이상이 되도록 할 것

05 기본

「상수도소화용수설비의 화재안전기술기준」상 소화전은 특정소방대상물의 수평투영면의 각 부분으로부터 최대 몇 m 이하가 되도록 설치하여야 하는가?

① 100 ② 120

③ 140 ④ 150

06 기본

「상수도소화용수설비의 화재안전기술기준」상 상수도소화용수설비 소화전의 설치기준 중 다음 ( ) 안에 알맞은 것은?

> 호칭지름 (㉠)mm 이상의 수도배관에 호칭지름 (㉡)mm 이상의 소화전을 접속할 것

① ㉠ 65, ㉡ 120 ② ㉠ 75, ㉡ 100

③ ㉠ 80, ㉡ 90 ④ ㉠ 100, ㉡ 100

07 기본

소화용수설비와 관련하여 다음 설명 중 괄호 안에 들어갈 항목으로 옳게 짝지어진 것은?

> 상수도소화용수설비를 설치해야 하는 특정소방대상물은 다음 각 목의 어느 하나에 해당하는 것으로 한다. 다만, 상수도소화용수설비를 설치해야 하는 특정소방대상물의 대지 경계선으로부터 (ⓐ)m 이내에 지름 (ⓑ)mm 이상인 상수도용 배수관이 설치되지 않은 지역의 경우에는 화재안전기준에 따른 소화수조 또는 저수조를 설치해야 한다.

① ⓐ: 150, ⓑ: 75 ② ⓐ: 150, ⓑ: 100

③ ⓐ: 180, ⓑ: 75 ④ ⓐ: 180, ⓑ: 100

대표유형 ⑩ 소화활동설비

출제경향 CHECK!

소화활동설비는 제연설비, 특별피난계단, 연결살수설비, 연결
송수관설비 등이 해당됩니다.
소화설비 기준으로 보면 제연설비와 관련된 문제가 가장 자주
출제되므로 제연설비 관련 기준을 정확하게 암기해야 합니다.

소화활동설비 10.09%

▲ 출제비율

대표유형 문제

「제연설비의 화재안전기술기준」에 따른 배출풍도의 설치기준 중 다음 ( ) 안에 알맞은 것은? 22년 2회 기출

> 배출기의 흡입측 풍도 안의 풍속은 (㉠)m/s 이하로 하고 배출측 풍속은 (㉡)m/s 이하로 할 것

① ㉠ 15, ㉡ 10   ② ㉠ 10, ㉡ 15
③ ㉠ 20, ㉡ 15   ④ ㉠ 15, ㉡ 20

정답 ④

해설 배출기의 흡입측 풍도 안의 풍속은 15m/s 이하로 하고 배출측 풍속은 20m/s 이하로 할 것

핵심이론 CHECK!

1. 「제연설비의 화재안전기술기준」상 제연설비 설치장소의 제연구역 구획기준

① 하나의 제연구역의 면적은 1,000m² 이내로 할 것
② 거실과 통로(복도 포함)는 각각 제연구획 할 것
③ 통로상의 제연구역은 보행중심선의 길이가 60m를 초과하지 않을 것
④ 하나의 제연구역은 직경 60m 원 내에 들어갈 수 있을 것
⑤ 하나의 제연구역은 2 이상의 층에 미치지 않도록 할 것

2. 「제연설비의 화재안전기술기준」상 풍속 기준

조건	풍속
예상제연구역에서의 공기유입	5m/s 이하
배출기의 흡입측 풍도 안	15m/s 이하
배출기의 배출측, 유입풍도 안	20m/s 이하

01 [기본]

「제연설비의 화재안전기술기준」상 제연설비 설치 장소의 제연구역 구획기준으로 틀린 것은?

① 하나의 제연구역의 면적은 1,000m² 이내로 할 것
② 하나의 제연구역은 직경 60m 원 내에 들어갈 수 있을 것
③ 하나의 제연구역은 3개 이상 층에 미치지 아니하도록 할 것
④ 통로상의 제연구역은 보행중심선의 길이가 60m를 초과하지 아니할 것

02 [기본]

제연설비의 설치장소에 따른 제연구역의 구획기준으로 틀린 것은?

① 거실과 통로는 각각 제연구획 할 것
② 하나의 제연구역의 면적은 600m² 이내로 할 것
③ 하나의 제연구역은 직경 60m 원 내에 들어갈 수 있을 것
④ 하나의 제연구역은 2개 이상 층에 미치지 아니하도록 할 것

03 [기본]

「제연설비의 화재안전기술기준」상 제연풍도의 설치기준으로 틀린 것은?

① 배출기의 전동기 부분과 배풍기 부분은 분리하여 설치할 것
② 배출기와 배출풍도의 접속 부분에 사용하는 캔버스는 내열성이 있는 것으로 할 것
③ 배출기의 흡입측 풍도 안의 풍속은 20m/s 이하로 할 것
④ 유입풍도 안의 풍속은 20m/s 이하로 할 것

04 [기본]

제연설비에서 예상제연구역의 각 부분으로부터 하나의 배출구까지의 수평거리를 몇 m 이내가 되도록 하여야 하는가?

① 10m ② 12m
③ 15m ④ 20m

05 [기본]

예상제연구역 바닥면적 400m² 미만 거실의 공기유입구와 배출구 간의 직선거리 기준으로 옳은 것은? (단, 제연경계에 의한 구획을 제외한다.)

① 2m 이상 확보되어야 한다.
② 3m 이상 확보되어야 한다.
③ 5m 이상 확보되어야 한다.
④ 10m 이상 확보되어야 한다.

06 기본

바닥면적이 $400m^2$ 미만이고 예상제연구역이 벽으로 구획되어 있는 배출구의 설치위치로 옳은 것은? (단, 통로인 예상제연구역을 제외한다.)

① 천장 또는 반자와 바닥 사이의 중간 윗부분
② 천장 또는 반자와 바닥 사이의 중간 아래 부분
③ 천장, 반자 또는 이에 가까운 부분
④ 천장 또는 반자와 바닥 사이의 중간 부분

07 기본

제연설비의 배출량 기준 중 다음 ( ) 안에 알맞은 것은?

> 거실의 바닥면적이 $400m^2$ 미만으로 구획된 예상제연구역에 대한 배출량은 바닥면적 $1m^2$당 (㉠) m^3/min 이상으로 하되, 예상제연구역에 대한 최소 배출량은 (㉡)m^3/hr 이상으로 하여야 한다.

① ㉠ 0.5, ㉡ 10,000
② ㉠ 1, ㉡ 5,000
③ ㉠ 1.5, ㉡ 15,000
④ ㉠ 2, ㉡ 5,000

08 기본

제연방식에 의한 분류 중 아래의 장·단점에 해당하는 방식은?

> • 장점: 화재 초기에 화재실의 내압을 낮추고 연기를 다른 구역으로 누출시키지 않는다.
> • 단점: 연기 온도가 상승하면 기기의 내열성에 한계가 있다.

① 제1종 기계제연방식
② 제2종 기계제연방식
③ 제3종 기계제연방식
④ 밀폐방연방식

09 기본

「특별피난계단의 계단실 및 부속실 제연설비의 화재안전기술기준」상 차압 등에 관한 기준으로 옳은 것은?

① 제연설비가 가동되었을 경우 출입문의 개방에 필요한 힘은 150N 이하로 하여야 한다.
② 제연구역과 옥내와의 사이에 유지하여야 하는 최소차압은 옥내에 스프링클러설비가 설치된 경우에는 40Pa 이상으로 하여야 한다.
③ 계단실과 부속실을 동시에 제연하는 경우 부속실의 기압은 계단실과 같게 하거나 계단실의 기압보다 낮게 할 경우에는 부속실과 계단실의 압력 차이는 3Pa 이하가 되도록 하여야 한다.
④ 피난을 위하여 제연구역의 출입문이 일시적으로 개방되는 경우 개방되지 아니하는 제연구역과 옥내와의 차압은 기준에 따른 차압의 70% 이상이어야 한다.

10 기본   18년 4회 기출

특별피난계단의 계단실 및 부속실 제연설비의 차압 등에 관한 기준 중 옳은 것은?

① 제연설비가 가동되었을 경우 출입문의 개방에 필요한 힘은 130N 이하로 하여야 한다.
② 제연구역과 옥내와의 사이에 유지하여야 하는 최소차압은 40Pa(옥내에 스프링클러설비가 설치된 경우에는 12.5Pa) 이상으로 하여야 한다.
③ 피난을 위하여 제연구역의 출입문이 일시적으로 개방되는 경우 개방되지 아니하는 제연구역과 옥내와의 차압은 기준 차압의 60% 미만이 되어서는 아니 된다.
④ 계단실과 부속실을 동시에 제연하는 경우 부속실의 기압은 계단실과 같게 하거나 계단실의 기압보다 낮게 할 경우에는 부속실과 계단실의 압력 차이는 10Pa 이하가 되도록 하여야 한다.

11 기본   21년 2회 기출

「특별피난계단의 계단실 및 부속실 제연설비의 화재안전기술기준」상 차압 등에 관한 기준 중 다음 괄호 안에 알맞은 것은?

> 제연설비가 가동되었을 경우 출입문의 개방에 필요한 힘은 (　　)N 이하로 하여야 한다.

① 12.5   ② 40
③ 70   ④ 110

12 응용   CBT 복원

「특별피난계단의 계단실 및 부속실 제연설비의 화재안전기술기준」상 제연설비의 시험 등에 대한 기준으로 잘못된 것은?

① 제연구역의 모든 출입문 등의 크기와 열리는 방향이 설계시와 동일한지 여부를 확인한다.
② 제연구역의 출입문 등의 크기와 열리는 방향이 설계시와 동일하지 아니한 경우 급기량과 보충량 등을 다시 산출하여 조정가능여부 또는 재설계·개수의 여부를 결정한다.
③ 층별로 화재감지기(수동기동장치 포함)를 동작시켜 제연설비가 작동하는지 여부를 확인한다.
④ 제연구역의 출입문 및 복도와 거실(옥내가 복도와 거실로 되어 있는 경우에 한함) 사이의 출입문마다 제연설비가 작동하고 있는 상태에서 그 폐쇄력을 측정한다.

13 기본   16년 4회 기출

제연구역의 선정방식 중 계단실 및 그 부속실을 동시에 제어하는 것의 방연풍속은 몇 m/s 이상이어야 하는가?

① 0.5   ② 0.7
③ 1   ④ 1.5

14 [기본]

21년 4회 기출

「연결송수관설비의 화재안전기술기준」에 따라 송수구가 부설된 옥내소화전을 설치한 특정소방대상물로서 연결송수관설비의 방수구를 설치하지 아니할 수 있는 층의 기준 중 다음 ( ) 안에 알맞은 것은? (단, 집회장, 관람장, 백화점, 도매시장, 소매시장, 판매시설, 공장, 창고시설 또는 지하가를 제외한다.)

- 지하층을 제외한 층수가 (㉠)층 이하이고 연면적이 (㉡)m² 미만인 특정소방대상물의 지상층
- 지하층의 층수가 (㉢) 이하인 특정소방대상물의 지하층

① ㉠ 3, ㉡ 5,000, ㉢ 3
② ㉠ 4, ㉡ 6,000, ㉢ 2
③ ㉠ 5, ㉡ 3,000, ㉢ 3
④ ㉠ 6, ㉡ 4,000, ㉢ 2

15 [기본]

21년 4회 기출

「연결송수관설비의 화재안전기술기준」에 따라 배관을 습식으로 설치해야 하는 특정소방대상물에 해당되는 것은?

① 지면으로부터 높이가 10m, 지상 8층인 숙박시설
② 지면으로부터 높이가 20m, 지상 6층인 병원
③ 지면으로부터 높이가 30m, 지상 9층인 사무실
④ 지면으로부터 높이가 40m, 지상 7층인 판매시설

16 [응용]

16년 1회 기출

17층의 사무소 건축물로 11층 이상에 쌍구형 방수구가 설치된 경우, 14층에 설치된 방수기구함에 요구되는 길이 15m의 호스 및 방사형 관창의 설치 개수는?

① 호스는 5개 이상, 방사형 관창은 2개 이상
② 호스는 3개 이상, 방사형 관창은 1개 이상
③ 호스는 단구형 방수구의 2배 이상의 개수, 방사형 관창은 2개 이상
④ 호스는 단구형 방수구의 2배 이상의 개수, 방사형 관창은 1개 이상

17 [응용]

13년 1회 기출

연결송수관설비의 설치기준 중 적합하지 않은 것은?

① 방수기구함은 5개층 마다 설치할 것
② 방수구는 전용방수구로서 구경 65mm의 것으로 설치할 것
③ 송수구는 구경 65mm의 쌍구형으로 설치할 것
④ 주배관의 구경은 100mm 이상의 것으로 설치할 것

18 [기본]

21년 2회 기출

「연결살수설비의 화재안전기술기준」상 배관의 설치기준 중 하나의 배관에 부착하는 살수헤드의 개수가 3개인 경우 배관의 구경은 최소 몇 mm 이상으로 설치해야 하는가? (단, 연결살수설비 전용 헤드를 사용하는 경우이다.)

① 40
② 50
③ 65
④ 80

19 [기본]

연결살수설비의 배관에 관한 설치기준 중 옳은 것은?

① 개방형 헤드를 사용하는 연결살수설비의 수평주행배관은 헤드를 향하여 상향으로 100분의 5 이상의 기울기로 설치한다.

② 가지배관 또는 교차배관을 설치하는 경우에는 가지배관의 배열은 토너먼트 방식이어야 한다.

③ 교차배관에는 가지배관과 가지배관 사이마다 1개 이상의 행거를 설치하되, 가지배관 사이의 거리가 4.5m를 초과하는 경우에는 4.5m 이내마다 1개 이상 설치한다.

④ 가지배관은 교차배관 또는 주배관에서 분기되는 지점을 기점으로 한쪽 가지배관에 설치되는 헤드의 개수는 6개 이하로 하여야 한다.

20 [기본]

건축물에 설치하는 연결살수설비 헤드의 설치기준 중 다음 (   ) 안에 알맞은 것은?

> 천장 또는 반자의 각 부분으로부터 하나의 살수헤드까지의 수평거리가 연결살수설비 전용헤드의 경우에는 (㉠)m 이하, 스프링클러헤드의 경우는 (㉡)m 이하로 할 것. 다만, 살수헤드의 부착면과 바닥과의 높이가 (㉢)m 이하인 부분은 살수헤드의 살수분포에 따른 거리로 할 수 있다.

① ㉠ 3.7, ㉡ 2.3, ㉢ 2.1
② ㉠ 3.7, ㉡ 2.1, ㉢ 2.3
③ ㉠ 2.3, ㉡ 3.7, ㉢ 2.3
④ ㉠ 2.3, ㉡ 3.7, ㉢ 2.1

21 [기본]

폐쇄형 헤드를 사용하는 연결살수설비의 주배관을 옥내소화전설비의 주배관에 접속할 때 접속 부분에 설치해야 하는 것은? (단, 옥내소화전설비가 설치된 경우이다.)

① 체크밸브   ② 게이트밸브
③ 글로브밸브   ④ 버터플라이밸브

22 [기본]

개방형 헤드를 사용하는 연결살수설비에서 하나의 송수구역에 설치하는 살수헤드의 최대 개수는?

① 10   ② 15
③ 20   ④ 30

지하구의 화재안전기술기준

출제경향 CHECK!

지하구의 화재안전기술기준은 기존 화재안전기준에 있는 지하구 관련 기준들을 모아서 일부 기준을 개정한 후 하나의 화재안전기술기준으로 만든 것입니다.
지하구의 화재안전기술기준 중에서는 연소방지설비 헤드의 설치기준이 가장 자주 출제됩니다.

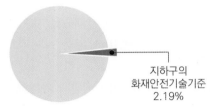

지하구의
화재안전기술기준
2.19%

▲ 출제비율

대표유형 문제

「지하구의 화재안전기술기준」에 따라 연소방지설비헤드의 설치기준으로 옳은 것은?　　21년 4회 기출

① 헤드 간의 수평거리는 연소방지설비 전용헤드의 경우에는 1.5m 이하로 할 것
② 헤드 간의 수평거리는 스프링클러헤드의 경우에는 2m 이하로 할 것
③ 천장 또는 벽면에 설치할 것
④ 한쪽 방향의 살수구역의 길이는 2m 이상으로 할 것

정답　③
해설　① 1.5m 이하 → 2m 이하, ② 2m 이하 → 1.5m 이하, ④ 2m 이상 → 3m 이상

핵심이론 CHECK!

1. 「지하구의 화재안전기술기준」상 연소방지설비의 헤드 설치기준

① 천장 또는 벽면에 설치할 것
② 헤드 간의 수평거리는 연소방지설비 전용 헤드의 경우에는 2m 이하, 개방형스프링클러헤드의 경우에는 1.5m 이하로 할 것
③ 소방대원의 출입이 가능한 환기구·작업구마다 지하구의 양쪽방향으로 살수헤드를 설정하되, 한쪽 방향의 살수구역의 길이는 3m 이상으로 할 것. 다만, 환기구 사이의 간격이 700m를 초과할 경우에는 700m 이내마다 살수구역을 설정하되, 지하구의 구조를 고려하여 방화벽을 설치한 경우에는 그렇지 않다.

2. 「지하구의 화재안전기술기준」상 연소방지설비 전용헤드 수별 급수관의 구경

하나의 배관에 부착하는 연소방지설비 전용헤드의 개수	1개	2개	3개	4개 또는 5개	6개 이상
배관의 구경	32mm	40mm	50mm	65mm	80mm

01 기본   17년 4회 기출

연소방지설비 방수헤드의 설치기준 중 다음 (   ) 안에 알맞은 것은?

> 방수헤드 간의 수평거리는 연소방지설비 전용 헤드의 경우에는 (㉠)m 이하, 스프링클러헤드의 경우에는 (㉡)m 이하로 할 것

① ㉠ 2, ㉡ 1.5   ② ㉠ 1.5, ㉡ 2
③ ㉠ 1.7, ㉡ 2.5   ④ ㉠ 2.5, ㉡ 1.7

02 기본   17년 2회 기출

「지하구의 화재안전기술기준」상 연소방지설비의 헤드 설치기준으로 옳은 것은?

① 헤드 간의 수평거리는 연소방지설비 전용 헤드의 경우에는 1.5m 이하로 할 것
② 헤드간의 수평거리는 스프링클러헤드의 경우에는 2m 이하로 할 것
③ 환기구 사이의 간격이 700m를 초과할 경우에는 700m 이내마다 살수구역을 설정할 것
④ 한쪽 방향의 살수구역의 길이는 2m 이상으로 할 것

03 기본   22년 2회 기출

「지하구의 화재안전기술기준」에 따라 연소방지설비전용헤드를 사용할 때 배관의 구경이 65mm인 경우 하나의 배관에 부착하는 살수헤드의 최대 개수로 옳은 것은?

① 2   ② 3
③ 5   ④ 6

04 기본   22년 2회 기출

「지하구의 화재안전기술기준」에 따른 지하구의 통합감시시설 설치기준으로 틀린 것은?

① 소방관서와 지하구의 통제실 간에 화재 등 소방활동과 관련된 정보를 상시 교환할 수 있는 정보통신망을 구축할 것
② 수신기는 방재실과 공동구의 입구 및 연소방지설비 송수구가 설치된 장소(지상)에 설치할 것
③ 정보통신망(무선통신망 포함)은 광케이블 또는 이와 유사한 성능을 가진 선로일 것
④ 수신기는 화재신호, 경보, 발화지점 등 수신기에 표시되는 정보가 기준에 적합한 방식으로 119상황실이 있는 관할 소방관서의 정보통신장치에 표시되도록 할 것

소방설비기사 필수기출 500제

정답 및 해설

엔지니어랩 연구소에서 제시하는 합격전략

소방설비기사 필기 기계분야 필수기출 500제의 정답 및 해설은 단순히 문제의 정답이 왜 답이 되는지를 설명하는 형식이 아니라 핵심이론을 이해하고 문제를 해석하여 실전에 적용할 수 있도록 다음의 단계로 구성하였습니다.
유형별 기출문제에 나온 문제를 단순히 답만 체크하는 것이 아니라 문제를 이해하며 공부함으로써 쉽고 빠르게 합격할 수 있습니다.

문제유형

개념 이해형, 단순 암기형, 단순 계산형, 복합 계산형 등과 같이 문제 유형을 표기했습니다.

접근 POINT

해당 문제를 어떻게 풀어야 하는지에 대한 설명을 수록했습니다.

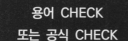

용어 CHECK 또는 공식 CHECK

용어와 관련된 문제는 용어의 정의를 수록했고, 공식을 활용하여 푸는 문제는 공식을 수록했습니다.

해설

해당 문제에 대한 쉽고 친절한 해설을 수록했습니다.

관련법규

법령에 나온 문제의 경우 문제에 관련된 법규를 최신 개정사항을 반영하여 수록했습니다.

유사문제

수록된 기출문제와 유사한 문제는 어떻게 출제되었는지 수록하여 유사문제에 대비할 수 있도록 구성했습니다.

SUBJECT 01 소방유체역학

대표유형 ❶
유체의 기본적 성질   10쪽

01	02	03	04	05	06	07	08	09	10
①	③	①	②	④	①	④	②	④	①
11	12	13	14	15	16	17	18	19	20
③	③	②	④	③	③	③	③	②	①
21	22	23	24	25	26	27	28	29	30
④	①	④	②	③	③	②	①	②	②
31	32	33	34	35	36	37	38	39	40
①	④	②	②	④	③	④	①	①	④
41	42	43	44	45	46	47	48	49	50
④	①	④	②	④	③	④	④	③	①
51	52	53	54	55	56	57	58	59	60
②	②	①	①	④	③	①	②	④	③
61	62	63	64	65	66	67	68	69	70
②	③	②	①	②	③	②	③	③	③
71	72								
①	②								

01 개념 이해형   난이도 下

▎정답   ①

▎접근 POINT

Newton 유체와 유체의 차이점을 알고 있어야 한다.

▎해설

ⓒ는 Newton 유체에 해당하는 설명이다.
Newton 유체는 전단응력과 변형률이 선형적인 관계를 가지기 때문에 전단응력과 변형률을 비례식으로 표현할 수 있다.
물과 공기가 대표적인 Newton 유체이다.

▎유사문제

이상유체에 대한 설명으로 옳은 것을 찾는 문제도 출제되었다.
정답은 "비압축성 유체로 점성이 없다."이다.

02 개념 이해형   난이도 下

▎정답   ③

▎접근 POINT

점성에 대한 개념을 묻는 문제로 온도가 증가할 경우 기체와 액체의 점성이 어떻게 변하는지 구분할 수 있어야 한다.

▎용어 CHECK

점성: 운동하고 있는 유체에서 서로 인접하고 있는 유체 사이에 마찰이 발생하는 것이다.

▎해설

온도가 증가하면 기체의 점성은 증가하고, 액체의 점성은 감소한다.

03 개념 이해형   난이도 下

┃ 정답   ①

┃ 접근 POINT
온도가 증가할 때 기체와 액체의 점성이 어떻게
변하는지 구분할 수 있어야 한다.

┃ 해설
① 기체는 온도가 증가하면 분자의 운동량이 증가
   하여 점성이 증가하고, 동점성계수도 증가한다.
② 액체는 온도가 증가하면 점성이 낮아지고,
   점성계수도 감소한다.
③ 점성은 유동에 대한 유체의 저항이다.
④ 전단응력(τ) 공식은 다음과 같다.

$$\tau = \mu \frac{du}{dy}$$

전단응력(τ)은 속도기울기$\left(\dfrac{du}{dy}\right)$에 비례한다.

04 개념 이해형   난이도 中

┃ 정답   ②

┃ 접근 POINT
생소한 보기가 있지만 실제유체와 이상유체의
차이점을 이해하고 있다면 답을 고를 수 있다.

┃ 해설
실제유체는 점성으로 인하여 마찰이 발생하고
유동손실이 발생한다.

┃ 선지분석
① 기체의 경우 온도가 올라가면 기체 분자 사
   이에 충돌횟수가 증가하여 마찰이 발생하

고, 점성이 커진다. 액체의 경우 온도가 올라
가면 분자 사이의 거리가 멀어져서 마찰이
적게 발생하고 점성이 작아진다.
③ 푸아즈(poise)는 점성계수의 단위이다.
④ 액체의 점성이 주로 분자 간의 결합력 때문
   에 생긴다.

05 단순 암기형   난이도 下

┃ 정답   ④

┃ 접근 POINT
비점성 유체의 특징을 알고 있는지를 묻고 있는
간단한 문제이다.

┃ 해설
비점성 유체
• 이상적인 유체이다.
• 전단응력이 존재하지 않는 유체이다.
• 유체 유동 시 마찰저항을 무시한 유체이다.

06 단순 암기형   난이도 下

┃ 정답   ①

┃ 접근 POINT
응용되어 출제되지는 않는 문제로 정답을 확인
하는 정도로 공부하는 것이 좋다.

┃ 용어 CHECK
완전발달 유동: 관 속의 흐름에서 길이 방향으
로 속도 분포가 변하지 않는 흐름이다.

┃해설

수평원관 내 완전발달 유동에서 유동을 일으키는 힘은 압력 차에 의한 힘이다.

점성력은 완전발달 유동에서 유동을 방해하는 힘이다.

07 개념 이해형　　　　　난이도 下

┃정답　④

┃접근 POINT

모세관 현상은 유체의 기본적인 성질로 기본적인 개념을 이해해야 한다.

┃해설

모세관 현상이란 액체 분자들 사이의 응집력과 고체 표면에 대한 부착력의 차이에 의하여 관 내 액체 표면과 자유표면 사이에 높이 차이가 생기는 현상이다.

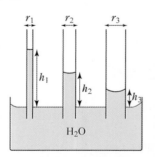

나무에서 뿌리에서 흡수한 물이 줄기의 가느다란 관을 타고 높은 위치의 나뭇잎까지 올라가는 것도 모세관 현상에 따른 결과이다.

08 단순 계산형　　　　　난이도 下

┃정답　②

┃접근 POINT

모세관 현상에 따른 상승 높이는 응용되어 출제되지 않고 공식만 암기하면 풀 수 있기 때문에 공식을 정확하게 암기해야 한다.

┃공식 CHECK

모세관 현상에 따른 상승 높이

$h = \dfrac{4\sigma\cos\theta}{\gamma D}$

h: 상승 높이[m]

σ: 표면장력[N/m]

θ: 접촉각, γ: 비중량[N/m^3]

D: 관의 지름(내경)[m]

┃해설

$h = \dfrac{4\sigma\cos\theta}{\gamma D} = \dfrac{4 \times 0.073 \times \cos 0\,°}{9,800 \times 0.002} = 0.015\,[\text{m}]$

문제에서 반지름이 $1\,[\text{mm}]$라고 했으므로 지름은 $0.002\,[\text{m}]$이다.

물이므로 $\gamma = 9,800\,[\text{N/m}^3]$이다.

09 단순 계산형　　　　　난이도 下

┃정답　④

┃접근 POINT

모세관 현상에 의한 상승 높이 공식을 이용하여 관의 지름을 구한다.

밀도는 이 문제를 풀 때 꼭 필요한 조건이 아니다.

공식 CHECK

모세관 현상에 따른 상승 높이

$$h = \frac{4\sigma\cos\theta}{\gamma D}$$

h: 상승 높이[m]

σ: 표면장력[N/m]

θ: 접촉각, γ: 비중량[N/m^3]

D: 관의 지름(내경)[m]

해설

모세관 현상에 따른 상승 높이 공식을 관의 지름 기준으로 정리한다.

$$D = \frac{4\sigma\cos\theta}{\gamma h} = \frac{4 \times 0.08 \times \cos0°}{9,800 \times 0.002}$$

$$= 0.01632[\text{m}] = 16.32[\text{mm}]$$

---

10 **개념 이해형**　　　　　난이도 中

정답 ①

접근 POINT

모세관 현상에 따른 상승 높이 공식과 연계하여 이해하는 것이 좋다.

공식 CHECK

모세관 현상에 따른 상승 높이

$$h = \frac{4\sigma\cos\theta}{\gamma D}$$

h: 상승 높이[m]

σ: 표면장력[N/m]

θ: 접촉각, γ: 비중량[N/m^3]

D: 관의 지름(내경)[m]

해설

① 공식에서 알 수 있듯이 표면장력(σ)이 클수록 상승 높이(h)는 높아진다.

② 공식에서 알 수 있듯이 관의 지름(D)이 작을수록 상승 높이(h)는 높아진다.

③ 밀도가 작을수록 높이 올라간다.

④ 지구상에서는 중력이 모두 같으므로 영향을 주지 않는다고 할 수 있지만 중력의 크기가 달라지면 상승 높이에 영향을 주기 때문에 중력의 크기와 무관하다고 볼 수는 없다.

---

11 **개념 이해형**　　　　　난이도 中

정답 ③

접근 POINT

모세관 현상에 따른 상승 높이 공식과 연계하여 이해하는 것이 좋다.

공식 CHECK

모세관 현상에 따른 상승 높이

$$h = \frac{4\sigma\cos\theta}{\gamma D}$$

h: 상승 높이[m]

σ: 표면장력[N/m]

θ: 접촉각, γ: 비중량[N/m^3]

D: 관의 지름(내경)[m]

해설

모세관 현상에 따른 물의 상승 높이(h)는 관의 지름(D)에 반비례한다.

$$h \propto \frac{1}{D}$$

지름의 비가 1:2이면, 물이 관 속으로 올라가는 높이의 비는 2:1이다.

12 개념 이해형   난이도 中

정답 ③

접근 POINT

유체의 기본적인 성질 중 표면장력에 대한 이해가 필요한 문제이다.

해설

① 표면장력의 단위는 $[N/m]$로 차원은 '힘/길이'이다.

② 액체와 공기의 경계면에서 액체분자의 응집력보다 공기분자와 액체분자 사이의 부착력이 작을 때 표면장력이 발생한다.

③ $\sigma = \dfrac{PD}{4}$

표면장력(σ)이 같다면 물방울의 크기{직경(D)}이 작을수록 내부압력(P)이 크다.

④ 모세관이 가늘수록 수면 상승 높이가 높기 때문에 모세관 현상에 의한 수면 상승 높이는 모세관의 직경에 반비례한다.

13 단순 암기형   난이도 下

정답 ②

접근 POINT

소방유체역학에서 계산문제를 풀기 위해서는 표준대기압인 1기압에 해당되는 단위는 암기하고 있어야 한다.

해설

표준대기압 1기압(1$[atm]$)과 같은 단위

- $760[mmHg]$
- $10.332[mAq] = 10,332[mmAq]$
- $101.325[kPa] = 101,325[Pa]$
- $1.01325[bar]$
- $1.0332[kgf/cm^2]$

14 단순 계산형   난이도 下

정답 ④

접근 POINT

수두의 단위 뒤에 있는 $[Aq]$ 표기는 물의 높이를 의미하는 것이다.

이 문제는 단순한 문제이지만 복잡한 계산문제를 풀기 위해서 압력 관련 단위환산은 자유롭게 할 수 있어야 한다.

해설

$$100[mmAq] \times \frac{101,325[Pa]}{10,332[mmAq]} = 980.691[Pa]$$

15 단순 계산형   난이도 下

정답 ③

접근 POINT

소방유체역학에서 단위와 차원은 가장 기본적인 개념으로 정확하게 이해해야 한다.

해설

동력(W)은 단위시간 동안 이루어지는 일의 양으로 기본단위는 $[J/sec]$이다.

$1[J]$은 $1[N]$의 힘으로 물체를 힘의 방향으로 $1[m]$만큼 움직이는 동안 하는 일로 다음과 같이 정의된다.

$1[J] = 1[N \cdot m]$

$1[N]$은 힘의 단위로 다음과 같다.

$1[N] = \dfrac{1[kg \cdot m]}{[sec^2]}$

위의 기본개념을 바탕으로 동력의 단위를 정리하면 다음과 같다.

$$W = \frac{J}{sec} = \frac{N \cdot m}{sec} = \frac{\frac{kg \cdot m}{sec^2} \times m}{sec}$$

$$= \frac{kg \cdot m^2}{sec^3} = \frac{M \cdot L^2}{T^3} = ML^2T^{-3}$$

유사문제

거의 같은 문제인데 동력을 일률이라고 표현한 문제도 출제되었다.

동력은 다른 말로 일률이라고도 하고, 단위는 다음과 같다.

구분	중력단위	절대단위
동력(일률)	$N \cdot m/sec$ $[FLT^{-1}]$	$kg \cdot m^2/sec^3$ $[ML^2T^{-3}]$

16 단순 계산형   난이도 下

정답 ③

접근 POINT

소방유체역학에서 단위는 가장 기본적인 개념으로 자유롭게 변환할 수 있어야 한다.

해설

동력(W)은 단위시간 동안 이루어지는 일의 양으로 기본단위는 $[J/sec]$이다.

동력을 절대단위로 변환하면 다음과 같다.

$$W = \frac{J}{sec} = \frac{N \cdot m}{sec} = \frac{\frac{kg \cdot m}{sec^2} \times m}{sec} = \frac{kg \cdot m^2}{sec^3}$$

17 복합 계산형   난이도 上

정답 ③

접근 POINT

모든 공식을 다 암기할 수는 없으므로 소방유체역학에서 자주 나오는 개념은 단위를 보고, 계산할 수 있어야 한다.

동력의 단위를 보면 동력은 힘에 평균속도를 곱한 것임을 알 수 있다.

해설

소방차의 가속도(a)를 계산한다.

가속도의 단위는 $[m/sec^2]$이다.

$$a = \frac{80,000[m] - 40,000[m]}{3,600[sec]} \times \frac{1}{4[sec]}$$

$$= 2.7777[m/sec^2]$$

소방차가 움직이는 힘(F)을 계산한다.

$F = ma = 3,000 \times 2.7777$

$$= 8,333.1[kg \cdot m/sec^2] = 8,333.1[N]$$

소방차의 평균속도(V)를 계산한다.

$$V = \frac{(40+80)[\text{km/hr}]}{2}$$

$$= \frac{60[\text{km}]}{[\text{hr}]} \times \frac{1,000[\text{m}]}{[\text{km}]} \times \frac{[\text{hr}]}{3,600[\text{sec}]}$$

$$= 16.6666[\text{m/sec}]$$

소방차가 가속하는 데 필요한 동력(P)를 계산한다.

$$P = 8,333.1 \times 16.6666$$

$$= 138,884[\text{N} \cdot \text{m/sec}]$$

$$= 138.884[\text{kN} \cdot \text{m/sec}]$$

$$= 138.884[\text{kJ/sec}] = 138.884[\text{kW}]$$

---

18 단순 계산형　　　　난이도 中

정답　③

접근 POINT

차원이 같으면 단위도 같으므로 ㉠~㉣ 중 단위가 같은 것을 찾으면 된다.

해설

㉠ $\rho = \dfrac{\text{kg}}{\text{m}^3} = \dfrac{\text{N} \cdot \text{sec}^2}{\text{m}^4}$

$\rho V^2 = \dfrac{\text{N} \cdot \text{sec}^2}{\text{m}^4} \times \dfrac{\text{m}^2}{\text{sec}^2} = \dfrac{\text{N}}{\text{m}^2}$

㉡ $\rho gh = \dfrac{\text{N} \cdot \text{sec}^2}{\text{m}^4} \times \dfrac{\text{m}}{\text{sec}^2} \times \text{m} = \dfrac{\text{N}}{\text{m}^2}$

㉢ $P = \dfrac{\text{N}}{\text{m}^2}$ (압력은 단위면적당 작용하는 힘)

㉣ $\dfrac{\text{F}}{\text{m}} = \dfrac{\text{N}}{\text{m}}$

㉠, ㉡, ㉢은 차원이 같다.

---

19 단순 계산형　　　　난이도 中

정답　②

접근 POINT

보기 4가지 중 3가지는 일의 단위이고, 1가지만 일의 단위가 아니다.

해설

1[J]은 1[N]의 힘으로 물체를 힘의 방향으로 1[m]만큼 움직이는 동안 하는 일로 다음과 같이 정의된다.

$$1[\text{J}] = 1[\text{N} \cdot \text{m}]$$

1[N]은 힘의 단위로 다음과 같다.

$$1[\text{N}] = \frac{1[\text{kg} \cdot \text{m}]}{[\text{sec}^2]}$$

이 관계를 이용하여 일의 단위를 변환한다.

$$\text{J} = \frac{\text{kg} \cdot \text{m}}{\text{sec}^2} \times \text{m} = \frac{\text{kg} \cdot \text{m}^2}{\text{sec}^2}$$

압력은 단위면적당 작용하는 힘으로 단위는 다음과 같다.

$$\text{Pa} = \frac{\text{N}}{\text{m}^2}$$

$1[\text{J}] = 1[\text{N} \cdot \text{m}]$이므로 Pa에 m^3을 곱하면 일의 단위(J)이 된다.

$$\text{Pa} \cdot \text{m}^3 = \frac{\text{N}}{\text{m}^2} \times \text{m}^3 = \text{N} \cdot \text{m}$$

20 단순 암기형 난이도 下

정답 ①

접근 POINT

길이의 단위인 [cm], [m], [km]로 표시할 수 없는 것이 무엇인지 생각해 본다.

해설

밀도의 단위는 $[kg/m^3] = [N \cdot sec^2/m^4]$으로 길이의 단위로 표시할 수 없다.
속도수두, 수차의 유효낙차, 펌프의 전양정은 모두 [m] 단위로 표시할 수 있다.

21 단순 계산형 난이도 中

정답 ④

접근 POINT

운동량은 자주 나오는 단위는 아니지만 소방유체역학에서 단위는 가장 기본적인 개념이므로 운동량 단위도 알고 있는 것이 좋다.

해설

운동량은 물체의 질량과 속도의 곱으로 단위는 $[kg \cdot m/sec]$이다.

$$\frac{\triangle P}{\triangle t} = \frac{[kg \cdot m/sec]}{[sec]} = \frac{[kg \cdot m]}{[sec^2]} = [N]$$

$\triangle P/\triangle t$는 힘의 단위인 [N]으로 정리되므로 유체에 작용하는 힘이다.

22 단순 계산형 난이도 下

정답 ①

접근 POINT

자주 출제되는 문제는 아니지만 기본 공식만 알고 있다면 풀 수 있는 문제이다.
섭씨온도, 화씨온도 변환 공식을 둘 다 암기하기 보다는 한 개만 암기한 후 나머지 관계는 공식을 이항해서 계산하는 것이 좋다.

공식 CHECK

섭씨온도

$$℃ = \frac{5}{9}(℉ - 32)$$

$℃$: 섭씨온도[℃]
$℉$: 화씨온도[℉]

해설

$$℃ = \frac{5}{9}(℉ - 32) = \frac{5}{9} \times (200 - 32) = 93.333[℃]$$

23 단순 계산형 난이도 下

정답 ④

접근 POINT

절대압력을 구하는 공식만 알고 있다면 풀 수 있는 문제이다.
게이지 압력은 계기압력과 같은 말이다.

공식 CHECK

절대압력＝대기압력＋계기압력

┃해설

절대압력＝대기압력＋계기압력

$= 106 + 1,226 = 1,332\,[\mathrm{kPa}]$

---

24 단순 계산형   난이도 下

┃정답 ③

┃접근 POINT

절대압력을 구하는 공식만 알고 있다면 풀 수 있는 문제이다.

┃공식 CHECK

절대압력＝대기압력＋계기압력

┃해설

절대압력＝대기압력＋계기압력

$240\,[\mathrm{mmHg}] = 760\,[\mathrm{mmHg}] + 계기압력$

$계기압력 = 240\,[\mathrm{mmHg}] - 760\,[\mathrm{mmHg}]$

$\qquad = -520\,[\mathrm{mmHg}]$

$\qquad -520\,[\mathrm{mmHg}] \times \dfrac{101.325\,[\mathrm{kPa}]}{760\,[\mathrm{mmHg}]}$

$\qquad = -69.328\,[\mathrm{kPa}]$

---

25 단순 계산형   난이도 下

┃정답 ②

┃접근 POINT

절대압력을 구하는 공식만 알고 있다면 풀 수 있는 문제이다.
문제에서 진공이라고 했으므로 계기압력은 −

값으로 계산해야 한다.

┃공식 CHECK

절대압력＝대기압력＋계기압력

┃해설

절대압력＝대기압력＋계기압력

$\qquad = 90 - 10.1325 = 79.868\,[\mathrm{kPa}]$

┃상세해설

$76\,[\mathrm{mmHg}]$의 단위환산

$76\,[\mathrm{mmHg}] \times \dfrac{101.325\,[\mathrm{kPa}]}{760\,[\mathrm{mmHg}]} = 10.1325\,[\mathrm{kPa}]$

┃유사문제

대기압력이 $1.08\,[\mathrm{kg_f/cm^2}]$이고, 게이지 압력이 $12.5\,[\mathrm{kg_f/cm^2}]$인 용기에서 절대압력 $[\mathrm{kg_f/cm^2}]$을 계산하는 문제도 출제되었다.

절대압력＝$1.08 + 12.5 = 13.58\,[\mathrm{kg_f/cm^2}]$

---

26 단순 계산형   난이도 中

┃정답 ③

┃접근 POINT

진공압력을 계기압력으로 대입할 때는 −값으로 대입해야 하는 것을 주의해야 한다.

┃공식 CHECK

절대압력＝대기압력＋계기압력

┃해설

계기압력이 $50\,[\mathrm{kPa}]$인 파이프 속의 압력을 계산한다.

$P_1 = 101.325 + 50 = 151.325 [\text{kPa}]$

진공압력(Vacuum pressure)이 $30[\text{kPa}]$인 용기 속의 압력을 계산한다.

$P_2 = 101.325 - 30 = 71.325 [\text{kPa}]$

두 압력의 차이를 계산한다.

$P_1 - P_2 = 151.325 - 71.325 = 80 [\text{kPa}]$

27 단순 계산형
난이도 下

정답 ③

접근 POINT

질량과 무게의 차이점과 무게를 구하는 공식만 알고 있다면 풀 수 있는 문제이다.

공식 CHECK

$W = mg$

W : 무게$[\text{N}]$

m : 질량$[\text{kg}]$

g : 중력가속도$[\text{m/sec}^2]$

해설

중력가속도는 호주와 한국에서 달라지지만 물체의 질량은 변하지 않으므로 호주에서의 무게 기준으로 물체의 질량을 구한다.

$m = \dfrac{W_1}{g_1} = \dfrac{20}{9.82} = 2.0366 [\text{kg}]$

한국에서의 중력가속도를 구한다.

$g_2 = \dfrac{W_2}{m} = \dfrac{19.8}{2.0366} = 9.722 [\text{m/sec}^2]$

28 단순 계산형
난이도 下

정답 ④

접근 POINT

체적탄성계수 공식만 알고 있다면 쉽게 풀 수 있는 문제이다.

공식 CHECK

$K = -\dfrac{\triangle P}{\dfrac{\triangle V}{V_1}}$

K: 체적탄성계수$[\text{kPa}]$

$\triangle P$: 압력 차이(가한 압력)$[\text{kPa}]$

$\triangle V$: 부피 차이$[\text{m}^3]$

V_1: 처음 부피$[\text{m}^3]$

해설

$K = -\dfrac{\triangle P}{\dfrac{\triangle V}{V_1}} = -\dfrac{(1,030 - 730)}{\dfrac{(0.019 - 0.02)}{0.02}} = 6,000$

29 단순 계산형
난이도 下

정답 ②

접근 POINT

체적탄성계수 공식만 알고 있다면 쉽게 풀 수 있는 문제이다.

공식 CHECK

$K = -\dfrac{\triangle P}{\dfrac{\triangle V}{V_1}}$

K: 체적탄성계수$[\text{MPa}]$

$\triangle P$: 압력 차이(가한 압력)$[\mathrm{MPa}]$

$\triangle V$: 부피 차이$[\mathrm{m}^3]$

V_1: 처음 부피$[\mathrm{m}^3]$

▌해설

처음의 부피를 $100[\mathrm{m}^3]$이라고 하면 문제에서 체적을 1[%] 감소시킨다고 했으므로 나중 부피는 $99[\mathrm{m}^3]$이다.

$$\triangle V = V_2 - V_1 = 99 - 100 = -1$$

$$2,500 = -\frac{\triangle P}{\dfrac{-1}{100}}$$

$$\triangle P = \frac{2,500}{100} = 25[\mathrm{MPa}]$$

▌상세해설

물의 체적탄성계수의 단위는 $[\mathrm{GPa}]$이고 문제에서 묻고 있는 단위는 $[\mathrm{MPa}]$이므로 단위를 맞추어야 한다.

$$1[\mathrm{GPa}] = 1,000[\mathrm{MPa}]$$

$$2.5[\mathrm{GPa}] \times \frac{1,000[\mathrm{MPa}]}{1[\mathrm{GPa}]} = 2,500[\mathrm{MPa}]$$

30 │ 개념 이해형　　　　　　　　　　　난이도 下

▌정답　②

▌접근 POINT

답을 암기하기 보다는 체적탄성계수의 공식을 보고 틀린 내용을 찾는 것이 좋다.

▌공식 CHECK

$$K = -\frac{\triangle P}{\dfrac{\triangle V}{V_1}}$$

K: 체적탄성계수$[\mathrm{kPa}]$

$\triangle P$: 압력 차이(가한 압력)$[\mathrm{kPa}]$

$\triangle V$: 부피 차이$[\mathrm{m}^3]$, V_1: 처음 부피$[\mathrm{m}^3]$

▌해설

압축하기가 어려운 기체는 $\triangle V$가 매우 작은 기체이다.

체적탄성계수 공식에서 $\triangle V$는 분모에 있기 때문에 $\triangle V$가 매우 작아지면 체적탄성계수는 커진다. 따라서 체적탄성계수가 큰 기체는 압축하기가 어렵다.

31 │ 개념 이해형　　　　　　　　　　　난이도 中

▌정답　①

▌접근 POINT

암기 위주로 접근하기 보다는 체적탄성계수 공식을 보고 부피 차이에 따른 체적탄성계수의 변화를 이해하는 것이 좋다.

▌공식 CHECK

$$K = -\frac{\triangle P}{\dfrac{\triangle V}{V_1}}$$

K: 체적탄성계수$[\mathrm{kPa}]$

$\triangle P$: 압력 차이(가한 압력)$[\mathrm{kPa}]$

$\triangle V$: 부피 차이$[\mathrm{m}^3]$, V_1: 처음 부피$[\mathrm{m}^3]$

❙ 해설

비압축성 유체는 물과 같이 압력을 가해도 부피가 거의 변하지 않는 유체이다.

V_1을 $100[\mathrm{m}^3]$로 가정하면 비압축성 유체는 압력을 가해도 부피가 거의 변하지 않으므로 $\triangle V$가 거의 0이다.

분모가 0에 가까워지면 압력과 관계없이 체적탄성계수는 매우 커진다. 따라서 비압축성 유체는 체적탄성계수가 ∞로 매우 큰 유체를 말한다.

❙ **32** **단순 계산형**　　　　　난이도 中

❙ 정답　④

❙ 접근 POINT

압축률과 체적탄성계수 공식을 이용하여 풀 수 있는 문제이다.

❙ 공식 CHECK

(1) 압축률

$$\beta = \frac{1}{K}$$

　β: 압축률$[1/\mathrm{Pa}]$, K: 체적탄성계수$[\mathrm{Pa}]$

(2) 체적탄성계수

$$K = -\frac{\triangle P}{\dfrac{\triangle V}{V}}$$

　K: 체적탄성계수$[\mathrm{Pa}]$
　$\triangle P$: 가해진 압력$[\mathrm{Pa}]$
　$\dfrac{\triangle V}{V}$: 체적의 감소율

❙ 해설

압축률 공식을 체적탄성계수에 대입한 후 $\triangle P$ 기준으로 식을 정리한다.

$$\frac{1}{\beta} = -\frac{\triangle P}{\dfrac{\triangle V}{V}}$$

$$\triangle P = -\frac{\triangle V}{V} \times \frac{1}{\beta}$$

문제에서 물의 체적을 $5[\%]$ 감소시킨다고 했으므로 처음 체적을 $100[\mathrm{m}^3]$이라고 가정하면 나중 체적은 $5[\%]$ 감소한 $95[\mathrm{m}^3]$이고, $\triangle V$는 $-5[\mathrm{m}^3]$이다.

$$\frac{\triangle V}{V} = \frac{-5}{100} = -0.05$$

$$\triangle P = -\frac{\triangle V}{V} \times \frac{1}{\beta} = -(-0.05) \times \frac{1}{5 \times 10^{-10}}$$

$$= 100,000,000[\mathrm{Pa}] = 100,000[\mathrm{kPa}]$$

$$= 10^5[\mathrm{kPa}]$$

❙ 유사문제

좀더 단순한 문제로 유체의 압축률의 공식을 묻는 문제도 출제되었으므로 압축률 공식은 정확하게 암기해야 한다.

$$\text{압축률 } \beta = \frac{1}{\text{체적탄성계수 } K}$$

❙ **33** **개념 이해형**　　　　　난이도 下

❙ 정답　②

❙ 접근 POINT

압축률 공식을 이용하여 틀린 보기를 찾는 방식으로 풀 수 있는 문제이다.

압축률

$$\beta = \frac{1}{K}$$

β: 압축률$[1/\mathrm{Pa}]$, K: 체적탄성계수$[\mathrm{Pa}]$

▌해설

압축률의 단위는 압력의 단위인 $[\mathrm{Pa}]$의 역수이다. 밀도와 압축률의 곱은 다음과 같이 압력에 대한 밀도의 변화율로 볼 수 있다.

$$\rho \times \beta = \frac{\rho}{K} = \frac{\rho[\mathrm{kg/m^3}]}{K[\mathrm{Pa}]}$$

압축률이 큰 것은 압축하기 쉬운 것이고, 압축률이 작은 것은 압축하기 어렵다는 의미이다.

34 단순 계산형

난이도 下

▌정답 ②

▌접근 POINT

비체적 공식으로 계산할 수 있고, 비체적 공식을 모르더라도 문제에 주어진 단위를 보고 비체적은 밀도의 역수임을 알 수 있다.

▌공식 CHECK

(1) 비중

$$s = \frac{\rho}{\rho_w} = \frac{\gamma}{\gamma_w}$$

s: 비중

ρ_w: 물의 밀도$= 1,000[\mathrm{kg/m^3}]$

ρ: 밀도$[\mathrm{kg/m^3}]$

γ_w: 물의 비중량$= 9,800[\mathrm{N/m^3}]$

γ: 어떤 물질(액체)의 비중량$[\mathrm{N/m^3}]$

(2) 비체적

$$V_s = \frac{1}{\rho}$$

V_s: 비체적$[\mathrm{m^3/kg}]$

ρ: 밀도$[\mathrm{kg/m^3}]$

▌해설

수은의 밀도를 계산한 후 비체적을 계산한다.

$$\rho = s \times \rho_w = 13.6 \times 1,000[\mathrm{kg/m^3}]$$

$$V_s = \frac{1}{\rho} = \frac{1}{13.6 \times 1,000} = \frac{1}{13.6} \times 10^{-3}[\mathrm{m^3/kg}]$$

35 단순 계산형

난이도 中

▌정답 ④

▌접근 POINT

이러한 문제 자체가 자주 출제되지는 않으나 비중, 밀도, 비중량, 비체적 등은 소방유체역학에서 기본적인 개념이고, 이 개념을 알고 있어야 복합적인 계산문제를 풀 수 있다.

▌공식 CHECK

(1) 비중

$$s = \frac{\rho}{\rho_w} = \frac{\gamma}{\gamma_w}$$

s: 비중

ρ_w: 물의 밀도$= 1,000[\mathrm{kg/m^3}]$

ρ: 밀도$[\mathrm{kg/m^3}]$

γ_w: 물의 비중량$= 9,800[\mathrm{N/m^3}]$

γ: 어떤 물질(액체)의 비중량$[\mathrm{N/m^3}]$

(2) 비체적

$$V_s = \frac{1}{\rho}$$

V_s: 비체적$[\mathrm{m}^3/\mathrm{kg}]$, ρ: 밀도$[\mathrm{kg}/\mathrm{m}^3]$

▌해설

비중이 0.8이라는 것은 밀도가 $800[\mathrm{kg}/\mathrm{m}^3]$이고, 비중량은 $7{,}840[\mathrm{N}/\mathrm{m}^3]$이라는 것이다.

$\rho = s\rho_w = 0.8 \times 1{,}000 = 800[\mathrm{kg}/\mathrm{m}^3]$

$\gamma = s\gamma_w = 0.8 \times 9{,}800 = 7{,}840[\mathrm{N}/\mathrm{m}^3]$

비체적이 $1.25[\mathrm{m}^3/\mathrm{kg}]$이면 밀도는 $0.8[\mathrm{kg}/\mathrm{m}^3]$이다.

$$\rho = \frac{1}{V_s} = \frac{1}{1.25} = 0.8[\mathrm{kg}/\mathrm{m}^3]$$

36 복합 계산형
난이도 上

▌정답 ③

▌접근 POINT

밀도와 비체적의 공식을 이용하여 식을 유도해서 답을 구할 수 있다.

문제에서 단단한 용기라고 했으므로 냉각 전과 냉각 후의 부피 변화는 없다고 볼 수 있다.

▌공식 CHECK

비체적

$$V_s = \frac{1}{\rho}$$

V_s: 비체적$[\mathrm{m}^3/\mathrm{kg}]$

ρ: 밀도$[\mathrm{kg}/\mathrm{m}^3]$

▌해설

문제의 내용을 그림으로 나타내면 다음과 같다.

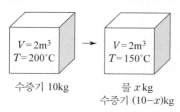

밀도 $= \dfrac{질량}{부피}$이므로 부피 $= \dfrac{질량}{밀도}$이다.

비체적은 밀도의 역수이므로 이 관계를 이용하면 부피를 구하는 공식을 유도할 수 있다.

$$V = m \times V_s$$

V: 부피$[\mathrm{m}^3]$

m: 질량$[\mathrm{kg}]$

V_s: 비체적$[\mathrm{m}^3/\mathrm{kg}]$

문제에서 체적 $2[\mathrm{m}^3]$의 단단한 용기에서 냉각한다고 했으므로 냉각 후의 부피는 $2[\mathrm{m}^3]$이고, 반응 후 물의 질량을 $x[\mathrm{kg}]$라고 하면 수증기의 질량은 $(10-x)[\mathrm{kg}]$이다.

이 관계를 이용하여 냉각 후의 부피 기준으로 다음 식이 성립한다.

$2 = 0.0011 \times x + 0.3925 \times (10-x)$

$2 = 0.0011x + 3.925 - 0.3925x$

$0.3914x = 3.925 - 2$

$$x = \frac{3.925 - 2}{0.3914} = 4.918[\mathrm{kg}]$$

37 단순 암기형　　　　　난이도 下

| 정답 ④

| 접근 POINT
유사한 문제도 출제되므로 아래 표의 뉴턴의 점
성법칙과 스토크스 법칙에 해당되는 점도계 종
류는 정확하게 암기해야 한다.

| 해설
점도계의 종류

구분	점도계 종류
뉴턴의 점성법칙	• 스토머 점도계 • 맥미셸 점도계
스토크스 법칙	• 낙구식 점도계
하겐-포아젤의 법칙	• 오스왈트 점도계 • 세이볼트 점도계

| 유사문제 ①
뉴튼(Newton)의 점성법칙을 이용한 회전 원통식
점도계를 묻는 문제 중 맥미셸 점도계 대신 스토머
점도계가 정답 보기로 주어진 문제도 출제되었다.

| 유사문제 ②
낙구식 점도계는 어떤 법칙을 근거로 하는지 묻
는 문제도 출제되었다.
정답은 스토크스(Stokes)의 법칙이다.

38 개념 이해형　　　　　난이도 下

| 정답 ①

| 접근 POINT
내용을 암기하는 것보다는 공식을 암기하고 공
식을 보며 답을 찾는 것이 좋다.

| 공식 CHECK
Newton의 점성법칙
$$\tau = \mu \frac{du}{dy}$$
τ: 전단응력$[N/m^2]$
μ: 점성계수$[N \cdot sec/m^2]$
$\frac{du}{dy}$: 속도구배(기울기)$\left[\frac{1}{sec}\right]$

| 해설
㉮ 전단응력(τ)은 점성계수(μ)와 속도기울기
　$\left(\frac{du}{dy}\right)$의 곱이다.
㉯ 전단응력(τ)은 점성계수(μ)에 비례한다.
㉰ 전단응력(τ)은 속도기울기$\left(\frac{du}{dy}\right)$에 비례한다.

39 복합 계산형　　　　　난이도 上

| 정답 ①

| 접근 POINT
Newton의 점성법칙을 이용해야 하고 힘과 이
동한 거리는 절반만 적용해야 한다.

▮공식 CHECK

Newton의 점성법칙

$$\tau = \frac{F}{A} = \mu\frac{du}{dy}$$

τ: 전단응력$[N/m^2]$

F: 힘$[N]$

A: 단면적$[m^2]$

μ: 점성계수(점도)$[N \cdot sec/m^2]$

du: 속도의 변화$[m/sec]$

dy: 거리의 변화$[m]$

▮해설

문제의 조건에 따라 한 변의 길이가 $10[cm]$인 정사각형 판의 위, 아래에 기름이 가득 차 있는 것이다. 판이 움직일 경우 판의 양쪽 면에 모두 전단응력이 작용하므로 단면적은 정사각형의 넓이에 2를 곱해야 한다.

$A = 0.1 \times 0.1 \times 2 = 0.02[m^2]$

문제의 조건을 보면 $2[cm]$ 떨어진 두 수평한 판의 정중앙에 정사각형 판이 놓여 있다고 했으므로 거리의 변화는 절반만 적용해야 한다.

$$dy = 0.02 \times \frac{1}{2} = 0.01[m]$$

$$du = 10[cm/sec] = 0.1[m/sec]$$

Newton의 점성법칙을 점성계수 기준으로 정리하여 계산한다.

$$\mu = \frac{Fdy}{Adu} = \frac{0.02 \times 0.01}{0.02 \times 0.1}$$

$$= 0.1[N \cdot sec/m^2]$$

40 개념 이해형　　　난이도 上

▮정답　④

▮접근 POINT

Newton의 점성법칙을 이용해야 하고 조건을 정확하게 해석해야 하며 계산과정에서 미분을 해야 하는 난이도가 높은 문제이다.

▮공식 CHECK

Newton의 점성법칙

$$\tau = \frac{F}{A} = \mu\frac{du}{dy}$$

τ: 전단응력$[N/m^2]$

F: 힘$[N]$

A: 단면적$[m^2]$

μ: 점성계수(점도)$[N \cdot sec/m^2]$
$= [Pa \cdot sec]$

du: 속도의 변화$[m/sec]$

dy: 거리의 변화$[m]$

▮해설

$y(m)$는 벽면으로부터 측정된 수직거리라고 했고 문제는 벽면에서의 전단응력을 묻고 있으므로 $y = 0$을 적용한다.

$$\tau = \mu\frac{du}{dy}$$

$$= 1.4 \times 10^{-3} \times \frac{d(500y - 6y^2)}{dy}$$

$$= 1.4 \times 10^{-3} \times (500 - 12y)$$

$$= 1.4 \times 10^{-3} \times 500 = 0.7[N/m^2]$$

41 개념 이해형 난이도 上

| 정답 ④

| 접근 POINT

이러한 문제는 사실상 결과값이 이미 증명된 것으로 실제 시험장에서 직접 식을 유도하기 보다는 결과값을 암기하는 것이 좋다.

| 공식 CHECK

(1) Newton의 점성법칙

$$\tau = \frac{F}{A} = \mu \frac{du}{dy}$$

τ: 전단응력$[N/m^2]$

F: 힘(마찰력)$[N]$

A: 단면적$[m^2]$

μ: 점성계수(점도)$[N \cdot sec/m^2]$

$\dfrac{du}{dy}$: 속도구배(기울기)$\left[\dfrac{1}{sec}\right]$

(2) 토크

$$T = \frac{FD}{2}$$

T: 토크$[N \cdot m]$

F: 마찰력$[N]$, D: 직경$[m]$

| 해설

속도 변화가 일정하다고 가정한다.

$$\frac{F}{A} = \mu \frac{du}{dy} = \mu \frac{V}{t}$$

$$F = A\mu \frac{V}{t}$$

이 식을 토크 식에 대입한다.

$$T = \frac{FD}{2} = \frac{\left(A\mu \dfrac{V}{t}\right)D}{2}$$

문제에서 축을 회전시킨다고 했으므로 다음 관계가 성립한다.

$$V = r\omega = \frac{D}{2}\omega, \; A = \pi DL$$

ω: 각속도$[rad/sec]$

이 식을 위의 토크 식에 대입한다.

$$T = \frac{\left(\pi DL \mu \dfrac{\dfrac{D\omega}{2}}{t}\right)D}{2} = \frac{\left(\pi DL \mu \dfrac{D\omega}{2t}\right)D}{2}$$

$$= \frac{\pi D^3 \omega L \mu}{4t} = \frac{\pi \mu \omega D^3 L}{4t}$$

42 개념 이해형 난이도 下

| 정답 ①

| 접근 POINT

소방유체역학에서 전단응력은 유체가 관 내에서 운동하고 있을 때 경계면에서 작용하는 단위면적당 마찰력이라고 할 수 있다.

관의 중심과 관벽 중 큰 마찰력이 작용하는 부분이 어디일지 생각해 본다.

| 해설

유체가 층류로 유동할 때 전단응력은 중심에서 0이고 중심선으로부터 거리에 비례하여 변한다. 반대로 속도는 관의 중심에서 최대이며 관 벽에서 가장 작다.

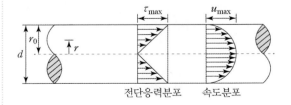

전단응력분포   속도분포

43 개념 이해형 　난이도 下

정답　④

접근 POINT

우리가 익숙하게 알고 있는 $F = ma$ 법칙이 어떤 법칙인지 생각해 본다.

해설

검사체적이란 유체의 운동을 쉽게 해석하기 위해 임의로 정한 가상의 체적이다.
뉴턴의 운동법칙은 검사체적에 대한 운동량 방정식으로 $F = ma$가 뉴턴의 제2법칙이다.

44 개념 이해형 　난이도 中

정답　②

접근 POINT

문제 자체에 생소한 용어가 있지만 일반적으로 유체역학에서 계산을 할 때 어떤 조건으로 계산하는지 생각해 본다.
운동량 방정식에 대한 이론을 깊게 공부하기 보다는 운동량 방정식의 가정 조건을 아는 정도로 공부하는 것이 좋다.

해설

운동량 방정식의 가정 조건
• 유동 단면에서 유속은 일정함 → 균일유동
• 정상 상태의 유동임 → 정상상태

45 단순 암기형 　난이도 下

정답　③

접근 POINT

계측장치의 용도를 암기하고 있는지를 묻고 있는 간단한 문제이다.

해설

마노미터(Manometer)는 배관의 압력을 측정하는 계측장치이다.

관련개념

유체 관련 계측장치의 종류

구분	측정기기
유량	벤추리미터, 오리피스, 로터미터
압력	피에조미터, Bourdon 압력계, 정압관, 마노미터
유속	피토관, 피토정압관, 시차액주계, 열선속도계 (열선풍속계)

유사문제

부자(Float)의 오르내림에 의해서 배관 내의 유량을 측정하는 기구의 명칭을 묻는 문제도 출제되었다.
정답은 로터미터이다.

46 단순 암기형 　난이도 下

정답　④

접근 POINT

계측장치의 용도를 암기하고 있는지를 묻고 있는 간단한 문제이다.

해설

Bourdon 압력계, U자관 마노미터, 피에조미터는 압력을 측정하는 계측기이고, 열선풍속계는 유속을 측정하는 계측기이다.

47 단순 암기형 　　　　　난이도 下

정답 ③

접근 POINT

계측장치의 용도를 암기하고 있는지를 묻고 있는 간단한 문제이다.

해설

마이크로마노미터는 유체의 미소한 압력 차를 측정하는 것으로 압력 차를 이용하여 유량도 계산할 수 있다.

48 개념 이해형 　　　　　난이도 中

정답 ④

접근 POINT

암기 위주로 접근하기 보다는 비중량 및 비중의 단위와 식을 기억하며 옳은 내용과 틀린 내용을 구분하는 것이 좋다.

해설

① 비중량 γ의 단위는 $[N/m^3]$이다.
　비중량이 단위 부피당 유체의 질량이라면 비중량의 단위가 $[kg/m^3]$이어야 한다. 비중량은 단위 부피당 중량이다.

② 비중의 공식은 $s = \dfrac{\rho}{\rho_w} = \dfrac{\gamma}{\gamma_w}$이다.
　비중은 어떤 물질의 밀도(비중량)와 물의 밀도(비중량)의 비이다.

③ 기체인 수소의 비중은 약 0.695이고, 액체인 수은의 비중은 약 13.558이다. 수은은 비중이 높은 편에 속하는 물질이다.

④ 압력을 가했을 때 기체보다는 액체의 부피가 더 적게 변한다.
　비중량의 단위는 $[kg/m^3]$로 분모에 부피 단위 $[m^3]$가 있기 때문에 압력을 가했을 때 부피 변화가 더 작은 액체의 비중량 변화가 기체의 비중량 변화보다 더 작다.

49 단순 계산형 　　　　　난이도 下

정답 ③

접근 POINT

비중량의 기본개념과 단위를 알고 있는지 묻는 문제로 유체역학에서는 가장 기본적인 문제로 반드시 맞혀야 하는 문제라고 볼 수 있다.

해설

비중량(γ)는 단위에서도 알 수 있듯이 단위 부피당 중량(무게)이다.
액체의 무게 $= 8 - 2 = 6[N]$
액체의 체적(부피) $= 0.5[L] = 0.0005[m^3]$
$\gamma = \dfrac{W}{V} = \dfrac{6}{0.0005} = 12,000[N/m^3]$

50 단순 계산형

난이도 下

┃정답 ①

┃접근 POINT

밀도와 비중에 대한 공식을 알고 있으면 두 공식을 조합하여 답을 구할 수 있다.

┃공식 CHECK

(1) 밀도

$$\rho = \frac{m}{V}$$

ρ: 밀도$[kg/m^3]$

m: 질량$[kg]$, V: 부피$[m^3]$

(2) 비중

$$s = \frac{\rho}{\rho_w} = \frac{\gamma}{\gamma_w}$$

s: 비중

ρ_w: 물의 밀도$= 1,000[kg/m^3]$

ρ: 어떤 물질(액체)의 밀도$[kg/m^3]$

γ_w: 물의 비중량$= 9,800[N/m^3]$

γ: 어떤 물질(액체)의 비중량$[N/m^3]$

┃해설

$\rho = \dfrac{m}{V}$ 식을 질량을 기준으로 식을 정리한다.

$m = \rho V$

$s = \dfrac{\rho}{\rho_w}$ 식을 밀도를 기준으로 식을 정리한다.

$\rho = s\rho_w$

질량식에 밀도식을 대입한다.

$m = s\rho_w V$

액체는 한 변이 $10[cm] = 0.1[m]$인 정육면체

모양인 그릇의 반을 채운다고 했으므로 액체의 부피는 다음과 같다.

$$V = \frac{0.1^3}{2}$$

$$m = s\rho_w V = 0.8 \times 1,000 \times \frac{0.1^3}{2} = 0.4[kg]$$

51 단순 계산형

난이도 下

┃정답 ②

┃접근 POINT

문제에 주어진 조건을 이용하여 기름의 비중량을 계산한 후 비중을 계산한다.

┃공식 CHECK

비중

$$s = \frac{\rho}{\rho_w} = \frac{\gamma}{\gamma_w}$$

s: 비중

ρ_w: 물의 밀도$= 1,000[kg/m^3]$

ρ: 어떤 물질(액체)의 밀도$[kg/m^3]$

γ_w: 물의 비중량$= 9,800[N/m^3]$

γ: 어떤 물질(액체)의 비중량$[N/m^3]$

┃해설

비중량의 단위가 $[N/m^3]$이므로 비중량은 무게(힘)를 부피(체적)로 나눈 것임을 알 수 있다.

$$\gamma = \frac{30,000}{10} = 3,000[N/m^3]$$

$$s = \frac{\gamma}{\gamma_w} = \frac{3,000}{9,800} = 0.306$$

52 단순 계산형

정답 ②

접근 POINT

중력가속도는 $9.8[\text{m/sec}^2]$이지만 이 문제에서는 중력가속도가 $2[\text{m/sec}^2]$로 주어졌으므로 이 수치를 대입해서 계산해야 함을 주의해야 한다.

공식 CHECK

(1) 비중량

$\gamma = \rho g$

γ: 비중량$[\text{N/m}^3]$

ρ: 밀도$[\text{kg/m}^3]$

g: 중력가속도$[\text{m/sec}^2]$

(2) 비중

$s = \dfrac{\rho}{\rho_w} = \dfrac{\gamma}{\gamma_w}$

s: 비중

ρ_w: 물의 밀도$=1,000[\text{kg/m}^3]$

ρ: 어떤 물질(액체)의 밀도$[\text{kg/m}^3]$

γ_w: 물의 비중량$[\text{N/m}^3]$

γ: 어떤 물질(액체)의 비중량$[\text{N/m}^3]$

해설 ①

밀도로 비중 계산

$\rho = \dfrac{\gamma}{g} = \dfrac{\frac{W}{V}}{g} = \dfrac{\frac{8,000}{5}}{2} = 800[\text{kg/m}^3]$

$s = \dfrac{\rho}{\rho_w} = \dfrac{800}{1,000} = 0.8$

해설 ②

비중량으로 비중 계산

$\gamma = \dfrac{W}{V} = \dfrac{8,000}{5} = 1,600[\text{N/m}^3]$

$\gamma_w = \rho_w g = 1,000 \times 2 = 2,000[\text{N/m}^3]$

$s = \dfrac{\gamma}{\gamma_w} = \dfrac{1,600}{2,000} = 0.8$

상세해설

비중량(γ)은 공식에도 볼 수 있듯이 중력가속도(g)가 포함된 개념이다.

일반적으로 물의 비중량(γ_w)을 $9,800[\text{N/m}^3]$라고 하는 것은 중력가속도(g)를 $9.8[\text{m/sec}^2]$으로 계산한 값이다.

$\gamma_w = \rho_w g = 1,000 \times 9.8 = 9,800[\text{N/m}^3]$

이 문제에서는 중력가속도를 $2[\text{m/sec}^2]$로 주어졌으므로 $9.8[\text{m/sec}^2]$ 대신 $2[\text{m/sec}^2]$를 넣어서 물의 비중량(γ_w)을 계산해야 한다.

53 단순 계산형

정답 ①

접근 POINT

탱크 바닥에 작용하는 힘이므로 전압력 공식을 이용한다.
단면적 산정 시 물탱크 바닥을 적용하는 것이 아니라 관측창의 면적을 적용해야 한다.

공식 CHECK

전압력(바닥에 작용하는 힘)

$F = \gamma h A$

F: 바닥에 작용하는 힘[N]

γ: 비중량(물의 비중량=$9,800$[N/m^3])

h: 물의 높이[m]

A: 바닥의 단면적[m^2]

| 해설

$F = \gamma h A = 9,800 \times 2 \times (0.2 \times 0.2) = 784$[N]

| 관련개념

압력의 정의로 전압력 공식을 유도할 수 있다. 압력은 단위 면적당 작용하는 힘이다.

$P = \dfrac{F}{A}$, $F = PA$

$P = \gamma h$이므로 이 식을 위의 식에 대입한다.

$F = \gamma h A$

---

54 단순 계산형   난이도 下

| 정답 ①

| 접근 POINT

투시경(수평면)에 작용하는 힘도 원리적으로 보면 바닥면에 작용하는 전압력과 같다.

| 공식 CHECK

전압력(투시경에 작용하는 힘)

$F = \gamma h A$

F: 투시경(수평면)에 작용하는 힘[N]

h: 표면에서 투시경 중심까지의 수직거리[m]

γ: 비중량[N/m^3], 물의 비중량=$9,800$[N/m^3]

A: 투시경의 단면적[m^2]

| 해설

$F = \gamma h A = \gamma h \dfrac{\pi}{4} D^2$

$= 9,800 \times 3 \times \dfrac{\pi}{4} \times 3^2$

$= 207,816.354$[N] $= 207.816$[kN]

---

55 단순 계산형   난이도 中

| 정답 ④

| 접근 POINT

전압력 공식을 적용하면 되는 문제인데 비중량이 주어지지 않았으므로 비중을 이용하여 액체의 비중량을 계산한 후 전압력을 계산한다.

| 공식 CHECK

(1) 비중

$s = \dfrac{\rho}{\rho_w} = \dfrac{\gamma}{\gamma_w}$

s: 비중

ρ_w: 물의 밀도=$1,000$[kg/m^3]

ρ: 어떤 물질(액체)의 밀도[kg/m^3]

γ_w: 물의 비중량=9.8[kN/m^3]

γ: 어떤 물질(액체)의 비중량[kN/m^3]

(2) 전압력

$F = \gamma h A$

F: 전압력[kN]

γ: 비중량[kN/m^3]

h: 표면에서 바닥의 중심까지의 수직거리[m]

A: 바닥의 단면적[m^2]

▌해설

비중량을 계산한다.

$\gamma = s\gamma_w = 1.03 \times 9.8 = 10.094 [\text{kN}/\text{m}^3]$

전압력을 계산한다.

$F = \gamma hA = 10.094 \times 5 \times 4 = 201.88 [\text{kN}]$

56 단순 계산형 난이도 中

▌정답 ③

▌접근 POINT

전압력 공식을 적용하면 되는 문제인데 비중량이 주어지지 않았으므로 밀도와 중력가속도를 이용하여 비중량을 계산해야 한다.

▌공식 CHECK

(1) 비중량

$\gamma = \rho g$

γ: 비중량$[\text{N}/\text{m}^3]$

ρ: 밀도$[\text{kg}/\text{m}^3]$

g: 중력가속도$[\text{m}/\text{sec}^2]$

(2) 전압력

$F = \gamma hA$

F: 전압력$[\text{N}]$

γ: 비중량$[\text{N}/\text{m}^3]$

h: 표면에서 바닥의 중심까지의 수직거리$[\text{m}]$

A: 바닥의 단면적$[\text{m}^2]$

▌해설

비중량 공식을 전압력 공식에 적용한다.

$F = \gamma hA = \rho ghA = 1,000 \times 10 \times 4 \times (2 \times 1)$

$= 80,000 [\text{N}]$

57 개념 이해형 난이도 下

▌정답 ①

▌접근 POINT

전압력 공식을 이해하고 있다면 직관적으로 답을 고를 수 있다.

▌공식 CHECK

전압력

$F = \gamma hA$

F: 평면에 작용하는 힘$[\text{N}]$

h: 표면에서 평면 중심까지의 수직거리$[\text{m}]$

γ: 비중량$[\text{N}/\text{m}^3]$, 물의 비중량$= 9,800 [\text{N}/\text{m}^3]$

A: 단면적$[\text{m}^2]$

▌해설

문제에서 정육면체라고 주어졌으므로 h는 정육면체의 높이이고, $F = \gamma hA$이다.

측면이 받는 힘을 적용할 경우 γ와 A는 변하지 않지만 h는 평균높이인 $\dfrac{h}{2}$를 적용한다.

이때 힘은 $F = \dfrac{1}{2}\gamma hA$이다.

문제에서 수직 방향 평균 힘의 크기를 P라고 한다고 했으므로 수평 방향 평균 힘의 크기는 0.5P가 된다.

58 복합 계산형 난이도 中

▌정답 ②

▌접근 POINT

물 부분의 벽면이 수평이 아니므로 이 부분의 힘을 산정할 때 높이를 절반만 적용해야 한다.

┃ 공식 CHECK

전압력

$F = \gamma h A = PA$

F: 평면에 작용하는 힘[kN]

h: 표면에서 평면 중심까지의 수직거리[m]

γ: 비중량[N/m^3], 물의 비중량=9.8[kN/m^3]

P: 유체에 작용하는 압력[kN/m^2]=γh

A: 단면적[m^2]

┃ 해설

기름 부분이 작용하는 압력을 P_1, 물 부분이 작용하는 압력을 P_2로 한다.

$P_1 = \gamma_1 h_1 = (s_1 \gamma_w)h_1 = (0.8 \times 9.8) \times 2$

$\quad = 15.68[\text{kN/m}^2]$

$P_2 = \gamma_w h_2 = 9.8 \times 1 = 9.8[\text{kN/m}^2]$

물 부분의 높이(h_2)는 2[m]의 절반인 1[m]만 적용해야 한다.

다음 그림과 같이 기울어진 벽면 AB를 벽면의 중심을 기준으로 회전하여 바닥과 평행한 방향으로 이동시키면 기울어진 벽면과 작용하는 압력과 같다. 이 경우 높이는 2[m]의 절반인 1[m]이다.

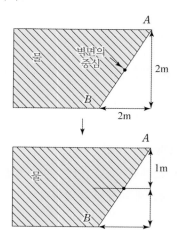

벽면 AB의 길이는 피타고라스의 정의를 이용하여 계산할 수 있다.

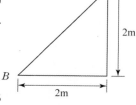

$\overline{AB} = \sqrt{2^2 + 2^2}$

$\quad = 2\sqrt{2}[\text{m}]$

단면적 A는 벽면 AB의 길이에 폭 1[m]를 곱해서 구한다.

$A = 2\sqrt{2} \times 1 = 2\sqrt{2}[\text{m}^2]$

전압력을 계산한다.

$F = (P_1 + P_2)A = (15.68 + 9.8) \times 2\sqrt{2}$

$\quad = 72.068[\text{kN}]$

59 단순 계산형
난이도 中

┃ 정답 ④

┃ 접근 POINT

액주계 관련 문제 중 가장 대표적인 문제로 내려갈 때는 압력이 +이고, 올라갈 때는 압력이 −인 것을 기억해야 한다.

┃ 공식 CHECK

비중

$s = \dfrac{\gamma}{\gamma_w}$

s: 비중

γ: 어떤 물질의 비중량[kN/m^3]

γ_w: 물의 비중량=9.8[kN/m^3]

│ 해설

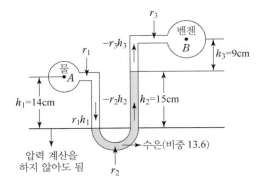

수은(γ_2)과 벤젠의 비중량(γ_3)을 계산한다.

$\gamma_2 = s_2 \times \gamma_w = 13.6 \times 9.8 = 133.28 [\text{kN/m}^3]$

$\gamma_3 = s_3 \times \gamma_w = 0.899 \times 9.8 = 8.8102 [\text{kN/m}^3]$

A, B점의 압력 차[kPa]를 계산한다.

선 아래는 같은 물질이고 높이가 같아 압력이 같은 것이므로 압력 계산을 할 필요가 없다.

$P_A + \gamma_1 h_1 - \gamma_2 h_2 - \gamma_3 h_3 = P_B$

문제에서 원하는 것은 A, B 지점의 압력 차이므로 $P_A - P_B$ 기준으로 식을 정리한다.

$P_A - P_B = -\gamma_1 h_1 + \gamma_2 h_2 + \gamma_3 h_3$

$= -(9.8 \times 0.14) + (133.28 \times 0.15)$

$\quad + (8.8102 \times 0.09)$

$= 19.413 [\text{kN/m}^2]$

---

60 단순 계산형　　　　　　　　　난이도 中

│ 정답　③

│ 접근 POINT

액주계 관련 문제 중 가장 대표적인 문제로 내려갈 때는 압력이 +이고, 올라갈 때는 압력이 −인 것을 기억해야 한다.

│ 공식 CHECK

비중

$s = \dfrac{\gamma}{\gamma_w}$

s : 비중

γ : 어떤 물질의 비중량$[\text{kN/m}^3]$

γ_w : 물의 비중량 $= 9.8[\text{kN/m}^3]$

│ 해설

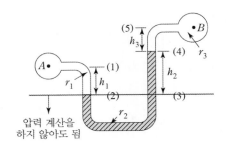

$P_A + \gamma_1 h_1 - \gamma_2 h_2 - \gamma_3 h_3 = P_B$

$\gamma_2 h_2 = P_A - P_B + \gamma_1 h_1 - \gamma_3 h_3$

$h_2 = \dfrac{P_A - P_B + \gamma_1 h_1 - \gamma_3 h_3}{\gamma_2}$

$\quad = \dfrac{30 + (9.8 \times 0.2) - (9.0 \times 0.1)}{133}$

$\quad = 0.234 [\text{m}]$

---

61 단순 계산형　　　　　　　　　난이도 中

│ 정답　②

│ 접근 POINT

역U자관으로 되어 있지만 기본적인 풀이방법은 앞의 액주계 문제와 동일하다.

▌공식 CHECK

비중

$$s = \frac{\gamma}{\gamma_w}$$

s : 비중

γ : 어떤 물질의 비중량[N/m^3]

γ_w : 물의 비중량= 9,800[N/m^3]

▌해설

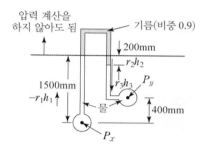

기름의 비중량 γ_2를 계산한다.

γ_1, γ_3는 그림에서 볼 수 있듯이 물에 해당되는 부분이므로 물의 비중량을 적용한다.

γ_2는 비중이 0.9인 기름에 해당하는 부분이므로 비중량을 계산한다.

$\gamma_2 = s \times \gamma_w = 0.9 \times 9,800 = 8,820$[N/m^3]

선 위는 같은 물질이고 높이가 같아 압력이 같은 것이므로 압력 계산을 할 필요가 없다.

$P_x - \gamma_1 h_1 + \gamma_2 h_2 + \gamma_3 h_3 = P_y$

$P_x - P_y = \gamma_1 h_1 - \gamma_2 h_2 - \gamma_3 h_3$

$= (9,800 \times 1.5) - (8,820 \times 0.2) - (9,800 \times 0.9)$

$= 4,116$[Pa]

---

62 복합 계산형

난이도 上

▌정답 ③

▌접근 POINT

P_x와 P_y 지점의 압력 차이로 오리피스 안의 P_1, P_2 지점의 압력 값이 달라진다.

액주계 관련 문제와 유사하게 동일 지점의 압력을 비교하는 방법으로 풀 수 있다.

▌공식 CHECK

비중

$$s = \frac{\gamma}{\gamma_w}$$

s : 비중

γ : 어떤 물질의 비중량[N/m^3]

γ_w : 물의 비중량= 9,800[N/m^3]

▌해설

P_1 지점과 P_2의 압력을 각각 계산한다.

$P_1 = \gamma_1 h = (s_1 \gamma_w)h = (0.8 \times 9.8) \times 0.4$

$\quad = 3.136$[kPa]

$P_2 = \gamma_2 h = (s_2 \gamma_w)h = (4 \times 9.8) \times 0.4$

$\quad = 15.68$[kPa]

$P_2 - P_1 = 12.544$[kPa]

---

63 복합 계산형

난이도 上

▌정답 ②

▌접근 POINT

이 문제는 역U자관과 같은 방법으로 생각하고

풀이하면 된다. 올라갈 경우와 내려갈 경우의 부호에 주의해서 계산한다.

공식 CHECK

비중

$$s = \frac{\gamma}{\gamma_w}$$

s: 비중

γ: 어떤 물질의 비중량$[kN/m^3]$

γ_w: 물의 비중량$= 9.8[kN/m^3]$

해설

이 문제를 그림으로 나타내면 다음과 같다.

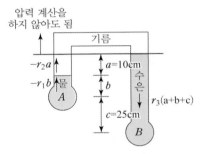

$$P_A - \gamma_1 b - \gamma_2 a + \gamma_3(a+b+c) = P_B$$

문제에서 A의 압력이 B의 압력보다 $80[kPa]$ 작다고 했으므로 다음 관계가 성립한다.

$$P_A + 80[kPa] = P_B$$

위의 식을 대입하여 식을 정리한다.

$$P_A - \gamma_1 b - \gamma_2 a + \gamma_3(a+b+c) = P_B$$

$$P_A - 9.8b - 0.882 + 133.1(0.35 + b)$$

$$= P_A + 80$$

양변에 P_A가 있으므로 P_A는 생략 가능하다.

$$-9.8b - 0.882 + 133.1(0.35 + b) = 80$$

$$-9.8b - 0.882 + 46.585 + 133.1b = 80$$

$$123.3b = 80 + 0.882 - 46.585$$

$$b = \frac{80 + 0.882 - 46.585}{123.3}$$

$$= 0.2781[m] = 27.81[cm]$$

이 식은 전체를 이항해서 계산해도 되지만 이항 과정이 복잡하여 SOLVE 기능을 이용하여 계산 하는 것이 좋다.

64 단순 계산형
난이도 中

정답 ①

접근 POINT

액주계 관련 풀이와 비슷한 방식으로 풀 수 있고, 대기압 상태에서 계기압력은 0이라는 점을 기억해야 한다.

공식 CHECK

비중량

$$\gamma = \rho g$$

γ: 비중량$[N/m^3]$

ρ: 밀도$[N \cdot sec^2/m^4]$

g: 중력가속도$= 9.8[m/sec^2]$

해설

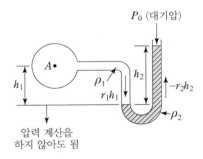

$$P_A + \gamma_1 h_1 - \gamma_2 h_2 = P_0$$

P_0는 공기 중에서의 계기압력이므로 0이다.

$$P_A = \gamma_2 h_2 - \gamma_1 h_1$$

$$= \rho_2 g h_2 - \rho_1 g h_1$$

$$= (13,600 \times 9.8 \times 0.8) - (1,000 \times 9.8 \times 0.5)$$

$$= 101,724[\mathrm{Pa}] = 101.724[\mathrm{kPa}]$$

65 단순 계산형 　　　　난이도 中

▌정답 ②

▌접근 POINT

U자관 관련 문제이지만 액주계 문제와 동일한 원리를 적용하여 풀 수 있다.

▌공식 CHECK

비중

$$s = \frac{\gamma}{\gamma_w}$$

s: 비중

γ: 어떤 물질의 비중량$[\mathrm{kN/m}^3]$

γ_w: 물의 비중량 $= 9.8[\mathrm{kN/m}^3]$

▌해설

(1) 비중량 계산

$$\gamma_{기름} = s_{기름} \gamma_w = 0.8 \times 9.8$$

$$= 7.84[\mathrm{kN/m}^3]$$

$$\gamma_{수은} = s_{수은} \gamma_w = 13.6 \times 9.8$$

$$= 133.28[\mathrm{kN/m}^3]$$

U자관 내의 액체는 명칭은 주어지지 않았지만 비중이 13.6이므로 수은임을 알 수 있다.

(2) 압력을 이용하여 높이 계산

$$P_A + \gamma_{기름} h_{기름} = \gamma_{수은} h_{수은}$$

$$200 + (7.84 \times 1) = 133.28 \times h_{수은}$$

$$h_{수은} = \frac{200 + (7.84 \times 1)}{133.28} = 1.559[\mathrm{m}]$$

66 복합 계산형 　　　　난이도 上

▌정답 ③

▌접근 POINT

경사관이 기울어져 있으므로 수직높이를 구한 후 sin 함수를 이용하여 길이 L을 구해야 한다.

▌공식 CHECK

비중

$$s = \frac{\gamma}{\gamma_w}$$

s: 비중

γ: 어떤 물질의 비중량$[\mathrm{kN/m}^3]$

γ_w: 물의 비중량 $= 9.8[\mathrm{kN/m}^3]$

▌해설

$$\gamma_2 = s_2 \gamma_w = 13.6 \times 9.8 = 133.28[\mathrm{kN/m}^3]$$

$$P_A + \gamma_1 h_1 - \gamma_2 h_2 - \gamma_3 h_3 = P_B$$

$$250 + 1.96 - 133.28 h_2 - 3.92 = 200$$

$$251.96 - 133.28 h_2 - 3.92 = 200$$

$$h_2 = \frac{251.96 - 3.92 - 200}{133.28} = 0.3604[\mathrm{m}]$$

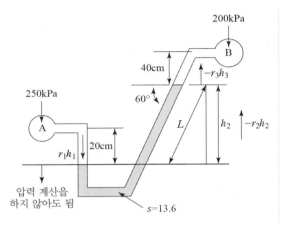

위의 기울어진 경사관에서 L과 h_2 부분만 삼각형으로 나타내면 다음과 같다.

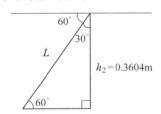

$$\sin 60° = \frac{h_2}{L}$$

$$L = \frac{h_2}{\sin 60°} = \frac{0.3604}{\sin 60°} = 0.416[\text{m}] = 41.6[\text{cm}]$$

67 복합 계산형 난이도 中

▌정답 ②

▌접근 POINT
액주계의 원리와 토리첼리 공식을 이용하여 풀 수 있다.

▌공식 CHECK

(1) 토리첼리 공식

$$V = \sqrt{2gh}$$

V: 유속[m/sec]

g: 중력가속도 $= 9.8[\text{m/sec}^2]$

h: 물의 높이(수위)[m]

(2) 압력

$$P = \gamma h$$

P: 압력[kN/m²]

γ: 어떤 물질의 비중량[kN/m³]

h: 높이[m]

(3) 비중량

$$\gamma = \rho g$$

γ: 비중량[N/m³]

ρ: 밀도[kg/m³]

g: 중력가속도[m/sec²]

▌해설

(1) 토리첼리 공식으로 유속 계산

$$V = \sqrt{2gh} = \sqrt{2g(h_1 + h_2)}$$

여기서 h값을 산정할 때에는 수면에서부터 사이펀 출구까지의 높이를 적용해야 한다.

(2) 압력 계산

A지점에서 시작하여 전부 내려가는 방향이므로 +압력을 적용한다.

$$P_A + \gamma h_3 + \gamma h_1 + \gamma h_2 = 0$$

사이펀의 출구에서는 대기압만 작용하므로 0으로 산정한다.

$$P_A = -\gamma h_3 - \gamma h_1 - \gamma h_2$$

$$= -\gamma(h_1 + h_2 + h_3)$$

$$= -\rho g(h_1 + h_2 + h_3)$$

ㅣ 상세해설

비중량 공식의 단위환산

밀도(ρ)에 중력가속도(g)를 곱하면 비중량의 단위가 된다.

$N = \dfrac{kg \cdot m}{sec^2}$ 이므로 이 단위를 적용한다.

$$\dfrac{kg}{m^3} \times \dfrac{m}{sec^2} = \dfrac{N}{m^3}$$

68 복합 계산형

난이도 上

ㅣ 정답 ③

ㅣ 접근 POINT

물의 비중량은 γ_1, 액체의 비중량은 γ_2, 기름의 비중량은 γ_3로 정한 후 바닥에 임의의 점 P_A와 P_B를 잡고 두 점의 압력이 같은 식을 세우면 h 를 구할 수 있다.

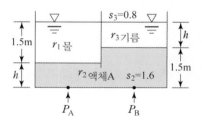

ㅣ 공식 CHECK

(1) 비중

$$s = \dfrac{\gamma}{\gamma_w}$$

s: 비중

γ: 어떤 물질의 비중량[kN/m^3]

γ_w: 물의 비중량 $= 9.8$[kN/m^3]

(2) 압력

$$P = \gamma h$$

P: 압력[kN/m^2]

γ: 어떤 물질의 비중량[kN/m^3]

h: 높이[m]

ㅣ 해설

$$1.5\gamma_1 + h\gamma_2 = h\gamma_3 + 1.5\gamma_2$$

$$h\gamma_2 - h\gamma_3 = 1.5\gamma_2 - 1.5\gamma_1$$

$$h(\gamma_2 - \gamma_3) = 1.5(\gamma_2 - \gamma_1)$$

$$h = \dfrac{1.5(\gamma_2 - \gamma_1)}{\gamma_2 - \gamma_3} = \dfrac{1.5\{(1.6 \times \gamma_w) - \gamma_w\}}{(1.6 \times \gamma_w) - (0.8 \times \gamma_w)}$$

$$= \dfrac{1.5\gamma_w(1.6 - 1)}{\gamma_w(1.6 - 0.8)} = \dfrac{1.5(1.6 - 1)}{1.6 - 0.8}$$

$$= 1.125[m]$$

계산식이 간단하게 나오게 하기 위해 물의 비중량 γ_w의 값을 직접 넣어 계산하지 않고, 약분한 후 계산했다.

69 복합 계산형

난이도 中

ㅣ 정답 ③

ㅣ 접근 POINT

바닥에 임의의 점 P_A와 P_B를 잡고 두 점의 압력이 같은 식을 세워 비중을 구할 수 있다.

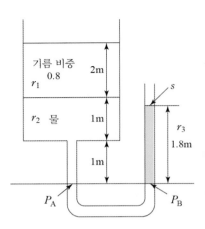

공식 CHECK

(1) 비중

$$s = \frac{\gamma}{\gamma_w}$$

s: 비중

γ: 어떤 물질의 비중량$[kN/m^3]$

γ_w: 물의 비중량 $= 9.8[kN/m^3]$

(2) 압력

$$P = \gamma h$$

P: 압력$[kN/m^2]$

γ: 어떤 물질의 비중량$[kN/m^3]$

h: 높이$[m]$

해설

(1) 압력이 같은 원리로 γ_3 계산

$$\gamma_1 \times 2 + \gamma_2 \times 2 = \gamma_3 \times 1.8$$

$$(0.8 \times 9.8) \times 2 + (9.8 \times 2) = \gamma_3 \times 1.8$$

$$15.68 + 19.6 = \gamma_3 \times 1.8$$

$$\gamma_3 = \frac{15.68 + 19.6}{1.8} = 19.6[kN/m^3]$$

(2) γ_3로 비중(s) 계산

$$s = \frac{\gamma_3}{\gamma_w} = \frac{19.6}{9.8} = 2.0$$

70 단순 계산형 난이도 中

정답 ③

접근 POINT

문제 자체는 생소한 면이 있지만 압력의 의미를 생각하면 쉽게 풀 수 있다.

해설

화살표로 표시된 윗 부분에 해당하는 물의 압력이 밀폐된 용기 내에 작용한다.

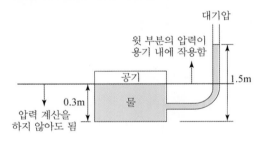

$$P = \gamma h = 9,800 \times 1.2 = 11,760[N/m^2]$$

$$= 11,760[Pa]$$

71 복합 계산형 난이도 中

정답 ①

접근 POINT

문제를 그림으로 나타내면 다음과 같다.

액체의 비중을 s_1, 비중량을 γ_1으로 정하고, 수은의 비중을 s_2, 비중량을 γ_2로 정한 후 동일 선상에 있는 A점과 B점에서의 압력이 같은 식을 이용하여 답을 구할 수 있다.

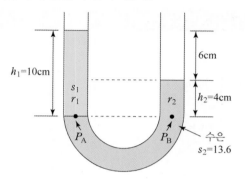

공식 CHECK

(1) 비중

$$s = \frac{\gamma}{\gamma_w}$$

s: 비중

γ: 어떤 물질의 비중량[kN/m^3]

γ_w: 물의 비중량$= 9.8[kN/m^3]$

(2) 압력

$$P = \gamma h$$

P: 압력[kN/m^2]

γ: 어떤 물질의 비중량[kN/m^3]

h: 높이[m]

해설

$\gamma_1 h_1 = \gamma_2 h_2$

문제에서 구하고자 하는 것은 비중(s)이므로 위의 식에 비중(s) 식을 대입한다.

$\gamma_w \times s_1 \times h_1 = \gamma_w \times s_2 \times h_2$

$s_1 \times h_1 = s_2 \times h_2$

$s_1 = \dfrac{s_2 \times h_2}{h_1} = \dfrac{13.6 \times 0.04}{0.1} = 5.44$

72 개념 이해형
난이도 中

정답 ②

접근 POINT

생소한 문제로 어려울 수 있지만 압력 관계식을 생각하면 답을 고를 수 있다.

해설

유체(물)의 압력은 다음 식으로 구한다.

$P = \gamma h$

물의 비중량(γ)은 일정하므로 압력은 물의 높이(h)에 영향을 받는다.

위의 그림에서 바닥면의 가장자리 C 지점의 물의 높이가 가장 높으므로 압력도 가장 높다.

펌프 및 송풍기의 성능 특성 25쪽

01	02	03	04	05	06	07	08	09	10
①	①	②	④	②	②	②	④	③	④
11	12	13	14	15	16	17	18	19	20
①	①	②	②	④	①	④	②	①	③
21	22	23	24	25	26	27	28	29	30
③	②	③	④	④	②	③	④	④	④
31	32								
③	④								

---

01 단순 암기형

난이도 下

▌ 정답   ①

▌ 접근 POINT

응용되어 출제되지는 않는 문제로 답을 확인하는 정도로 공부하는 것이 좋다.

▌ 해설

회전식 펌프는 저양정, 저용량에 적합하고, 터빈 펌프는 고양정, 대용량에 적합하다.

---

02 개념 이해형

난이도 下

▌ 정답   ①

▌ 접근 POINT

펌프를 병렬로 연결했을 때와 직렬로 연결했을 때 유량과 양정이 어떻게 변하는지 구분할 수 있어야 한다.

▌ 해설

펌프 2대를 직렬과 병렬 운전했을 때의 변화

직렬 운전	병렬 운전
• 유량: Q • 양정: 2H	• 유량: 2Q • 양정: H

펌프 3대를 병렬로 연결하면 유량은 3Q, 양정은 H이다.

▌ 유사문제

펌프를 직렬 또는 병렬로 연결하는 경우 주된 목적을 묻는 문제도 출제되었다.
정답은 직렬은 양정 증가, 병렬은 유량 증가이다.

---

03 개념 이해형

난이도 中

▌ 정답   ②

▌ 접근 POINT

펌프를 직렬로 연결했을 때 유량과 양정이 어떻게 변하는지 생각해 본다.
폐입현상, 무구속속도 등의 용어는 중요한 개념은 아니므로 기출에 출제된 보기 정도로 알고 넘어가는 것이 좋다.

▌ 해설

펌프를 직렬로 연결하면 유량은 일정하고 양정은 증가하므로 소요되는 양정이 일정하지 않고 크게 변동될 때 펌프를 직렬 운전해야 한다.

┃ 관련개념

- 폐입현상: 기어펌프에서 기어가 회전함에 따라 공동현상이 함께 발생하는 현상
- 무구속속도: 무부하 운전 시 회전수가 최대로 도달하게 되는 경우의 최고속도

04 복합 계산형　　　　난이도 中

┃ 정답　④

┃ 접근 POINT

펌프의 수동력 공식을 이용하면 되는데 문제에 주어진 조건을 정확하게 해석하여 전양정을 계산해야 한다.

┃ 공식 CHECK

펌프의 수동력

$P = \gamma Q H$

P: 수동력[W]

γ: 비중량[N/m³](물의 비중량$= 9,800$[N/m³])

Q: 유량[m³/sec], H: 전양정[m]

┃ 해설

펌프 중심을 기준으로 2[m] 아래에 있는 물을 15[m] 위로 올려야 하고, 관의 전체 손실수두가 6[m]이므로 이 수치를 모두 합해야 전양정이다.

$H = 2 + 15 + 6 = 23$[m]

$Q = \dfrac{1[\text{m}^3]}{[\text{min}]} \times \dfrac{[\text{min}]}{60[\text{sec}]} = \dfrac{1}{60}[\text{m}^3/\text{sec}]$

$P = \gamma Q H = 9,800 \times \dfrac{1}{60} \times 23 = 3,756.667$[W]

05 복합 계산형　　　　난이도 中

┃ 정답　②

┃ 접근 POINT

펌프의 수동력 공식에 값만 대입하는 문제라면 쉬운 문제일 수 있으나 전양정을 계산한 후 펌프의 수동력 공식을 적용해야 하는 복합적인 계산 문제이다.

┃ 공식 CHECK

(1) 펌프의 수동력

$P = \gamma Q H$

P: 수동력[kW],

γ: 비중량[kN/m³](물의비중량$= 9.8$[kN/m³])

Q: 유량[m³/sec], H: 전양정[m]

(2) 전양정 H[m]

$H = $ 흡입양정＋토출양정＋실양정

┃ 해설

(1) 전양정 구하기

흡입양정은 진공계의 계기압력으로 진공계는 지시값이 −이므로 흡입양정 계산 시에는 ＋값으로 계산해야 한다.

흡입양정 $= 160[\text{mmHg}] \times \dfrac{10.332[\text{m}]}{760[\text{mmHg}]}$

$= 2.1751$[m]

토출양정 $= 300[\text{kPa}] \times \dfrac{10.332[\text{m}]}{101.325[\text{kPa}]}$

$= 30.5906$[m]

실양정＝진공계와 압력계 사이의 수직거리

$= 2$[m]

$$전양정(H) = 2.1751 + 30.5906 + 2$$
$$= 34.7657 [\text{m}]$$

(2) 펌프의 수동력 구하기

$$Q = \frac{10[\text{m}^3]}{[\text{min}]} \times \frac{[\text{min}]}{60[\text{sec}]} = \frac{10}{60} [\text{m}^3/\text{sec}]$$

$$P = \gamma QH = 9.8 \times \frac{10}{60} \times 34.7657$$
$$= 56.784 [\text{kW}]$$

06 단순 계산형　　　　　　　　난이도 中

┃정답　②

┃접근 POINT

모든 공식을 전부 암기하기는 어렵기 때문에 기본 공식을 암기한 후 단위환산을 하는 방식으로 정답을 고르는 것이 좋다.

┃공식 CHECK

펌프의 수동력

$$P = \gamma QH$$

P: 수동력$[\text{kW}]$, γ: 비중량$[\text{kN}/\text{m}^3]$

Q: 유량$[\text{m}^3/\text{sec}]$, H: 전양정$[\text{m}]$

┃해설

동력의 단위가 $[\text{kW}] = [\text{kN} \cdot \text{m}/\text{sec}]$이므로 비중량($\gamma$)의 단위는 $[\text{kN}/\text{m}^3]$으로, 토출량(Q)의 단위는 $[\text{m}^3/\text{sec}]$로 변환해야 한다.

$$\gamma = \frac{\text{N}}{\text{m}^3} \times \frac{\text{kN}}{1,000\text{N}} = \frac{\text{kN}}{1,000\text{m}^3}$$

$$Q = \frac{\text{m}^3}{\text{min}} \times \frac{\text{min}}{60\text{sec}} = \frac{\text{m}^3}{60\text{sec}}$$

$$L_w = \gamma HQ = \frac{\gamma QH}{1,000 \times 60}$$

07 단순 계산형　　　　　　　　난이도 下

┃정답　②

┃접근 POINT

펌프의 효율이 주어졌으므로 축동력 공식을 적용해야 한다.

┃공식 CHECK

펌프의 축동력

$$P = \frac{\gamma QH}{\eta}$$

P: 수동력$[\text{kW}]$, γ: 비중량$[\text{kN}/\text{m}^3]$

Q: 유량$[\text{m}^3/\text{sec}]$, H: 전양정$[\text{m}]$

η: 효율

┃해설

$$Q = \frac{0.65[\text{m}^3]}{[\text{min}]} \times \frac{[\text{min}]}{60[\text{sec}]} = \frac{0.65}{60} [\text{m}^3/\text{sec}]$$

$$P = \frac{\gamma QH}{\eta} = \frac{9.8 \times \dfrac{0.65}{60} \times 40}{0.5} = 8.493 [\text{kW}]$$

08 복합 계산형　　　　　　　　난이도 中

┃정답　④

┃접근 POINT

펌프의 효율이 주어졌으므로 축동력 공식을 이용하면 되는데 문제에 주어진 조건을 정확하게 해석하여 전양정을 계산해야 한다.

공식 CHECK

펌프의 축동력

$$P = \frac{\gamma Q H}{\eta}$$

P: 수동력$[kW]$, γ: 비중량$[kN/m^3]$

Q: 유량$[m^3/sec]$, H: 전양정$[m]$

η: 효율

해설

손실수두가 $5[m]$인 관로를 통하여 $10[m]$ 높이 위에 있는 저수조로 물을 이송하려고 하기 때문에 이 수치를 전부 더해야 전양정이 된다.

$$H = 5 + 10 = 15[m]$$

$$Q = \frac{0.6[m^3]}{[min]} \times \frac{[min]}{60[sec]} = \frac{0.6}{60}[m^3/sec]$$

$$P = \frac{\gamma Q H}{\eta} = \frac{9.8 \times \dfrac{0.6}{60} \times 15}{0.85} = 1.729[kW]$$

09 | 복합 계산형   난이도 中

정답   ③

접근 POINT

이 문제는 전양정을 어떻게 계산할지가 중요한 문제이다. 전양정만 계산한다면 축동력 공식에 수치만 대입하면 답을 구할 수 있다.

공식 CHECK

펌프의 축동력

$$P = \frac{\gamma Q H}{\eta}$$

P: 수동력$[kW]$, γ: 비중량$[kN/m^3]$

Q: 유량$[m^3/sec]$, H: 전양정$[m]$

η: 효율

해설

문제에서 압력이 $100[kPa]$인 물을 $500[kPa]$로 공급한다고 했으므로 $400[kPa]$이 펌프가 공급해야 할 전양정이다.

$$H = 400[kPa] \times \frac{10.332[m]}{101.325[kPa]} = 40.7875[m]$$

물은 $1[kg] = 1[L]$, $1,000[kg] = 1[m^3]$이므로 이 관계를 이용하여 유량의 단위를 환산한다.

$$Q = \frac{3,000[kg]}{[hr]} \times \frac{[m^3]}{1,000[kg]} \times \frac{[hr]}{3,600[sec]}$$

$$= \frac{1}{1,200}[m^3/sec]$$

$$P = \frac{\gamma Q H}{\eta} = \frac{9.8 \times \dfrac{1}{1,200} \times 40.7875}{0.7}$$

$$= 0.476[kW]$$

10 | 단순 계산형   난이도 中

정답   ④

접근 POINT

펌프의 효율이 체적효율과 기계효율, 수력효율로 나누어서 제시되었는데 모두 곱하면 전체 효율이다.

공식 CHECK

(1) 펌프의 전효율

$$\eta_T = \eta_m \times \eta_h \times \eta_v$$

η_T: 펌프의 전효율

η_m: 기계효율

η_h: 수력효율

η_v: 체적효율

(2) 펌프의 축동력

$$P = \frac{\gamma QH}{\eta}$$

P: 수동력[kW], γ: 비중량[kN/m^3]

Q: 유량[m^3/sec], H: 전양정[m]

η: 효율

■ 해설

펌프의 축동력식에 전효율식을 대입한다.

$$P = \frac{\gamma QH}{\eta_T} = \frac{\gamma QH}{\eta_m \times \eta_h \times \eta_v}$$

$$9{,}530 = \frac{9.8 \times 6 \times 120}{0.89 \times \eta_h \times 0.88}$$

$$\eta_h = \frac{9.8 \times 6 \times 120}{0.89 \times 9{,}530 \times 0.88} = 0.94535$$

$$= 94.535[\%]$$

---

11 단순 계산형   난이도 下

■ 정답 ①

■ 접근 POINT

문제에서 요구하는 최종 답의 유량 단위가 일반적으로 사용하는 유량 단위와 약간 다르기 때문에 단위환산을 해야 한다.

■ 공식 CHECK

펌프의 축동력

$$P = \frac{\gamma QH}{\eta}$$

P: 축동력[kW], γ: 비중량[kN/m^3]

Q: 유량[m^3/sec], H: 전양정[m]

η: 효율

■ 해설

축동력 공식을 유량 기준으로 정리한 후 계산한다. 유량 단위와 문제에서 원하는 단위가 다르므로 결과값에서 단위환산을 해야 한다.

$$Q = \frac{P\eta}{\gamma H} = \frac{70 \times 0.78}{9.8 \times 60} = \frac{0.0928[\text{m}^3]}{[\text{sec}]} \times \frac{60[\text{sec}]}{[\text{min}]}$$

$$= 5.568[\text{m}^3/\text{min}]$$

---

12 단순 계산형   난이도 下

■ 정답 ④

■ 접근 POINT

펌프의 전달계수가 주어졌으므로 전동기 동력 공식을 적용해야 한다.

■ 공식 CHECK

전동기 동력

$$P = \frac{\gamma QH}{\eta} K$$

P: 전동기 동력[kW], γ: 비중량[kN/m^3]

Q: 유량[m^3/sec], H: 전양정[m]

η: 효율, K: 전달계수

■ 해설

$$Q = \frac{800[\text{L}]}{[\text{min}]} \times \frac{[\text{min}]}{60[\text{sec}]} \times \frac{[\text{m}^3]}{1{,}000[\text{L}]}$$

$$= \frac{800}{60 \times 1{,}000}[\text{m}^3/\text{sec}]$$

$$P = \frac{\gamma QH}{\eta} K = \frac{9.8 \times \dfrac{800}{60 \times 1{,}000} \times 50}{0.65} \times 1.1$$

$$= 11.056[\text{kW}]$$

13 단순 계산형 난이도 下

| 정답 ②

| 접근 POINT

펌프의 전달계수가 주어졌으므로 전동기 동력 공식을 적용해야 한다.

| 공식 CHECK

전동기 동력

$$P = \frac{\gamma QH}{\eta} K$$

P: 전동기 동력[kW], γ: 비중량[kN/m³]

Q: 유량[m³/sec], H: 전양정[m]

η: 효율, K: 전달계수

| 해설

$$Q = \frac{500[\text{L}]}{[\text{min}]} \times \frac{[\text{min}]}{60[\text{sec}]} \times \frac{[\text{m}^3]}{1,000[\text{L}]}$$

$$= \frac{500}{60 \times 1,000}[\text{m}^3/\text{sec}]$$

$$P = \frac{\gamma QH}{\eta} K = \frac{9.8 \times \dfrac{500}{60 \times 1,000} \times 80}{0.65} \times 1.1$$

$$= 11.056[\text{kW}]$$

14 단순 계산형 난이도 下

| 정답 ②

| 접근 POINT

송풍기의 동력을 구하는 공식만 알고 있다면 풀 수 있는 문제이다.

송풍기의 동력을 구하는 공식은 일반적인 공식

과는 단위가 약간 다른 것에 주의해야 한다.

| 공식 CHECK

$$P = \frac{P_T Q}{102 \times 60\eta}$$

P: 축동력[kW]

P_T: 전압(풍압)[mmAq]

Q: 풍량[m³/min]

η: 효율

| 해설

$$P_T = 290[\text{Pa}] \times \frac{10,332[\text{mmAq}]}{101,325[\text{Pa}]}$$

$$= 290 \times \frac{10,332}{101,325}[\text{mmAq}]$$

$$P = \frac{P_T Q}{102 \times 60\eta} = \frac{290 \times \dfrac{10,332}{101,325} \times 500}{102 \times (60 \times 0.6)}$$

$$= 4.027[\text{kW}]$$

15 단순 계산형 난이도 下

| 정답 ④

| 접근 POINT

문제에 주어진 조건이 송풍기이므로 송풍기의 동력 공식을 적용하고, 전압과 풍량의 단위환산 에 주의해야 한다.

| 공식 CHECK

$$P = \frac{P_T Q}{102 \times 60\eta}$$

P: 축동력[kW]

P_T: 전압(풍압)[mmAq]

Q: 풍량$[\mathrm{m^3/min}]$

η: 효율

해설

$$P_T = 540[\mathrm{Pa}] \times \frac{10{,}332[\mathrm{mmAq}]}{101{,}325[\mathrm{Pa}]}$$

$$= 540 \times \frac{10{,}332}{101{,}325}[\mathrm{mmAq}]$$

$$Q = \frac{15[\mathrm{m^3}]}{[\mathrm{sec}]} \times \frac{60[\mathrm{sec}]}{[\mathrm{min}]} = 900[\mathrm{m^3/min}]$$

$$P = \frac{P_T Q}{102 \times 60\eta} = \frac{540 \times \frac{10{,}332}{101{,}325} \times 900}{102 \times (60 \times 0.55)}$$

$$= 14.723[\mathrm{kW}]$$

16 단순 계산형

난이도 下

정답 ①

접근 POINT

비교회전도 공식의 유량 단위와 문제에서 주어진 유량 단위가 다른 것에 주의해야 한다.

공식 CHECK

$$N_s = \frac{N\sqrt{Q}}{\left(\dfrac{H}{n}\right)^{\frac{3}{4}}}$$

N_s: 비교회전도(비속도)

N: 회전수$[\mathrm{rpm}]$, Q: 유량$[\mathrm{m^3/min}]$

H: 양정$[\mathrm{m}]$, n: 단수

해설

$$Q = \frac{0.025[\mathrm{m^3}]}{[\mathrm{sec}]} \times \frac{60[\mathrm{sec}]}{[\mathrm{min}]} = 1.5[\mathrm{m^3/min}]$$

$$N_s = \frac{N\sqrt{Q}}{\left(\dfrac{H}{n}\right)^{\frac{3}{4}}} = \frac{2{,}900\sqrt{1.5}}{\left(\dfrac{220}{4}\right)^{\frac{3}{4}}} = 175.862$$

17 복합 계산형

난이도 中

정답 ①

접근 POINT

비교회전도 공식을 활용해야 하는데 수학적으로 지수법칙을 활용해야 한다.

지수법칙을 활용하기 어려우면 계산기로 직접 수치로 구한 뒤 해당 수치가 나오는 보기를 찾아도 된다.

공식 CHECK

$$N_s = \frac{N\sqrt{Q}}{\left(\dfrac{H}{n}\right)^{\frac{3}{4}}}$$

N_s: 비교회전도(비속도)

N: 회전수$[\mathrm{rpm}]$, Q: 유량$[\mathrm{m^3/min}]$

H: 양정$[\mathrm{m}]$, n: 단수

해설

비속도 공식에 유량과 양정이 2배가 된 것을 반영한다.

$$N_s{}' = \frac{N\sqrt{2Q}}{\left(\dfrac{2H}{n}\right)^{\frac{3}{4}}} = \frac{\sqrt{2}}{2^{\frac{3}{4}}} \times \frac{N\sqrt{Q}}{\left(\dfrac{H}{n}\right)^{\frac{3}{4}}} = \frac{2^{\frac{1}{2}}}{2^{\frac{3}{4}}} \times N_s$$

$$= 2^{\frac{1}{2} - \frac{3}{4}} \times N_s = 2^{-\frac{1}{4}} N_s$$

18 개념 이해형   난이도 下

I 정답 ②

I 접근 POINT

수격작용은 영어로는 Water Hammer라고 하며 수격작용의 의미만 알고 있다면 쉽게 답을 고를 수 있는 문제이다.

I 해설

수격작용은 파이프 속을 유체가 흐를 때 파이프 끝의 밸브를 갑자기 닫으면 유체의 운동에너지가 압력으로 변환되면서 밸브 직전에서 높은 압력이 발생하고 상류로 압축파가 전달되어 진동과 높은 충격음이 발생하는 현상이다.

수격작용이 발생하면 망치로 때리는 듯한 강한 충격음이 발생하여 영어로는 워터 해머(Water Hammer)라고 한다.

19 개념 이해형   난이도 下

I 정답 ①

I 접근 POINT

수격작용과 관련된 문제는 수격작용의 의미와 방지대책이 주로 출제되므로 대비가 필요하다.

I 해설

수격작용의 방지대책

- 밸브를 송출구에 가까이 설치한다.
- 배관 구경을 크게 하여 관 내의 유속을 낮춘다.
- 밸브를 서서히 개폐한다.
- 펌프에 플라이 휠(Fly wheel)을 설치하여 펌

프의 급격한 속도변화를 방지한다.
- 조압수조(Surge tank)를 설치하여 적정한 압력을 유지한다.

I 유사문제

거의 같은 문제인데 수격작용을 예방하기 위한 대책으로 "관로 내의 관경을 축소시킨다."가 오답 보기로 출제된 적 있다.

수격작용을 방지하기 위해서는 관로 내의 관경을 크게 하여 관 내 유속을 낮추어야 한다.

20 단순 암기형   난이도 下

I 정답 ③

I 접근 POINT

펌프의 이상현상의 개념을 암기하고 있는지 묻는 문제이다.

I 해설

맥동현상은 서징현상이라고도 한다.
맥동현상은 펌프의 압력계가 흔들리고 송출유량이 주기적으로 변하는 현상이다.

I 선지분석

① 공동현상: 파이프 내 유체의 정압이 포화수증기압보다 낮아 유체에 기포가 발생하는 현상이다.
② 수격작용: 파이프 속을 유체가 흐를 때 파이프 끝의 밸브를 갑자기 닫으면 유체의 운동에너지가 압력으로 변환되면서 밸브 직전에서 높은 압력이 발생하고 상류로 압축파가 전달되어 진동과 높은 충격음이 발생하는 현상이다.

④ 언밸런스는 펌프의 이상현상에 해당되지 않는다.

21 단순 암기형 　　　　　　　난이도 下

▌정답 ③

▌접근 POINT
펌프의 이상현상의 개념을 암기하고 있는지 묻는 문제이다.

▌해설
펌프의 흡입측 배관의 손실이 증가하여 정압이 물의 증기압 보다 낮아져 기포가 발생하는 현상을 공동현상이라고 한다.

▌선지분석
① 수격현상: 파이프 속을 유체가 흐를 때 파이프 끝의 밸브를 갑자기 닫으면 유체의 운동에너지가 압력으로 변환되면서 밸브 직전에서 높은 압력이 발생하고 상류로 압축파가 전달되어 진동과 높은 충격음이 발생하는 현상이다.
② 서징현상: 펌프의 압력계가 흔들리고 송출유량이 주기적으로 변하는 현상이다.
④ 와류현상: 유체 흐름의 일부가 교란받아 본류와 반대되는 방향으로 소용돌이치는 현상이다.

22 단순 암기형 　　　　　　　난이도 下

▌정답 ②

▌접근 POINT
공동현상과 관련해서는 방지대책과 발생원인이 자주 출제된다.

▌해설
(1) 공동현상의 의미
　　펌프의 흡입측 배관의 손실이 증가하여 정압이 물의 증기압 보다 낮아져 기포가 발생하는 현상이다.

(2) 공동현상의 방지대책
　　• 펌프의 흡입수두를 작게 한다.(흡입양정을 짧게 한다.)
　　• 펌프의 회전수를 낮춘다.
　　• 양흡입펌프를 사용한다.
　　• 흡입관의 구경(흡입 관경)을 크게 한다.
　　• 펌프의 설치높이를 수원보다 낮게 한다.

▌유사문제
거의 같은 문제인데 오답 보기로 "펌프의 설치높이를 될 수 있는 대로 높여서 흡입양정을 길게 한다." 라는 오답 보기가 출제된 적 있다. 공동현상을 방지하기 위해서는 흡입양정을 짧게 해야 한다는 점을 기억해야 한다.

23 단순 암기형   난이도 下

I 정답 ③

I 접근 POINT

공동현상과 관련해서는 방지대책과 발생원인
이 자주 출제된다.

I 해설

공동현상의 발생 원인

• 관 내의 수온이 높을 때
• 펌프의 흡입양정이 클 때
• <u>펌프의 설치 위치가 수원보다 높을 때</u>
• 관 내의 물의 정압이 그때의 증기압보다 낮을 때
• 흡입관의 구경이 작을 때

24 개념 이해형   난이도 下

I 정답 ③

I 접근 POINT

캐비테이션, 수격작용은 자주 출제되는 용어이
므로 의미를 이해해야 한다.

I 해설

① 캐비테이션은 공동현상이라고도 하며 펌프
의 흡입측 배관 내의 물의 정압이 증기압보
다 낮아져 기포가 발생되는 현상이다.
② 서징현상은 맥동현상이라고도 한다. 서징현
상은 펌프의 압력계가 흔들리고 송출유량이
주기적으로 변하는 현상이다.
③ 수격작용이 발생하면 망치로 때리는 듯한 강
한 충격음이 발생하여 영어로는 워터 해머

(Water Hammer)라고 한다.
④ NPSH는 유효흡입수두로 펌프 운전시 캐비
테이션의 발생 없이 펌프가 운전하고 있는지
를 나타내는 척도이다.

I 유사문제

수격작용에 대한 정의를 묻는 문제도 출제된 적
있다.

수격작용은 흐르는 물을 갑자기 정지시킬 때 수
압이 급격히 변화하는 현상이다.

25 단순 계산형   난이도 下

I 정답 ④

I 접근 POINT

상사법칙의 종류만 알고 있다면 쉽게 풀 수 있는
문제이다.

I 공식 CHECK

펌프의 상사법칙

(1) 유량: $Q_2 = Q_1 \times \left(\dfrac{N_2}{N_1} \right)$

(2) 전양정: $H_2 = H_1 \times \left(\dfrac{N_2}{N_1} \right)^2$

(3) 축동력: $P_2 = P_1 \times \left(\dfrac{N_2}{N_1} \right)^3$

    Q_1, Q_2: 변경 전후의 유량$[\mathrm{m^3/min}]$
    H_1, H_2: 변경 전후의 전양정$[\mathrm{m}]$
    N_1, N_2: 변경 전후의 회전수$[\mathrm{rpm}]$
    P_1, P_2: 변경 전후의 동력$[\mathrm{kW}]$

해설

펌프의 상사법칙은 유량, 전양정, 축동력에 대한 세 가지 법칙이 있다.

유사문제

펌프의 상사법칙 자체를 묻는 문제도 출제되므로 펌프의 상사법칙 3가지는 정확하게 암기해야 한다.

26 단순 계산형

난이도 下

정답 ②

접근 POINT

펌프의 상사법칙만 알고 있다면 풀 수 있는 문제이다.

공식 CHECK

펌프의 상사법칙

(1) 유량: $Q_2 = Q_1 \times \left(\dfrac{N_2}{N_1}\right)$

(2) 전양정: $H_2 = H_1 \times \left(\dfrac{N_2}{N_1}\right)^2$

(3) 축동력: $P_2 = P_1 \times \left(\dfrac{N_2}{N_1}\right)^3$

Q_1, Q_2: 변경 전후의 유량$[\mathrm{m^3/min}]$
H_1, H_2: 변경 전후의 전양정$[\mathrm{m}]$
N_1, N_2: 변경 전후의 회전수$[\mathrm{rpm}]$
P_1, P_2: 변경 전후의 동력$[\mathrm{kW}]$

해설

$$Q_2 = Q_1 \times \left(\dfrac{N_2}{N_1}\right) = Q_1 \times \left(\dfrac{1.4N}{N}\right) = 1.4Q_1$$

$$H_2 = H_1 \times \left(\dfrac{N_2}{N_1}\right)^2 = H_1 \times \left(\dfrac{1.4N}{N}\right)^2$$
$$= 1.96H_1$$

27 단순 계산형

난이도 下

정답 ③

접근 POINT

펌프의 상사법칙만 알고 있다면 풀 수 있는 문제이다.

공식 CHECK

펌프의 상사법칙

(1) 유량: $Q_2 = Q_1 \times \left(\dfrac{N_2}{N_1}\right)$

(2) 전양정: $H_2 = H_1 \times \left(\dfrac{N_2}{N_1}\right)^2$

(3) 축동력: $P_2 = P_1 \times \left(\dfrac{N_2}{N_1}\right)^3$

Q_1, Q_2: 변경 전후의 유량$[\mathrm{m^3/min}]$
H_1, H_2: 변경 전후의 전양정$[\mathrm{m}]$
N_1, N_2: 변경 전후의 회전수$[\mathrm{rpm}]$
P_1, P_2: 변경 전후의 동력$[\mathrm{kW}]$

해설

$$P_2 = P_1 \times \left(\dfrac{N_2}{N_1}\right)^3 = 0.049 \times \left(\dfrac{8,000}{6,000}\right)^3$$
$$= 0.116[\mathrm{kW}]$$

28 단순 계산형   난이도 下

정답 ④

접근 POINT

펌프의 상사법칙만 알고 있다면 풀 수 있는 문제이다.

공식 CHECK

펌프의 상사법칙

(1) 유량: $Q_2 = Q_1 \times \left(\dfrac{N_2}{N_1} \right)$

(2) 전양정: $H_2 = H_1 \times \left(\dfrac{N_2}{N_1} \right)^2$

(3) 축동력: $P_2 = P_1 \times \left(\dfrac{N_2}{N_1} \right)^3$

    Q_1, Q_2: 변경 전후의 유량$[\mathrm{m^3/min}]$
    H_1, H_2: 변경 전후의 전양정$[\mathrm{m}]$
    N_1, N_2: 변경 전후의 회전수$[\mathrm{rpm}]$
    P_1, P_2: 변경 전후의 동력$[\mathrm{kW}]$

해설

$$Q_2 = Q_1 \times \left(\frac{N_2}{N_1} \right) = Q_1 \times \left(\frac{1,400}{1,000} \right) = 1.4 Q_1$$

회전수를 증가시켰을 때 토출량은 처음보다 1.4배 증가하는 것으로 40%가 증가한다.

29 단순 계산형   난이도 下

정답 ④

접근 POINT

펌프의 상사법칙만 알고 있다면 풀 수 있는 문제이다.

공식 CHECK

펌프의 상사법칙

(1) 유량: $Q_2 = Q_1 \times \left(\dfrac{N_2}{N_1} \right)$

(2) 전양정: $H_2 = H_1 \times \left(\dfrac{N_2}{N_1} \right)^2$

(3) 축동력: $P_2 = P_1 \times \left(\dfrac{N_2}{N_1} \right)^3$

    Q_1, Q_2: 변경 전후의 유량$[\mathrm{m^3/min}]$
    H_1, H_2: 변경 전후의 전양정$[\mathrm{m}]$
    N_1, N_2: 변경 전후의 회전수$[\mathrm{rpm}]$
    P_1, P_2: 변경 전후의 동력$[\mathrm{kW}]$

해설

(1) 유량 계산

$$Q_2 = Q_1 \times \left(\frac{N_2}{N_1} \right) = 5 \times \left(\frac{1,740}{1,450} \right) = 6[\mathrm{m^3/min}]$$

(2) 전양정 계산

$$H_2 = H_1 \times \left(\frac{N_2}{N_1} \right)^2 = 25 \times \left(\frac{1,740}{1,450} \right)^2 = 36[\mathrm{m}]$$

30 단순 계산형   난이도 中

정답 ④

▌접근 POINT

정확한 수치는 구할 수 없고 유량과 전양정 공식을 통해 전양정 값의 변화를 계산한다.

▌공식 CHECK

펌프의 상사법칙

(1) 유량: $Q_2 = Q_1 \times \left(\dfrac{N_2}{N_1} \right)$

(2) 전양정: $H_2 = H_1 \times \left(\dfrac{N_2}{N_1} \right)^2$

(3) 축동력: $P_2 = P_1 \times \left(\dfrac{N_2}{N_1} \right)^3$

　　Q_1, Q_2: 변경 전후의 유량[m³/min]
　　H_1, H_2: 변경 전후의 전양정[m]
　　N_1, N_2: 변경 전후의 회전수[rpm]
　　P_1, P_2: 변경 전후의 동력[kW]

▌해설

(1) 유량 계산

$$Q_2 = Q_1 \times \left(\dfrac{N_2}{N_1} \right)$$

$$\dfrac{Q_2}{Q_1} = \left(\dfrac{N_2}{N_1} \right) \rightarrow \dfrac{1.1\,Q_1}{Q_1} = \left(\dfrac{N_2}{N_1} \right)$$

$$\left(\dfrac{N_2}{N_1} \right) = 1.1$$

(2) 전양정 계산

$$H_2 = H_1 \times \left(\dfrac{N_2}{N_1} \right)^2 = H_1 \times 1.1^2 = 1.21 H_1$$

---

31 복합 계산형　　　　　난이도 中

▌정답　③

▌접근 POINT

전동기 동력 공식으로 동력을 계산한 후 펌프의 상사법칙으로 회전수의 증가에 따른 전동기의 소요동력을 계산한다.

▌공식 CHECK

(1) 전동기 동력

$$P = \dfrac{\gamma Q H}{\eta} K$$

　　P: 전동기 동력[kW], γ: 비중량[kN/m³]
　　Q: 유량[m³/sec], H: 전양정[m]
　　η: 효율, K: 전달계수

(2) 펌프의 상사법칙(축동력)

$$P_2 = P_1 \times \left(\dfrac{N_2}{N_1} \right)^3$$

　　P_1, P_2: 변경 전후의 동력[kW]
　　N_1, N_2: 변경 전후의 회전수[rpm]

▌해설

(1) 전동기 동력 계산

$$Q = \dfrac{1,600[\mathrm{L}]}{[\min]} \times \dfrac{[\min]}{60[\sec]} \times \dfrac{[\mathrm{m}^3]}{1,000[\mathrm{L}]}$$

$$= \dfrac{1.6}{60}[\mathrm{m}^3/\sec]$$

$$P_1 = \dfrac{\gamma Q H}{\eta} K = \dfrac{9.8 \times \dfrac{1.6}{60} \times 100}{0.65} \times 1.1$$

$$= 44.2256[\mathrm{kW}]$$

(2) 회전수 증가 후 동력 계산

$$P_2 = P_1 \times \left(\frac{N_2}{N_1}\right)^3 = 44.2256 \times \left(\frac{1,400}{1,000}\right)^3$$

$$= 121.355[\mathrm{kW}]$$

32 복합 계산형 난이도 上

∥정답 ④

∥접근 POINT

속도, 이동판을 움직이는 힘, 손실동력을 구하는 공식을 모두 활용해야 답을 고를 수 있다. 자주 나오지 않는 공식을 활용해야 풀 수 있는 문제로 난이도가 높은 문제이다.

∥공식 CHECK

(1) 속도

$$V = \frac{\pi DN}{60}$$

V: 속도$[\mathrm{m/sec}]$

D: 직경$[\mathrm{m}]$, N: 회전수$[\mathrm{rpm}]$

(2) 이동판을 움직이는 힘

$$F = \mu \frac{VA}{C}$$

F: 이동판을 움직이는 힘$[\mathrm{N}]$

μ: 점성계수$[\mathrm{N \cdot sec/m^2}]$

V: 속도$[\mathrm{m/sec}]$

A: 면적$[\mathrm{m^2}]$, C: 틈새 간격$[\mathrm{m}]$

(3) 손실동력

$$P = FV$$

P: 손실동력$[\mathrm{W}]$

F: 이동판을 움직이는 힘$[\mathrm{N}]$

V: 속도$[\mathrm{m/sec}]$

∥해설

(1) 속도 계산

$$V = \frac{\pi DN}{60} = \frac{\pi \times 0.4 \times 400}{60}$$

$$= 8.3775[\mathrm{m/sec}]$$

(2) 이동판을 움직이는 힘

$$F = \mu \frac{VA}{C}$$

$$= 0.049 \times \frac{8.3775 \times (\pi \times 0.4 \times 1)}{0.00025}$$

$$= 2,063.3854[\mathrm{N}]$$

여기서 단면적 A는 원의 단면적($\frac{\pi}{4}D^2$)이 아니라 원의 둘레 공식(πD)을 적용해야 하는 것을 주의해야 한다.

이 문제는 원형 관 내에서 유체가 이동하는 것에 대한 문제가 아니라 원형 베어링의 둘레 부분(마찰이 작용하는 부분)에 대한 힘을 구하는 것이기 때문에 원의 둘레에 축의 길이를 곱해서 단면적을 산정해야 한다.

(3) 손실동력 계산

$$P = FV = 2,063.3854 \times 8.3775$$

$$= 17,286.0111[\mathrm{W}] = 17.286[\mathrm{kW}]$$

대표유형 ❸

관 내의 유동   32쪽

01	02	03	04	05	06	07	08	09	10
②	②	③	①	③	②	②	①	④	②

11	12	13	14	15	16	17	18	19	20
②	②	③	④	③	④	①	③	④	③

21	22	23	24	25	26	27	28	29	30
③	①	③	④	②	①	①	③	②	②

31	32	33	34	35	36	37	38	39	40
④	④	②	③	④	④	④	④	①	②

41	42	43	44	45	46	47	48	49	50
④	①	④	③	②	②	③	①	③	③

51	52	53	54	55	56	57	58	59	60
①	①	①	④	②	③	④	①	①	④

61	62	63	64						
④	②	④	③						

01 │ 단순 계산형   난이도 下

┃ 정답 ②

┃ 접근 POINT

유량과 관련해서 가장 간단한 공식인 체적유량 공식을 적용하면 된다.

문제에서는 밀도값이 주어졌는데 이 문제를 풀기 위해서 밀도는 필요하지 않으므로 밀도값이 주어진 것이 오히려 함정이 되는 문제이다.

┃ 공식 CHECK

$Q = AV$

Q: 체적유량$[\mathrm{m}^3/\sec]$

A: 단면적$[\mathrm{m}^2]$

V: 유속$[\mathrm{m}/\sec]$

┃ 해설

체적유량 공식을 유속 기준으로 정리한다.

$$V = \frac{Q}{A} = \frac{Q}{\frac{\pi}{4}D^2} = \frac{1}{\frac{\pi}{4} \times 0.3^2} = 14.147[\mathrm{m}/\sec]$$

02 │ 단순 계산형   난이도 下

┃ 정답 ②

┃ 접근 POINT

유량 공식을 이용하여 푸는 문제로 소방유체역학에서 가장 기본적인 문제라고 할 수 있다.

┃ 공식 CHECK

$Q = AV$

Q: 유량$[\mathrm{m}^3/\sec]$

A: 단면적$[\mathrm{m}^2]$

V: 유속$[\mathrm{m}/\sec]$

┃ 해설

$$Q = \frac{150[\mathrm{L}]}{[\min]} \times \frac{[\min]}{60[\sec]} \times \frac{[\mathrm{m}^3]}{1,000[\mathrm{L}]}$$

$$= \frac{150}{60 \times 1,000}[\mathrm{m}^3/\sec]$$

체적유량 공식을 유속 기준으로 정리한다.

$$V = \frac{Q}{A} = \frac{Q}{\frac{\pi}{4}D^2} = \frac{\frac{150}{60 \times 1,000}}{\frac{\pi}{4} \times 0.04^2} = 1.989[\mathrm{m}/\sec]$$

03 단순 계산형　　　난이도 下

정답 ③

접근 POINT

유량 공식을 이용하여 지름을 계산한다.

공식 CHECK

$Q = AV$

Q: 체적유량$[\mathrm{m}^3/\mathrm{sec}]$

A: 단면적$[\mathrm{m}^2]$

V: 유속$[\mathrm{m}/\mathrm{sec}]$

해설

$$Q = \frac{50[\mathrm{L}]}{[\sec]} \times \frac{[\mathrm{m}^3]}{1,000[\mathrm{L}]} = \frac{50}{1,000}[\mathrm{m}^3/\sec]$$

$$Q = AV = \frac{\pi}{4}D^2 V$$

$$Q = \frac{\pi}{4}D^2 V$$

$$D = \sqrt{\frac{4Q}{\pi V}} = \sqrt{\frac{4 \times \dfrac{50}{1,000}}{\pi \times 2}}$$

$$= 0.1784[\mathrm{m}] = 178.4[\mathrm{mm}]$$

04 개념 이해형　　　난이도 下

정답 ①

접근 POINT

유량 공식을 이용하여 단면적과 유속의 관계를 생각해 본다.

공식 CHECK

$Q = AV$

Q: 체적유량$[\mathrm{m}^3/\mathrm{sec}]$

A: 단면적$[\mathrm{m}^2]$

V: 유속$[\mathrm{m}/\mathrm{sec}]$

해설

유량 공식에 단면적을 대입하면 다음과 같다.

$$Q = AV = \frac{\pi}{4}D^2 V$$

$$V = \frac{4Q}{\pi D^2}$$

속도 V는 관 지름의 제곱 D^2에 반비례한다.

$$V \propto \frac{1}{D^2}$$

유량이 일정할 때 $V = \dfrac{Q}{A}$이므로 속도 V는 단면적 A에 반비례한다.

05 단순 계산형　　　난이도 中

정답 ③

접근 POINT

문제에 질량유량을 구하라고 직접 언급되어 있지는 않지만 단위를 보고 질량유량을 구하는 문제임을 알아야 한다.

공식 CHECK

$\overline{m} = \rho AV$

$\overline{m}$: 질량유량$[\mathrm{kg}/\mathrm{sec}]$

ρ: 밀도(물의 밀도$= 1,000[\mathrm{kg}/\mathrm{m}^3]$)

A: 단면적$[\mathrm{m}^2]$

V: 유속$[\mathrm{m}/\mathrm{sec}]$

해설

$$\overline{m} = \rho A V = 1{,}000 \times \frac{\pi}{4} \times 0.075^2 \times 4$$

$$= 17.671 [\mathrm{kg/sec}]$$

유사문제

안지름 $100[\mathrm{mm}]$인 파이프를 통해 $2[\mathrm{m/sec}]$의 속도로 흐르는 물의 질량유량$[\mathrm{kg/min}]$을 계산하는 문제도 출제되었다.

$$\overline{m} = \rho A V = 1{,}000 \times \frac{\pi}{4} \times 0.1^2 \times 2$$

$$= \frac{15.7079 [\mathrm{kg}]}{[\mathrm{sec}]} \times \frac{60 [\mathrm{sec}]}{[\mathrm{min}]}$$

$$= 942.474 [\mathrm{kg/min}]$$

06 단순 계산형   난이도 中

정답 ②

접근 POINT

문제의 조건에 있는 $80[\mathrm{kg/sec}]$은 질량유량임을 알아야 풀 수 있는 문제이다.

공식 CHECK

$$\overline{m} = \rho A V$$

$\overline{m}$: 질량유량$[\mathrm{kg/sec}]$

ρ : 밀도(물의 밀도 $= 1{,}000[\mathrm{kg/m^3}]$)

A : 단면적$[\mathrm{m^2}]$

V : 유속$[\mathrm{m/sec}]$

해설

질량유량 공식을 유속 기준으로 정리한다.

$$V = \frac{\overline{m}}{\rho A} = \frac{80}{1{,}000 \times \frac{\pi}{4} \times 0.4^2} = 0.637 [\mathrm{m/sec}]$$

유사문제

안지름이 $15[\mathrm{cm}]$인 소화용 호스에 물이 질량유량 $100[\mathrm{kg/sec}]$로 흐르는 경우 평균유속을 구하라는 문제도 출제되었다.

$$V = \frac{\overline{m}}{\rho A} = \frac{100}{1{,}000 \times \frac{\pi}{4} \times 0.15^2} = 5.659 [\mathrm{m/sec}]$$

07 단순 계산형   난이도 中

정답 ②

접근 POINT

체적유량과 동일하게 하나의 관에서 물이 흐를 때 속도는 변하지만 질량유량은 변하지 않는다.

공식 CHECK

$$\overline{m} = \rho A V$$

$\overline{m}$: 질량유량$[\mathrm{kg/sec}]$

ρ : 밀도(물의 밀도 $= 1{,}000[\mathrm{kg/m^3}]$)

A : 단면적$[\mathrm{m^2}]$

V : 유속$[\mathrm{m/sec}]$

해설

질량유량 공식을 유속 기준으로 정리한다.

$$V = \frac{\overline{m}}{\rho A} = \frac{130}{1{,}000 \times \frac{\pi}{4} \times 0.2^2} = 4.138 [\mathrm{m/sec}]$$

08 단순 계산형   난이도 中

정답 ①

접근 POINT

기존의 기출문제에서는 잘 출제되지 않은 문제로 어려울 수 있으나 공식만 알면 쉽게 풀 수 있는 문제이다.

공식 CHECK

제트기의 배기속도

$$V_e = \frac{F}{\dot{m}}$$

V_e: 제트기의 배기속도[m/sec]

F: 제트기의 추진력[N]

$\dot{m}$: 흡입하는 질량유량[kg/sec]

해설

$$V_e = \frac{F}{\dot{m}} = \frac{25,000}{80+2} = 304.878[\text{m/sec}]$$

09 단순 계산형   난이도 中

정답 ④

접근 POINT

문제의 조건에 있는 392[N/sec]은 중량유량임을 알아야 풀 수 있는 문제이다.

공식 CHECK

$$G = \gamma A V$$

G: 중량유량[N/sec]

γ: 비중량(물의 비중량= 9,800[N/m³])

A: 단면적[m²]

V: 유속[m/sec]

해설

중량유량 공식을 유속 기준으로 정리한다.

$$V = \frac{G}{\gamma A} = \frac{392}{9,800 \times \frac{\pi}{4} \times 0.2^2} = 1.273[\text{m/sec}]$$

10 단순 계산형   난이도 中

정답 ②

접근 POINT

체적유량이 아니라 중량유량 공식을 적용해야 함을 유의해야 한다.

물의 온도는 이 문제를 풀 때 필요하지 않은 조건이다.

공식 CHECK

$$G = \gamma A V = \gamma Q$$

G: 중량유량[kN/sec]

γ: 비중량(물의 비중량= 9.8[kN/m³])

A: 단면적[m²]

V: 유속[m/sec]

Q: 유량[m³/sec]

해설

물이 수조에 5분 동안 유입된 중량이 60[kN]라고 했으므로 중량유량은 다음과 같다.

$$G = \frac{60[\text{kN}]}{5[\text{min}]} = \frac{60[\text{kN}]}{5[\text{min}]} \times \frac{[\text{min}]}{60[\text{sec}]}$$
$$= 0.2[\text{kN/sec}]$$

$G = \gamma Q$

$Q = \dfrac{G}{\gamma} = \dfrac{0.2}{9.8} = 0.02 [\mathrm{m}^3/\sec]$

11 단순 계산형 난이도 下

정답 ②

접근 POINT

A 단면과 B 단면에서 속도는 다르지만 유량은 같다. 이 관계를 이용하여 유량 공식으로 V_2식을 세울 수 있다.

공식 CHECK

연속의 방정식

$Q = A_1 V_1 = A_2 V_2$

Q: 유량$[\mathrm{m}^3/\sec]$

$A_1, \ A_2$: 단면적$[\mathrm{m}^2]$

$V_1, \ V_2$: 유속$[\mathrm{m}/\sec]$

해설

$Q = A_1 V_1 = A_2 V_2$

$V_2 = \dfrac{A_1}{A_2} V_1 = \dfrac{\frac{\pi}{4} d_1^2}{\frac{\pi}{4} d_2^2} V_1 = \left(\dfrac{d_1}{d_2} \right)^2 V_1$

12 단순 계산형 난이도 下

정답 ②

접근 POINT

문제에서 정압 수치와 난류라는 조건이 주어졌

지만 이 수치와 조건은 문제를 풀 때 필요하지 않다. 단순하게 유량 관련 연속의 방정식을 이용하여 답을 구할 수 있다.

공식 CHECK

연속의 방정식

$Q = A_1 V_1 = A_2 V_2$

Q: 유량$[\mathrm{m}^3/\sec]$

$A_1, \ A_2$: 단면적$[\mathrm{m}^2]$

$V_1, \ V_2$: 유속$[\mathrm{m}/\sec]$

해설

문제에서 구하고자 하는 V_2 기준으로 연속의 방정식을 정리한다.

$V_2 = \dfrac{A_1 V_1}{A_2} = \dfrac{\frac{\pi}{4} D_1^2 V_1}{\frac{\pi}{4} D_2^2} = \dfrac{D_1^2 V_1}{D_2^2}$

$\qquad = \dfrac{0.1^2 \times 10}{0.05^2} = 40 [\mathrm{m}/\sec]$

13 단순 계산형 난이도 中

정답 ④

접근 POINT

조건이 복잡하게 주어졌지만 유량 관련 연속의 방정식을 이용하여 답을 구할 수 있다.

공식 CHECK

연속의 방정식

$Q = A_1 V_1 = A_2 V_2$

Q: 유량$[\mathrm{m}^3/\sec]$

A_1, A_2: 단면적$[\mathrm{m}^2]$
V_1, V_2: 유속$[\mathrm{m/sec}]$

┃해설

문제의 조건을 그림으로 나타내면 다음과 같다.
연속의 방정식을 적용하여 V_1을 계산한다.

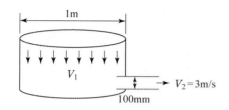

$$Q = A_1 V_1 = A_2 V_2$$

$$V_1 = \frac{A_2}{A_1} V_2 = \frac{\frac{\pi}{4} \times 0.1^2}{\frac{\pi}{4} \times 1^2} \times 3 = \frac{0.1^2}{1^2} \times 3$$

$$= 0.03[\mathrm{m/sec}]$$

---

14 개념 이해형   난이도 中

┃정답 ④

┃접근 POINT

유체의 흐름 중 층류와 난류가 어떤 차이점이 있는지 생각해 본다.

┃해설

층류란 유체가 층을 이루어 흐르는 것이고, 난류는 유체가 불규칙적으로 흐르는 것이다.

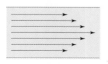
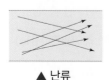

▲ 층류   ▲ 난류

층류는 레이놀즈수가 약 2,100 이하인 것이고, 난류는 레이놀즈수가 약 4,000 이상인 것이다. 관성력이 클 경우 난류가 되기 쉽고, 점성력이 커지면 층류가 되기 쉽다.

층류의 경우 평균유속은 최대유속의 약 $\frac{1}{2}$이고, 난류의 경우 평균유속은 최대유속의 약 $\frac{4}{5}$이다.

---

15 단순 암기형   난이도 中

┃정답 ③

┃접근 POINT

유체의 평균속도는 사실상 정해져 있는 값이므로 직접 유도하기 보다는 결과값을 암기하는 것이 좋다.
문제에서 정확하게 층류라고 언급되어 있지는 않지만 일반적인 원형 관이고 관의 가운데 부분이 속도가 가장 빠르므로 층류라고 볼 수 있다.

┃해설

$$층류에서의 평균속도 = \frac{V_{max}}{2}$$

$$난류에서의 평균속도 = 0.8\,V_{max}$$

16 단순 암기형

난이도 下

┃ 정답 ④

┃ 접근 POINT

공식을 암기해서 풀 수 있는 문제이나 관의 중심($R = 0$)에서 유속이 최대로 된다는 점을 기억해도 답을 고를 수 있다.

┃ 해설

층류 흐름에서 유속(U)과 최대속도(U_{max})의 비 공식은 다음과 같다.

$$\frac{U}{U_{max}} = 1 - \left(\frac{R}{R_0}\right)^2$$

관 내에서 유체가 유동할 경우 벽에 가까운 부분은 벽과의 마찰에 의해 속도가 느리고, 관의 중심($R = 0$)에서 속도가 최대가 된다.

위의 4가지 보기 중 $R = 0$에서 최대속도가 되는 $U = U_{max}$ 식이 나오는 것은 ④번 식이다.

17 개념 이해형

난이도 下

┃ 정답 ①

┃ 접근 POINT

유체가 흐를 때 유동의 특성을 결정하는 가장 중요한 요소는 레이놀즈수이다.

레이놀즈수가 어떤 요소로 되어 있는지를 생각해 본다.

┃ 공식 CHECK

레이놀즈수(Re)

$$Re = \frac{DV\rho}{\mu} = \frac{DV}{\nu} = \frac{관성력}{점성력}$$

┃ 해설

유체가 흐를 때 유동의 특성을 결정하는 가장 중요한 요소는 레이놀즈수이다.

레이놀즈수는 관성력과 점성력의 비이다.

┃ 유사문제

레이놀즈수의 물리적 의미를 묻는 문제도 출제된 적이 있다.

정답은 $\frac{관성력}{점성력}$ 이다.

18 단순 계산형

난이도 下

┃ 정답 ③

┃ 접근 POINT

레이놀즈수를 계산하는 가장 기본적인 유형의 문제로 반드시 맞혀야 하는 문제이다.

┃ 공식 CHECK

(1) 유량

$$Q = AV$$

Q: 유량$[\text{m}^3/\sec]$

A: 단면적$[\text{m}^2]$, V: 유속$[\text{m}/\sec]$

(2) 레이놀즈수(Re)

$$Re = \frac{DV\rho}{\mu} = \frac{DV}{\nu}$$

Re: 레이놀즈수

D: 직경(지름)$[\mathrm{m}]$, V: 유속$[\mathrm{m/sec}]$

ρ: 밀도$[\mathrm{kg/m^3}]$

μ: 점성계수$[\mathrm{kg/m \cdot sec}]$

ν: 동점성계수$[\mathrm{m^2/sec}]$

▮ 해설

(1) 유량 공식으로 유속 계산

$$Q = \frac{150[\mathrm{L}]}{[\min]} = \frac{0.15[\mathrm{m^3}]}{60[\sec]}$$

$$V = \frac{Q}{A} = \frac{Q}{\frac{\pi}{4}D^2} = \frac{\frac{0.15}{60}}{\frac{\pi}{4} \times 0.065^2}$$

$$= 0.7533[\mathrm{m/sec}]$$

(2) 레이놀즈수 계산

문제에서 소방용수라고 했으므로 밀도는 물의 밀도를 적용한다.

$\rho = 1,000[\mathrm{kg/m^3}]$

$$Re = \frac{DV\rho}{\mu} = \frac{0.065 \times 0.7533 \times 1,000}{0.001}$$

$$= 48,964.5$$

19 단순 계산형

난이도 中

▮ 정답 ④

▮ 접근 POINT

레이놀즈수를 계산한 후 결과값을 보고 층류, 천이유동, 난류인지를 판단해야 한다.

▮ 공식 CHECK

(1) 체적유량

$$Q = AV$$

Q: 체적유량$[\mathrm{m^3/sec}]$

A: 단면적$[\mathrm{m^2}]$, V: 유속$[\mathrm{m/sec}]$

(2) 레이놀즈수(Re)

$$Re = \frac{DV\rho}{\mu} = \frac{DV}{\nu}$$

Re: 레이놀즈수

D: 직경(지름)$[\mathrm{m}]$, V: 유속$[\mathrm{m/sec}]$

ρ: 밀도$[\mathrm{kg/m^3}]$

μ: 점성계수$[\mathrm{kg/m \cdot sec}]$

ν: 동점성계수$[\mathrm{m^2/sec}]$

▮ 해설

동점성계수가 포함된 레이놀즈수 공식에 유속(V) 공식을 적용한다.

$$Re = \frac{DV}{\nu} = \frac{D \times \frac{Q}{A}}{\nu} = \frac{D \times \frac{Q}{\frac{\pi}{4}D^2}}{\nu} = \frac{\frac{4Q}{\pi D}}{\nu}$$

$$= \frac{4Q}{\pi D \nu} = \frac{4 \times 0.003}{\pi \times 0.3 \times 1.002 \times 10^{-6}}$$

$$= 12,706.981$$

레이놀즈수가 12,706으로 4,000 이상이므로 이 유체의 흐름은 난류이다.

▮ 관련개념

레이놀즈수(Re)에 따른 유체의 흐름 구분

구분	레이놀즈수
층류	2,100 이하
천이유동	2,100~4,000
난류	4,000 이상

20 개념 이해형 난이도 下

┃ 정답 ③

┃ 접근 POINT

관 내에서 유체가 흐를 때 유동의 특성을 결정하는 가장 중요한 요소는 레이놀즈수이다.
보기 중 레이놀즈수가 포함된 보기가 무엇인지 찾아 본다.

┃ 해설

관마찰계수의 구분

구분	설명
층류	레이놀즈수에만 관계되는 계수
천이영역	층류와 난류의 중간 단계로 레이놀즈수와 관의 상대조도와 관계되는 계수
난류	관의 상대조도와 무관한 계수

21 단순 암기형 난이도 下

┃ 정답 ③

┃ 접근 POINT

암기 위주로 접근해도 되지만 점성계수와 동점성계수의 단위를 알고 있다면 단위환산을 해서 답을 고를 수 있다.

┃ 공식 CHECK

레이놀즈수(Re)

$$Re = \frac{DV\rho}{\mu} = \frac{DV}{\nu}$$

Re: 레이놀즈수
D: 직경(지름)$[\text{m}]$, V: 유속$[\text{m/sec}]$

ρ: 밀도$[\text{kg/m}^3]$
μ: 점성계수$[\text{kg/m} \cdot \text{sec}]$
ν: 동점성계수$[\text{m}^2/\text{sec}]$

┃ 해설

밀도의 단위는 $[\text{kg/m}^3]$이므로 단위환산을 하면 다음과 같다.

$$\nu = \mu \times \frac{1}{\rho} = \frac{[\text{kg}]}{[\text{m} \cdot \text{sec}]} \times \frac{[\text{m}^3]}{[\text{kg}]} = \frac{[\text{m}^2]}{[\text{sec}]}$$

22 단순 계산형 난이도 下

┃ 정답 ①

┃ 접근 POINT

레이놀즈수 공식과 관마찰계수 두 가지 공식을 알고 있어야 풀 수 있다.

┃ 공식 CHECK

(1) 레이놀즈수(Re)

$$Re = \frac{DV\rho}{\mu} = \frac{DV}{\nu}$$

Re: 레이놀즈수
D: 직경(지름)$[\text{m}]$, V: 유속$[\text{m/sec}]$
ρ: 밀도$[\text{kg/m}^3]$
μ: 점성계수$[\text{kg/m} \cdot \text{sec}]$
ν: 동점성계수$[\text{m}^2/\text{sec}]$

(2) 관마찰계수

$$f = \frac{64}{Re}$$

f: 관마찰계수, Re: 레이놀즈수

해설

$$f = \frac{64}{Re} = \frac{64}{\dfrac{DV\rho}{\mu}} = \frac{64\mu}{DV\rho}$$

23 단순 계산형   난이도 下

정답   ①

접근 POINT

점성계수의 절대단위를 차원으로 변형할 수 있다면 쉽게 풀 수 있는 문제이다.

공식 CHECK

레이놀즈수(Re)

$$Re = \frac{DV\rho}{\mu} = \frac{DV}{\nu}$$

Re: 레이놀즈수

D: 직경(지름)$[\mathrm{m}]$, V: 유속$[\mathrm{m/sec}]$

ρ: 밀도$[\mathrm{kg/m^3}]$

μ: 점성계수$[\mathrm{kg/m \cdot sec}]$

ν: 동점성계수$[\mathrm{m^2/sec}]$

해설

점성계수 μ의 절대단위는$[\mathrm{kg/m \cdot sec}]$이다. 점성계수와 동점성계수의 절대단위를 문제에 제시된 차원으로 변형하면 다음과 같다.

구분	절대단위	차원
점성계수	$\mathrm{kg/m \cdot sec}$	$ML^{-1}T^{-1}$
동점성계수	$\mathrm{m^2/sec}$	L^2T^{-1}

유사문제

동점성계수의 차원을 묻는 문제도 출제된 적이 있다.
정답은 L^2T^{-1}이다.

24 단순 암기형   난이도 下

정답   ④

접근 POINT

SI 단위에서는 kg, m, sec를 기본단위로 하고, 소방유체역학에서는 대부분 SI 단위를 기본으로 하여 계산한다.

CGS 단위는 cm, g, sec를 기본단위로 하는 것으로 점성계수의 CGS 단위가 푸아즈(poise)이다. 최근에는 대부분 SI 단위를 사용하지만 소방유체역학에서 종종 점성계수의 푸아즈(poise) 단위를 묻는 문제도 출제되므로 점성계수, 동점성계수의 CGS 단위는 암기하고 있어야 한다.

해설

점성계수(μ)

$$1[\mathrm{poise}] = 1[\mathrm{g/cm \cdot sec}]$$
$$= 1[\mathrm{dyne \cdot sec/cm^2}]$$
$$\mathrm{dyne} = \frac{\mathrm{g \cdot cm}}{\mathrm{sec^2}}$$

동점성계수(ν)

$$1[\mathrm{stokes}] = 1[\mathrm{cm^2/sec}]$$

25 단순 계산형　　　난이도 中

정답 ②

접근 POINT

임계 레이놀즈수는 층류에서 난류로 전이되는 지점의 레이놀즈수이다.

층류가 기대될 수 있는 최대유량은 레이놀즈수가 2,100 이하일 때의 유량이다.

공식 CHECK

(1) 레이놀즈수(Re)

$$Re = \frac{DV\rho}{\mu} = \frac{DV}{\nu}$$

Re: 레이놀즈수

D: 직경(지름)[m], V: 유속[m/sec]

ρ: 밀도[kg/m^3]

μ: 점성계수[kg/m · sec]

ν: 동점성계수[m^2/sec]

(2) 유량

$$Q = AV$$

Q: 유량[m^3/sec]

A: 단면적[m^2], V: 유속[m/sec]

해설

(1) 레이놀즈수(Re)가 2,100일 때 유속 계산

$$Re = \frac{DV}{\nu}$$

$$V = \frac{Re \times \nu}{D} = \frac{2{,}100 \times 1.15 \times 10^{-6}}{0.03}$$

$$= 0.0805[\text{m/sec}]$$

(2) 유량 계산

$$Q = AV = \frac{\pi}{4}D^2V = \frac{\pi}{4} \times 0.03^2 \times 0.0805$$

$$= 5.69 \times 10^{-5}[\text{m}^3/\text{sec}]$$

관련개념

레이놀즈수에 따른 유체의 흐름

- 약 2,100 이하: 층류
- 약 4,000 이상: 난류
- 임계 레이놀즈수: 층류에서 난류로 전이되는 지점의 레이놀즈수
- 상임계 레이놀즈수: 층류에서 난류로 변할 때의 레이놀즈수
- 하임계 레이놀즈수: 난류에서 층류로 변할 때의 레이놀즈수

26 단순 계산형　　　난이도 中

정답 ①

접근 POINT

이 문제는 동점성계수의 단위에 [cm]가 있고, 보기의 유량의 단위도 [cm^3/sec]이므로 길이 단위를 모두 [cm]로 맞추어 계산하는 것이 계산과정이 더 간단하다.

공식 CHECK

(1) 레이놀즈수(Re)

$$Re = \frac{DV\rho}{\mu} = \frac{DV}{\nu}$$

Re: 레이놀즈수

D: 직경(지름)[m], V: 유속[m/sec]

ρ: 밀도[kg/m^3]

μ: 점성계수$[\text{kg}/\text{m} \cdot \sec]$

ν: 동점성계수$[\text{m}^2/\sec]$

(2) 유량

$$Q = AV$$

Q: 유량$[\text{m}^3/\sec]$

A: 단면적$[\text{m}^2]$, V: 유속$[\text{m}/\sec]$

∥ 해설

(1) 레이놀즈수(Re)가 2,100일 때 유속 계산

$$Re = \frac{DV}{\nu}$$

$$V = \frac{Re \times \nu}{D} = \frac{2,100 \times 2 \times 10^{-3}}{5}$$

$$= 0.84[\text{cm}/\sec]$$

(2) 유량 계산

$$Q = AV = \frac{\pi}{4}D^2 V = \frac{\pi}{4} \times 5^2 \times 0.84$$

$$= 16.493[\text{cm}^3/\sec]$$

∥ 상세해설

단위를 [cm] 기준으로 통일하여 레이놀즈수에 단위만 넣으면 다음과 같다.

$$Re = \frac{[\text{cm}] \times [\text{cm}/\sec]}{[\text{cm}^2/\sec]}$$

단위만 계산하면 레이놀즈수에 맞는 무차원 수가 된다.

이 문제는 분모와 분자에 모두 길이 단위가 들어가는 데 한 단위로 통일하여 계산해도 계산값이 달라지지 않는다.

---

27 복합 계산형 난이도 中

∥ 정답 ①

∥ 접근 POINT

레이놀즈수 공식과 관마찰계수 두 가지 공식을 알고 있어야 풀 수 있다. 임계 레이놀즈수는 이 문제를 풀기 위해 꼭 필요한 조건은 아니다.

∥ 공식 CHECK

(1) 유량

$$Q = AV$$

Q: 유량$[\text{m}^3/\sec]$

A: 단면적$[\text{m}^2]$, V: 유속$[\text{m}/\sec]$

(2) 레이놀즈수(Re)

$$Re = \frac{DV\rho}{\mu} = \frac{DV}{\nu}$$

Re: 레이놀즈수

D: 직경(지름)$[\text{m}]$, V: 유속$[\text{m}/\sec]$

ρ: 밀도$[\text{kg}/\text{m}^3]$

μ: 점성계수$[\text{kg}/\text{m} \cdot \sec]$

ν: 동점성계수$[\text{m}^2/\sec]$

(3) 관마찰계수

$$f = \frac{64}{Re}$$

f: 관마찰계수, Re: 레이놀즈수

∥ 해설

(1) 유량 공식으로 유속 계산

$$V = \frac{Q}{A} = \frac{0.01}{\frac{\pi}{4} \times 0.15^2} = 0.5658[\text{m}/\sec]$$

(2) 레이놀즈수(Re) 계산

$$Re = \frac{DV}{\nu} = \frac{0.15 \times 0.5658}{1.33 \times 10^{-4}} = 638.1203$$

레이놀즈수가 2,100 이하이므로 층류이다.

(3) 관마찰계수 계산

$$f = \frac{64}{Re} = \frac{64}{638.1203} = 0.10$$

▌유사문제

유체가 매끈한 원관 속을 흐를 때 레이놀즈수가 1,200이라면 관마찰계수는 얼마인지 묻는 문제도 출제되었다.

$$f = \frac{64}{1,200} = 0.0533$$

28 단순 계산형　　　　　난이도 中

▌정답 ③

▌접근 POINT

동점성계수가 포함된 레이놀즈수 공식으로 관의 지름을 계산한다.
원유의 온도는 이 문제를 풀 때 필요한 조건이 아니다.

▌공식 CHECK

(1) 유량

$$Q = AV$$

Q: 유량$[\text{m}^3/\text{sec}]$

A: 단면적$[\text{m}^2]$, V: 유속$[\text{m}/\text{sec}]$

(2) 레이놀즈수(Re)

$$Re = \frac{DV\rho}{\mu} = \frac{DV}{\nu}$$

Re: 레이놀즈수

D: 직경(지름)$[\text{m}]$, V: 유속$[\text{m}/\text{sec}]$

ρ: 밀도$[\text{kg}/\text{m}^3]$

μ: 점성계수$[\text{kg}/\text{m} \cdot \text{sec}]$

ν: 동점성계수$[\text{m}^2/\text{sec}]$

▌해설

$Re = \dfrac{DV}{\nu}$ 식을 지름 기준으로 정리한다.

$$D = \frac{Re\nu}{V} = \frac{Re\nu}{\dfrac{Q}{A}} = \frac{Re\nu}{\dfrac{Q}{\dfrac{\pi}{4}D^2}} = \frac{Re\nu}{\dfrac{4Q}{\pi D^2}} = \frac{Re\nu\pi D^2}{4Q}$$

$$D = \frac{Re\nu\pi D^2}{4Q}$$

$$\frac{D^2}{D} = \frac{4Q}{Re\nu\pi}$$

$$D = \frac{4Q}{Re\nu\pi} = \frac{4 \times 0.3}{2,100 \times 6 \times 10^{-5} \times \pi} = 3.032[\text{m}]$$

29 복합 계산형　　　　　난이도 上

▌정답 ②

▌접근 POINT

기체상수를 이용하여 밀도를 구하고, 하임계 레이놀즈수의 개념을 이해해야 풀 수 있는 문제로 난이도가 높은 문제이다.

▌해설

▌공식 CHECK

(1) 기체상수를 이용한 밀도 계산 공식

$$\rho = \frac{P}{RT}$$

ρ: 밀도$[\mathrm{kg/m^3}]$

P: 압력$[\mathrm{Pa}] = [\mathrm{N/m^2}]$

$\overline{R}$: 특정 기체상수$[\mathrm{J/kg \cdot K}]$

T: 절대온도$[\mathrm{K}]$

(2) 레이놀즈수(Re)

$$Re = \frac{DV\rho}{\mu} = \frac{DV}{\nu}$$

Re: 레이놀즈수

D: 직경(지름)$[\mathrm{m}]$, V: 유속$[\mathrm{m/sec}]$

ρ: 밀도$[\mathrm{kg/m^3}]$

μ: 점성계수$[\mathrm{N \cdot sec/m^2}]$

ν: 동점성계수$[\mathrm{m^2/sec}]$

∥ 해설

기체상수를 이용하여 밀도를 계산한다.

$P = 200[\mathrm{kPa}] = 200,000[\mathrm{Pa}]$

$T = 27 + 273 = 300[\mathrm{K}]$

$\rho = \dfrac{P}{RT} = \dfrac{200,000}{2,080 \times 300} = 0.3205[\mathrm{kg/m^3}]$

레이놀즈수 공식을 이용하여 유속을 계산한다.

$Re = \dfrac{DV\rho}{\mu}$ 공식을 유속 V 기준으로 정리한다.

$V = \dfrac{Re\mu}{D\rho} = \dfrac{2,200 \times 2 \times 10^{-5}}{0.05 \times 0.3205}$

$\quad = 2.746[\mathrm{m/sec}]$

문제에서 하임계 레이놀즈수가 2,200라고 했다. 하임계 레이놀즈수는 난류에서 층류로 변할 때의 레이놀즈수이므로 레이놀즈수가 2,200보다 작으면 층류라는 의미이다.

문제에서 이상기체가 층류로 흐를 때의 속도가 될 수 있는 것을 고르라고 했으므로 레이놀즈수가 2,200보다 작을 수 있는 속도 값을 구하라는 문제이다.

속도는 $2.746[\mathrm{m/sec}]$보다 작아야 층류가 되므로 보기에서 $2.746[\mathrm{m/sec}]$보다 작은 ㄱ, ㄴ이 답이 된다.

∥ 유사문제

조건은 모두 같고 문제만 층류이면서 가장 빠른 속도를 찾는 문제도 출제되었다.

$0.3[\mathrm{m/sec}]$, $1.5[\mathrm{m/sec}]$일 때 모두 층류이지만 둘중 더 빠른 $1.5[\mathrm{m/sec}]$가 이 문제의 답이 된다.

30 단순 암기형 ·난이도 下

∥ 정답 ②

∥ 접근 POINT

프루드수를 직접 계산하는 문제는 잘 출제되지 않고, 프루드수의 의미를 묻는 문제가 종종 출제된다.

이러한 문제는 개념을 깊게 이해하기 보다는 프루드수의 의미를 확인하는 정도로 공부하는 것이 좋다.

∥ 해설

프루드수는 관성력/중력이다.

31 개념 이해형 ·난이도 中

∥ 정답 ④

∥ 접근 POINT

층류 상태의 유량은 하겐 포아젤 공식으로 구할 수 있다.

하겐 포아젤 공식은 자주 나오는 공식은 아니고

이 문제는 자주 출제되지는 않으므로 개념을 깊게 이해하기 보다는 정답을 확인하는 정도로 학습하는 것이 좋다.

┃ 공식 CHECK

하겐 포아젤 공식(층류 상태의 유량)

$$\triangle P = \frac{128 \mu L Q}{\pi D^4}$$

$\triangle P$: 압력 강하량[Pa]

μ: 점성계수[kg/m · sec]

L: 관의 길이[m]

Q: 유량[m³/sec]

D: 관의 내경[m]

┃ 해설

하겐 포아젤 공식을 유량 기준으로 정리한다.

$$Q = \frac{\triangle P \pi D^4}{128 \mu L}$$

유량 Q는 압력 강하량 $\triangle P$에 비례한다.

32 개념 이해형

┃ 정답 ②

┃ 접근 POINT

층류 상태의 유량은 하겐 포아젤 공식을 적용할 수 있다. 문제에 주어진 밀도비는 유량을 구할 때 고려할 요소가 아니다.

┃ 공식 CHECK

하겐 포아젤 공식(층류 상태의 유량)

$$\triangle P = \frac{128 \mu L Q}{\pi D^4}$$

$\triangle P$: 압력 강하량[Pa]

μ: 점성계수[kg/m · sec]

L: 관의 길이[m]

Q: 유량[m³/sec]

D: 관의 내경[m]

┃ 해설

하겐 포아젤 공식을 유량 기준으로 정리한다.

$$Q = \frac{\triangle P \pi D^4}{128 \mu L}$$

공식을 보면 $Q \propto \dfrac{1}{\mu}$ 이다.

따라서 $Q_2 / Q_1 = 2$이면 μ_2 / μ_1는 $\dfrac{1}{2}$ 이다.

33 단순 계산형

┃ 정답 ④

┃ 접근 POINT

부차적 손실식으로 부차적 손실수두를 계산한다.

┃ 공식 CHECK

부차적 손실

$$H = \frac{\triangle P}{\gamma} = K \frac{V^2}{2g}$$

H: 부차적 손실(손실수두)[m]

$\triangle P$: 압력 차[kPa]

γ: 어떤 물질의 비중량[kN/m³]

K: 부차적 손실계수

V: 유속[m/sec]

g: 중력가속도$=9.8$[m/sec²]

❚ 해설

$$H = K\frac{V^2}{2g} = 5 \times \frac{4^2}{2 \times 9.8} = 4.082[\text{m}]$$

34 단순 계산형   난이도 下

❚ 정답 ①

❚ 접근 POINT

부차적 손실식을 이용하여 유속을 계산한다.

❚ 공식 CHECK

부차적 손실

$$H = \frac{\triangle P}{\gamma} = K\frac{V^2}{2g}$$

H: 부차적 손실(손실수두)[m]

$\triangle P$: 압력 차[kPa]

γ: 어떤 물질의 비중량[kN/m^3]

K: 부차적 손실계수

V: 유속[m/sec]

g: 중력가속도$=9.8[\text{m/sec}^2]$

❚ 해설

$$H = K\frac{V^2}{2g}$$

$$2 = 2 \times \frac{V^2}{2 \times 9.8}$$

$$V = \sqrt{\frac{2 \times 2 \times 9.8}{2}} = 4.427[\text{m/sec}]$$

35 복합 계산형   난이도 上

❚ 정답 ③

❚ 접근 POINT

부차적 손실식을 이용하면 되는데 파이프의 단면적이 확대되는 구간이라고 했으므로 돌연 확대관 손실식을 적용해야 한다.

❚ 공식 CHECK

(1) 유량 관련 연속의 방정식

$$Q = A_1 V_1 = A_2 V_2$$

Q: 유량[m^3/sec]

A_1, A_2: 단면적[m^2]

V_1, V_2: 유속[m/sec]

(2) 돌연 확대관 손실

$$H_L = K\frac{V_1^2}{2g}$$

H_L: 돌연 확대관 손실[m]

K: 부차적 손실계수

V_1: 확대 전 유속[m/sec]

g: 중력가속도$=9.8[\text{m/sec}^2]$

❚ 해설

문제에서 주어진 $1.2[\text{m/sec}]$는 확대되는 구간의 지난 후의 유속이므로 V_2에 해당된다.

유속은 변하지만 유량은 변하지 않으므로 유량 관련 연속의 방정식으로 V_1를 구한다.

파이프의 단면적이 2.5배로 확대된다고 했으므로 단면적의 관계식은 다음과 같다.

$$2.5A_1 = A_2$$

$$V_1 = \frac{A_2}{A_1} V_2 = \frac{2.5A_1}{A_1} V_2 = 2.5 \times V_2$$

$$= 2.5 \times 1.2 = 3 [\text{m/sec}]$$

돌연 확대관 손실을 계산한다.

$$H_L = K\frac{V_1^2}{2g} = 0.36 \times \frac{3^2}{2 \times 9.8} = 0.165 [\text{m}]$$

36 단순 암기형   난이도 下

┃ 정답 ④

┃ 접근 POINT

응용되어 출제되지는 않으므로 개념을 깊게 이해하기 보다는 암기 위주로 접근하는 것이 좋다.

┃ 해설

출구측 형상은 손실계수에 영향을 미치지 않고, 입구측 형상이 손실계수에 영향을 미친다.

37 단순 암기형   난이도 下

┃ 정답 ④

┃ 접근 POINT

구체적인 손실계수까지 묻는 문제는 잘 출제되지 않으므로 입구의 형태 중 부차적 손실계수가 가장 큰 형태가 무엇인지 암기하는 것이 좋다.

┃ 해설

파이프의 입구의 형태에 따른 부차적 손실계수

입구의 형태	부차적 손실계수
잘 다듬어진 모서리	0.04
약간 둥근 모서리	0.2
날카로운 모서리	0.5
돌출입구	0.8

38 단순 계산형   난이도 下

┃ 정답 ④

┃ 접근 POINT

문제의 조건에 관마찰계수와 상당길이(등가길이)가 주어졌으므로 상당길이(등가길이) 공식을 이용하여 부차적 손실계수를 계산한다.

┃ 공식 CHECK

등가길이

$$L_e = \frac{KD}{f}$$

L_e: 상당길이(등가길이)$[\text{m}]$

D: 직경$[\text{m}]$

K: 부차적 손실계수

f: 관마찰계수

┃ 해설

등가길이 공식을 부차적 손실계수 기준으로 정리한다.

$$K = \frac{L_e f}{D} = \frac{40 \times 0.025}{0.1} = 10$$

39 복합 계산형　　　　　난이도 中

정답 ①

접근 POINT

부차적 손실식을 이용하여 부차적 손실계수를 구한 후 등가길이를 구하는 공식으로 등가길이를 구한다.

공식 CHECK

(1) 부차적 손실

$$H = \frac{\triangle P}{\gamma} = K\frac{V^2}{2g}$$

H: 부차적 손실$[\mathrm{m}]$

$\triangle P$: 압력 차$[\mathrm{kPa}]$

γ: 어떤 물질의 비중량$[\mathrm{kN/m^3}]$

K: 부차적 손실계수

V: 유속$[\mathrm{m/sec}]$

g: 중력가속도$= 9.8[\mathrm{m/sec^2}]$

(2) 등가길이

$$L_e = \frac{KD}{f}$$

L_e: 등가길이$[\mathrm{m}]$

D: 직경$[\mathrm{m}]$

K: 부차적 손실계수

f: 관마찰계수

해설

(1) 부차적 손실계수 계산

$$K = \frac{\triangle P \times 2g}{\gamma \times V^2} = \frac{7.6 \times 2 \times 9.8}{9.8 \times 2^2} = 3.8$$

(2) 등가길이 계산

$$L_e = \frac{KD}{f} = \frac{3.8 \times 0.2}{0.02} = 38[\mathrm{m}]$$

40 복합 계산형　　　　　난이도 上

정답 ②

접근 POINT

부차적 손실식을 이용하여 부차적 손실계수를 구한 후 등가길이를 구하는 공식으로 등가길이를 구한다.

공식 CHECK

(1) 부차적 손실

$$H = \frac{\triangle P}{\gamma} = K\frac{V^2}{2g}$$

H: 부차적 손실$[\mathrm{m}]$

$\triangle P$: 압력 차$[\mathrm{kPa}]$

γ: 어떤 물질의 비중량$[\mathrm{kN/m^3}]$

K: 부차적 손실계수

V: 유속$[\mathrm{m/sec}]$

g: 중력가속도$= 9.8[\mathrm{m/sec^2}]$

(2) 등가길이

$$L_e = \frac{KD}{f}$$

L_e: 등가길이$[\mathrm{m}]$

D: 직경$[\mathrm{m}]$

K: 부차적 손실계수

f: 관마찰계수

해설

(1) 부차적 손실계수 계산

이 문제에서는 비중이 0.8인 유체라고 제시되어 있으므로 습관적으로 γ값을 물 기준으로 9.8로 적용하지 않아야 한다.

$$\gamma = s\gamma_w = 0.8 \times 9.8$$

$$K = \frac{\triangle P \times 2g}{\gamma \times V^2} = \frac{4 \times 2 \times 9.8}{(0.8 \times 9.8) \times 2^2} = 2.5$$

(2) 등가길이 계산

$$L_e = \frac{KD}{f} = \frac{2.5 \times 0.1}{0.02} = 12.5 [\text{m}]$$

41 단순 계산형

난이도 下

정답 ④

접근 POINT

달시-웨버 공식을 압력강하($\triangle P$) 기준으로 정리하여 계산한다.

공식 CHECK

달시-웨버 공식

$$H = \frac{\triangle P}{\gamma} = f \times \frac{l}{D} \times \frac{V^2}{2g}$$

H: 마찰손실수두[m]

$\triangle P$: 압력강하[kPa], γ: 비중량[kN/m^3]

f: 관마찰계수, l: 길이[m]

D: 직경(지름)[m]

V: 유속[m/sec]

g: 중력가속도$= 9.8[\text{m/sec}^2]$

해설

$$\triangle P = \gamma \times f \times \frac{l}{D} \times \frac{V^2}{2g}$$

$$= 9.8 \times 0.025 \times \frac{100}{0.05} \times \frac{5^2}{2 \times 9.8}$$

$$= 625 [\text{kN/m}^2] = 625 [\text{kPa}]$$

다른 풀이

달시-웨버 공식으로 마찰손실수두[m]를 구한 후 그 값을 문제에서 원하는 압력[kPa]으로 환산해도 된다.

$$H = 0.025 \times \frac{100}{0.05} \times \frac{5^2}{2 \times 9.8} = 63.7755 [\text{m}]$$

$$63.7755 [\text{m}] \times \frac{101.325 [\text{kPa}]}{10.332 [\text{m}]} = 625.44 [\text{kPa}]$$

42 단순 계산형

난이도 下

정답 ①

접근 POINT

달시-웨버 공식을 활용하는 문제로 $\varnothing 150 [\text{mm}]$ 표기는 관의 지름이 $150 [\text{mm}]$라는 의미이다.

공식 CHECK

달시-웨버 공식

$$H = f \times \frac{l}{D} \times \frac{V^2}{2g}$$

H: 마찰손실수두[m]

f: 관마찰계수, l: 길이[m]

D: 직경(지름)[m]

V: 유속[m/sec]

g: 중력가속도$= 9.8[\text{m/sec}^2]$

해설

$$f = H \times \frac{D}{l} \times \frac{2g}{V^2} = 10 \times \frac{0.15}{50} \times \frac{2 \times 9.8}{5^2}$$

$$= 0.0235$$

43 복합 계산형   난이도 中

정답 ②

접근 POINT

달시-웨버 공식을 활용하여 손실수두를 계산한 후 문제에서 원하는 압력 단위로 환산한다. 문제에 주어진 온도는 이 문제를 풀 때는 필요한 조건이 아니다.

공식 CHECK

(1) 유량

$$Q = AV$$

Q: 유량[m^3/sec]

A: 단면적[m^2], V: 유속[m/sec]

(2) 달시-웨버 공식

$$H = f \times \frac{l}{D} \times \frac{V^2}{2g}$$

H: 마찰손실수두[m]

f: 관마찰계수, l: 길이[m]

D: 직경(지름)[m]

V: 유속[m/sec]

g: 중력가속도$= 9.8$[m/sec^2]

해설

(1) 유속 계산

$$V = \frac{Q}{A} = \frac{Q}{\frac{\pi}{4}D^2} = \frac{1}{\frac{\pi}{4} \times 0.9^2}$$
$$= 1.5719[\text{m/sec}]$$

(2) 마찰손실수두 계산

$$H = f \times \frac{l}{D} \times \frac{V^2}{2g}$$

$$= 0.023 \times \frac{300}{0.9} \times \frac{1.5719^2}{2 \times 9.8}$$

$$= 0.9664[\text{m}]$$

(3) 마찰손실수두를 압력으로 환산

$$0.9664[\text{m}] \times \frac{101.325[\text{kPa}]}{10.332[\text{m}]}$$

$$= 9.477[\text{kPa}]$$

44 복합 계산형   난이도 中

정답 ③

접근 POINT

달시-웨버 공식을 활용하여 손실수두를 계산한 후 문제에서 원하는 압력 단위로 환산한다.

공식 CHECK

(1) 유량

$$Q = AV$$

Q: 유량[m^3/sec]

A: 단면적[m^2], V: 유속[m/sec]

(2) 달시-웨버 공식

$$H = f \times \frac{l}{D} \times \frac{V^2}{2g}$$

H: 마찰손실수두[m]

f: 관마찰계수, l: 길이[m]

D: 직경(지름)[m]

V: 유속[m/sec]

g: 중력가속도$= 9.8$[m/sec^2]

▌해설

(1) 유속 계산

문제에서 한 시간에 $800[\mathrm{m}^3]$를 보낸다고 했으므로 단위로 나타내면 $800[\mathrm{m}^3/\mathrm{hr}]$이다.

$$Q = \frac{800[\mathrm{m}^3]}{[\mathrm{hr}]} \times \frac{[\mathrm{hr}]}{3{,}600[\sec]}$$

$$= \frac{800}{3{,}600}[\mathrm{m}^3/\sec]$$

$$V = \frac{Q}{A} = \frac{Q}{\frac{\pi}{4}D^2} = \frac{\dfrac{800}{3{,}600}}{\frac{\pi}{4} \times 0.2^2}$$

$$= 7.0735[\mathrm{m}/\sec]$$

(2) 마찰손실수두 계산

$$H = f \times \frac{l}{D} \times \frac{V^2}{2g}$$

$$= 0.03 \times \frac{1{,}000}{0.2} \times \frac{7.0735^2}{2 \times 9.8}$$

$$= 382.9163[\mathrm{m}]$$

(3) 마찰손실수두를 압력으로 환산

$$H = 382.9163[\mathrm{m}] \times \frac{101.325[\mathrm{kPa}]}{10.332[\mathrm{m}]}$$

$$= 3{,}755.226[\mathrm{kPa}]$$

---

45 복합 계산형

난이도 中

▌정답 ②

▌접근 POINT

관의 양 끝단에서의 압력 차이만큼 마찰손실이 발생한 것이다.

▌공식 CHECK

(1) 유량

$$Q = AV$$

Q: 유량$[\mathrm{m}^3/\sec]$

A: 단면적$[\mathrm{m}^2]$, V: 유속$[\mathrm{m}/\sec]$

(2) 달시-웨버 공식

$$H = f \times \frac{l}{D} \times \frac{V^2}{2g}$$

H: 마찰손실수두$[\mathrm{m}]$

f: 관마찰계수, l: 길이$[\mathrm{m}]$

D: 직경(지름)$[\mathrm{m}]$

V: 유속$[\mathrm{m}/\sec]$

g: 중력가속도$= 9.8[\mathrm{m}/\sec^2]$

▌해설

(1) 관의 양 끝단에서 압력손실을 $[\mathrm{m}]$로 환산

$$500[\mathrm{mmHg}] \times \frac{10.332[\mathrm{m}]}{760[\mathrm{mmHg}]}$$

$$= 6.7973[\mathrm{m}]$$

(2) 유속 계산

$$V = \frac{Q}{A} = \frac{Q}{\frac{\pi}{4}D^2} = \frac{0.2}{\frac{\pi}{4} \times 0.3^2}$$

$$= 2.8294[\mathrm{m}/\sec]$$

(3) 달시-웨버 공식으로 관마찰계수 계산

$$f = H \times \frac{D}{l} \times \frac{2g}{V^2}$$

$$= 6.7973 \times \frac{0.3}{200} \times \frac{2 \times 9.8}{2.8294^2}$$

$$= 0.025$$

46 복합 계산형   난이도 中

▌정답 ②

▌접근 POINT

배관의 손실수두는 달시-웨버 공식을 이용하면 풀 수 있다.

달시-웨버 공식 중 유속과 관마찰계수는 문제에 직접 주어지지 않았으므로 조건을 통해 계산한 후 달시-웨버 공식에 대입해야 한다.

▌공식 CHECK

(1) 유량

$$Q = AV$$

Q: 유량$[m^3/sec]$

A: 단면적$[m^2]$, V: 유속$[m/sec]$

(2) 레이놀즈수(Re)

$$Re = \frac{DV\rho}{\mu} = \frac{DV}{\nu}$$

Re: 레이놀즈수

D: 직경(지름)$[m]$, V: 유속$[m/sec]$

ρ: 밀도$[kg/m^3]$

μ: 점성계수$[kg/m \cdot sec]$

ν: 동점성계수$[m^2/sec]$

(3) 관마찰계수

$$f = \frac{64}{Re}$$

f: 관마찰계수, Re: 레이놀즈수

(4) 달시-웨버 공식

$$H = f \times \frac{l}{D} \times \frac{V^2}{2g}$$

H: 마찰손실수두$[m]$

f: 관마찰계수, l: 길이$[m]$

D: 직경(지름)$[m]$

V: 유속$[m/sec]$

g: 중력가속도$=9.8[m/sec^2]$

▌해설

(1) 유량 공식으로 유속 구하기

$$Q = \frac{20[L]}{[sec]} \times \frac{[m^3]}{1,000[L]} = 0.02[m^3/sec]$$

$$V = \frac{Q}{A} = \frac{Q}{\frac{\pi}{4}D^2} = \frac{0.02}{\frac{\pi}{4} \times 0.1^2}$$

$$= 2.5464[m/sec]$$

(2) 레이놀즈수 공식으로 관마찰계수 구하기

문제에서 동점성계수가 주어졌으므로 동점성계수가 포함된 레이놀즈 공식을 활용한다.

$$Re = \frac{DV}{\nu} = \frac{0.1 \times 2.5464}{3 \times 10^{-4}} = 848.8$$

$$f = \frac{64}{Re} = \frac{64}{848.8} = 0.0754$$

(3) 달시-웨버 공식으로 수두손실[m] 구하기

$$H = f \times \frac{l}{D} \times \frac{V^2}{2g}$$

$$= 0.0754 \times \frac{100}{0.1} \times \frac{2.5464^2}{2 \times 9.8}$$

$$= 24.944[m]$$

47 복합 계산형   난이도 中

▌정답 ③

▌접근 POINT

배관의 손실수두는 달시-웨버 공식을 이용하면 풀 수 있다.

점성계수의 단위가 중력단위로 주어졌으나 결국 같은 단위라는 것을 알아야 한다.

▌공식 CHECK

(1) 유량

$$Q = AV$$

Q: 유량$[\text{m}^3/\text{sec}]$

A: 단면적$[\text{m}^2]$, V: 유속$[\text{m}/\text{sec}]$

(2) 비중

$$s = \frac{\gamma}{\gamma_w} = \frac{\rho}{\rho_w}$$

s: 비중

γ: 어떤 물질의 비중량$[\text{kN}/\text{m}^3]$

γ_w: 물의 비중량 $= 9.8[\text{kN}/\text{m}^3]$

ρ: 어떤 물질의 밀도$[\text{kg}/\text{m}^3]$

ρ_w: 물의 밀도 $= 1,000[\text{kg}/\text{m}^3]$

(3) 레이놀즈수(Re)

$$Re = \frac{DV\rho}{\mu} = \frac{DV}{\nu}$$

Re: 레이놀즈수

D: 직경(지름)$[\text{m}]$, V: 유속$[\text{m}/\text{sec}]$

ρ: 밀도$[\text{kg}/\text{m}^3]$

μ: 점성계수$[\text{kg}/\text{m} \cdot \text{sec}]$

ν: 동점성계수$[\text{m}^2/\text{sec}]$

(4) 관마찰계수

$$f = \frac{64}{Re}$$

f: 관마찰계수, Re: 레이놀즈수

(5) 달시-웨버 공식

$$H = f \times \frac{l}{D} \times \frac{V^2}{2g}$$

H: 마찰손실수두$[\text{m}]$

f: 관마찰계수, l: 길이$[\text{m}]$

D: 직경(지름)$[\text{m}]$, V: 유속$[\text{m}/\text{sec}]$

g: 중력가속도 $= 9.8[\text{m}/\text{sec}^2]$

▌해설

(1) 유량 공식으로 유속 구하기

A는 문제에서 주철관이라고 했으므로 원의 단면적 공식 $\frac{\pi}{4}D^2$을 이용한다.

$$V = \frac{Q}{A} = \frac{Q}{\frac{\pi}{4}D^2} = \frac{0.0444}{\frac{\pi}{4} \times 0.3^2}$$

$$= 0.6281[\text{m}/\text{sec}]$$

(2) 물의 비중을 이용하여 기름의 밀도 계산

$$\rho = s\rho_w = 0.85 \times 1,000 = 850[\text{kg}/\text{m}^3]$$

(3) 레이놀즈수 공식으로 관마찰계수 구하기

점성계수의 단위가 $[\text{N} \cdot \text{sec}/\text{m}^2]$로 주어졌는데 $\text{N} = \frac{\text{kg} \cdot \text{m}}{\text{sec}^2}$ 이므로 점성계수의 단위와 같다.

$$\frac{\frac{\text{kg} \cdot \text{m}}{\text{sec}^2} \times \text{sec}}{\text{m}^2} = \frac{\text{kg}}{\text{m} \cdot \text{sec}}$$

$$Re = \frac{DV\rho}{\mu} = \frac{0.3 \times 0.6281 \times 850}{0.101}$$

$$= 1,585.797$$

$$f = \frac{64}{Re} = \frac{64}{1,585.797} = 0.0403$$

(4) 달시-웨버 공식으로 수두손실$[\text{m}]$ 구하기

$$H = f \times \frac{l}{D} \times \frac{V^2}{2g}$$

$$= 0.0403 \times \frac{3,000}{0.3} \times \frac{0.6281^2}{2 \times 9.8}$$

$$= 8.112[\text{m}]$$

48 복합 계산형 난이도 上

┃ 정답 ③

┃ 접근 POINT

배관의 마찰손실수두를 계산한 후 문제에서 원하는 압력으로 변환해야 한다.

┃ 공식 CHECK

(1) 유량

$$Q = AV$$

Q: 유량$[\mathrm{m^3/sec}]$

A: 단면적$[\mathrm{m^2}]$, V: 유속$[\mathrm{m/sec}]$

(2) 비중

$$s = \frac{\gamma}{\gamma_w} = \frac{\rho}{\rho_w}$$

s: 비중

γ: 어떤 물질의 비중량$[\mathrm{kN/m^3}]$

γ_w: 물의 비중량$= 9.8[\mathrm{kN/m^3}]$

ρ: 어떤 물질의 밀도$[\mathrm{kg/m^3}]$

ρ_w: 물의 밀도$= 1,000[\mathrm{kg/m^3}]$

(3) 레이놀즈수(Re)

$$Re = \frac{DV\rho}{\mu} = \frac{DV}{\nu}$$

Re: 레이놀즈수

D: 직경(지름)$[\mathrm{m}]$, V: 유속$[\mathrm{m/sec}]$

ρ: 밀도$[\mathrm{kg/m^3}]$

μ: 점성계수$[\mathrm{kg/m \cdot sec}]$

ν: 동점성계수$[\mathrm{m^2/sec}]$

(4) 관마찰계수

$$f = \frac{64}{Re}$$

f: 관마찰계수, Re: 레이놀즈수

(5) 달시-웨버 공식

$$H = f \times \frac{l}{D} \times \frac{V^2}{2g}$$

H: 마찰손실수두$[\mathrm{m}]$

f: 관마찰계수, l: 길이$[\mathrm{m}]$

D: 직경(지름)$[\mathrm{m}]$, V: 유속$[\mathrm{m/sec}]$

g: 중력가속도$= 9.8[\mathrm{m/sec^2}]$

┃ 해설

(1) 유량 공식으로 유속 구하기

$$V = \frac{Q}{A} = \frac{Q}{\frac{\pi}{4}D^2} = \frac{0.01}{\frac{\pi}{4} \times 0.1^2}$$

$$= 1.2732[\mathrm{m/sec}]$$

(2) 물의 비중을 이용하여 기름의 밀도 계산

$$\rho = s\rho_w = 0.8 \times 1,000 = 800[\mathrm{kg/m^3}]$$

(3) 레이놀즈수 공식으로 관마찰계수 구하기

$$Re = \frac{DV\rho}{\mu} = \frac{0.1 \times 1.2732 \times 800}{0.06}$$

$$= 1,697.6$$

$$f = \frac{64}{Re} = \frac{64}{1,697.6} = 0.0377$$

(4) 달시-웨버 공식으로 수두손실[m] 구하기

$$H = f \times \frac{l}{D} \times \frac{V^2}{2g}$$

$$= 0.0377 \times \frac{1,200}{0.1} \times \frac{1.2732^2}{2 \times 9.8}$$

$$= 37.4162[\mathrm{m}]$$

문제에서는 압력손실을 $[\mathrm{kPa}]$ 단위로 구하라고 했으므로 단위를 변환한다. 이 문제에서 관 속을 흐르고 있는 유체는 물이 아니기 때문에 $10.332[\mathrm{mAq}]$를 이용하여 단위를 환산하면 오류가 된다.

(5) 수두손실을 $[\mathrm{kPa}]$로 변환

$$P = \gamma H = s\gamma_w H = 0.8 \times 9.8 \times 37.4162$$

$$= 293.343[\mathrm{kPa}]$$

┃ 다른 풀이

레이놀즈수(Re)가 $2,100$ 이하이므로 층류일 때 유량을 구하는 하겐-포아젤 공식을 적용하여 압력손실을 계산할 수 있다.

$$\triangle P = \frac{128\mu LQ}{\pi D^4} = \frac{128 \times 0.06 \times 1,200 \times 0.01}{\pi \times 0.1^4}$$

$$= 293,354.3911[\mathrm{Pa}] = 293.354[\mathrm{kPa}]$$

49 단순 계산형

난이도 下

┃ 정답 ③

┃ 접근 POINT

문제에서 정사각형이라고 했으므로 직사각형 단면관에서의 수력직경 공식을 적용한다.

┃ 공식 CHECK

직사각형 단면관에서 수력직경(지름)

$$R_h = \frac{A}{L}$$

$$D_h = 4R_h$$

R_h: 수력반경$[\mathrm{m}]$, D_h: 수력직경$[\mathrm{m}]$

A: 단면적$[\mathrm{m}^2]$, L: 단면 둘레의 길이$[\mathrm{m}]$

┃ 해설

$$D_h = 4R_h = 4 \times \frac{A}{L} = 4 \times \frac{L^2}{4L} = L$$

50 단순 계산형

난이도 中

┃ 정답 ③

┃ 접근 POINT

직사각형 단면관에서의 수력직경 공식으로 지름을 구한 뒤 달시-웨버공식으로 마찰손실수두를 계산한다.

┃ 공식 CHECK

(1) 직사각형 단면관에서 수력직경

$$R_h = \frac{A}{L}, \ D_h = 4R_h$$

R_h: 수력반경$[\mathrm{m}]$, D_h: 수력직경$[\mathrm{m}]$

A: 단면적$[\mathrm{m}^2]$, L: 단면 둘레의 길이$[\mathrm{m}]$

(2) 달시-웨버 공식

$$H = f \times \frac{l}{D} \times \frac{V^2}{2g}$$

H: 마찰손실수두$[\mathrm{m}]$

f: 관마찰계수, l: 길이$[\mathrm{m}]$

D: 직경(지름)$[\mathrm{m}]$, V: 유속$[\mathrm{m/sec}]$

g: 중력가속도$= 9.8[\mathrm{m/sec}^2]$

┃ 해설

(1) 직사각형 단면관에서 수력직경 계산

$$D_h = 4R_h = 4 \times \frac{A}{L}$$

$$= 4 \times \frac{0.2 \times 0.3}{2 \times (0.2 + 0.3)} = 0.24[\mathrm{m}]$$

(2) 달시-웨버 공식으로 마찰손실수두 계산

$$H = f \times \frac{l}{D} \times \frac{V^2}{2g}$$

$$= 0.01 \times \frac{400}{0.24} \times \frac{3^2}{2 \times 9.8} = 7.653[\mathrm{m}]$$

51 복합 계산형

난이도 中

┃ 정답 ①

┃ 접근 POINT

문제에 주어진 덕트를 그림으로 나타내면 다음과 같다.

덕트가 직사각형 모양이므로 수력직경을 구해서 달시-웨버 공식에 적용해야 한다.

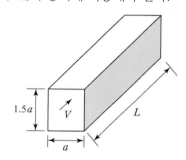

┃ 공식 CHECK

(1) 직사각형 단면관에서 수력직경

$$R_h = \frac{A}{L}$$

$$D_h = 4R_h$$

R_h: 수력반경[m], D_h: 수력직경[m]

A: 단면적[m^2], L: 단면 둘레의 길이[m]

(2) 달시-웨버 공식

$$H = f \times \frac{l}{D} \times \frac{V^2}{2g}$$

H: 마찰손실수두[m]

f: 관마찰계수, l: 길이[m]

D: 직경(지름)[m], V: 유속[m/sec]

g: 중력가속도=9.8[m/sec^2]

┃ 해설

(1) 수력직경 계산

$$D_h = 4R_h = \frac{4A}{L} = \frac{4 \times (a \times 1.5a)}{a + 1.5a + a + 1.5a}$$

$$= \frac{6a^2}{5a} = 1.2a$$

(2) 손실수두 계산

$$H = f \times \frac{l}{D} \times \frac{V^2}{2g} = f \frac{L}{1.2a} \frac{V^2}{2g}$$

$$= f \frac{L}{a} \frac{V^2}{2.4g}$$

52 단순 계산형

난이도 下

┃ 정답 ①

┃ 접근 POINT

동심 이중관은 가운데는 비어있고 가장자리의 부분에 유체가 흐르는 것이다.

수력직경 공식만 알고 있다면 쉽게 풀 수 있는 문제이다.

┃ 공식 CHECK

동심 이중관에서 수력직경

$$R_h = \frac{1}{4}(D - d)$$

$$D_h = 4R_h$$

R_h: 수력반경[m], D_h: 수력직경[m]

D: 외부지름[m], d: 내부지름[m]

∥ 해설

$$D_h = 4R_h = 4 \times \frac{1}{4} \times (D-d) = D-d$$

$$= 6 - 4 = 2[\text{cm}]$$

---

53 복합 계산형　　　　　난이도 中

∥ 정답　①

∥ 접근 POINT

환형관에 물이 흐르고 있다고 했으므로 수력직경을 구한 후 달시-웨버 공식으로 관마찰계수를 계산한다.
환형관은 가운데가 비어 있는 관이다.

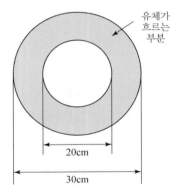

∥ 공식 CHECK

(1) 환형관에서 수력직경

$$R_h = \frac{1}{4}(D-d), \ D_h = 4R_h$$

R_h: 수력반경[m], D_h: 수력직경[m]

D: 외부지름[m], d: 내부지름[m]

---

(2) 달시-웨버 공식

$$H = f \times \frac{l}{D} \times \frac{V^2}{2g}$$

H: 마찰손실수두[m]

f: 관마찰계수, l: 길이[m]

D: 직경(지름)[m], V: 유속[m/sec]

g: 중력가속도$= 9.8[\text{m/sec}^2]$

∥ 해설

(1) 수력직경 계산

$$D_h = 4R_h = 4 \times \frac{1}{4} \times (D-d) = D-d$$

$$= 0.3 - 0.2 = 0.1[\text{m}]$$

(2) 관마찰계수 계산

$$f = H \times \frac{D}{l} \times \frac{2g}{V^2} = 1 \times \frac{0.1}{10} \times \frac{2 \times 9.8}{2^2}$$

$$= 0.049$$

---

54 복합 계산형　　　　　난이도 中

∥ 정답　④

∥ 접근 POINT

환형관에 물이 흐르고 있다고 했으므로 수력직경을 구한 후 달시-웨버 공식으로 손실수두를 계산한다.

∥ 공식 CHECK

(1) 환형관에서 수력직경

$$R_h = \frac{1}{4}(D-d), \ D_h = 4R_h$$

R_h: 수력반경[m], D_h: 수력직경[m]

D: 외부지름[m], d: 내부지름[m]

(2) 달시-웨버 공식

$$H = f \times \frac{l}{D} \times \frac{V^2}{2g}$$

H: 마찰손실수두[m]

f: 관마찰계수, l: 길이[m]

D: 직경(지름)[m], V: 유속[m/sec]

g: 중력가속도 = 9.8[m/sec^2]

▌해설

(1) 수력직경 계산

$$D_h = 4R_h = 4 \times \frac{1}{4} \times (D - d) = D - d$$

$$= 0.4 - 0.3 = 0.1[m]$$

(2) 마찰손실수두 계산

$$H = f \times \frac{l}{D} \times \frac{V^2}{2g}$$

$$= 0.02 \times \frac{5}{0.1} \times \frac{4^2}{2 \times 9.8}$$

$$= 0.816[m]$$

---

55 복합 계산형
난이도 中

▌정답 ②

▌접근 POINT

문제에서 동력손실이 주어졌으므로 펌프의 수동력 공식을 이용하여 양정을 구한 후 달시-웨버 공식으로 관마찰계수를 계산한다.

▌공식 CHECK

(1) 펌프의 수동력

$$P = \gamma QH$$

P: 수동력[kW], γ: 비중량[kN/m^3]

Q: 유량[m^3/sec], H: 전양정[m]

(2) 유량

$$Q = AV$$

Q: 유량[m^3/sec]

A: 단면적[m^2], V: 유속[m/sec]

(3) 달시-웨버 공식

$$H = f \times \frac{l}{D} \times \frac{V^2}{2g}$$

H: 마찰손실수두[m]

f: 관마찰계수, l: 길이[m]

D: 직경(지름)[m]

V: 유속[m/sec]

g: 중력가속도 = 9.8[m/sec^2]

▌해설

(1) 펌프의 수동력 공식으로 전양정 계산

$$H = \frac{P}{\gamma Q} = \frac{60}{9.8 \times 0.5} = 12.2448[m]$$

(2) 유량 공식으로 유속 계산

$$V = \frac{Q}{A} = \frac{Q}{\frac{\pi}{4}D^2} = \frac{0.5}{\frac{\pi}{4} \times 0.4^2}$$

$$= 3.9788[m/sec]$$

(3) 달시-웨버 공식으로 관마찰계수 계산

$$f = H \times \frac{D}{l} \times \frac{2g}{V^2}$$

$$= 12.2448 \times \frac{0.4}{300} \times \frac{2 \times 9.8}{3.9788^2}$$

$$= 0.0202$$

56 복합 계산형

난이도 中

정답 ③

접근 POINT

속도수두와 마찰손실수두가 같은 것을 식으로 세워 관로의 길이를 계산한다.

공식 CHECK

(1) 속도수두

$$H = \frac{V^2}{2g}$$

H: 속도수두[m], V: 유속[m/sec]

g: 중력가속도 $= 9.8[\text{m}/\text{sec}^2]$

(2) 달시-웨버 공식

$$H = f \times \frac{l}{D} \times \frac{V^2}{2g}$$

H: 마찰손실수두[m]

f: 관마찰계수, l: 길이[m]

D: 직경(지름)[m]

V: 유속[m/sec]

g: 중력가속도 $= 9.8[\text{m}/\text{sec}^2]$

해설

$$f \times \frac{l}{D} \times \frac{V^2}{2g} = \frac{V^2}{2g}$$

$$f \times \frac{l}{D} = 1$$

$$l = 1 \times \frac{D}{f} = 1 \times \frac{0.1}{0.03} = 3.333[\text{m}]$$

57 복합 계산형

난이도 上

정답 ④

접근 POINT

토리첼리 법칙을 이용하여 물의 높이를 구할 수 있다.

이 문제의 경우 문제의 조건에 따라 관의 주손실과 밸브 A와 관 입구의 부차적 손실을 모두 고려해서 물의 높이를 계산해야 한다.

공식 CHECK

(1) 달시-웨버 공식(주손실)

$$H = f \times \frac{l}{D} \times \frac{V^2}{2g}$$

H: 마찰손실수두[m]

f: 관마찰계수, l: 길이[m]

D: 직경(지름)[m]

V: 유속[m/sec]

g: 중력가속도 $= 9.8[\text{m}/\text{sec}^2]$

(2) 부차적 손실

$$H = K \frac{V^2}{2g}$$

H: 부차적 손실(손실수두)[m]

K: 부차적 손실계수

V: 유속[m/sec]

g: 중력가속도 $= 9.8[\text{m}/\text{sec}^2]$

(3) 토리첼리 공식(유속)

$$V = \sqrt{2gh}$$

V: 유속[m/sec]

g: 중력가속도 $= 9.8[\text{m}/\text{sec}^2]$

h: 물의 높이(수위)[m]

┃ 해설

(1) 주손실 계산

$$H_1 = f \times \frac{l}{D} \times \frac{V^2}{2g}$$

$$= 0.02 \times \frac{100}{0.2} \times \frac{2^2}{2 \times 9.8}$$

$$= 2.0408 [\text{m}]$$

(2) 부차적 손실 계산

문제에서 밸브 A와 관 입구의 부차적 손실계수가 모두 주어졌으므로 두 경우의 부차적 손실을 모두 고려해야 한다.

$$H_2 = K_1 \frac{V^2}{2g} + K_2 \frac{V^2}{2g}$$

$$= 5 \times \frac{2^2}{2 \times 9.8} + 0.5 \times \frac{2^2}{2 \times 9.8}$$

$$= 1.1224 [\text{m}]$$

(3) 토리첼리 공식으로 물의 높이 계산

마찰손실이 없다면 물의 높이가 그대로 속도로 변환되지만 마찰손실이 있기 때문에 물의 높이에서 주손실과 부차적 손실을 모두 빼준 높이가 속도로 변환된다.

$$V = \sqrt{2g(h - H_1 - H_2)}$$

$$2 = \sqrt{2 \times 9.8(h - 2.0408 - 1.1224)}$$

$$4 = 19.6(h - 3.1632)$$

$$4 = 19.6h - 61.9987$$

$$19.6h = 65.9987$$

$$h = 3.367 [\text{m}]$$

58 개념 이해형 난이도 下

┃ 정답 ①

┃ 접근 POINT

이 문제는 주손실의 의미를 묻는 문제이지만 주손실과 부차적 손실을 계산하는 문제도 출제되므로 주손실과 부차적 손실은 구분해야 한다. 주손실 이외의 손실은 부차적 손실이라고 생각하면 된다.

┃ 해설

배관에서의 주손실은 직관(직선의 원관)에서의 손실이다.

주손실 이외의 손실이 부차적 손실이므로 ②, ③, ④는 모두 부차적 손실이다.

59 복합 계산형 난이도 上

┃ 정답 ①

┃ 접근 POINT

배관의 총 손실수두를 구할 때에는 주손실과 부차적 손실을 모두 구한 후 더해야 한다.

┃ 공식 CHECK

(1) 달시-웨버 공식(주손실)

$$H = f \times \frac{l}{D} \times \frac{V^2}{2g}$$

H: 마찰손실수두[m]

f: 관마찰계수, l: 길이[m]

D: 직경(지름)[m]

V: 유속[m/sec]

g: 중력가속도$= 9.8 [\text{m}/\text{sec}^2]$

(2) 손실수두(부차적 손실)

$$H = K \times \frac{V^2}{2g}$$

H: 손실수두[m]

K: 손실계수, V: 유속[m/sec]

g: 중력가속도 $= 9.8[\text{m/sec}^2]$

❙ 해설

총 손실수두(H)=주손실+부차적 손실

$$H = \left(f \times \frac{l}{d} \times \frac{V^2}{2g} \right) + \left(0.5 \times \frac{V^2}{2g} \right) + \left(1.0 \times \frac{V^2}{2g} \right)$$

$$= \left(f \times \frac{l}{d} \times \frac{V^2}{2g} \right) + \left(1.5 \times \frac{V^2}{2g} \right)$$

$$= \left(1.5 + f\frac{l}{d} \right) \times \frac{V^2}{2g}$$

❙ 상세해설

부차적 손실을 계산할 때 돌연 확대관 손실과 돌연 축소관 손실을 모두 고려한다면 유속(V) 값을 다르게 적용해야 한다.

이 문제에서는 속도수두를 $V^2/2g$로 동일하게 주고 입구 손실계수와 출구 손실계수만 다르게 주었으므로 유속(V)은 동일하게 적용하고 손실계수만 입구와 출구 부분으로 구분하여 적용해야 한다.

돌연확대관 손실: $H = K\dfrac{V_1^2}{2g}$

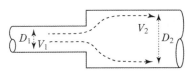

돌연축소관 손실: $H = K\dfrac{V_2^2}{2g}$

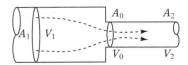

---

60 복합 계산형 난이도 上

❙ 정답 ④

❙ 접근 POINT

파이프 내에서 발생하는 주손실과 글로브 밸브에서 발생하는 부차적 손실을 모두 계산해야 한다.

❙ 공식 CHECK

(1) 달시-웨버 공식(주손실)

$$H = f \times \frac{l}{D} \times \frac{V^2}{2g}$$

H: 마찰손실수두[m]

f: 관마찰계수, l: 길이[m]

D: 직경(지름)[m], V: 유속[m/sec]

g: 중력가속도 $= 9.8[\text{m/sec}^2]$

(2) 손실수두(부차적 손실)

$$H = K \times \frac{V^2}{2g}$$

H: 손실수두[m]

K: 손실계수, V: 유속[m/sec]

g: 중력가속도 $= 9.8[\text{m/sec}^2]$

❙ 해설

전체 손실수두를 H라고 하고, 파이프 내의 주손실을 H_1, 글로브 밸브에서 발생하는 부차적 손실을 H_2라고 한다.

$$H = H_1 + H_2$$

$$10 = \left(0.02 \times \frac{200}{0.1} \times \frac{2^2}{2 \times 9.8} \right) + \left(K \times \frac{2^2}{2 \times 9.8} \right)$$

$$K = 9$$

K값은 이항하지 않고 공학용 계산기의 SOLVE로 계산했다.

61 복합 계산형

┃ 정답 ④

┃ 접근 POINT

달시-웨버 공식, 축동력 공식을 활용해야 하는 문제이다.

관마찰계수가 주어졌으므로 전양정을 계산할 때 관의 길이에 마찰손실수두를 더해야 한다.

┃ 공식 CHECK

(1) 유량

$$Q = AV$$

Q: 유량[m^3/sec]

A: 단면적[m^2], V: 유속[m/sec]

(2) 달시-웨버 공식

$$H = f \times \frac{l}{D} \times \frac{V^2}{2g}$$

H: 마찰손실수두[m]

f: 관마찰계수, l: 길이[m]

D: 직경(지름)[m]

V: 유속[m/sec]

g: 중력가속도 $= 9.8$[m/sec^2]

(3) 펌프의 축동력

$$P = \frac{\gamma Q H}{\eta}$$

P: 축동력[kW], γ: 비중량[kN/m^3]

Q: 유량[m^3/sec], H: 전양정[m]

η: 효율

┃ 해설

(1) 유량 공식으로 유속 계산

$$Q = 300[\text{L/sec}] = 0.3[\text{m}^3/\text{sec}]$$

$$V = \frac{Q}{A} = \frac{Q}{\frac{\pi}{4}D^2} = \frac{0.3}{\frac{\pi}{4} \times 0.3^2}$$

$$= 4.2441[\text{m/sec}]$$

(2) 마찰손실수두 계산

$$H = f \times \frac{l}{D} \times \frac{V^2}{2g}$$

$$= 0.03 \times \frac{800}{0.3} \times \frac{4.2441^2}{2 \times 9.8}$$

$$= 73.5199[\text{m}]$$

(3) 펌프의 축동력 계산

$$H = 50 + 73.5199 = 123.5199[\text{m}]$$

$$P = \frac{\gamma Q H}{\eta} = \frac{9.8 \times 0.3 \times 123.5199}{0.85}$$

$$= 427.234[\text{kW}]$$

62 복합 계산형

┃ 정답 ②

┃ 접근 POINT

레이놀즈수, 유속, 달시-웨버 공식, 수동력 공식 등 다양한 공식을 활용하고 계산과정 중간에서 단위환산을 해서 풀어야 하는 문제이다.

┃ 공식 CHECK

(1) 유량

$$Q = AV$$

Q: 유량[m^3/sec]

A: 단면적[m^2], V: 유속[m/sec]

(2) 레이놀즈수(Re)

$$Re = \frac{DV\rho}{\mu} = \frac{DV}{\nu}$$

Re : 레이놀즈수

D: 직경(지름)$[\mathrm{m}]$, V: 유속$[\mathrm{m/sec}]$

ρ: 밀도$[\mathrm{kg/m^3}]$

μ: 점성계수$[\mathrm{kg/m \cdot sec}]$

ν: 동점성계수$[\mathrm{m^2/sec}]$

(3) 관마찰계수

$$f = \frac{64}{Re}$$

f: 관마찰계수, Re: 레이놀즈수

(4) 달시-웨버 공식

$$H = f \times \frac{l}{D} \times \frac{V^2}{2g}$$

H: 마찰손실수두$[\mathrm{m}]$

f: 관마찰계수, l: 길이$[\mathrm{m}]$

D: 직경(지름)$[\mathrm{m}]$

V: 유속$[\mathrm{m/sec}]$

g: 중력가속도$= 9.8[\mathrm{m/sec^2}]$

(5) 펌프의 수동력

$$P = \gamma QH$$

P: 수동력$[\mathrm{W}]$, γ: 비중량$[\mathrm{N/m^3}]$

Q: 유량$[\mathrm{m^3/sec}]$, H: 전양정$[\mathrm{m}]$

┃ 해설

(1) 유속 계산

$$Q = \frac{0.1[\mathrm{m^3}]}{[\mathrm{min}]} \times \frac{[\mathrm{min}]}{60[\mathrm{sec}]}$$

$$= \frac{0.1}{60}[\mathrm{m^3/sec}]$$

$$V = \frac{Q}{A} = \frac{\dfrac{0.1}{60}}{\dfrac{\pi}{4} \times 0.1^2} = 0.2122[\mathrm{m/sec}]$$

(2) 레이놀즈수(Re) 계산

문제에 주어진 점성계수 단위는 중력단위로 제시되어 있는데 절대단위로 변환하면 공식에 제시된 단위와 같다.

$$\frac{0.02[\mathrm{N \cdot sec}]}{[\mathrm{m^2}]} = \frac{0.02\dfrac{[\mathrm{kg \cdot m}]}{[\mathrm{sec^2}]}[\mathrm{sec}]}{[\mathrm{m^2}]}$$

$$= \frac{0.02\dfrac{[\mathrm{kg \cdot m}]}{[\mathrm{sec}]}}{[\mathrm{m^2}]} = 0.02[\mathrm{kg/m \cdot sec}]$$

밀도는 비중이 주어졌으므로 다음과 같이 환산하여 적용한다.

$$\rho = s\rho_w = 0.86 \times 1,000[\mathrm{kg/m^3}]$$

$$Re = \frac{DV\rho}{\mu}$$

$$= \frac{0.1 \times 0.2122 \times (0.86 \times 1,000)}{0.02}$$

$$= 912.46$$

(3) 관마찰계수 계산

$$f = \frac{64}{Re} = \frac{64}{912.46} = 0.0701$$

(4) 달시-웨버 공식으로 전양정 계산

$$H = f \times \frac{l}{D} \times \frac{V^2}{2g}$$

$$= 0.0701 \times \frac{4,000}{0.1} \times \frac{0.2122^2}{2 \times 9.8}$$

$$= 6.4418[\mathrm{m}]$$

(5) 펌프의 수동력 계산

문제에서 수동력이라고 언급되어 있지는 않

지만 조건에 효율은 $100[\%]$라고 가정했고, 전달계수도 주어지지 않았으므로 수동력 공식을 적용한다.

비중량 γ는 비중이 주어졌으므로 환산하여 적용한다.

$$\gamma = s\gamma_w = 0.86 \times 9,800[\text{N/m}^3]$$

$$\begin{aligned}P &= \gamma QH \\ &= (0.86 \times 9,800) \times \frac{0.1}{60} \times 6.4418 \\ &= 90.486[\text{W}]\end{aligned}$$

63 개념 이해형   난이도 中

정답   ④

접근 POINT
문제에서 난류유동이라고 했기 때문에 패닝의 법칙을 사용하여 계산한다.

공식 CHECK
패닝의 법칙(난류일 때 적용)

$$H = \frac{\triangle P}{\gamma} = \frac{2flV^2}{gD}$$

H: 마찰손실수두$[\text{m}]$

$\triangle P$: 압력손실$[\text{Pa}]$

γ: 비중량$[\text{N/m}^3]$

f: 관마찰계수, l: 길이$[\text{m}]$

D: 직경(지름)$[\text{m}]$

V: 유속$[\text{m/sec}]$

g: 중력가속도$= 9.8[\text{m/sec}^2]$

해설
문제에서 길이가 2배, 속도가 2배가 된다고 했으므로 $l_2 = 2l_1$, $V_2 = 2V_1$을 대입한다.

$$H_2 = \frac{2f \times 2l_1 \times (2V_1)^2}{gD} = 8\frac{2fl_1 V_1^2}{gD}$$

손실수두는 원래의 8배가 된다.

64 개념 이해형   난이도 中

정답   ③

접근 POINT
문제에서 난류유동이라고 했기 때문에 패닝의 법칙을 사용하여 계산한다.

관의 조도는 관 내부의 매끄러운 정도를 나타내는 용어인데 이 문제를 풀 때 필요한 조건은 아니다.

공식 CHECK
패닝의 법칙(난류일 때 적용)

$$H = \frac{\triangle P}{\gamma} = \frac{2flV^2}{gD}$$

H: 마찰손실수두$[\text{m}]$

$\triangle P$: 압력손실$[\text{Pa}]$

γ: 비중량$[\text{N/m}^3]$

f: 관마찰계수, l: 길이$[\text{m}]$

D: 직경(지름)$[\text{m}]$

V: 유속$[\text{m/sec}]$

g: 중력가속도$= 9.8[\text{m/sec}^2]$

해설
패닝을 법칙을 보면 압력손실($\triangle P$)은 유속(V)의 제곱에 비례함을 알 수 있다.

$$\triangle P \propto V^2$$

유속이 $3[\text{m/sec}]$에서 $6[\text{m/sec}]$로 2배 증가했으므로 압력손실은 4배 증가한다.

정답은 비압축성 흐름, 비점성 흐름, 정상 유동
이다.

대표유형 ❹
유체 유동의 해석　　　45쪽

01	02	03	04	05	06	07	08	09	10
①	②	④	②	③	①	④	④	②	②
11	12	13	14	15	16	17	18	19	20
④	③	①	①	③	④	①	②	②	④
21	22	23	24	25	26	27	28	29	30
③	④	②	④	③	②	①	①	④	②
31	32	33	34	35	36	37	38	39	40
②	③	①	③	④	④	④	②	②	①
41	42	43	44	45	46	47	48	49	
③	③	③	③	②	①	①	②	①	

01 | 개념 이해형 　　　난이도 下

정답　①

접근 POINT

베르누이 방정식을 적용할 수 있는 조건은 자주
출제되므로 정확하게 이해해야 한다.

해설

베르누이 방정식을 적용할 수 있는 조건
- 정상상태의 흐름이다.
- 비압축성의 흐름이다.
- 비점성 흐름(마찰이 없는 흐름)이다.
- 이상유체의 흐름이다.
- 같은 유선 위의 두 점에 적용한다.

유사문제

베르누이 방정식을 적용할 수 있는 기본 전제조
건을 묻는 문제도 출제되었다.

02 | 개념 이해형 　　　난이도 下

정답　②

접근 POINT

정상류와 비정상류를 구분할 수 있어야 한다.

해설

정상류는 유체의 흐름의 특성이 시간에 따라 변
하지 않는 흐름으로 베르누이 방정식을 적용할
수 있는 흐름이다.
비정상류는 유체의 흐름의 특성이 시간에 따라
변하는 흐름이다.

03 | 개념 이해형 　　　난이도 下

정답　④

접근 POINT

답을 암기하기 보다는 베르누이 법칙의 개념을
이해하며 푸는 것이 좋다.

공식 CHECK

베르누이 방정식

$$\frac{V_1^2}{2g} + \frac{P_1}{\gamma} + Z_1 = 일정$$

$\frac{V_1^2}{2g}$: 속도수두, $\frac{P_1}{\gamma}$: 압력수두, Z_1 : 위치수두

▌해설

베르누이 법칙은 속도수두, 압력수두, 위치수두의 합이 항상 일정한 것이다.

공 사이에 공기를 불어 넣었을 경우 위치수두는 일정하고, 속도수두가 증가하기 때문에 압력수두가 감소한다.

공 사이에 압력수두(압력)가 감소하므로 두 개의 공은 가까워진다.

04 │ 단순 계산형   난이도 下

▌정답   ②

▌접근 POINT

속도수두, 압력수두는 다른 계산문제에도 중간과정으로 출제되므로 정확하게 계산할 수 있어야 한다.

▌공식 CHECK

(1) 속도수두

$$H_v = \frac{V^2}{2g}$$

H_v: 속도수두[m]

V: 유속[m/sec]

g: 중력가속도$=9.8[\text{m}/\text{sec}^2]$

(2) 압력수두

$$H_p = \frac{P}{\gamma}$$

H_p: 압력수두[m]

P: 압력$[\text{kN}/\text{m}^2]$

γ: 비중량$[\text{kN}/\text{m}^3]$

▌해설

$$H_v = \frac{V^2}{2g} = \frac{12^2}{2 \times 9.8} = 7.347[\text{m}]$$

$$H_p = \frac{P}{\gamma} = \frac{103}{9.8} = 10.51[\text{m}]$$

05 │ 단순 계산형   난이도 下

▌정답   ③

▌접근 POINT

문제에서 속도만 주어졌으므로 속도수두를 구한 뒤 압력으로 환산한다.

▌공식 CHECK

속도수두

$$H = \frac{V^2}{2g}$$

H: 속도수두[m]

V: 유속[m/sec]

g: 중력가속도$=9.8[\text{m}/\text{sec}^2]$

▌해설

유속이 24[m/sec]가 되기 위한 속도수두를 계산한다.

$$H = \frac{V^2}{2g} = \frac{24^2}{2 \times 9.8} = 29.3877[\text{m}]$$

문제에서 요구하는 것은 압력이므로 속도수두 값을 압력으로 변환한다.

$$P = 29.3877[\text{m}] \times \frac{101.325[\text{kPa}]}{10.332[\text{m}]} = 288.203[\text{kPa}]$$

▌유사문제

단순히 물이 9.8[m/sec]로 흐를 때 속도수두를 계산하는 문제로 출제되었다.

$$H = \frac{V^2}{2g} = \frac{9.8^2}{2 \times 9.8} = 4.9[\text{m}]$$

$$l = \frac{D}{f} = \frac{0.4}{0.041} = 9.756[\text{m}]$$

06 복합 계산형   난이도 中

▌정답 ①

▌접근 POINT

베르누이 방정식의 속도수두와 달시-웨버 방정식을 함께 활용하여 계산해야 한다.

▌공식 CHECK

(1) 속도수두

$$H = \frac{V^2}{2g}$$

H: 속도수두[m]

V: 유속[m/sec]

g: 중력가속도$= 9.8[\text{m}/\text{sec}^2]$

(2) 달시-웨버 공식

$$H = f \times \frac{l}{D} \times \frac{V^2}{2g}$$

H: 마찰손실수두[m]

f: 관마찰계수, l: 길이[m]

D: 직경(지름)[m]

V: 유속[m/sec]

g: 중력가속도$= 9.8[\text{m}/\text{sec}^2]$

▌해설

문제에서 관마찰에 의한 손실수두와 속도수두가 같다고 했으므로 다음 식이 성립한다.

$$f \times \frac{l}{D} \times \frac{V^2}{2g} = \frac{V^2}{2g}$$

$$f \times \frac{l}{D} = 1$$

07 단순 암기형   난이도 中

▌정답 ④

▌접근 POINT

베르누이 수정 방정식을 알고 있는지 묻는 문제로 공식을 증명하거나 유도하기 보다는 암기 위주로 접근해야 하는 문제이다.

유속은 일반적으로 V로 표기하나 이 문제에서는 보기가 v로만 주어졌으므로 v를 유속으로 생각하고 답을 고르면 된다.

▌해설

(1) 베르누이 기본 방정식

$$\frac{V_1^2}{2g} + \frac{P_1}{\gamma} + Z_1 = \frac{V_2^2}{2g} + \frac{P_2}{\gamma} + Z_2$$

(2) 베르누이 수정 방정식

$$\frac{V_1^2}{2g} + \frac{P_1}{\gamma} + Z_1 + H_P = \frac{V_2^2}{2g} + \frac{P_2}{\gamma} + Z_2 + H_L$$

V_1, V_2: 유속[m/sec]

P_1, P_2: 압력[kPa]

Z_1, Z_2: 높이[m]

g: 중력가속도$= 9.8[\text{m}/\text{sec}^2]$

γ: 비중량(물의 비중량$= 9.8[\text{kN}/\text{m}^3]$)

H_P: 펌프의 수두[m]

H_L: 손실수두[m]

08 단순 계산형 　　　　난이도 下

┃ 정답　④

┃ 접근 POINT

물의 속도와 압력이 주어졌으므로 베르누이 방정식으로 전수두를 계산한다.

┃ 공식 CHECK

베르누이 방정식

$$H = \frac{V^2}{2g} + \frac{P}{\gamma} + Z$$

H: 전수두[m]
V: 유속[m/sec]
P: 압력[kPa]
Z: 높이[m]
g: 중력가속도$=9.8[\text{m/sec}^2]$
γ: 비중량(물의 비중량$=9.8[\text{kN/m}^3]$)

┃ 해설

$$H = \frac{V^2}{2g} + \frac{P}{\gamma} + Z = \frac{4^4}{2 \times 9.8} + \frac{78.4}{9.8} + 4$$

$$= 12.816[\text{m}]$$

09 개념 이해형 　　　　난이도 中

┃ 정답　②

┃ 접근 POINT

베르누이 방정식의 기본원리를 이해하고 있다면 직관적으로 답을 고를 수 있다.

┃ 공식 CHECK

베르누이 방정식

$$\frac{V_1^2}{2g} + \frac{P_1}{\gamma} + Z_1 = \frac{V_2^2}{2g} + \frac{P_2}{\gamma} + Z_2$$

V_1, V_2: 유속[m/sec]
P_1, P_2: 압력[kPa]
Z_1, Z_2: 높이[m]
g: 중력가속도$=9.8[\text{m/sec}^2]$
γ: 비중량(물의 비중량$=9.8[\text{kN/m}^3]$)

┃ 해설

A지점과 B지점의 유속을 비교하면 A지점의 관의 지름이 더 작기 때문에 유속은 더 빠르다.

$$V_A > V_B$$

문제에서 수평배관이라고 했으므로 베르누이 방정식에서 Z_A, Z_B는 무시할 수 있다.

$$\frac{V_A^2}{2g} + \frac{P_A}{\gamma} = \frac{V_B^2}{2g} + \frac{P_B}{\gamma}$$

속도수두는 A 지점이 더 크고, 베르누이 방정식에 의해 A 지점과 B 지점의 속도수두와 압력수두의 합은 같아야 한다.

결국 A 지점의 압력수두와 B 지점의 압력수두를 비교하면 다음 관계가 성립한다.

$$\frac{P_A}{\gamma} < \frac{P_B}{\gamma}$$

물이 흐르고 있다고 했으므로 γ는 같다.

$$P_A < P_B$$

10 복합 계산형   난이도 中

▌정답 ②

▌접근 POINT

베르누이 방정식을 높이차에 대한 식으로 변형하여 답을 구할 수 있다.

▌공식 CHECK

(1) 유량

$$Q = AV$$

Q: 유량$[\mathrm{m^3/sec}]$

A: 단면적$[\mathrm{m^2}]$, V: 유속$[\mathrm{m/sec}]$

(2) 베르누이 방정식

$$\frac{V_1^2}{2g} + \frac{P_1}{\gamma} + Z_1 = \frac{V_2^2}{2g} + \frac{P_2}{\gamma} + Z_2$$

V_1, V_2: 유속$[\mathrm{m/sec}]$

P_1, P_2: 압력$[\mathrm{kPa}]$

Z_1, Z_2: 높이$[\mathrm{m}]$

g: 중력가속도$=9.8[\mathrm{m/sec^2}]$

γ: 비중량(물의 비중량$=9.8[\mathrm{kN/m^3}]$)

▌해설

(1) 유량 공식으로 유속 계산

$$Q = \frac{3[\mathrm{m^3}]}{[\min]} = \frac{3[\mathrm{m^3}]}{60[\sec]}$$

$$V_1 = \frac{Q}{A_1} = \frac{Q}{\frac{\pi}{4}D_1^2} = \frac{\frac{3}{60}}{\frac{\pi}{4} \times 0.2^2}$$

$$= 1.5915[\mathrm{m/sec}]$$

$$V_2 = \frac{Q}{A_2} = \frac{Q}{\frac{\pi}{4}D_2^2} = \frac{\frac{3}{60}}{\frac{\pi}{4} \times 0.1^2}$$

$$= 6.3661[\mathrm{m/sec}]$$

(2) 베르누이 방정식으로 높이 차 계산

$$Z_1 - Z_2 = \frac{V_2^2 - V_1^2}{2g} + \frac{P_2 - P_1}{\gamma}$$

모든 손실은 무시한다고 했으므로 $P_2 - P_1$ 은 무시할 수 있다.

$$Z_1 - Z_2 = \frac{V_2^2 - V_1^2}{2g}$$

$$= \frac{6.3661^2 - 1.5915^2}{2 \times 9.8}$$

$$= 1.938[\mathrm{m}]$$

11 복합 계산형   난이도 上

▌정답 ④

▌접근 POINT

속도수두, 압력수두, 위치수두를 고려하여 베르누이 방정식을 이용하여 풀 수 있다.

▌공식 CHECK

(1) 유량

$$Q = AV$$

Q: 유량$[\mathrm{m^3/sec}]$

A: 단면적$[\mathrm{m^2}]$, V: 유속$[\mathrm{m/sec}]$

(2) 베르누이 방정식

$$\frac{V_1^2}{2g} + \frac{P_1}{\gamma} + Z_1 = \frac{V_2^2}{2g} + \frac{P_2}{\gamma} + Z_2$$

V_1, V_2: 유속[m/sec]

P_1, P_2: 압력[kPa]

Z_1, Z_2: 높이[m]

g: 중력가속도$=9.8[m/sec^2]$

γ: 비중량(물의 비중량$=9.8[kN/m^3]$)

∎ 해설

(1) 유량 공식을 이용하여 유속 구하기

입구의 유속을 V_1, 출구의 유속을 V_2라고 한다.

$$V_1 = \frac{Q}{\frac{\pi}{4}D_1^2} = \frac{0.3}{\frac{\pi}{4}\times 0.3^2} = 4.2441[m/sec]$$

$$V_2 = \frac{Q}{\frac{\pi}{4}D_2^2} = \frac{0.3}{\frac{\pi}{4}\times 0.16^2} = 14.9207[m/sec]$$

(2) 베르누이 방정식으로 P_1 구하기

베르누이 방정식을 P_1 기준으로 정리한다.

$$\frac{V_1^2}{2g} + \frac{P_1}{\gamma} + Z_1 = \frac{V_2^2}{2g} + \frac{P_2}{\gamma} + Z_2$$

P_2는 문제에서 대기중으로 분출된다고 했으므로 0으로 계산한다.

$$P_1 = \gamma\left(\frac{V_2^2}{2g} - \frac{V_1^2}{2g} + \frac{P_2}{\gamma} + Z_2 - Z_1\right)$$

$$= 9.8 \times \left(\frac{14.9207^2}{2\times 9.8} - \frac{4.2441^2}{2\times 9.8} + 5.5 - 3\right)$$

$$= 126.8074[kN/m^2] = 126.8074[kPa]$$

$$\therefore 1[kN/m^2] = 1[kPa]$$

(3) 절대압력 계산하기

절대압력 = 대기압 + 계기압

$$= 101.325[kPa] + 126.8074[kPa]$$

$$= 228.132[kPa]$$

문제에서 표준대기압 상태라고 했으므로 대기압은 $101.325[kPa]$을 적용한다.

∎ 상세해설

Z_1, Z_2값 구하기

$$5 \times \sin30° = 2.5$$

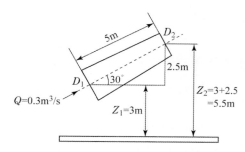

12 복합 계산형

난이도 中

∎ 정답 ③

∎ 접근 POINT

펌프의 입구를 1지점, 출구를 2지점으로 놓고 베르누이 방정식으로 손실수두를 계산한 후 수동력을 계산한다.

∎ 공식 CHECK

(1) 베르누이 방정식

$$\frac{V_1^2}{2g} + \frac{P_1}{\gamma} + Z_1 = \frac{V_2^2}{2g} + \frac{P_2}{\gamma} + Z_2 + \triangle H$$

V_1, V_2: 유속[m/sec]

P_1, P_2: 압력[kPa]

Z_1, Z_2: 높이[m]

g: 중력가속도$=9.8[m/sec^2]$

γ: 비중량(물의 비중량$=9.8[kN/m^3]$)

$\triangle H$: 손실수두[m]

(2) 펌프의 수동력

$$P = \gamma Q H$$

P: 수동력$[\mathrm{kW}]$, γ: 비중량$[\mathrm{kN/m^3}]$

Q: 유량$[\mathrm{m^3/sec}]$, H: 전양정$[\mathrm{m}]$

▌해설

(1) 베르누이 방정식으로 손실수두 계산

$$\triangle H = \frac{V_1^2 - V_2^2}{2g} + \frac{P_1 - P_2}{\gamma} + (Z_1 - Z_2)$$

문제에서 높이 차이와 속도 차이는 매우 작다고 했으므로 $V_1^2 - V_2^2 = 0$, $Z_1 - Z_2 = 0$이다. 문제에서 압력 차이는 $\triangle P$라고 했으므로 $P_1 - P_2 = \triangle P$이다.

$$\triangle H = \frac{\triangle P}{\gamma}$$

(2) 수동력 공식으로 펌프의 최소동력 계산

$$P = \gamma Q H = \gamma Q \times \frac{\triangle P}{\gamma} = Q \triangle P$$

---

13 복합 계산형 난이도 上

▌정답 ①

▌접근 POINT

베르누이 방정식 관련 문제 중에서 어려운 문제로 계산을 위한 기준점을 잘 잡아야 한다.

▌공식 CHECK

(1) 유량

$$Q = AV$$

Q: 유량$[\mathrm{m^3/sec}]$

A: 단면적$[\mathrm{m^2}]$, V: 유속$[\mathrm{m/sec}]$

(2) 베르누이 방정식

$$\frac{V_1^2}{2g} + \frac{P_1}{\gamma} + Z_1 = \frac{V_2^2}{2g} + \frac{P_2}{\gamma} + Z_2 + \triangle H$$

V_1, V_2: 유속$[\mathrm{m/sec}]$

P_1, P_2: 압력$[\mathrm{kPa}]$

Z_1, Z_2: 높이$[\mathrm{m}]$

g: 중력가속도$= 9.8[\mathrm{m/sec^2}]$

γ: 비중량(물의 비중량$= 9.8[\mathrm{kN/m^3}]$)

$\triangle H$: 손실수두$[\mathrm{m}]$

▌해설

(1) 방출 시 유속 계산

$$Q = \frac{4.8[\mathrm{m^3}]}{[\mathrm{min}]} = \frac{4.8[\mathrm{m^3}]}{60[\mathrm{sec}]}$$

$$V_3 = \frac{Q}{A} = \frac{Q}{\frac{\pi}{4}D^2} = \frac{\frac{4.8}{60}}{\frac{\pi}{4} \times 0.2^2}$$

$$= 2.5464[\mathrm{m/sec}]$$

(2) 베르누이 방정식으로 손실수두 계산

3지점을 기준으로 1지점과 비교하여 베르누이 방정식을 세운다.

$$\frac{V_1^2}{2g} + \frac{P_1}{\gamma} + Z_1 = \frac{V_3^2}{2g} + \frac{P_3}{\gamma} + Z_3 + \triangle H$$

1지점은 대기압 상태($P_1 = 0$)이고, 방출 전이므로 유속($V_1 = 0$)으로 볼 수 있다. 3지점도 물이 대기 중으로 방출되는 것이므로 대기압 상태($P_3 = 0$)으로 볼 수 있다.

$$\triangle H = Z_1 - Z_3 - \frac{V_3^2}{2g}$$

$$= 1 - 0 - \frac{2.5464^2}{2 \times 9.8} = 0.669[\mathrm{m}]$$

다른 풀이

3지점만을 기준으로 베르누이 방정식으로 손실수두를 계산한다.

3지점은 물이 대기 중으로 방출되는 것이므로 대기압 상태($P_3 = 0$)으로 볼 수 있다.

이 풀이를 사용할 경우 3지점은 중력가속도를 받는 방향이므로 −손실에 해당하므로 속도수두 앞에 −를 붙여야 한다.

$$H = -\frac{V^2}{2g} + Z = -\frac{2.5464^2}{2 \times 9.8} + 1 = 0.669[\mathrm{m}]$$

14 복합 계산형
난이도 上

정답 ①

접근 POINT

베르누이 방정식 관련 문제 중에서 난이도가 높은 문제이지만 A점과 B점을 기준으로 하여 손실수두를 계산하면 답을 고를 수 있다.

문제에서 비중량 값을 $9,810[\mathrm{N/m^3}]$로 주어졌으므로 이 값을 적용하여 계산해야 한다.

공식 CHECK

(1) 유량

$$Q = AV$$

Q: 유량$[\mathrm{m^3/sec}]$

A: 단면적$[\mathrm{m^2}]$, V: 유속$[\mathrm{m/sec}]$

(2) 베르누이 방정식

$$\frac{V_1^2}{2g} + \frac{P_1}{\gamma} + Z_1 = \frac{V_2^2}{2g} + \frac{P_2}{\gamma} + Z_2 + \triangle H$$

V_1, V_2: 유속$[\mathrm{m/sec}]$

P_1, P_2: 압력$[\mathrm{kPa}]$

Z_1, Z_2: 높이$[\mathrm{m}]$

g: 중력가속도$= 9.8[\mathrm{m/sec^2}]$

γ: 비중량$[\mathrm{kN/m^3}]$

$\triangle H$: 손실수두$[\mathrm{m}]$

해설

(1) A점과 B점에서의 유속 계산

$$V_A = \frac{Q}{\frac{\pi}{4}D_A^2} = \frac{0.146}{\frac{\pi}{4} \times 0.15^2}$$

$$= 8.2619[\mathrm{m/sec}]$$

$$V_B = \frac{Q}{\frac{\pi}{4}D_B^2} = \frac{0.146}{\frac{\pi}{4} \times 0.45^2}$$

$$= 0.9179[\mathrm{m/sec}]$$

(2) 베르누이 방정식으로 손실수두 계산

베르누이 방정식을 손실수두($\triangle H$) 기준으로 정리한다.

$$\triangle H = \frac{V_A^2 - V_B^2}{2g} + \frac{P_A - P_B}{\gamma} + Z_A - Z_B$$

$$= \frac{8.2619^2 - 0.9179^2}{2 \times 9.8} + \frac{91 - 60.3}{0.877 \times 9.81} - 3.66$$

$$= 3.348[\mathrm{m}]$$

상세해설

기름의 비중량(γ) 계산

원관을 흐르는 유체가 물이 아니라 비중이 주어

진 기름이기 때문에 물의 비중량을 이용하여 기름의 비중량을 계산해야 한다.

$$\gamma = s \times \gamma_w = 0.877 \times 9.81 [\mathrm{kN/m^3}]$$

문제에서 물의 비중량을 $9,810[\mathrm{N/m^3}]$라고 했으므로 $9.8[\mathrm{kN/m^3}]$이 아니라 $9.81[\mathrm{kN/m^3}]$을 대입해야 한다.

필기에서는 비슷한 값을 고르면 되지만 실기에서 문제에 주어진 비중량을 쓰지 않으면 오답 처리 될 수 있다.

문제에 주어진 압력 단위가 $[\mathrm{kPa}] = [\mathrm{kN/m^2}]$이므로 물의 비중량은 $9.81[\mathrm{kN/m^3}]$로 단위를 맞추어서 식에 대입한다.

15 복합 계산형

난이도 上

┃ 정답 ③

┃ 접근 POINT

문제의 내용을 그림으로 나타내면 다음과 같다. 문제의 조건을 정확하게 해석하여 손실수두를 계산해야 한다.

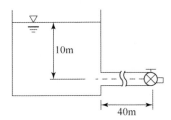

┃ 공식 CHECK

(1) 유량

$$Q = AV$$

Q: 유량$[\mathrm{m^3/sec}]$

A: 단면적$[\mathrm{m^2}]$, V: 유속$[\mathrm{m/sec}]$

(2) 달시-웨버 공식

$$H = f \times \frac{l}{D} \times \frac{V^2}{2g}$$

H: 마찰손실수두$[\mathrm{m}]$

f: 관마찰계수, l: 길이$[\mathrm{m}]$

D: 직경(지름)$[\mathrm{m}]$

V: 유속$[\mathrm{m/sec}]$

g: 중력가속도$= 9.8[\mathrm{m/sec^2}]$

(3) 부차적 손실

$$H = K\frac{V^2}{2g}$$

H: 부차적 손실(손실수두)$[\mathrm{m}]$

K: 부차적 손실계수

V: 유속$[\mathrm{m/sec}]$

g: 중력가속도$= 9.8[\mathrm{m/sec^2}]$

(4) 베르누이 방정식

$$\frac{V_1^2}{2g} + \frac{P_1}{\gamma} + Z_1 = \frac{V_2^2}{2g} + \frac{P_2}{\gamma} + Z_2 + \triangle H$$

V_1, V_2: 유속$[\mathrm{m/sec}]$

P_1, P_2: 압력$[\mathrm{kPa}]$

Z_1, Z_2: 높이$[\mathrm{m}]$

g: 중력가속도$= 9.8[\mathrm{m/sec^2}]$

γ: 비중량(물의 비중량$= 9.8[\mathrm{kN/m^3}]$)

$\triangle H$: 손실수두$[\mathrm{m}]$

┃ 해설

파이프 내의 유속을 V_1, 수도꼭지 출구에서의 유속을 V_2라고 한다.

$$Q = A_1 V_1 = A_2 V_2$$

$$V_1 = \frac{A_2}{A_1} V_2 = \frac{\frac{\pi}{4}D_2^2}{\frac{\pi}{4}D_1^2} V_2 = \frac{D_2^2}{D_1^2} V_2$$

$$V_1 = \frac{0.01^2}{0.02^2} V_2 = \frac{1}{4} V_2$$

파이프의 마찰손실을 H_1, 수도꼭지의 부차적 손실을 H_2로 하여 전체 손실수두 $\triangle H$를 구한다.

$\triangle H = H_1 + H_2$

$$\triangle H = \left(0.025 \times \frac{40}{0.02} \times \frac{V_1^2}{2 \times 9.8}\right) + \left(50 \times \frac{V_2^2}{2 \times 9.8}\right)$$

$$= \left(0.025 \times \frac{40}{0.02} \times \frac{\left(\frac{1}{4} V_2\right)^2}{2 \times 9.8}\right) + \left(50 \times \frac{V_2^2}{2 \times 9.8}\right)$$

$$= 2.7104 V_2^2$$

물탱크의 자유표면 지점을 0지점으로 잡고, 수도꼭지의 출구를 2지점으로 잡아 베르누이 방정식을 적용한다.

$$\frac{V_0^2}{2g} + \frac{P_0}{\gamma} + Z_0 = \frac{V_2^2}{2g} + \frac{P_2}{\gamma} + Z_2 + \triangle H$$

0지점과 2지점은 모두 대기압 상태이므로 P_0, P_2는 무시할 수 있고, 물탱크의 자유표면은 매우 넓기 때문에 V_0도 0에 가깝기 때문에 무시할 수 있다.

$$Z_0 = \frac{V_2^2}{2g} + Z_2 + \triangle H$$

$$\frac{V_2^2}{2g} = Z_0 - Z_2 - \triangle H$$

$$V_2 = \sqrt{2g \times (Z_0 - Z_2 - \triangle H)}$$

$$V_2 = \sqrt{2 \times 9.8 \times (10 - 2.7104 V_2^2)}$$

$$V_2 = 1.903 [\mathrm{m/sec}]$$

V_2 값은 이항하지 않고 공학용계산기의 SOLVE 기능으로 계산했다.

16 복합 계산형

난이도 上

정답 ④

접근 POINT

베르누이 방정식과 축동력 공식을 함께 적용해서 풀어야 하는 문제로 난이도가 높은 문제이다. 입구측을 1, 출구측을 2로 놓고 문제를 푼다.

공식 CHECK

(1) 유량

$$Q = AV$$

Q: 유량$[\mathrm{m^3/sec}]$

A: 단면적$[\mathrm{m^2}]$, V: 유속$[\mathrm{m/sec}]$

(2) 베르누이 방정식

$$\frac{V_1^2}{2g} + \frac{P_1}{\gamma} + Z_1 = \frac{V_2^2}{2g} + \frac{P_2}{\gamma} + Z_2 + \triangle H$$

V_1, V_2: 유속$[\mathrm{m/sec}]$

P_1, P_2: 압력$[\mathrm{kPa}]$

Z_1, Z_2: 높이$[\mathrm{m}]$

g: 중력가속도 $= 9.8[\mathrm{m/sec^2}]$

γ: 비중량(물의 비중량 $= 9.8[\mathrm{kN/m^3}]$)

$\triangle H$: 손실수두$[\mathrm{m}]$

(3) 펌프의 수동력

$$P = \gamma Q H$$

P: 수동력$[\mathrm{kW}]$, γ: 비중량$[\mathrm{kN/m^3}]$

Q: 유량$[\mathrm{m^3/sec}]$, H: 전양정$[\mathrm{m}]$

해설

(1) 입구 및 출구측의 유속 계산

$$V_1 = \frac{Q}{A_1} = \frac{Q}{\frac{\pi}{4}D_1^2} = \frac{0.15}{\frac{\pi}{4} \times 0.2^2}$$

$$= 4.7746[\text{m/sec}]$$

$$V_2 = \frac{Q}{A_2} = \frac{Q}{\frac{\pi}{4}D_2^2} = \frac{0.15}{\frac{\pi}{4} \times 0.15^2}$$

$$= 8.4882[\text{m/sec}]$$

(2) 베르누이 방정식으로 손실수두 계산

입구와 출구의 높이차는 없다고 했으므로 Z_1, Z_2는 무시할 수 있다.

$$\frac{V_1^2}{2g} + \frac{P_1}{\gamma} = \frac{V_2^2}{2g} + \frac{P_2}{\gamma} + \triangle H$$

P_1은 진공계 압력이라고 했으므로 단위환산할 때 −를 붙인다.

$$P_1 = -25[\text{mmHg}] \times \frac{101.325[\text{kPa}]}{760[\text{mmHg}]}$$

$$= -3.333[\text{kPa}]$$

$$\triangle H = \frac{V_1^2 - V_2^2}{2g} + \frac{P_1 - P_2}{\gamma}$$

$$= \frac{4.7746^2 - 8.4882^2}{2 \times 9.8} + \frac{-3.333 - 260}{9.8}$$

$$= -29.3836[\text{m}]$$

$\triangle H$ 값이 −로 나오는 것은 방향을 나타내므로 수동력을 계산할 때는 무시해도 된다.

(3) 펌프의 수동력 계산

문제에서 효율이나 전달계수가 주어지지 않았으므로 수동력 공식을 적용한다.

$$P = \gamma Q H = 9.8 \times 0.15 \times 29.3836$$

$$= 43.194[\text{kW}]$$

17 복합 계산형

난이도 上

정답 ①

접근 POINT

베르누이 방정식과 중량유량을 연계하여 풀어야 하는 문제로 난이도가 높다.

문제에서 밀도만 주어지고, 비중량은 주어지지 않았으므로 중력가속도를 이용하여 비중량도 직접 계산해야 한다.

공식 CHECK

(1) 비중량

$$\gamma = \rho g$$

γ: 비중량$[\text{N/m}^3]$

ρ: 밀도$[\text{kg/m}^3]$

g: 중력가속도$[\text{m/sec}^2]$

(2) 중량유량

$$G = \gamma A V$$

G: 중량유량$[\text{N/sec}]$

γ: 비중량$[\text{N/m}^3]$

A: 단면적$[\text{m}^2]$

V: 유속$[\text{m/sec}]$

(3) 베르누이 방정식

$$\frac{V_1^2}{2g} + \frac{P_1}{\gamma} + Z_1 = \frac{V_2^2}{2g} + \frac{P_2}{\gamma} + Z_2$$

V_1, V_2: 유속$[\text{m/sec}]$

P_1, P_2: 압력$[\text{kPa}]$

Z_1, Z_2: 높이$[\text{m}]$

g: 중력가속도 $= 9.8[\text{m/sec}^2]$

γ: 비중량(물의 비중량 $= 9.8[\text{kN/m}^3]$)

▌해설

(1) 비중량 계산

관 내에서 흐르고 있는 유체가 물이 아니라 밀도가 주어진 공기이기 때문에 비중량을 계산하여 공식에 대입해야 한다.

$$\gamma = \rho g = 1.23 \times 9.8 = 12.054[\text{N/m}^3]$$

(2) 중량유량으로 유속 계산

$$V_1 = \frac{G}{\gamma A_1} = \frac{7.26}{12.054 \times 0.6}$$

$$= 1.0038[\text{m/sec}]$$

$$V_2 = \frac{G}{\gamma A_2} = \frac{7.26}{12.054 \times 0.2}$$

$$= 3.0114[\text{m/sec}]$$

(3) 베르누이 방정식으로 압력 감소 계산

문제에서 수평한 관이라고 했으므로 Z_1, Z_2는 무시할 수 있다.

문제에서 마찰손실은 없는 것으로 가정했으므로 $\triangle H$는 고려하지 않아도 된다.

$$\frac{V_1^2}{2g} + \frac{P_1}{\gamma} = \frac{V_2^2}{2g} + \frac{P_2}{\gamma}$$

$$\frac{P_2}{\gamma} - \frac{P_1}{\gamma} = \frac{V_1^2}{2g} - \frac{V_2^2}{2g}$$

$$P_2 - P_1 = \gamma \times \frac{V_1^2 - V_2^2}{2g}$$

$$= 12.054 \times \frac{1.0038^2 - 3.0114^2}{2 \times 9.8}$$

$$= -4.957[\text{Pa}]$$

압력 계산 값이 −가 나오는 것은 압력이 감소되었다는 의미이다.

---

18 │ 복합 계산형　　　　난이도 上

▌정답　②

▌접근 POINT

베르누이 방정식과 손실수두 공식을 연계해서 풀어야 하는 문제이다.

출구의 손실계수가 주어졌으므로 출구의 손실을 고려하고, 관 내에서의 손실을 계산하기 위한 조건은 주어지지 않았으므로 관 내에서의 손실은 고려하지 않는다.

▌공식 CHECK

(1) 부차적 손실

$$H = \frac{\triangle P}{\gamma} = K \frac{V^2}{2g}$$

H: 부차적 손실(손실수두)[m]

$\triangle P$: 압력 차[kPa]

γ: 어떤 물질의 비중량[kN/m^3]

K: 부차적 손실계수

V: 유속[m/sec]

g: 중력가속도 $= 9.8[\text{m/sec}^2]$

(2) 베르누이 방정식

$$\frac{V_1^2}{2g} + \frac{P_1}{\gamma} + Z_1 = \frac{V_2^2}{2g} + \frac{P_2}{\gamma} + Z_2 + \triangle H$$

V_1, V_2: 유속[m/sec]

P_1, P_2: 압력[kPa]

Z_1, Z_2: 높이[m]

g: 중력가속도 $= 9.8[\text{m/sec}^2]$

γ: 비중량(물의 비중량 $= 9.8[\text{kN/m}^3]$)

$\triangle H$: 손실수두[m]

해설

탱크의 수면을 1지점, 출구 지점을 2지점으로 하여 베르누이 방정식을 작성한다.

이 문제에서는 손실계수가 주어졌으므로 베르누이 방정식의 손실수두($\triangle H$)는 부차적 손실식으로 적용할 수 있다.

$$\frac{V_1^2}{2g} + \frac{P_1}{\gamma} + Z_1 = \frac{V_2^2}{2g} + \frac{P_2}{\gamma} + Z_2 + K\frac{V_2^2}{2g}$$

V_1는 탱크의 수면이므로 속도가 매우 작으므로 무시 가능하다.

P_1, P_2는 대기압이 적용되는 부분이므로 무시 가능하다.

탱크의 출구를 기준점으로 잡으면 $Z_2 = 0[\text{m}]$이고, $Z_1 = 1.5[\text{m}]$이다.

$$Z_1 = \frac{V_2^2}{2g} + K\frac{V_2^2}{2g}$$

원형 모양 출구의 속도를 구한다.

$$Z_1 = \frac{V_{원형}^2}{2g} + K\frac{V_{원형}^2}{2g}$$

$$1.5 = \frac{V_{원형}^2}{2 \times 9.8} + 0.04 \times \frac{V_{원형}^2}{2 \times 9.8}$$

$$V_{원형} = 5.3168[\text{m/sec}]$$

사각 모양 출구의 속도를 구한다.

$$Z_1 = \frac{V_{사각}^2}{2g} + K\frac{V_{사각}^2}{2g}$$

$$1.5 = \frac{V_{사각}^2}{2 \times 9.8} + 0.5 \times \frac{V_{사각}^2}{2 \times 9.8}$$

$$V_{사각} = 4.4271[\text{m/sec}]$$

문제에서 원하는 값은 유량 변화이므로 유량 공식을 적용한다.

단면적 A는 문제에서 변하지 않는다고 했으므로 구분하지 않아도 된다.

$$Q_{사각} - Q_{원형} = A V_{사각} - A V_{원형}$$

$$= A(V_{사각} - V_{원형}) = \frac{\pi}{4}D^2(V_{사각} - V_{원형})$$

$$= \frac{\pi}{4} \times 0.025^2 \times (4.4271 - 5.3168)$$

$$= -0.000436[\text{m}^3/\text{sec}]$$

출구의 모양이 원형 모양에서 사각 모양으로 변경되면 유량은 $0.00044[\text{m}^3/\text{sec}]$만큼 감소한다.

19 단순 암기형

정답 ②

접근 POINT

베르누이 방정식과 연계하여 속도수두, 압력수두, 위치수두의 합은 일정하다고 생각하면 된다. 해설에 있는 에너지선, 수력기울기선과의 그래프를 보고 위치를 기억해야 한다.

해설

수력기울기선(수력구배선)

• 에너지선보다 항상 아래에 있다.
• 에너지선보다 속도수두만큼 아래에 있다.
• 위치수두에 압력수두를 더한 높이에 있다.

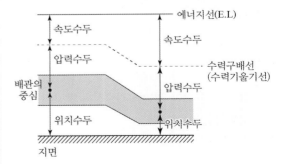

▌유사문제

에너지선에서 수력기울기선을 뺀 값을 묻는 문제도 출제되었다.
정답은 속도수두이다.

20 단순 암기형   난이도 下

▌정답 ④

▌접근 POINT

에너지선, 수력기울기선과의 그래프를 보고 위치를 기억해야 한다.

▌해설

①, ③ 에너지선은 수력구배선보다 속도수두 만큼 위에 있다.
② 에너지선은 위치수두, 압력수두, 속도수두의 합이다.

21 단순 계산형   난이도 中

▌정답 ③

▌접근 POINT

정압(압력계 계기압력)에 속도수두에 해당되는 동압을 더해 주어야 피토계의 계기압력이 된다.

▌공식 CHECK

(1) 속도수두

$$H = \frac{V^2}{2g}$$

H: 속도수두[m], V: 유속[m/sec]
g: 중력가속도$= 9.8[\text{m/sec}^2]$

(2) 피토계 계기압력

$$P = P_0 + \gamma H$$

P: 피토계 계기압력[kPa]
P_0: 압력계 계기압력[kPa]
γ: 비중량(물의 비중량$= 9.8[\text{kN/m}^3]$)
H: 속도수두[m]

▌해설

속도수두를 피토계 계기압력에 대입한다.

$$P = P_0 + \gamma \frac{V^2}{2g} = 300 + 9.8 \times \frac{6^2}{2 \times 9.8}$$

$$= 318[\text{kPa}]$$

22 단순 계산형   난이도 中

▌정답 ④

▌접근 POINT

정체압이라는 다소 생소한 용어가 출제된 문제이다. 정체압은 전압을 뜻하므로 정압에 동압을 더해 주면 정체압이 된다.

▌공식 CHECK

(1) 정체압(전압)

정체압(전압)＝정압＋동압

(2) 속도수두

$$H = \frac{V^2}{2g}$$

H: 속도수두[m], V: 유속[m/sec]
g: 중력가속도$= 9.8[\text{m/sec}^2]$

(3) 압력

$$P = \gamma H$$

대표유형 ❹ 유체 유동의 해석 235

P: 압력[kPa]

γ: 비중량(물의 비중량= $9.8[\mathrm{kN/m^3}]$)

H: 양정[m]

해설

물이 흐르고 있으므로 물의 유속으로 속도수두를 계산한 후 압력을 계산한다.

$$H = \frac{V^2}{2g} = \frac{30^2}{2 \times 9.8} = 45.9183[\mathrm{m}]$$

$$P = \gamma H = 9.8 \times 45.9183$$

$$= 449.9993 \fallingdotseq 450[\mathrm{kPa}]$$

정체압= $100 + 450 = 550[\mathrm{kPa}]$

23 단순 계산형

난이도 下

정답 ②

접근 POINT

문제에 주어진 조건으로 피토관 내 유속공식에 대입하여 높이차를 계산한다.

공식 CHECK

피토관 내 물의 유속

$$V = \sqrt{2gH\left(\frac{s}{s_w} - 1\right)}$$

V: 물의 유속[m/sec]

g: 중력가속도[m/sec^2]

H: 높이차[m]

s: 어떤 물질의 비중

s_w: 물의 비중

해설

$$V = \sqrt{2gH\left(\frac{s}{s_w} - 1\right)}$$

$$3 = \sqrt{2 \times 9.8 \times H \times \left(\frac{1.8}{1} - 1\right)}$$

$$3 = \sqrt{19.6 \times 0.8H}$$

$$H = \frac{3^2}{19.6 \times 0.8} = 0.574[\mathrm{m}]$$

24 단순 계산형

난이도 中

정답 ④

접근 POINT

문제에서 물의 비중은 주어지지 않았지만 물의 비중은 1로 적용하여 피토관 내 물의 유속 공식을 적용한다.

공식 CHECK

피토관 내 물의 유속

$$V = \sqrt{2gH\left(\frac{s}{s_w} - 1\right)}$$

V: 물의 유속[m/sec]

g: 중력가속도[m/sec^2]

H: 높이차[m]

s: 어떤 물질의 비중

s_w: 물의 비중

해설

$s_w = 1$, $s = 2$일 때 액주의 높이 차이 $H = h$을 공식에 적용한다.

$$V_1 = \sqrt{2gh\left(\frac{2}{1} - 1\right)} = \sqrt{2gh}$$

$s = 3$인 경우 물의 유속을 구한다.

$$V_2 = \sqrt{2gH\left(\frac{s}{s_w} - 1\right)} = \sqrt{2gH\left(\frac{3}{1} - 1\right)}$$
$$= \sqrt{4gH}$$

문제에서 물이 일정 속도로 흐르고 있다고 했으므로 $V_1 = V_2$이고, 구하고자 하는 값은 H이다.

$$\sqrt{2gh} = \sqrt{4gH}$$

$$2gh = 4gH$$

$$H = \frac{2gh}{4g} = \frac{2h}{4} = \frac{h}{2}$$

25 단순 계산형 난이도 中

정답 ③

접근 POINT

일반적인 문제로는 피토관 내에 물이 흐르는데 이 문제는 질소가 흐른다고 제시되어 있다.
기본 원리는 같은 문제로 물의 비중 대신 질소의 비중만 대입하면 된다.

공식 CHECK

피토관 내 질소의 유속

$$V = \sqrt{2gH\left(\frac{s}{s_n} - 1\right)}$$

V: 질소의 유속$[\text{m/sec}]$

g: 중력가속도$[\text{m/sec}^2]$

H: 높이차$[\text{m}]$

s: 어떤 물질의 비중

s_n: 질소의 비중

해설

$$V = \sqrt{2gH\left(\frac{s}{s_n} - 1\right)}$$

$$= \sqrt{2 \times 9.8 \times 0.04 \times \left(\frac{13.6}{0.00114} - 1\right)}$$
$$= 96.707\,[\text{m/sec}]$$

26 단순 암기형 난이도 下

정답 ②

접근 POINT

비중과 압력 차를 구하는 공식을 이용하여 답을 구할 수 있다.

공식 CHECK

(1) 비중

$$s = \frac{\gamma}{\gamma_w}$$

s: 비중

γ: 어떤 물질의 비중량$[\text{kN/m}^3]$

γ_w: 물의 비중량 $= 9.8\,[\text{kN/m}^3]$

(2) 압력 차

$$\triangle P = p_2 - p_1 = R(\gamma - \gamma_w)$$

$\triangle P$: 압력 차$[\text{kN/m}^2]$

p_2: 출구 압력$[\text{kN/m}^2]$

p_1: 입구 압력$[\text{kN/m}^2]$

R: 마노미터에서 측정한 높이차$[\text{m}]$

γ: 어떤 물질의 비중량$[\text{kN/m}^3]$

γ_w: 물의 비중량 $= 9.8\,[\text{kN/m}^3]$

▌해설

(1) 수은의 비중량 계산

$$\gamma = s \times \gamma_w = 13.6 \times 9.8$$
$$= 133.28 [\mathrm{kN/m^3}]$$

(2) 압력 차 계산

$$\triangle P = R(\gamma - \gamma_w) = 0.03 \times (133.28 - 9.8)$$
$$= 3.704 [\mathrm{kN/m^2}]$$

27 ▌단순 계산형   난이도 下

▌정답 ①

▌접근 POINT

유량과 토리첼리 공식을 이용하여 풀 수 있다.

▌공식 CHECK

(1) 유량

$$Q = AV$$

Q: 유량$[\mathrm{m^3/sec}]$

A: 단면적$[\mathrm{m^2}]$, V: 유속$[\mathrm{m/sec}]$

(2) 토리첼리 공식(유속)

$$V = \sqrt{2gh}$$

V: 유속$[\mathrm{m/sec}]$

g: 중력가속도$= 9.8[\mathrm{m/sec^2}]$

h: 물의 높이(수위)$[\mathrm{m}]$

▌해설

토리첼리 공식을 유속 공식에 대입한다.

$$Q = A\sqrt{2gh}$$

$$Q' = A\sqrt{2g \times \frac{1}{2}h}$$

$$= \sqrt{\frac{1}{2}}\, A\sqrt{2gh} = \frac{1}{\sqrt{2}}Q$$

28 ▌단순 계산형   난이도 下

▌정답 ①

▌접근 POINT

사이펀이라고 주어졌지만 앞의 문제와 동일하게 토리첼리 공식을 적용할 수 있다.

▌공식 CHECK

토리첼리 공식(유속)

$$V = \sqrt{2gh}$$

V: 유속$[\mathrm{m/sec}]$

g: 중력가속도$= 9.8[\mathrm{m/sec^2}]$

h: 물의 높이(수위)$[\mathrm{m}]$

▌해설

토리첼리 공식을 h기준을 정리한다.

$$h = \frac{V^2}{2g} = \frac{4^2}{2 \times 9.8} = 0.816 [\mathrm{m}]$$

29 ▌단순 계산형   난이도 下

▌정답 ④

▌접근 POINT

문제의 조건이 다소 생소하게 여겨질 수 있지만 높이만 주어졌으므로 토리첼리 공식으로 유속을 계산할 수 있다.

▌공식 CHECK

토리첼리 공식(유속)

$$V = \sqrt{2gh}$$

V: 유속$[\mathrm{m/sec}]$

g: 중력가속도$= 9.8[\mathrm{m/sec^2}]$

h: 물의 높이(수위)[m]

▎해설

$$V = \sqrt{2gh} = \sqrt{2 \times 9.8 \times 0.6} = 3.429 [\text{m/sec}]$$

30 단순 계산형   난이도 下

▎정답 ②

▎접근 POINT

문제를 그림으로 나타내면 다음과 같다.
토리첼리 공식을 유량 공식에 대입하여 유량을 계산한다.
오리피스는 일반적으로 원형 모양이므로 문제에 특별한 언급이 없으면 원형 모양으로 생각하고 단면적을 계산한다.

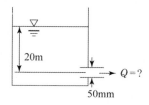

▎공식 CHECK

(1) 유량

$$Q = AV$$

Q: 유량[m³/sec]

A: 단면적[m²], V: 유속[m/sec]

(2) 토리첼리 공식(유속)

$$V = \sqrt{2gh}$$

V: 유속[m/sec]

g: 중력가속도 = 9.8[m/sec²]

h: 물의 높이(수위)[m]

▎해설

$$Q = A\sqrt{2gh} = \frac{\pi}{4} \times 0.05^2 \times \sqrt{2 \times 9.8 \times 20}$$

$$= 0.0388 [\text{m}^3/\text{sec}]$$

문제에서 원하는 단위[m³/min]로 환산한다.

$$\frac{0.0388 [\text{m}^3]}{[\text{sec}]} \times \frac{60 [\text{sec}]}{[\text{min}]} = 2.328 [\text{m}^3/\text{min}]$$

31 복합 계산형   난이도 中

▎정답 ②

▎접근 POINT

토리첼리 공식으로 유속을 계산한 후 유량을 계산한다.
수문의 형태가 원형이 아니라 사각형 형태이기 때문에 단면적을 계산할 때 습관적으로 원의 단면적을 적용하지 않도록 조심해야 한다.

▎공식 CHECK

(1) 유량

$$Q = AV$$

Q: 유량[m³/sec]

A: 단면적[m²], V: 유속[m/sec]

(2) 토리첼리 공식(유속)

$$V = \sqrt{2gh}$$

V: 유속[m/sec]

g: 중력가속도 = 9.8[m/sec²]

h: 물의 높이(수위)[m]

┃ 해설

$$Q = A\sqrt{2gh} = (0.3 \times 1) \times \sqrt{2 \times 9.8 \times 1.3}$$

$$= 1.514[\mathrm{m^3/sec}]$$

┃ 상세해설

물의 높이(h)는 수면에서 수조의 바닥까지의 높이가 아니라 수면에서 수문의 중심까지의 높이임을 주의해야 한다.

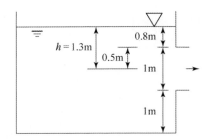

32 단순 계산형   난이도 下

┃ 정답 ③

┃ 접근 POINT

액주계 높이 차이를 이용하여 토리첼리 공식을 적용한다.

┃ 공식 CHECK

토리첼리 공식(유속)

$$V = \sqrt{2gh}$$

V: 유속[m/sec]

g: 중력가속도$= 9.8[\mathrm{m/sec^2}]$

h: 물의 높이(수위)[m]

┃ 해설

$$V = \sqrt{2gh} = \sqrt{2 \times 9.8 \times 7} = 11.713[\mathrm{m/sec}]$$

33 단순 계산형   난이도 中

┃ 정답 ①

┃ 접근 POINT

문제의 조건에 속도계수 값이 주어졌으므로 토리첼리 공식을 적용한다.

속도계수가 주어지면 토리첼리 공식 앞에 속도계수를 곱해 주면 된다.

┃ 공식 CHECK

토리첼리 공식(유속)

$$V = C_v\sqrt{2gh}$$

V: 유속[m/sec]

C_v: 속도계수

g: 중력가속도$= 9.8[\mathrm{m/sec^2}]$

h: 높이(수위)[m]

┃ 해설

$$V = C_v\sqrt{2gh} = 0.97 \times \sqrt{2 \times 9.8 \times (5.2 - 4.2)}$$

$$= 4.294[\mathrm{m/sec}]$$

34 복합 계산형   난이도 中

┃ 정답 ③

┃ 접근 POINT

수면과 파이프 사이의 손실수두 200[mm]를 감안해서 토리첼리 공식을 적용해야 한다.

┃ 공식 CHECK

(1) 토리첼리 공식(유속)

$$V = \sqrt{2gh}$$

V: 유속[m/sec]

g: 중력가속도$=9.8[m/sec^2]$

h: 물의 높이(수위)[m]

(2) 유량

$Q = AV$

Q: 유량$[m^3/sec]$

A: 단면적$[m^2]$, V: 유속[m/sec]

┃ 해설

(1) 토리첼리 공식으로 유속 계산

$V = \sqrt{2gh} = \sqrt{2 \times 9.8 \times (5 - 0.2)}$

$\quad = 9.6994[m/sec]$

문제에서 수면과 파이프 사이의 손실수두 200[mm]에 대한 언급이 없다면 h값을 물의 높이인 5[m]를 적용하면 된다.
손실수두가 발생했다는 것은 물 5[m]가 누르는 힘이 모두 유속으로 전환되지 않고 200[mm]는 손실되었다는 의미이므로 h값에서 0.2[m]를 빼야 한다.

(2) 유량 계산

$Q = AV = \dfrac{\pi}{4}D^2 V = \dfrac{\pi}{4} \times 0.2^2 \times 9.6994$

$\quad = 0.305[m^3/sec]$

---

35 ┃ 복합 계산형 난이도 中

┃ 정답 ④

┃ 접근 POINT

토리첼리 공식을 이용하는데 높이가 주어지지 않고 압력이 주어진 문제로 압력을 높이로 환산

하여 토리첼리 공식에 적용한다.

┃ 공식 CHECK

토리첼리 공식(유속)

$V = \sqrt{2gh}$

V: 유속[m/sec]

g: 중력가속도$=9.8[m/sec^2]$

h: 물의 높이(수위)[m]

┃ 해설

$h = 400[kPa] \times \dfrac{10.332[m]}{101.325[kPa]}$

$\quad = 400 \times \dfrac{10.332}{101.325}[m]$

$V = \sqrt{2gh} = \sqrt{2 \times 9.8 \times 400 \times \dfrac{10.332}{101.325}}$

$\quad = 28.274[m/sec]$

---

36 ┃ 복합 계산형 난이도 中

┃ 정답 ④

┃ 접근 POINT

토리첼리 공식을 이용하는데 유량보정계수가 주어졌으므로 이를 곱해야 한다.

┃ 공식 CHECK

(1) 토리첼리 공식(유속)

$V = C\sqrt{2gh}$

V: 유속[m/sec]

C: 유량보정계수

g: 중력가속도$=9.8[m/sec^2]$

h: 물의 높이(수위)[m]

(2) 유량

$$Q = AV$$

Q: 유량$[\mathrm{m}^3/\mathrm{sec}]$

A: 단면적$[\mathrm{m}^2]$, V: 유속$[\mathrm{m}/\mathrm{sec}]$

❚ 해설

(1) 토리첼리 공식으로 유속 계산

$$V = C\sqrt{2gh} = 0.6 \times \sqrt{2 \times 9.8 \times 10}$$

$$= 8.4[\mathrm{m}/\mathrm{sec}]$$

(2) 유량 공식으로 지름 계산

$$Q = \frac{10[\mathrm{L}]}{[\mathrm{sec}]} \times \frac{[\mathrm{m}^3]}{1,000[\mathrm{L}]} = 0.01[\mathrm{m}^3/\mathrm{sec}]$$

$$Q = AV = \frac{\pi}{4}D^2 V$$

$$D = \sqrt{\frac{4Q}{\pi V}} = \sqrt{\frac{4 \times 0.01}{\pi \times 8.4}} = 0.0389[\mathrm{m}]$$

$$= 3.89[\mathrm{cm}]$$

37 복합 계산형

난이도 上

❚ 정답 ③

❚ 접근 POINT

토리첼리 공식으로 유속을 구한 후 2배 유속으로 물을 유출시키기 위한 속도수두를 계산한 뒤 이를 압력으로 환산한다.

❚ 공식 CHECK

(1) 토리첼리 공식(유속)

$$V = \sqrt{2gh}$$

V: 유속$[\mathrm{m}/\mathrm{sec}]$

g: 중력가속도$= 9.8[\mathrm{m}/\mathrm{sec}^2]$

h: 높이(수위)$[\mathrm{m}]$

(2) 속도수두

$$H = \frac{V^2}{2g}$$

H: 속도수두$[\mathrm{m}]$

V: 유속$[\mathrm{m}/\mathrm{sec}]$

g: 중력가속도$= 9.8[\mathrm{m}/\mathrm{sec}^2]$

❚ 해설

(1) 토리첼리 공식으로 유속 계산

$$V = \sqrt{2gh} = \sqrt{2 \times 9.8 \times 1}$$

$$= 4.4271[\mathrm{m}/\mathrm{sec}]$$

(2) 유속이 2배가 되기 위한 속도수두 계산

$$H = \frac{V^2}{2g} = \frac{(2 \times 4.4271)^2}{2 \times 9.8}$$

$$= 3.9998[\mathrm{m}] \fallingdotseq 4[\mathrm{m}]$$

(3) 수면에 가해야 할 압력 계산

깊이가 $1[\mathrm{m}]$일 때 유속이 $4.4271[\mathrm{m}/\mathrm{sec}]$ 인데 유속이 2배(2×4.4271)가 되기 위한 물의 높이는 $4[\mathrm{m}]$이다.

결국 두 높이의 차이인 $3[\mathrm{m}]$의 물을 더 넣으면 문제에서 원하는 2배의 유속이 나온다.

이 문제에서는 물을 더 넣어야 하는 높이를 묻는 것이 아니라 가해야 할 압력을 묻고 있으므로 $3[\mathrm{m}]$를 압력으로 환산한다.

$$3[\mathrm{m}] \times \frac{101.325[\mathrm{kPa}]}{10.332[\mathrm{m}]} = 29.421[\mathrm{kPa}]$$

38 복합 계산형 난이도 上

┃ 정답 ①

┃ 접근 POINT

실제로 계산하는 문제는 잘 출제되지는 않고 자주 출제되지 않는 공식으로 식을 유도해야 하므로 정답을 암기하는 방식으로 접근해도 된다.

┃ 공식 CHECK

토리첼리 공식(유속)

$V = \sqrt{2gh}$

V: 유속[m/sec]

g: 중력가속도 = 9.8[m/sec^2]

h: 물의 높이(수위)[m]

┃ 해설

V_1과 V_2의 속도식을 구한다.

$V_1 = \sqrt{2gh_1}$, $V_2 = \sqrt{2gh_2}$

시간(t)은 물의 높이(y)로 구할 수 있다.

$y = \dfrac{1}{2}gt^2$

$t_1 = \sqrt{\dfrac{2y_1}{g}}$, $t_2 = \sqrt{\dfrac{2y_2}{g}}$

거리(x)는 속도(V)×시간(t)이다.

문제에서 두 노즐에서 물이 분출하여 한 점에서 만난다고 했으므로 거리(x)가 같은 것이다.

$\sqrt{2gh_1} \times \sqrt{\dfrac{2y_1}{g}} = \sqrt{2gh_2} \times \sqrt{\dfrac{2y_2}{g}}$

$\sqrt{h_1 y_1} = \sqrt{h_2 y_2}$

$h_1 y_1 = h_2 y_2$

39 개념 이해형 난이도 上

┃ 정답 ③

┃ 접근 POINT

유량 관련 연속의 방정식과 토리첼리 법칙, 속도의 의미를 이해해야 풀 수 있는 문제이다.

┃ 공식 CHECK

유량 관련 연속의 방정식

$Q = A_1 V_1 = A_2 V_2$

Q: 유량[m^3/sec]

A_1, A_2: 단면적[m^2]

V_1, V_2: 유속[m/sec]

┃ 해설

물의 표면에서의 속도를 V_1이라고 하면 물의 표면에서의 유량 Q_1과 수조의 바닥에서 배출되는 유량 Q_2는 같다.

물이 유량 Q로 수조에 들어가고 있으므로 Q를 더해 주어야 물의 표면에서의 유량(Q_1)이다.

$Q_1 = A_1 V_1 + Q$

$Q_2 = A_2 V_2 = A_2 \sqrt{2gh}$

$Q_1 = Q_2$

$A_1 V_1 + Q = A_2 \sqrt{2gh}$

문제에서 구하라고 하는 값은 수조의 수면 높이가 변화하는 속도 $\dfrac{dh}{dt}$ 이다.

V_1이 수면 높이가 변화하는 속도이고, 시간(t)에 따른 높이(h) 변화이므로 결국 V_1을 구하라는 것이다.

V_1에서 시간에 따라 높이(h)는 감소하는 방향

으로 진행하므로 $\dfrac{dh}{dt}$ 은 - 값을 가짐을 주의해야 한다.

$$A_1\left(-\dfrac{dh}{dt}\right)+Q=A_2\sqrt{2gh}$$

$$-\dfrac{dh}{dt}=\dfrac{-Q+A_2\sqrt{2gh}}{A_1}$$

$$\dfrac{dh}{dt}=\dfrac{Q-A_2\sqrt{2gh}}{A_1}$$

40 단순 계산형

난이도 下

▌정답 ①

▌접근 POINT

플랜지볼트에 작용하는 힘 공식만 알고 있다면 풀 수 있는 문제이다.

공식은 조금 복잡하지만 실기에도 출제되는 공식이므로 필기 때부터 정확하게 암기해야 한다.

▌공식 CHECK

플랜지볼트에 작용하는 힘

$$F=\dfrac{\gamma Q^2 A_1}{2g}\left(\dfrac{A_1-A_2}{A_1 A_2}\right)^2$$

F: 플랜지볼트에 작용하는 힘[N]

γ: 비중량[N/m^3](물의 비중량$=9,800$[N/m^3])

Q: 유량[m^3/sec]

A_1: 호스의 단면적[m^2]

A_2: 노즐의 단면적[m^2]

g: 중력가속도$=9.8$[m/sec^2]

▌해설

$$F=\dfrac{\gamma Q^2 A_1}{2g}\left(\dfrac{A_1-A_2}{A_1 A_2}\right)^2$$

$$=\dfrac{9,800\times0.02^2\times\dfrac{\pi}{4}0.1^2}{2\times9.8}\left(\dfrac{\dfrac{\pi}{4}0.1^2-\dfrac{\pi}{4}0.05^2}{\dfrac{\pi}{4}0.1^2\times\dfrac{\pi}{4}0.05^2}\right)^2$$

$$=229.183[N]$$

41 복합 계산형

난이도 中

▌정답 ③

▌접근 POINT

문제에서 4개의 플랜지볼트를 사용하고 있다고 했으므로 플랜지볼트에 작용하는 힘을 구하고 4로 나누어 주어야 플랜지볼트 1개에 작용하는 힘의 크기가 된다.

▌공식 CHECK

플랜지볼트에 작용하는 힘

$$F=\dfrac{\gamma Q^2 A_1}{2g}\left(\dfrac{A_1-A_2}{A_1 A_2}\right)^2$$

F: 플랜지볼트에 작용하는 힘[N]

γ: 비중량[N/m^3](물의 비중량$=9,800$[N/m^3])

Q: 유량[m^3/sec]

A_1: 호스의 단면적[m^2]

A_2: 노즐의 단면적[m^2]

g: 중력가속도$=9.8$[m/sec^2]

해설

$$Q = \frac{1,500[\text{L}]}{[\text{min}]} \times \frac{[\text{m}^3]}{1,000[\text{L}]} \times \frac{[\text{min}]}{60[\text{sec}]}$$

$$= 0.025[\text{m}^3/\text{sec}]$$

$$F = \frac{\gamma Q^2 A_1}{2g}\left(\frac{A_1 - A_2}{A_1 A_2}\right)^2$$

$$= \frac{9,800 \times 0.025^2 \times \frac{\pi}{4}0.1^2}{2 \times 9.8}\left(\frac{\frac{\pi}{4}0.1^2 - \frac{\pi}{4}0.03^2}{\frac{\pi}{4}0.1^2 \times \frac{\pi}{4}0.03^2}\right)^2$$

$$= 4,067.7842[\text{N}]$$

문제에서 4개의 플랜지볼트를 사용한다고 했고, 1개의 플랜지볼트에 작용하는 힘(F_1)을 묻고 있으므로 다음과 같이 정답을 구한다.

$$F_1 = \frac{4,067.7842}{4} = 1,016.946[\text{N}]$$

42 복합 계산형

난이도 上

정답 ③

접근 POINT

문제에서 이음매라고 조건이 주어졌지만 전체적인 원리는 동일하므로 플랜지볼트에 작용하는 힘의 공식을 적용하면 된다.

공식 CHECK

(1) 플랜지볼트에 작용하는 힘

$$F = \frac{\gamma Q^2 A_1}{2g}\left(\frac{A_1 - A_2}{A_1 A_2}\right)^2$$

F: 플랜지볼트에 작용하는 힘$[\text{N}]$

γ: 비중량$[\text{N}/\text{m}^3]$

   (물의 비중량$= 9,800[\text{N}/\text{m}^3]$)

Q: 유량$[\text{m}^3/\text{sec}]$

A_1: 호스의 단면적$[\text{m}^2]$

A_2: 노즐의 단면적$[\text{m}^2]$

g: 중력가속도$= 9.8[\text{m}/\text{sec}^2]$

(2) 비중량

$$\gamma = \rho g$$

γ: 비중량$[\text{N}/\text{m}^3]$

ρ: 밀도$[\text{kg}/\text{m}^3]$

g: 중력가속도$[\text{m}/\text{sec}^2]$

(3) 유량

$$Q = AV$$

Q: 유량$[\text{m}^3/\text{sec}]$

A: 단면적$[\text{m}^2]$

V: 유속$[\text{m}/\text{sec}]$

해설

호스 부분을 1 지점, 출구 부분을 2지점으로 했을 때 A_1, A_2의 관계는 다음과 같다.

$$A_1 = \frac{\pi}{4}D^2$$

$$A_2 = \frac{\pi}{4} \times \left(\frac{D}{2}\right)^2 = \frac{1}{4} \times \frac{\pi}{4}D^2 = \frac{1}{4}A_1$$

$$A_2 = \frac{A_1}{4}$$

플랜지볼트에 작용하는 힘 공식에 A_1, A_2, 비중량 공식, 유량 공식을 대입한다.

$$F = \frac{\rho g(A_1 V)^2 A_1}{2g}\left(\frac{A_1 - A_2}{A_1 A_2}\right)^2$$

$$= \frac{\rho(A_1 V)^2 A_1}{2}\left(\frac{A_1 - \dfrac{A_1}{4}}{A_1 \times \dfrac{A_1}{4}}\right)^2$$

$$= \frac{\rho(A_1 V)^2 A_1}{2} \times \frac{9}{A_1^2} = \frac{\rho A_1^3 V^2}{2} \times \frac{9}{A_1^2}$$

$$= \frac{9}{2}\rho V^2 A_1$$

43 복합 계산형
난이도 上

정답 ③

접근 POINT

플랜지볼트에 작용하는 힘의 공식은 두 가지가 있는데 이 문제는 단면적을 이용한 공식이 아니라 P_1과 관련된 공식을 이용하여 풀 수 있다.
출제빈도를 보면 단면적을 이용한 공식으로 푸는 문제가 더 자주 출제된다.

공식 CHECK

플랜지볼트에 작용하는 힘

$$F = P_1 A_1 - \rho Q(V_2 - V_1)$$

P_1: 호스의 계기압력[kPa]

A_1: 호스의 단면적[m^2]

ρ: 밀도[kg/m^3]

Q: 유량[m^3/sec]

V_1: 호스의 유속[m/sec]

V_2: 노즐의 유속[m/sec]

해설

(1) V_1과 V_2의 관계 계산

$$Q = A_1 V_1 = A_2 V_2$$

$$V_2 = \frac{A_1}{A_2}V_1 = \frac{A_1}{0.2A_1}V_1 = \frac{V_1}{0.2}$$

$$V_2 = 5V_1$$

(2) 플랜지볼트에 작용하는 힘 계산

문제에서 1 지점에서의 절대압력이 P_1라고 했는데 공식에는 절대압력이 아닌 계기압력을 적용해야 한다.

절대압력＝대기압력＋계기압력

문제에서 대기압력은 P_{atm}라고 했으므로 계기압력은 $P_1 - P_{atm}$을 적용한다.

$$F = P_1 A_1 - \rho Q(V_2 - V_1)$$

$$= (P_1 - P_{atm})A_1 - \rho A_1 V_1(V_2 - V_1)$$

$$= (P_1 - P_{atm})A_1 - \rho A_1 V_1(5V_1 - V_1)$$

$$= (P_1 - P_{atm})A_1 - \rho A_1 4V_1^2$$

$$= (P_1 - P_{atm})A_1 - 4\rho A_1 V_1^2$$

44 단순 암기형
난이도 中

정답 ③

접근 POINT

실제로 계산을 해야 하는 문제로는 잘 출제되지 않고 공식을 묻는 문제로 몇 번 출제된 적이 있는 문제이다.
내용을 깊게 공부하기 보다는 공식을 암기하는 방법으로 접근하는 것이 좋다.

▌해설

단위면적당 힘

$$\tau = \frac{2\tau_1\tau_2}{\tau_1 + \tau_2}$$

τ: 단위면적당 힘[N]

τ_1: 평판을 움직이기 위한 단위면적당 힘[N]

τ_2: 평판 사이에 다른 유체만 채워져 있을 때 필요한 힘[N]

---

45 단순 계산형   난이도 下

▌정답 ②

▌접근 POINT

노즐의 방수량 공식만 알고 있다면 쉽게 풀 수 있는 문제이다.

옥내소화전 노즐의 방수량 공식의 단위는 일반적인 유량 공식과 단위가 다른 것에 주의해야 한다.

▌공식 CHECK

노즐(옥내소화전)의 방수량

$$Q = 2.086 D^2 \sqrt{P}$$

Q: 방수량[L/min]

D: 노즐의 직경[mm]

P: 방수압[MPa]

▌해설

유량 Q는 다음과 같이 단위를 환산한다.

$$Q = \frac{0.5[\mathrm{m}^3]}{[\min]} = \frac{500[\mathrm{L}]}{[\min]}$$

$$Q = 2.086 D^2 \sqrt{P}$$

$$500 = 2.086 \times 20^2 \times \sqrt{P}$$

$$P = \frac{500^2}{2.086^2 \times 20^4} = 0.35908[\mathrm{MPa}]$$

$$= 359.08[\mathrm{kPa}]$$

보기 중 근사값을 답으로 선택한다.

---

46 단순 계산형   난이도 下

▌정답 ①

▌접근 POINT

노즐의 방수량 공식만 알고 있다면 쉽게 풀 수 있는 문제로 압력을 공식에 적용할 때 단위환산에 주의해야 한다.

▌공식 CHECK

노즐(옥내소화전)의 방수량

$$Q = 2.086 D^2 \sqrt{P}$$

Q: 방수량[L/min]

D: 노즐의 직경[mm]

P: 방수압[MPa]

▌해설

$$P = 5.8 \times 10^5 [\mathrm{Pa}] \times \frac{[\mathrm{MPa}]}{10^6[\mathrm{Pa}]} = 0.58[\mathrm{MPa}]$$

$$Q = 2.086 D^2 \sqrt{P} = 2.086 \times 25^2 \times \sqrt{0.58}$$

$$= \frac{992.9064[\mathrm{L}]}{[\min]}$$

문제에서 묻고 있는 유량 단위[m³/sec]로 환산한다.

$$Q = \frac{992.9064[\text{L}]}{[\text{min}]} \times \frac{[\text{m}^3]}{1,000[\text{L}]} \times \frac{[\text{min}]}{60[\text{sec}]}$$

$$= 0.017[\text{m}^3/\text{sec}]$$

47 단순 계산형

난이도 下

▌정답 ①

▌접근 POINT

방수량을 직접 계산하지 않고 공식에 압력 변화를 대입해서 방수량이 몇 배가 되는지 산정한다.

▌공식 CHECK

노즐의 방수량

$Q = 2.086D^2\sqrt{P}$

Q: 방수량[L/min]

D: 노즐의 직경[mm]

P: 방수압[MPa]

▌해설

$Q = 2.086D^2\sqrt{1.5P}$

$\quad = \sqrt{1.5} \times 2.086D^2\sqrt{P}$

$\quad = 1.22 \times 2.086D^2\sqrt{P}$

방수압력이 1.5배가 되면 방수량은 약 1.22배가 된다.

▌유사문제

스프링클러헤드의 방수압이 4배가 되었을 때 방수량이 몇 배가 되는지 묻는 문제도 출제되었다.

$Q = 2.086D^2\sqrt{4P} = \sqrt{4} \times 2.086D^2\sqrt{P}$

$\quad = 2 \times 2.086D^2\sqrt{P}$

정답은 2배이다.

48 단순 계산형

난이도 中

▌정답 ②

▌접근 POINT

모든 공식을 다 암기하기 보다는 방수량 공식의 단위를 보고 물을 방수하는 데 걸리는 시간을 구하는 것이 좋다.

▌공식 CHECK

노즐의 방수량

$Q = 2.086D^2\sqrt{P}$

Q: 방수량[L/min]

D: 노즐의 직경[mm]

P: 방수압[MPa]

▌해설

(1) 노즐의 방수량 계산

$\quad P = 294.2[\text{kPa}] = 0.2942[\text{MPa}]$

$\quad Q = 2.086 \times 21^2 \times \sqrt{0.2942}$

$\quad\quad = 498.9697[\text{L/min}]$

(2) 물을 방수하는 데 걸리는 시간 계산

$\quad t = \dfrac{용량[\text{L}]}{방수량[\text{L/min}]}$

$\quad\quad = \dfrac{1,000[\text{L}]}{498.9697[\text{L/min}]}$

$\quad\quad = 2.004[\text{min}]$

물을 방수하는 데 걸리는 시간을 계산하는 것은 공식처럼 암기해도 되지만 용량을 방수량으로 나누면 단위가 [min]이 되는 것으로 쉽게 계산할 수 있다.

49 단순 계산형   난이도 中

┃ 정답 ①

┃ 접근 POINT

노즐의 방수량을 계산한 뒤 단위환산을 통해 10분 동안의 방수량$[m^3]$을 산정한다.

┃ 공식 CHECK

노즐의 방수량

$Q = 2.086D^2\sqrt{P}$

Q: 방수량$[L/min]$

D: 노즐의 직경$[mm]$

P: 방수압$[MPa]$

┃ 해설

노즐의 방수량을 계산한다.

$P = 230[kPa] = 0.23[MPa]$

$Q = 2.086D^2\sqrt{P} = 2.086 \times 13^2 \times \sqrt{0.23}$

$= 169.0693[L/min]$

10분 동안의 방수량$[m^3]$을 계산한다.

$Q' = \dfrac{169.0693[L]}{[min]} \times \dfrac{[m^3]}{1,000[L]} \times 10[min]$

$= 1.69[m^3]$

대표유형 ⑤

유체정역학   57쪽

01	02	03	04	05	06	07	08	09	10
②	③	①	①	④	③	①	③	①	①
11	12	13	14	15	16	17	18	19	20
②	②	④	②	③	④	①	④	①	①
21	22	23	24	25	26	27	28	29	30
②	①	②	②	②	③	④	②	③	③
31	32	33	34						
①	③	②	①						

01 단순 계산형   난이도 下

┃ 정답 ②

┃ 접근 POINT

고정된 평판에 작용하는 힘에 대한 공식을 적용하는 문제 중 가장 기본적인 문제로 반드시 맞혀야 하는 문제이다.

┃ 공식 CHECK

(1) 유량

$Q = AV$

Q: 유량$[m^3/sec]$

A: 단면적$[m^2]$, V: 유속$[m/sec]$

(2) 고정된 평판에 작용하는 힘

$F = \rho QV$

F: 고정된 평판에 작용하는 힘$[N]$

ρ: 밀도$[kg/m^3]$(물의 밀도$= 1,000[kg/m^3]$)

Q: 유량$[m^3/sec]$, V: 유속$[m/sec]$

해설

유량 공식을 고정된 평판에 작용하는 힘 공식에 적용한다.

$$F = \rho A V^2 = 1,000 \times 0.02 \times 8^2 = 1,280 [\text{N}]$$

유사문제

지름이 5[cm]인 노즐에서 나온 물제트가 40[m/sec]로 건물의 벽에 충돌할 때 벽이 받는 힘[N]을 계산하는 문제도 출제되었다.

$$F = \rho A V^2 = 1,000 \times \frac{\pi}{4} \times 0.05^2 \times 40^2$$

$$= 3,141.593 [\text{N}]$$

02 단순 계산형
난이도 中

정답 ③

접근 POINT

물이 평판에 작용하는 힘과 동일한 힘이 평판에 가해진다면 평판이 고정되므로 고정된 평판에 작용하는 힘에 대한 공식을 적용하면 된다.

공식 CHECK

(1) 유량

$$Q = A V$$

Q: 유량[m³/sec]

A: 단면적[m²], V: 유속[m/sec]

(2) 고정된 평판에 작용하는 힘

$$F = \rho Q V$$

F: 고정된 평판에 작용하는 힘[N]

ρ: 밀도[kg/m³](물의 밀도=1,000[kg/m³]

Q: 유량[m³/sec], V: 유속[m/sec]

해설

유량 공식을 고정된 평판에 작용하는 힘 공식에 적용하여 식을 정리한다.

$$F = \rho Q V = \rho A V^2 = 1,000 \times 0.0004 \times 25^2$$

$$= 250 [\text{N}]$$

03 단순 계산형
난이도 中

정답 ①

접근 POINT

원판에 구멍이 뚫려 있으므로 고정된 평판에 작용하는 힘을 구한 후 구멍이 뚫린 부분에 작용하는 힘을 빼주어야 한다.

공식 CHECK

(1) 유량

$$Q = A V$$

Q: 유량[m³/sec]

A: 단면적[m²], V: 유속[m/sec]

(2) 고정된 평판에 작용하는 힘

$$F = \rho Q V$$

F: 고정된 평판에 작용하는 힘[N]

ρ: 밀도[kg/m³](물의 밀도=1,000[kg/m³]

Q: 유량[m³/sec], V: 유속[m/sec]

해설

평판 전체에 작용하는 힘을 F_1이라고 하고, 구멍이 뚫린 부분에 작용하는 힘을 F_2라 한다.

$$F_1 = \rho Q V = \rho A_1 V^2 = \rho \frac{\pi}{4} D^2 V^2$$

$$F_2 = \rho Q V = \rho A_2 V^2 = \rho \frac{\pi}{4} \left(\frac{D}{2} \right)^2 V^2$$

$$= \rho \frac{\pi}{4} \frac{D^2}{4} V^2$$

F_1에서 F_2를 빼면 구멍 뚫린 원판이 받는 힘이 된다.

$$F_1 - F_2 = \rho \frac{\pi}{4} D^2 V^2 - \rho \frac{\pi}{4} \frac{D^2}{4} V^2$$

$$= \rho \frac{\pi}{4} V^2 \left(D^2 - \frac{D^2}{4} \right) = \rho \frac{\pi}{4} V^2 \times \frac{3}{4} D^2$$

$$= \frac{1}{4} \times \frac{3}{4} \rho \pi V^2 D^2 = \frac{3}{16} \rho \pi V^2 D^2$$

04 복합 계산형

난이도 上

┃ 정답 ①

┃ 접근 POINT

중앙 부분에 구멍이 뚫린 원판이라고 했으므로 단면적 계산 시 이 부분을 고려해야 한다.

┃ 공식 CHECK

(1) 유량

$$Q = A V$$

Q: 유량[$\mathrm{m^3/sec}$]

A: 단면적[$\mathrm{m^2}$], V: 유속[$\mathrm{m/sec}$]

(2) 고정된 평판에 작용하는 힘

$$F = \rho Q V$$

F: 고정된 평판에 작용하는 힘[N]

ρ: 밀도(물의 밀도 = 1,000[$\mathrm{kg/m^3}$])

Q: 유량[$\mathrm{m^3/sec}$]

V: 유속[$\mathrm{m/sec}$]

┃ 해설

유량 공식을 고정된 평판에 작용하는 힘에 대입한다.

$$F = \rho Q V = \rho A V^2$$

문제에서 원판을 고정하기 위한 힘을 묻고 있는데, 이 힘은 20[cm]의 원형 물제트가 원판에 부딪히는 힘과 같다.

20[cm]의 원형 물제트가 원판에 부딪히는 힘과 동일한 힘이 원판에 가해진다면 힘의 평형이 이루어져 원판이 고정되기 때문이다.

여기서 중요한 점은 단면적 A를 어떻게 산정할지에 대한 부분이다.

문제에서 원판이라고 제시되어 있기 때문에 20[cm]의 원형 물제트가 원판에 부딪히는 부분은 다음과 같이 표기할 수 있다.

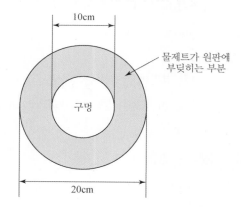

$$F = \rho Q V = \rho A V^2$$

$$= 1,000 \times \left\{ \frac{\pi}{4} \times (0.2^2 - 0.1^2) \right\} \times 5^2$$

$$= 589.049 [\mathrm{N}]$$

05 단순 계산형

┃ 정답 ④

┃ 접근 POINT

추력은 고정된 평판에 작용하는 힘의 공식으로 구한다.

속도를 구할 때 물의 높이를 계산해야 하는데 탱크 내 계기압력이 주어졌으므로 압력을 물의 높이로 환산하여 더해야 한다.

┃ 공식 CHECK

(1) 유량

$$Q = AV$$

Q: 유량$[\mathrm{m^3/sec}]$

A: 단면적$[\mathrm{m^2}]$, V: 유속$[\mathrm{m/sec}]$

(2) 고정된 평판에 작용하는 힘

$$F = \rho QV$$

F: 고정된 평판에 작용하는 힘$[\mathrm{N}]$

ρ: 밀도$[\mathrm{kg/m^3}]$(물의 밀도$=1,000[\mathrm{kg/m^3}]$

Q: 유량$[\mathrm{m^3/sec}]$, V: 유속$[\mathrm{m/sec}]$

(3) 토리첼리 공식(유속)

$$V = \sqrt{2gh}$$

V: 유속$[\mathrm{m/sec}]$

g: 중력가속도$=9.8[\mathrm{m/sec^2}]$

h: 물의 높이(수위)$[\mathrm{m}]$

┃ 해설

고정된 평판에 작용하는 힘 공식에 유량 공식과 토리첼리 공식을 적용한다.

$$F = \rho QV = \rho AV^2 = \rho A\left(\sqrt{2gh}\right)^2$$

탱크 내의 계기압력이 $40[\mathrm{kPa}]$이라고 주어졌으므로 이 압력을 물의 높이로 환산한다.

$$40[\mathrm{kPa}] \times \frac{10.332[\mathrm{m}]}{101.325[\mathrm{kPa}]} = 4.0787[\mathrm{m}]$$

$$h = 5 + 4.0787 = 9.0787[\mathrm{m}]$$

$$\begin{aligned}F &= \rho A\left(\sqrt{2gh}\right)^2 \\ &= 1,000 \times 0.03 \times \left(\sqrt{2 \times 9.8 \times 9.0787}\right)^2 \\ &= 5,338.276[\mathrm{N}]\end{aligned}$$

06 복합 계산형

┃ 정답 ③

┃ 접근 POINT

고정된 평판에 작용하는 힘을 구한 후 수직으로 작용하는 충격력을 구해야 한다.

┃ 공식 CHECK

(1) 유량

$$Q = AV$$

Q: 유량$[\mathrm{m^3/sec}]$

A: 단면적$[\mathrm{m^2}]$, V: 유속$[\mathrm{m/sec}]$

(2) 고정된 평판에 작용하는 힘

$$F = \rho QV$$

F: 고정된 평판에 작용하는 힘$[\mathrm{N}]$

ρ: 밀도$[\mathrm{kg/m^3}]$(물의 밀도$=1,000[\mathrm{kg/m^3}]$

Q: 유량$[\mathrm{m^3/sec}]$, V: 유속$[\mathrm{m/sec}]$

┃ 해설

유량 공식을 고정된 평판에 작용하는 힘 공식에 적용하여 식을 정리한다.

$$F = \rho Q V = \rho A V^2$$
$$= 1,000 \times \left(\frac{\pi}{4} \times 0.05^2 \right) \times 20^2$$
$$= 785.3981[\text{N}]$$

여기서 구한 값은 그림으로 나타내면 F 값이고 문제에서 원하는 값은 R 값이므로 cos 함수로 구할 수 있다.

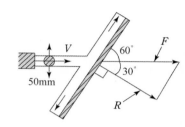

$$\cos 30° = \frac{R}{F}$$

$$R = F \times \cos 30° = 785.3981 \times \cos 30°$$
$$= 680.175[\text{m}]$$

---

07 복합 계산형   난이도 上

▍정답 ①

▍접근 POINT

스프링상수라는 생소한 용어가 있어 난이도가 높은 문제이다.
스프링상수 관련 공식을 암기하면 암기해야 할 공식의 개수가 너무 많아지므로 스프링상수의 단위를 보고 스프링상수의 개념을 이해하는 방식으로 접근하는 것이 좋다.

▍공식 CHECK

고정된 평판에 작용하는 힘
$$F = \rho Q V$$

F: 고정된 평판에 작용하는 힘[N]
ρ: 밀도[kg/m³](물의 밀도 = 1,000[kg/m³])
Q: 유량[m³/sec], V: 유속[m/sec]

▍해설

평판에 작용하는 힘을 계산한다.
$$F = \rho Q V = 1,000 \times 0.01 \times 10 = 100[\text{N}]$$
스프링상수는 10[N/cm]로 주어졌으므로 10[N]의 힘을 가하면 스프링이 1[cm] 움직인다는 것을 알 수 있다.
이러한 스프링이 4개가 설치되어 있으므로 단축되는 거리를 식으로 나타내면 다음과 같다.

$$단축되는 \ 거리 = \frac{100[\text{N}]}{10[\text{N/cm}] \times 4} = 2.5[\text{cm}]$$

---

08 복합 계산형   난이도 中

▍정답 ③

▍접근 POINT

유량 공식을 고정된 평판에 작용하는 힘 공식에 대입하여 풀어야 하는 문제이다.
두 힘이 평형을 이루는 성질을 이용한다.

▍공식 CHECK

(1) 유량
$$Q = A V$$
Q: 유량[m³/sec]
A: 단면적[m²], V: 유속[m/sec]

(2) 고정된 평판에 작용하는 힘
$$F = \rho Q V$$
F: 고정된 평판에 작용하는 힘[N]

ρ: 밀도(물의 밀도 $=1,000[\mathrm{kg/m^3}]$)

Q: 유량$[\mathrm{m^3/sec}]$

V: 유속$[\mathrm{m/sec}]$

▎해설

유량 공식을 고정된 평판에 작용하는 힘 공식에 적용하면 다음과 같다.

$$F = \rho A V^2$$

벽면이 평형을 이루게 한다고 했으므로 두 힘을 각각 F_1, F_2라고 하면 두 힘이 같다.

$$\rho A_1 V_1^2 = \rho A_2 V_2^2$$

$$A_1 V_1^2 = A_2 V_2^2$$

$$0.01 \times 2^2 = 0.005 \times V_2^2$$

$$V_2 = \sqrt{\frac{0.01 \times 2^2}{0.005}} = 2.828[\mathrm{m/sec}]$$

09 단순 계산형 난이도 下

▎정답 ①

▎접근 POINT

이동하는 평판에 작용하는 힘에 대한 공식을 알고 있으면 풀 수 있는 문제이다.
이동하는 평판에 작용하는 힘은 고정된 평판에 작용하는 힘 공식과 거의 비슷하다.

▎공식 CHECK

이동하는 평판에 작용하는 힘

$$F = \rho A (V - U)^2$$

F: 이동하는 평판에 작용하는 힘$[\mathrm{N}]$

ρ: 밀도$[\mathrm{kg/m^3}]$(물의 밀도 $=1,000[\mathrm{kg/m^3}]$

A: 단면적$[\mathrm{m^2}]$

V: 유체의 속도$[\mathrm{m/sec}]$

U: 평판의 이동속도$[\mathrm{m/sec}]$

▎해설

이동하는 평판에 작용하는 힘 공식에 단면적을 적용한다.

$$F = \rho A (V - U)^2 = \rho \frac{\pi D^2}{4} (V - U)^2$$

$$= \frac{\rho \pi D^2}{4} (V - U)^2$$

10 단순 계산형 난이도 下

▎정답 ①

▎접근 POINT

이동하는 평판에 작용하는 힘에 대한 공식을 알고 있으면 풀 수 있는 문제이다.

▎공식 CHECK

이동하는 평판에 작용하는 힘

$$F = \rho A (V - U)^2$$

F: 이동하는 평판에 작용하는 힘$[\mathrm{N}]$

ρ: 밀도$[\mathrm{kg/m^3}]$(물의 밀도 $=1,000[\mathrm{kg/m^3}]$

A: 노즐의 단면적$[\mathrm{m^2}]$

V: 유체의 속도$[\mathrm{m/sec}]$

U: 평판의 이동속도$[\mathrm{m/sec}]$

▎해설

$$F = \rho A (V - U)^2 = 1,000 \times 0.01 \times (12 - 4)^2$$

$$= 640[\mathrm{N}]$$

11 단순 계산형   난이도 中

┃ 정답 ②

┃ 접근 POINT

도심과 압력 중심 사이의 거리 공식을 알면 풀 수 있으나 자주 출제되는 공식이 아니라 공식을 암기하지 못해서 틀리는 경우가 많다.

┃ 공식 CHECK

$$y_p - \bar{y} = \frac{I_{xc}}{AR}$$

y_p : 압력 중심의 거리[m]

$\bar{y}$: 도심의 거리[m]

I_{xc} : 면적 관성모멘트[m^4]

A : 단면적[m^2], R : 반지름[m]

┃ 해설

원판이라고 했으므로 단면적 A 는 πR^2 이다. 도심과 압력 중심 사이의 거리를 계산한다.

$$y_p - \bar{y} = \frac{I_{xc}}{AR} = \frac{\dfrac{\pi R^4}{4}}{\pi R^2 \times R} = \frac{\pi R^4}{4\pi R^3}$$

$$= \frac{R}{4}[m]$$

12 복합 계산형   난이도 上

┃ 정답 ②

┃ 접근 POINT

물이 수문에 작용하는 힘과 수문을 열기 위해 가하는 힘(F)이 평형을 이루고 있다는 사실을 이용하여 풀 수 있다.

전체적으로 계산과정이 복합하고 작용점과 중심점을 구분해야 하며 모멘트에 대한 이해가 필요한 문제로 난이도가 높다.

┃ 공식 CHECK

(1) 유체가 수문에 작용하는 힘

$$F_1 = \gamma \bar{h} A$$

F_1 : 유체가 수문에 작용하는 힘[kN]

γ : 비중량(물의 비중량 $= 9.8$[kN/m^3])

$\bar{h}$: 수면에서 수문 중심까지의 수직거리[m]

A : 수문의 단면적[m^2]

(2) 작용점의 위치

$$y_F = \bar{y} + \frac{I_G}{A \times \bar{y}}$$

y_F : 작용점의 위치[m]

$\bar{y}$: 수문의 중심 위치[m]

I_G : 단면 2차 모멘트(사각형 $= \dfrac{bh^3}{12}$)

b : 수문의 폭[m], h : 수문의 길이[m]

A : 수문의 단면적[m^2]

(3) 모멘트

$$M = FL$$

M : 모멘트[N · m]

F : 가하는 힘의 크기[N]

L : 힘을 가하는 곳과 회전축과의 거리[m]

┃ 해설

(1) 유체가 수문에 작용하는 힘 계산

$$\sin 30° = \frac{\bar{h}}{1.5}, \quad \bar{h} = 1.5 \times \sin 30°$$

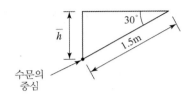

$$F_1 = \gamma \overline{h} A$$

$$= 9.8 \times (1.5 \times \sin 30^\circ) \times (3 \times 0.5)$$

$$= 11.025 [\text{kN}]$$

(2) 작용점의 위치 계산

작용점은 물이 수문에 작용하는 힘의 부분을 점으로 나타낸 것으로 수문의 중심과는 다르고 공식으로 계산한다.

$$y_F = \overline{y} + \frac{I_G}{A \times \overline{y}} = \overline{y} + \frac{\dfrac{bh^3}{12}}{A \times \overline{y}}$$

$$= 1.5 + \frac{\dfrac{0.5 \times 3^3}{12}}{(0.5 \times 3) \times 1.5} = 2 [\text{m}]$$

(3) 모멘트로 수문을 열기 위한 힘 계산

유체가 수문에 작용하는 힘 F_1은 다음 그림과 같이 작용점에 작용한다.

수문을 열기 위한 최소한의 힘 F_2는 다음과 같이 F_1의 반대 방향으로 작용하고 F_2에 대한 회전축은 힌지 부분이다.

수문을 열기 위한 최소한의 힘 F_2은 최소한 유체가 수문을 누르는 힘 F_1보다는 조금이라도 커야 하므로 유체가 수문을 누르는 힘과 같은 힘이 얼마인지를 모멘트 공식으로 계산한다.

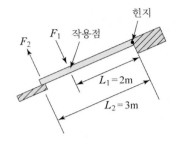

$$F_1 L_1 = F_2 L_2$$

$$F_2 = \frac{F_1 L_1}{L_2} = \frac{11.025 \times 2}{3} = 7.35 [\text{kN}]$$

$7.35[\text{kN}]$의 힘보다 조금이라도 더 큰 힘을 수문에 가하면 수문을 열 수 있다.

13 복합 계산형

난이도 上

│ 정답 ④

│ 접근 POINT

유량, 베르누이 방정식, 유체가 곡관에 작용하는 힘 등 다양한 공식을 적용해야 하는 난이도가 높은 문제이다.

│ 공식 CHECK

(1) 유량 관련 연속의 방정식

$$Q = A_1 V_1 = A_2 V_2$$

Q: 유량$[\text{m}^3/\text{sec}]$

A_1, A_2: 단면적$[\text{m}^2]$

V_1, V_2: 유속$[\text{m}/\text{sec}]$

(2) 베르누이 방정식

$$\frac{V_1^2}{2g} + \frac{P_1}{\gamma} + Z_1 = \frac{V_2^2}{2g} + \frac{P_2}{\gamma} + Z_2$$

V_1, V_2: 유속$[\text{m}/\text{sec}]$

P_1, P_2: 압력[kPa]

Z_1, Z_2: 높이[m]

g: 중력가속도$=9.8[\text{m}/\sec^2]$

γ: 비중량(물의 비중량$=9.8[\text{kN}/\text{m}^3]$)

(3) 유체가 곡관에 작용하는 힘

$$F = P_1 A_1 \cos\theta_1 - P_2 A_2 \cos\theta_2$$
$$+ \rho Q(V_1 \cos\theta_1 - V_2 \cos\theta_2)$$

F: 작용하는 힘[N]

P_1, P_2: 압력[N/m^2]

A_1, A_2: 단면적[m^2]

V_1, V_2: 유속[m/sec]

❙ 해설

(1) 유속, 유량 계산

$$Q = A_1 V_1 = A_2 V_2$$

$$\frac{\pi}{4} \times 0.2^2 \times V_1 = \frac{\pi}{4} \times 0.1^2 \times V_2$$

$$0.04 V_1 = 0.01 V_2$$

$$4V_1 = V_2$$

문제에서 높이차는 없다고 했으므로 Z_1, Z_2 는 무시할 수 있다.

$$\frac{V_1^2}{2g} + \frac{P_1}{\gamma} + Z_1 = \frac{V_2^2}{2g} + \frac{P_2}{\gamma} + Z_2$$

$$\frac{V_1^2}{2g} + \frac{P_1}{\gamma} = \frac{(4V_1)^2}{2g} + \frac{P_2}{\gamma}$$

$$\frac{V_1^2}{2 \times 9.8} + \frac{98}{9.8} = \frac{(4V_1)^2}{2 \times 9.8} + \frac{29.42}{9.8}$$

$$V_1 = 3.0239[\text{m}/\sec]$$

V_1은 공학용계산기의 SOLVE로 계산했다.

$$V_2 = 4 \times 3.0239 = 12.0956[\text{m}/\sec]$$

$$Q = A_1 V_1 = \frac{\pi}{4} D_1^2 V_1$$
$$= \frac{\pi}{4} \times 0.2^2 \times 3.0239$$
$$= 0.0949[\text{m}^3/\sec]$$

(2) 유체가 곡관에 작용하는 힘 계산

1지점은 들어가는 부분이고, 2지점은 180° 가 꺾여서 나오는 부분이다.

$$\cos\theta_1 = \cos 0° = 1$$

$$\cos\theta_2 = \cos 180° = -1$$

cos값을 대입하여 유체가 곡관에 작용하는 힘 공식을 정리한다.

$$F = P_1 A_1 + P_2 A_2 + \rho Q(V_1 + V_2)$$

문제에서 원하는 답의 단위는 [kN]이 아니라 [N]이다.

여기서 압력값은 [Pa] = [N/m^2]로 변환하여 식에 대입해야 한다.

$$F = P_1 A_1 + P_2 A_2 + \rho Q(V_1 + V_2)$$

$$= \left(98,000 \times \frac{\pi}{4} \times 0.2^2\right) + \left(29,420 \times \frac{\pi}{4} \times 0.1^2\right)$$
$$+ 1,000 \times 0.0949 \times (3.0239 + 12.0956)$$
$$= 4,744.665[\text{N}]$$

14 단순 암기형

난이도 上

❙ 정답 ②

❙ 접근 POINT

이러한 문제는 직접 계산하는 문제로는 잘 출제되지 않고 식 자체를 묻는 문제가 출제된다.

실제 시험장에서 식 자체를 유도하기에는 시간이 너무 오래 걸리므로 결과식을 암기하는 방식으로 공부하는 것이 좋다.

해설

곡면판이 받는 x 방향의 힘(F_x)은 다음과 같이 정의된다.

$$F_x = \rho Q V (1 - \cos\theta)$$

곡면판이 받는 y 방향의 힘(F_y)은 다음과 같이 정의된다.

$$F_y = \rho Q V \sin\theta$$

$$\frac{|F_y|}{|F_x|} = \frac{\rho Q V \sin\theta}{\rho Q V (1 - \cos\theta)} = \frac{\sin\theta}{1 - \cos\theta}$$

15 단순 계산형

난이도 下

정답 ③

접근 POINT

파스칼의 원리를 이용하여 두 힘의 크기를 비교한다.

공식 CHECK

$$\frac{F_1}{A_1} = \frac{F_2}{A_2}$$

F_1, F_2: 피스톤에 가하는 힘[N]

A_1, A_2: 피스톤의 단면적[m^2]

해설

"1" 부분의 지름을 D_1, "2" 부분의 지름을 D_2 라고 하면 다음 관계가 성립한다.

$$D_1 = 2D_2$$

$$F_1 = \frac{A_1}{A_2} F_2 = \frac{\frac{\pi}{4} D_1^2}{\frac{\pi}{4} D_2^2} F_2$$

$$= \frac{D_1^2}{D_2^2} F_2 = \frac{(2D_2)^2}{D_2^2} F_2$$

$$= 4F_2$$

관련개념

파스칼의 원리

밀폐된 공간에 채워진 유체에 압력을 가하면 내부로 전달된 압력은 밀폐된 공간의 각 면에 동일한 압력으로 작용한다.

단면적이 A_1인 피스톤에 P_1의 압력을 가하면 A_1에 가해진 압력이 유체를 통해 같은 압력으로 단면적이 A_2인 피스톤에 P_2의 압력이 전달된다.

$$P_1 = P_2, \quad \frac{F_1}{A_1} = \frac{F_2}{A_2}$$

유사문제

다음과 같이 지름이 다른 두 피스톤이 같은 높이에서 평형을 이룰 때 P_1, P_2 사이의 관계를 묻는 문제도 출제되었다.

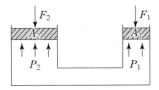

이러한 문제는 계산을 해서 수치를 구하는 문제가 아니라 파스칼의 원리의 기본개념을 묻는 문제로 정답은 $P_1 = P_2$이다.

16 단순 계산형   난이도 中

▌정답 ④

▌접근 POINT

문제를 그림으로 나타내면 다음과 같다.
큰 피스톤은 위로 올라가는 방향의 F_2의 힘이 발생한다. 이 힘과 동일한 하중을 가하면 피스톤이 평형을 이루게 된다.

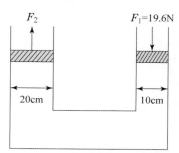

▌공식 CHECK

$$\frac{F_1}{A_1} = \frac{F_2}{A_2}$$

F_1, F_2: 피스톤에 가하는 힘$[\mathrm{N}]$

A_1, A_2: 피스톤의 단면적$[\mathrm{m}^2]$

▌해설

$$F_2 = \frac{A_2}{A_1}F_1 = \frac{\frac{\pi}{4} \times D_2^2}{\frac{\pi}{4} \times D_1^2}F_1 = \frac{D_2^2}{D_1^2}F_1$$

$$= \frac{0.2^2}{0.1^2} \times 19.6 = 78.4[\mathrm{N}]$$

17 단순 계산형   난이도 中

▌정답 ①

▌접근 POINT

문제를 그림으로 나타내면 다음과 같다.
파스칼의 원리를 사용하여 F_1을 계산한다.

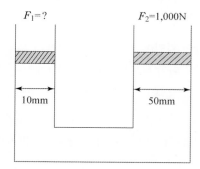

▌공식 CHECK

$$\frac{F_1}{A_1} = \frac{F_2}{A_2}$$

F_1, F_2: 피스톤에 가하는 힘$[\mathrm{N}]$

A_1, A_2: 피스톤의 단면적$[\mathrm{m}^2]$

▌해설

$$F_1 = \frac{A_1}{A_2}F_2 = \frac{\frac{\pi}{4}D_1^2}{\frac{\pi}{4}D_2^2}F_2$$

$$= \frac{D_1^2}{D_2^2}F_2 = \frac{0.01^2}{0.05^2} \times 1,000 = 40[\mathrm{N}]$$

18 단순 계산형

난이도 中

▍정답 ④

▍접근 POINT

각 실린더에서 유체의 이동량은 같아야 하므로 이동한 체적(부피)은 같다.

▍해설

파스칼의 원리에 따라 두 실린더에서 유체의 이동량이 같아야 하므로 이동한 부피(체적)는 같다. 큰 피스톤의 이동거리를 S_1이라고 하고, 작은 피스톤의 이동거리를 S_2라고 하면 이동거리에 단면적을 곱하면 유체가 이동한 부피(체적)가 된다.

이 관계를 식으로 나타내면 다음과 같다.

$$S_1 A_1 = S_2 A_2$$

$$S_2 = \frac{A_1}{A_2} S_1 = \frac{\frac{\pi}{4} D_1^2}{\frac{\pi}{4} D_2^2} S_1 = \frac{D_1^2}{D_2^2} S_1 = \frac{30^2}{5^2} \times 1$$

$$= 36 [\text{cm}]$$

이 문제는 피스톤의 지름과 이동거리의 단위가 모두 $[\text{cm}]$이므로 $[\text{m}]$로 단위변환을 하지 않아도 된다.

19 복합 계산형

난이도 上

▍정답 ①

▍접근 POINT

파스칼의 원리와 힘과 질량의 관계를 이용해야 하는 문제로 공식만 암기해서는 풀기 어려운 문제이다.

▍공식 CHECK

파스칼의 원리

$$\frac{F_1}{A_1} = \frac{F_2}{A_2}$$

F_1, F_2: 피스톤에 가하는 힘$[\text{N}]$

A_1, A_2: 피스톤의 단면적$[\text{m}^2]$

▍해설

단면적 A 부분에 가하는 힘을 F_1, 단면적 2A 부분에 가하는 힘을 F_2로 놓고 파스칼의 원리를 이용하여 F_1, F_2의 관계를 계산한다.

$$\frac{F_1}{A_1} = \frac{F_2}{2A_1}$$

$$F_1 = \frac{1}{2} F_2, \ 2F_1 = F_2$$

$F = mg$에서 중력가속도 g는 일정하므로 질량은 다음과 같은 관계가 성립한다.

$$2m_1 = m_2$$

질량은 유체역학에서 다양하게 정의되지만 밀도$[\text{kg}/\text{m}^3]$에 부피$[\text{m}^3]$를 곱한 것으로도 정의할 수 있다.

$$m_2 = 2m_1 = 2dV = 2dAh_1$$

▍다른풀이

그림의 동일선상의 압력인 P_A와 P_B가 같은 원리를 이용하여 풀 수 있다.

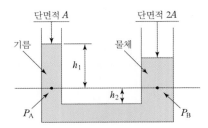

$$P_A = \gamma h_1 = (d \cdot g)h_1$$

$$P_B = \frac{F_B}{2A} \text{(압력은 단위면적당 작용하는 힘임)}$$

$$F_B = mg$$

$$P_B = \frac{mg}{2A}$$

$P_A = P_B$이므로 다음 식이 성립한다.

$$(d \cdot g)h_1 = \frac{mg}{2A}$$

$$dh_1 = \frac{m}{2A}$$

$$m = 2Adh_1$$

20 복합 계산형   난이도 中

▌정답 ①

▌접근 POINT

물체의 체적만 구하는 문제라면 쉬운 문제이지만 비중을 구해야 하므로 비중량을 이용한 물체의 무게 공식도 알고 있어야 풀 수 있는 문제이다.

▌공식 CHECK

(1) 부력

$$F_B = \gamma V$$

F_B: 부력[N]

γ: 유체의 비중량(물의 경우= $9,800[\text{N/m}^3]$)

V: 물체가 잠긴 부피$[\text{m}^3]$

F_B=공기 중 무게-물속 무게

(2) 비중

$$s = \frac{\gamma}{\gamma_w}$$

s: 비중

γ: 어떤 물질의 비중량$[\text{kN/m}^3]$

γ_w: 물의 비중량= $9.8[\text{kN/m}^3]$

(3) 물체의 공기중 무게

$$W = \gamma V$$

W: 물체의 공기중 무게[N]

γ: 물체의 비중량$[\text{N/m}^3]$

V: 물체의 전체 부피$[\text{m}^3]$

▌해설

(1) 부력 공식으로 물체의 체적 계산

F_B=공기 중 무게-물속 무게

$$= 588 - 98 = 490[\text{N}]$$

$$V = \frac{F_B}{\gamma} = \frac{490}{9,800} = 0.05[\text{m}^3]$$

(2) 물체의 비중 계산

부력을 계산하는 과정에서 비중량은 물속에 잠기는 것이므로 물의 비중량으로 계산하면 되지만 물체의 비중을 계산할 때 비중량은 물의 비중량을 적용하면 안 된다.

$$\gamma_{물체} = s \times \gamma_w = 9,800s$$

$$W = \gamma V = 9,800s \times V$$

$$s = \frac{W}{9,800\,V} = \frac{588}{9,800 \times 0.05} = 1.2$$

물체의 비중을 계산할 때 W값은 물체의 공기중 무게이므로 588[N]을 적용해야 함을 주의해야 한다.

21 개념 이해형 난이도 中

▎정답 ②

▎접근 POINT

부력의 공식을 이해하고 있다면 쉽게 풀 수 있는 문제이다.

▎공식 CHECK

$F_B = \gamma V$

F_B: 부력[N]

γ: 유체의 비중량(물의 경우= 9,800[N/m³])

V: 물체가 잠긴 부피[m³]

▎해설

부력은 물체가 물에 잠긴 부피 만큼의 유체의 무게에 해당하는 힘이다.

물체가 물속에 깊게 내려가도 물에 잠긴 부피는 일정하므로 부력은 일정하다.

부력은 물체의 무게 반대 방향으로 작용하는 힘으로 부력이 일정하면 물체를 들고 있는데 필요한 힘(물체의 무게)도 일정하다.

부력 공식에 물에 물체가 잠긴 깊이가 없는 것을 보면 부력은 물체가 물에 잠긴 깊이와는 관계가 없다는 것을 알 수 있다.

22 복합 계산형 난이도 中

▎정답 ①

▎접근 POINT

빙산이 물 위에 떠 있는 것이므로 빙산의 공기중 무게와 부력이 평형을 이루고 있는 것이다.

정확한 부피는 계산할 수 없으므로 빙산의 전체 부피를 $100[\text{m}^3]$으로 놓고 빙산의 잠긴 부피를 x로 놓는다.

▎공식 CHECK

(1) 부력

$F_B = \gamma V$

F_B: 부력[N]

γ: 유체의 비중량(물의 경우= 9,800[N/m³])

V: 물체가 잠긴 부피[m³]

(2) 비중

$s = \dfrac{\gamma}{\gamma_w}$

s: 비중

γ: 어떤 물질의 비중량[kN/m³]

γ_w: 물의 비중량= 9.8[kN/m³]

(3) 물체의 공기중 무게

$W = \gamma V$

W: 물체의 공기중 무게[N]

γ: 물체의 비중량[N/m³]

V: 물체의 전체 부피[m³]

▎해설

문제의 조건을 그림으로 나타내면 다음과 같다.

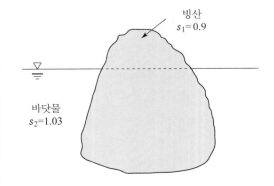

빙산
$s_1 = 0.9$

바닷물
$s_2 = 1.03$

빙산이 바닷물 수면에 떠 있으므로 빙산의 공기 중 무게와 부력이 평형을 이루고 있는 것이다.

$W = \gamma_{빙산} V_{빙산의 전체 부피} = (s_1 \times \gamma_w) \times 100$

$F_B = \gamma_{바닷물} V_{빙산이 잠긴 부피} = (s_2 \times \gamma_w) \times x$

$W = F_B$이다.

$(s_1 \times \gamma_w) \times 100 = (s_2 \times \gamma_w) \times x$

$0.9 \times 100 = 1.03x$

$x = 87.3786 [\mathrm{m}^3]$

해수면 위의 빙산 부피$= 100 - 87.3786$

$$= 12.6214 [\mathrm{m}^3]$$

빙산의 전체 부피를 $100[\mathrm{m}^3]$라고 했으므로 전체 빙산 부피의 약 $12.62[\%]$가 해수면 위에 올라와 있는 것이다.

23 복합 계산형　　난이도 中

정답 ②

접근 POINT

모든 공식을 전부 암기하기는 어렵기 때문에 부력의 기본개념으로 식을 유도해서 풀 수 있다.

공식 CHECK

공식 CHECK

(1) 부력

$F_B = \gamma V$

F_B: 부력$[\mathrm{N}]$

γ: 유체의 비중량(물의 경우$= 9,800[\mathrm{N/m}^3]$)

V: 물체가 잠긴 부피$[\mathrm{m}^3]$

(2) 비중

$s = \dfrac{\gamma}{\gamma_w}$

s: 비중

γ: 어떤 물질의 비중량$[\mathrm{kN/m}^3]$

γ_w: 물의 비중량$= 9.8[\mathrm{kN/m}^3]$

(3) 물체의 공기중 무게

$W = \gamma V$

W: 물체의 공기중 무게$[\mathrm{N}]$

γ: 물체의 비중량$[\mathrm{N/m}^3]$

V: 물체의 전체 부피$[\mathrm{m}^3]$

해설

이 문제의 조건으로는 정확한 물체의 부피는 구할 수 없지만 물체의 $95[\%]$가 물에 잠겼다고 했으므로 전체 부피를 $100[\mathrm{m}^3]$로 가정하면 물에 잠긴 부피는 $95[\mathrm{m}^3]$이고, 물에 뜬 부피는 $5[\mathrm{m}^3]$이다.

문제의 내용을 그림으로 나타내면 다음과 같다.

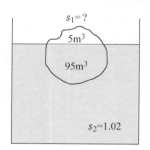

물체가 물 위에 떠 있는 것으로 물체의 공기 중 무게와 부력이 평형을 이루고 있다.

$W = F_B$

$\gamma_1 V_{전체부피} = \gamma_2 V_{잠긴 부피}$

$s_1 \gamma_w \times 100 = s_2 \gamma_w \times 95$

$s_1 \times 100 = s_2 \times 95$

$s_1 = \dfrac{s_2 \times 95}{100} = \dfrac{1.02 \times 95}{100} = 0.969$

24 복합 계산형   난이도 中

▎정답 ②

▎접근 POINT

빙산 전체 체적(부피)을 x로 놓으면 물에 잠긴 빙산의 부피는 $(x-150)[\mathrm{m^3}]$이다.

▎공식 CHECK

(1) 부력

   $F_B = \gamma V$

   F_B: 부력[N]

   γ: 유체의 비중량(물의 경우= $9,800[\mathrm{N/m^3}]$)

   V: 물체가 잠긴 부피[$\mathrm{m^3}$]

(2) 비중

   $s = \dfrac{\gamma}{\gamma_w}$

   s: 비중

   γ: 어떤 물질의 비중량[$\mathrm{kN/m^3}$]

   γ_w: 물의 비중량= $9.8[\mathrm{kN/m^3}]$

(3) 물체의 공기중 무게

   $W = \gamma V$

   W: 물체의 공기중 무게[N]

γ: 비중량[$\mathrm{N/m^3}$]

V: 물체의 전체 부피[$\mathrm{m^3}$]

▎해설

문제의 조건을 그림으로 나타내면 다음과 같다.

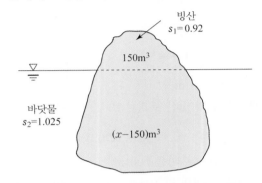

빙산이 바닷물 수면에 떠 있으므로 빙산의 공기 중 무게와 부력이 평형을 이루고 있는 것이다.

$W = \gamma_{빙산} V_{빙산의 전체 부피} = (s_1 \times \gamma_w) \times x$

$F_B = \gamma_{바닷물} V_{빙산이 잠긴 부피}$

   $= (s_2 \times \gamma_w) \times (x-150)$

$W = F_B$이다.

$(s_1 \times \gamma_w) \times x = (s_2 \times \gamma_w) \times (x-150)$

$0.92x = 1.025(x-150)$

$0.92x = 1.025x - 153.75$

$-0.105x = -153.75$

$x = 1,464.286[\mathrm{m^3}]$

25 개념 이해형   난이도 上

▎정답 ②

▌접근 POINT

부력 공식만 암기했다면 풀기 어렵고 부력에 대한 개념을 이해해야 풀 수 있는 문제이다.

이 문제는 정육면체가 물에 잠기는 것이 아니라 비중이 1.26인 글리세린에 잠기는 것이므로 비중량을 계산할 때 물의 비중량을 적용하면 안 되고 비중량을 계산해서 적용해야 한다.

▌공식 CHECK

(1) 부력

$$F_B = \gamma V$$

F_B: 부력[N]

γ: 유체의 비중량(물의 경우 $= 9,800[\text{N/m}^3]$)

V: 물체가 잠긴 부피[m³]

(2) 비중

$$s = \frac{\gamma}{\gamma_w}$$

s: 비중

γ: 어떤 물질의 비중량[kN/m³]

γ_w: 물의 비중량 $= 9.8[\text{kN/m}^3]$

▌해설

부력은 위의 방향으로 작용하는 힘이고 무게 또는 누르는 힘은 아래 방향으로 작용하는 힘이다. 직육면체가 절반이 잠겨 있을 때에는 부력(F_{B1})과 물체의 무게가 평형을 이루고 있는 것이고, 직육면체가 모두 잠겼을 때에는 부력(F_{B2})과 물체의 무게+누르는 힘이 평형을 이루고 있는 것이다.

결국 F_{B2}에서 F_{B1}을 빼면 누르는 힘이다.

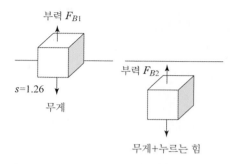

(1) 정육면체가 절반이 잠겼을 때 부력 계산

$$F_{B1} = \gamma V_1$$
$$= (1.26 \times 9,800) \times (0.08 \times 0.08 \times 0.04)$$
$$= 3.161[\text{N}]$$

(2) 정육면체가 모두 잠겼을 때 부력 계산

$$F_{B2} = \gamma V_2$$
$$= (1.26 \times 9,800) \times (0.08 \times 0.08 \times 0.08)$$
$$= 6.322[\text{N}]$$

(3) 누르는 힘 계산

$$F_{B2} - F_{B1} = 무게 + 누르는 힘 - 무게$$
$$= 누르는 힘$$
$$= 6.322 - 3.161 = 3.161[\text{N}]$$

26 복합 계산형
난이도 上

▌정답 ③

▌접근 POINT

부력과 관련된 문제 중에서는 어려운 문제로 공식만 암기하면 풀기 어렵고 부력의 의미에 대해 이해하고 있어야 풀 수 있는 문제이다.

소방정(물체)이 물속에 완전히 잠긴 것이 아니라 일부만 물에 잠겨 있다는 점을 주목해야 한다.

▌공식 CHECK

(1) 부력

$$F_B = \gamma V$$

F_B: 부력[N]

γ: 유체의 비중량(물의 경우= $9,800[\mathrm{N/m^3}]$)

V: 물체가 잠긴 부피[$\mathrm{m^3}$]

(2) 비중

$$s = \frac{\gamma}{\gamma_w}$$

s: 비중

γ: 어떤 물질의 비중량[$\mathrm{kN/m^3}$]

γ_w: 물의 비중량= $9.8[\mathrm{kN/m^3}]$

(3) 물체의 공기중 무게

$$W = \gamma V$$

W: 물체의 공기중 무게[N]

γ: 비중량[$\mathrm{N/m^3}$]

V: 물체의 전체 부피[$\mathrm{m^3}$]

▌해설

위의 문제를 그림으로 나타내면 다음과 같다.

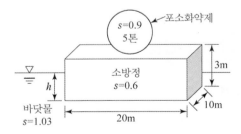

소방정이 물 위에 떠 있으므로 소방정과 포소화약제의 무게를 합한 것과 부력이 평형을 이루고 있는 것이다.

소방정의 무게를 W_1, 포소화약제의 무게를 W_2라고 하고 부력을 F_B라면 다음 식이 성립한다.

$$W_1 + W_2 = F_B = \gamma_{\text{바닷물}} V_{\text{물에 잠긴 소방정의 부피}}$$

이 문제에서는 물에 잠긴 소방정의 높이(h)를 구하라고 했는데, 먼저 물에 잠긴 소방정의 부피(V)를 구해야 한다.

$$V = \frac{W_1 + W_2}{\gamma_{\text{바닷물}}}$$

$$= \frac{(0.6 \times 9,800 \times 600) + (5,000 \times 9.8)}{1.03 \times 9,800}$$

$$= 354.3689[\mathrm{m^3}]$$

부력을 구할 때 보통 물에 잠기는 것으로 문제에서 주어지기 때문에 습관적으로 γ 값을 물 기준으로 9,800을 적용하기 쉽다.

이 문제에서는 바닷물에 소방정이 잠긴다고 했는데 바닷물의 비중이 1.03으로 주어졌으므로 바닷물의 비중량을 식에 대입해야 한다.

여기서 구한 부피 V는 소방정 전체의 부피가 아니라 부력 식에 의해 소방정이 물속에 잠긴 부피이다.

$$20 \times 10 \times h = 354.3689$$

$$h = \frac{354.3689}{20 \times 10} = 1.772[\mathrm{m}]$$

▌상세해설

(1) 소방정의 무게 W_1 계산

$$W_1 = \gamma_{\text{소방정}} V_{\text{소방정 전체 부피}}$$

$$= (s_{\text{소방정}} \times \gamma_w) \times V_{\text{소방정 전체 부피}}$$

$$= \{0.6 \times 9,800 \times (20 \times 10 \times 3)\}$$

$$= (0.6 \times 9,800 \times 600)[\mathrm{N}]$$

여기서, 부피 V는 소방정 전체의 부피이다.

(2) 포소화약제의 무게 W_2 계산

문제에서 주어진 5톤=5,000[kg]은 무게가 아니라 질량이므로 중력가속도를 곱하여 무게로 환산해야 한다.

$$W_2 = 5,000[\text{kg}] \times \frac{9.8[\text{m}]}{[\text{sec}^2]}$$

$$= 5,000 \times 9.8 \frac{[\text{kg}] \cdot [\text{m}]}{[\text{sec}^2]}$$

$$= 5,000 \times 9.8[\text{N}]$$

27 복합 계산형

난이도 中

▌정답 ④

▌접근 POINT

수평분력과 수직분력을 각각 계산해야 하는 문제로 단면적과 부피를 계산할 때 수평 방향과 수직 방향을 구분하여 계산해야 한다.

▌공식 CHECK

(1) 수평분력

$$F_H = \gamma h A$$

F_H: 수평분력[kN]

γ: 비중량[kN/m³]

h: 수면에서 수문 중심까지의 수직길이[m]

$$h = \frac{R}{2}$$

A: 단면적[m²], $A = R \times$ 폭

(2) 수직분력

$$F_V = \gamma V$$

F_V: 수직분력[kN]

γ: 비중량[kN/m³]

V: 부피[m³] $V = \frac{\pi}{4}R^2 \times$ 폭

▌해설

(1) 수평분력 계산

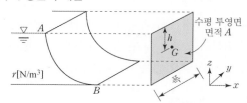

$$F_H = \gamma h A = 9.8 \times \frac{2}{2} \times (2 \times 3) = 58.8[\text{kN}]$$

(2) 수직분력 계산

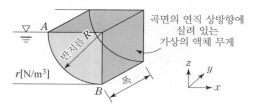

$$F_V = \gamma V = 9.8 \times \left(\frac{\pi}{4} \times 2^2 \times 3 \right) = 92.363[\text{kN}]$$

▌상세해설

수직분력 계산시 부피 계산

원의 넓이를 구하는 공식은 $\frac{\pi}{4}D^2$이다.

문제에서 1/4 원형이라고 했으므로 원의 넓이를 구하는 공식에 1/4을 곱하고 D 대신 2R을 대입한다.

$$\frac{1}{4} \times \frac{\pi}{4} \times (2R)^2 = \frac{1}{4} \times \frac{\pi}{4} \times 4R^2$$

$$= \frac{\pi}{4}R^2$$

여기서 구한 1/4 원형의 넓이에 폭이 3[m]라고 했으므로 폭을 곱해야 부피가 된다.

28 개념 이해형　　　　난이도 中

정답 ②

접근 POINT

수직 정수력은 수직분력을 구하라는 말이다.
수직분력을 구할 때 두 경우의 부피를 어떻게 산
정할지를 알고 있는지 묻는 문제이다.

공식 CHECK

수직분력

$F_V = \gamma V$

F_V: 수직분력[kN]

γ: 비중량[kN/m^3]

V: 부피[m^3]　$V = \dfrac{\pi}{4} R^2 \times$ 폭

해설

수직분력 계산 시 부피는 수문(곡면)의 연직 상
방향에 실려 있는 가상의 액체 부피로 산정한다.
두 경우 수문 모양은 다르지만 수문 위의 연직
상방향에 실려 있는 가상의 액체 부피는 같다.
둘 다 물이므로 비중량도 같으므로 수직 분력의
크기의 비는 1 : 1이다.

29 단순 계산형　　　　난이도 下

정답 ③

접근 POINT

수직분력 공식만 알고 있으면 풀 수 있다.

공식 CHECK

수직분력

$F_V = \gamma V$

F_V: 수직분력[N]

γ: 비중량[N/m^3]

V: 부피[m^3]　$V = \dfrac{\pi}{4} R^2 \times$ 폭

해설

$$F_V = \gamma V = 9,800 \times \left(\dfrac{\pi}{4} \times 1^2 \times 4 \right)$$
$$= 30,787.608 [\text{N}]$$

유사문제

거의 같은 그림을 이용한 문제인데 반지름이
1[m]이고 폭이 3[m]인 곡면의 수문이 받는 수
평분력을 계산하는 문제도 출제되었다.

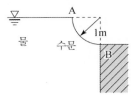

$$F_H = \gamma h A = 9,800 \times 0.5 \times (1 \times 3)$$
$$= 14,700 [\text{N}]$$

30 복합 계산형　　　　난이도 中

정답 ③

접근 POINT

수평분력의 힘 만큼 수면에서 수문을 잡아당겨
야 수문이 평형을 이루게 된다.
이 문제는 결국 수평분력을 구하는 문제이고, 4

분원의 중심이 O점에서 왼쪽으로 $4r/3\pi$인 곳에 있다는 것은 계산하기 위해 필요한 값이 아니다.

▌공식 CHECK

수평분력

$F_H = \gamma h A$

F_H: 수평분력[kN]

γ: 비중량[kN/m^3]

h: 수면에서 수문 중심까지의 수직길이[m]

$h = \dfrac{R}{2}$

A: 단면적[m^2], $A = R \times$ 폭

▌해설

$F_H = \gamma h A = 9.8 \times \dfrac{2}{2} \times (2 \times 1) = 19.6\,[\text{kN}]$

---

31 복합 계산형
난이도 中

▌정답 ①

▌접근 POINT

수평성분의 크기를 구하는 것이기 때문에 수평분력을 계산하고, 수면에서 수문 중심까지의 수직거리 산정에 주의해야 한다.

▌공식 CHECK

수평분력

$F_H = \gamma h A$

F_H: 수평분력[kN]

γ: 비중량[kN/m^3]

h: 수면에서 수문 중심까지의 수직길이[m]

A: 단면적[m^2], $A = R \times$ 폭

▌해설

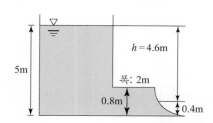

$F_H = \gamma h A = 9.8 \times 4.6 \times (0.8 \times 2) = 72.128\,[\text{kN}]$

---

32 단순 계산형
난이도 中

▌정답 ③

▌접근 POINT

수문의 모양이 기존의 기출문제에서 약간 변형되었지만 수평분력 산정 공식을 적용하면 되고, h는 수면에서 수문 중심까지의 수직거리임을 주의해야 한다.

▌공식 CHECK

수평분력

$F_H = \gamma h A$

F_H: 수평분력[kN]

γ: 비중량[kN/m^3]

h: 수면에서 수문 중심까지의 수직길이[m]

A: 단면적[m^2], $A = R \times$ 폭

▌해설

$F_H = \gamma h A = 9.8 \times 4 \times (3 \times 2) = 235.2\,[\text{kN}]$

33 복합 계산형 난이도 中

▮ 정답 ②

▮ 접근 POINT
수문의 모양이 약간 다르지만 수평분력을 구하는 공식을 적용하면 된다.

▮ 공식 CHECK
수평분력

$F_H = \gamma h A$

F_H: 수평분력[kN]

γ: 비중량[kN/m^3]

h: 수면에서 수문 중심까지의 수직길이[m]

A: 단면적[m^2], $A = R \times$ 폭

▮ 해설
$F_x = \gamma h A = 9.8 \times 5 \times (2 \times 4) = 392 \text{[kN]}$

34 복합 계산형 난이도 中

▮ 정답 ①

▮ 접근 POINT
수평분력과 수직분력을 각각 계산한 뒤 그 힘의 비를 비교하면 된다.

▮ 공식 CHECK
(1) 수평분력

$F_x = \gamma h A$

F_x: 수평분력[kN]

γ: 비중량[kN/m^3]

h: 수면에서 수문 중심까지의 수직길이[m]

$h = \dfrac{R}{2}$

A: 단면적[m^2], $A = R \times$ 폭

(2) 수직분력

$F_z = \gamma V$

F_z: 수직분력[kN]

γ: 비중량[kN/m^3]

V: 부피[m^3] $V = \dfrac{\pi}{4} R^2 \times$ 폭

▮ 해설
(1) 수평분력 계산

$$F_x = \gamma h A = \gamma \frac{R}{2} A$$

$$= \gamma \times \frac{1}{2} \times (1 \times 2) = \gamma$$

(2) 수직분력 계산

$$F_z = \gamma V = \gamma \frac{\pi}{4} R^2 \times 폭$$

$$= \gamma \times \frac{\pi}{4} \times 1^2 \times 2 = \gamma \frac{\pi}{2}$$

(3) 수평분력과 수직분력의 비 계산

$$\frac{F_z}{F_x} = \frac{\gamma \dfrac{\pi}{2}}{\gamma} = \frac{\pi}{2}$$

▮ 상세해설
문제에서 물이라고 했으므로 γ에 물의 비중량인 $9,800 \text{[N/m}^3\text{]}$을 넣어서 계산해도 된다.
이 문제는 수평분력과 수직분력의 비를 계산하는 문제로 γ값은 소거되므로 직접 계산하지 않고 약분하는 형태로 풀이했다.

대표유형 ❻

열역학

66쪽

01	02	03	04	05	06	07	08	09	10
①	①	①	④	④	③	②	③	②	③
11	12	13	14	15	16	17	18	19	20
②	③	②	③	③	③	①	③	④	③
21	22	23	24	25	26	27	28	29	30
②	②	②	①	③	②	③	④	①	③
31	32	33	34	35	36	37	38	39	40
②	③	①	③	③	②	④	②	③	④
41	42	43	44	45	46	47	48	49	50
②	②	①	③	①	④	②	③	②	②
51	52	53	54	55	56	57	58	59	60
④	②	④	②	③	④	①	①	①	④
61	62	63	64						
②	③	③	③						

01 개념 이해형

난이도 下

▎정답 ①

▎접근 POINT

자주 출제되는 문제는 아니지만 과열증기의 개념만 알고 있다면 쉽게 답을 고를 수 있다.

▎해설

과열증기란 포화증기를 가열한 증기로 과열증기의 온도는 해당 압력에서 포화온도보다 높지만 압력은 해당 온도에서의 포화압력과 같다. ②, ③, ④번은 모두 맞는 내용이다.

02 개념 이해형

난이도 下

▎정답 ①

▎접근 POINT

간단한 개념 문제로 응용되어 출제되지는 않으므로 정답을 확인하는 정도로 공부하는 것이 좋다.

▎해설

방열핀은 난방용 방열기 냉각판 사이에 있는 얇은 구리판으로 방열핀이 있으면 열전달 면적이 증가하여 열전도 효과가 증대된다.

03 단순 암기형

난이도 下

▎정답 ①

▎접근 POINT

이 공식은 사실상 정해져 있는 것이므로 직접 식을 유도하기 보다는 암기 위주로 접근하는 것이 좋다.

▎해설

체적이 일정한 밀폐계가 외부에 한 일[kJ]

$$W = Q - mC_v \triangle T$$

W: 계가 외부에 한 일[kJ]

Q: 열량[kJ]

m: 질량[kg]

C_v: 정적비열[kJ/kg · K]

$\triangle T$: 온도차[K]

04 개념 이해형

난이도 中

정답 ④

접근 POINT

열역학 관련 기본개념을 이해하고 있어야 풀 수 있는 문제이다.

해설

① 삼중점은 물체의 고상, 액상, 기상이 모두 공존하는 온도이다.

② 압력이 증가하면 물의 끓는점이 높아지고, 압력이 낮아지면 물의 끓는점이 낮아진다.

③ 열역학 제2법칙에 따라 에너지의 무질서도(엔트로피)는 증가하므로 효율이 100%인 열기관은 만들 수 없다.

④ 비열비(k)는 정압비열(C_p)과 정적비열(C_v)의 비이다.

$$k = \frac{C_p}{C_v}$$

비열비는 항상 1보다 크므로 $C_p > C_v$이다.

유사문제 ①

비열에 대한 설명 중 비열비가 1보다 작은 물질도 있다는 오답 보기가 출제된 적이 있다.

비열비는 항상 1보다 크다는 것을 기억해야 한다.

유사문제 ②

비열비의 식을 묻는 문제도 출제된 적 있으므로 비열비 식은 암기하는 것이 좋다.

$$k = \frac{C_p}{C_v}$$

05 개념 이해형

난이도 中

정답 ④

접근 POINT

현열과 잠열과 관련된 내용은 계산문제로도 출제되므로 개념을 정확하게 이해해야 한다.

해설

온도의 변화 없이 물질의 상태변화에 필요한 열을 잠열이라고 하고, 상태의 변화 없이 물질의 온도 변화에 필요한 열을 현열이라고 한다.

④번은 증발잠열에 대한 설명이다.

06 개념 이해형

난이도 中

정답 ③

접근 POINT

응용되어 출제되지는 않으므로 간단하게 정답을 확인하는 정도로 공부하는 것이 좋다.

해설

교축 과정은 유체가 좁은 통로를 흐를 때 마찰 등으로 인하여 압력이 급격히 저하되고, 온도는 상승하며, 엔트로피가 증가하는 과정으로 엔탈피는 변하지 않는다.

엔탈피는 간단하게 이야기하면 어떤 물질이 가지고 있는 총에너지이고, 엔트로피는 어떤 물질의 정렬상태를 나타내는 수치이다.

07 단순 계산형   난이도 下

┃정답 ②

┃접근 POINT

단열변화 공식만 알고 있다면 풀 수 있다.

┃공식 CHECK

단열변화

$$\frac{T_2}{T_1}=\left(\frac{v_1}{v_2}\right)^{K-1}=\left(\frac{V_1}{V_2}\right)^{K-1}=\left(\frac{P_2}{P_1}\right)^{\frac{K-1}{K}}$$

T_1, T_2: 변화 전후의 온도[K]

v_1, v_2: 변화 전후의 비체적[m^3/kg]

V_1, V_2: 변화 전후의 부피[m^3]

P_1, P_2: 변화 전후의 압력[kPa]

K: 비열비

┃해설

문제에서 압력 조건이 주어졌으므로 압력이 포함된 식을 T_2 기준으로 식을 정리한다.

T_1은 절대온도로 환산하여 대입해야 한다.

절대온도[K]=273+섭씨온도[℃]

$T_1 = 273 - 10 = 263[K]$

$$T_2 = T_1 \times \left(\frac{P_2}{P_1}\right)^{\frac{K-1}{K}} = 263 \times \left(\frac{1}{6}\right)^{\frac{1.289-1}{1.289}}$$

$$= 175.991 \fallingdotseq 176[K] = -97[℃]$$

08 단순 계산형   난이도 中

┃정답 ③

┃접근 POINT

단열변화 공식에서 부피를 소거한 후 나중 온도를 구할 수 있다.

┃공식 CHECK

단열변화

$$\frac{T_2}{T_1}=\left(\frac{v_1}{v_2}\right)^{K-1}=\left(\frac{V_1}{V_2}\right)^{K-1}=\left(\frac{P_2}{P_1}\right)^{\frac{K-1}{K}}$$

T_1, T_2: 변화 전후의 온도[K]

v_1, v_2: 변화 전후의 비체적[m^3/kg]

V_1, V_2: 변화 전후의 부피[m^3]

P_1, P_2: 변화 전후의 압력[kPa]

┃해설

문제에서 공기의 부피가 초기 부피의 1/20이 되었다고 했다.

변화 전 부피를 V_1이라고 하면 변화 후 부피 V_2는 $V_2 = 0.05 V_1$이다.

$T_1 = 273 + 15 = 288[K]$

$$\frac{T_2}{T_1}=\left(\frac{V_1}{V_2}\right)^{K-1}$$

$$\frac{T_2}{288}=\left(\frac{V_1}{0.05 V_1}\right)^{1.4-1}$$

$$T_2 = 288 \times \left(\frac{V_1}{0.05 V_1}\right)^{1.4-1} = 288 \times \left(\frac{1}{0.05}\right)^{0.4}$$

$$= 954.563[K] = 681.563[℃]$$

09 단순 계산형

▮ 정답 ②

▮ 접근 POINT

공기의 기체상수는 필요한 수치가 아니므로 단열변화 공식으로 압력을 계산한다.

▮ 공식 CHECK

단열변화

$$\frac{T_2}{T_1} = \left(\frac{v_1}{v_2}\right)^{K-1} = \left(\frac{V_1}{V_2}\right)^{K-1} = \left(\frac{P_2}{P_1}\right)^{\frac{K-1}{K}}$$

T_1, T_2: 변화 전후의 온도[K]

v_1, v_2: 변화 전후의 비체적[m³/kg]

V_1, V_2: 변화 전후의 부피[m³]

P_1, P_2: 변화 전후의 압력[kPa]

▮ 해설

문제에서 공기의 부피가 초기 부피의 1/2이 된다고 했으므로 다음 식이 성립한다.

$0.5\,V_1 = V_2$

단열변화 공식으로 P_2를 계산한다.

$$\left(\frac{V_1}{V_2}\right)^{K-1} = \left(\frac{P_2}{P_1}\right)^{\frac{K-1}{K}}$$

$$\left(\frac{V_1}{0.5\,V_1}\right)^{1.4-1} = \left(\frac{P_2}{100}\right)^{\frac{1.4-1}{1.4}}$$

$$\left(\frac{1}{0.5}\right)^{0.4} = \left(\frac{P_2}{100}\right)^{\frac{1.4-1}{1.4}}$$

$P_2 = 263.902[\text{kPa}]$

P_2는 이항하는 것보다 공학용계산기의 SOLVE 기능으로 계산하는 것이 편리하다.

10 단순 계산형

▮ 정답 ③

▮ 접근 POINT

카르노사이클의 열효율 관련 공식만 알고 있다면 풀 수 있는 문제이다.

▮ 공식 CHECK

카르노사이클의 열효율

$$\eta = 1 - \frac{T_L}{T_H} = 1 - \frac{Q_L}{Q_H}$$

η: 카르노사이클의 열효율

T_L: 저온[K], T_H: 고온[K]

Q_L: 저온열량[kJ], Q_H: 고온열량[kJ]

▮ 해설

$$\eta = 1 - \frac{T_L}{T_H}$$

$$0.7 = 1 - \frac{300}{T_H}$$

$$T_H = \frac{300}{1-0.7} = 1,000[\text{K}]$$

11 단순 계산형

▮ 정답 ②

▮ 접근 POINT

카르노사이클의 출력(일) 공식은 자주 출제되지는 않으나 이 문제는 공식만 알고 있다면 풀 수 있다.

공식 CHECK

카르노사이클의 출력(일)

$$W = Q_H \left(1 - \frac{T_L}{T_H} \right)$$

W: 출력(일)$[\text{kJ}]$

T_L: 저온$[\text{K}]$, T_H: 고온$[\text{K}]$

Q_H: 공급열량$[\text{kJ}]$

해설

$$W = Q_H \left(1 - \frac{T_L}{T_H} \right) = 800 \times \left(1 - \frac{500}{800} \right) = 300 [\text{kJ}]$$

12 개념 이해형　　　난이도 中

정답 ③

접근 POINT

카르노사이클에 대해 깊은 이해가 필요한 문제는 잘 출제되지 않으므로 등온압축과 단열압축 과정에서 엔트로피 변화의 차이점을 구분하는 정도로 공부하는 것이 좋다.

해설

이상적인 카르노사이클에서의 엔트로피 변화

• 단열압축의 경우 엔트로피 변화는 없다.

• 등온압축의 경우 엔트로피 변화는 감소한다.

13 단순 암기형　　　난이도 中

정답 ②

접근 POINT

카르노사이클에 대해 깊은 이해가 필요한 문제는 잘 출제되지 않기 때문에 카르노사이클에서 일어나는 과정에 해당되는 과정을 암기하는 방식으로 공부하는 것이 좋다.

해설

카르노사이클은 가역 사이클로 두 개의 등온변화와 두 개의 단열변화로 둘러싸인 사이클이다.

등온팽창 → 단열팽창 → 등온압축 → 단열압축

14 단순 계산형　　　난이도 下

정답 ①

접근 POINT

푸리에의 열전달량 법칙을 이용하는 문제이다. 열전달과 관련된 문제 중 가장 기본적인 문제로 반드시 맞혀야 하는 문제이다.

공식 CHECK

$$\dot{Q} = k \times \frac{A(T_2 - T_1)}{l}$$

$\dot{Q}$: 열전달률(열류량)$[\text{W}]$

k: 열전도율$[\text{W/m} \cdot \text{K}]$

A: 단면적$[\text{m}^2]$

$T_2 - T_1 = \triangle T$: 온도차$[\text{K}]$

l: 벽체의 두께$[\text{m}]$

▌해설

$$\dot{Q} = k \times \frac{A(T_2 - T_1)}{l}$$

$$= 0.8 \times \frac{(1.5 \times 1.5) \times 0.5}{0.005} = 180[\text{W}]$$

▌상세해설

$T_2 - T_1 = \triangle T$는 정확하게 이야기하면 섭씨 온도가 아니라 절대온도를 대입해야 한다.
$\triangle T$는 온도 차이므로 섭씨온도로 계산한 온도 차와 절대온도로 계산한 온도차가 같으므로 간단하게 0.5를 대입해도 된다.

15 단순 계산형

난이도 下

▌정답 ③

▌접근 POINT

푸리에의 열전달량 법칙을 이용하여 열류량 변화를 계산한다.

▌공식 CHECK

$$\dot{Q} = k \times \frac{A(T_2 - T_1)}{l}$$

$\dot{Q}$: 열류량[W]
k: 열전도율[W/m · K]
A: 단면적[m^2]
$T_2 - T_1 = \triangle T$: 온도차[K]
l: 벽체의 두께[m]

▌해설

다른 조건은 동일하고 온도 차이가 2배, 벽의 열전도율이 4배, 벽의 두께가 2배가 되는 경우이

다. 이 조건을 식에 대입한다.

$$\dot{Q} = 4k\frac{A \times 2(T_2 - T_1)}{2l} = \frac{8}{2} \times k\frac{A \times (T_2 - T_1)}{l}$$

$$= 4k\frac{A \times (T_2 - T_1)}{l}$$

조건을 변경하여 식에 대입하면 열류량은 처음의 4배가 된다는 점을 알 수 있다.
문제에서 처음 열류량이 100[W]라고 주어졌으므로 나중 열류량은 400[W]이다.

16 단순 계산형

난이도 下

▌정답 ③

▌접근 POINT

푸리에의 열전달량 법칙을 이용하여 벽의 두께를 계산한다.

▌공식 CHECK

$$\dot{Q} = k \times \frac{A(T_2 - T_1)}{l}$$

$\dot{Q}$: 열류량(열손실)[W]
k: 열전도율(열전도계수)[W/m · K]
A: 단면적[m^2]
$T_2 - T_1 = \triangle T$: 온도차[K]
l: 벽체의 두께[m]

▌해설

열전달량 법칙을 벽의 두께(l) 기준으로 정리한다.

$$l = k \times \frac{A(T_2 - T_1)}{\dot{Q}} = 0.7 \times \frac{(5 \times 6) \times 15}{1,000}$$

$$= 0.315[\text{m}] = 31.5[\text{cm}]$$

17 복합 계산형 난이도 中

정답 ①

접근 POINT

열류량($\dot{Q}$)을 단면적(A)로 나눈 것이 열손실($\dot{Q}''$)이다.

모든 공식을 전부 암기하기는 어려우니 기본 공식을 암기 후 파생되는 공식은 단위를 보고 유도할 수 있어야 한다.

공식 CHECK

$$\dot{Q} = k \times \frac{A(T_2 - T_1)}{l}$$

$\dot{Q}$: 열류량[W]
k: 열전도율[W/m · K]
A: 단면적[m^2]
$T_2 - T_1 = \triangle T$: 온도차[K]
l: 벽체의 두께[m]

해설

열류량($\dot{Q}$)을 단면적(A)로 나누면 열손실($\dot{Q}''$)이다.

$$\dot{Q}'' = k \times \frac{(T_2 - T_1)}{l}$$

$$l = k \times \frac{(T_2 - T_1)}{\dot{Q}''} = 0.08 \times \frac{55}{200}$$

$$= 0.022[\text{m}] = 22[\text{mm}]$$

18 복합 계산형 난이도 中

정답 ③

접근 POINT

푸리에의 열전달량 법칙을 이용하여 열전도율 비를 구할 수 있다.

공식 CHECK

$$\dot{Q} = k \times \frac{A(T_2 - T_1)}{l}$$

$\dot{Q}$: 전도열량[W]
k: 열전도율[W/m · K]
A: 단면적[m^2]
$T_2 - T_1 = \triangle T$: 온도차[K]
l: 벽체의 두께[m]

해설

문제에서 단면적 A는 주어지지 않았으므로 열전달량 법칙을 열유속 $\dot{Q}''[\text{W/m}^2]$기준으로 식을 정리한다.

$$\dot{Q}'' = \frac{k(T_2 - T_1)}{l}$$

위의 식을 k(열전도율) 기준으로 정리한다.

$$k = \frac{\dot{Q}'l}{\triangle T}$$

$$\frac{k_1}{k_2} = \frac{\dfrac{\dot{Q}''x}{\triangle T}}{\dfrac{\dot{Q}''0.5x}{2\triangle T}} = \frac{1}{\dfrac{0.5}{2}} = \frac{2}{0.5} = 4$$

19 복합 계산형

정답 ④

접근 POINT

두께가 20[cm]인 벽의 열유속을 구한 뒤 두께 t를 계산한다.

공식 CHECK

$$\dot{Q} = k \times \frac{A(T_2 - T_1)}{l}$$

$\dot{Q}$: 전도열량[W]

k: 열전도율[W/m · K]

A: 단면적[m^2]

$T_2 - T_1 = \triangle T$: 온도차[K]

l: 벽체의 두께[m]

해설

전도열량($\dot{Q}$)을 단면적(A)로 나눈 것이 열유속($\dot{Q}'$)이다.

$$\dot{Q}' = k \times \frac{(T_2 - T_1)}{l}$$

두께가 20[cm]인 벽의 열유속을 계산한다.

$$\dot{Q}' = k \times \frac{(T_2 - T_1)}{l} = 5 \times \frac{20}{0.2} = 500[W/m^2]$$

열유속이 같다고 했으므로 두께 t를 계산한다.

$$\dot{Q}' = 10 \times \frac{40}{t} = 500$$

$$\frac{400}{t} = 500$$

$$t = \frac{400}{500} = 0.8[m] = 80[cm]$$

20 단순 계산형

정답 ③

접근 POINT

공기를 불어준다고 했고, 대류열전달계수가 주어졌으므로 전도열량식이 아닌 대류열량식을 적용해야 한다.

공식 CHECK

대류열량

$$\dot{Q} = hA(T_2 - T_1)$$

$\dot{Q}$: 대류열량[W]

h: 대류열전달계수[W/m^2 · K]

A: 대류면적[m^2]

$T_2 - T_1 = \triangle T$: 온도차[K]

해설

$$\dot{Q} = hA(T_2 - T_1) = 30 \times (1 \times 1) \times (573 - 298)$$
$$= 8,250[W] = 8.25[kW]$$

상세해설

$T_2 - T_1 = \triangle T$는 결국 온도차이므로 섭씨온도로 계산한 값과 절대온도로 계산한 값과 차이가 없으므로 섭씨온도를 대입해도 같은 결과 값이 나온다.

$$\dot{Q} = 30 \times (1 \times 1) \times (300 - 25) = 8,250[W]$$

필기에서는 이런 방식으로 계산해도 되지만 실기는 계산과정도 써야 하므로 실기에서 계산과정을 쓸 때는 절대온도로 환산하여 대입해야 한다.

21 복합 계산형   난이도 中

정답 ②

접근 POINT

문제의 조건이 복잡하게 주어져서 난이도가 높아 보이는 문제이지만 각각의 공에 대해 대류열량 공식을 적용하면 풀 수 있다.

공식 CHECK

대류열량

$$\dot{Q} = hA(T_2 - T_1)$$

$\dot{Q}$: 대류열량[W]

h: 대류열전달계수[W/m² · K]

A: 대류면적[m²]

$T_2 - T_1 = \triangle T$: 온도차[K]

해설

(1) 지름 2[cm]의 금속공의 대류열량 계산

선풍기를 켰을 경우 대류열전달계수가 10배가 된다고 했으므로 $10h$가 된다.

A는 원의 단면적이 아니라 대류면적이므로 구의 표면적인 $4\pi r^2$을 적용한다.

$$\dot{Q}_1 = 10hA_1(T_2 - T_1)$$
$$= 10h \times 4\pi r_1^2 \times (T_2 - T_1)$$

(2) 지름 4[cm]의 금속공의 대류열량 계산

$$\dot{Q}_2 = hA_2(T_2 - T_1)$$
$$= h \times 4\pi r_2^2 \times (T_2 - T_1)$$

(3) 대류열량의 비 계산

문제에서 두 공의 온도차는 같다고 가정했으므로 $T_2 - T_1 = \triangle T$는 무시할 수 있다.

$\dot{Q}_1 : \dot{Q}_2$

$$10h \times 4\pi r_1^2 : h \times 4\pi r_2^2$$

$$10 \times 4 \times 0.01^2 : 4 \times 0.02^2$$

$$\frac{1}{250} : \frac{1}{625}$$

$$1 : 0.4$$

22 단순 계산형   난이도 下

정답 ③

접근 POINT

문제에 대류열전달계수가 주어졌으므로 대류열 공식을 적용한다.

공식 CHECK

$$\dot{Q} = hA\triangle T$$

$\dot{Q}$: 대류열[W]

h: 대류열전달계수[W/m² · K]

A: 면적[m²]

$\triangle T$: 온도차[K]

해설

$$\dot{Q} = hA\triangle T = 30 \times 2 \times 40 = 2,400[W]$$

$\triangle T$의 경우 섭씨온도[℃]나 절대온도[K] 중 어느 것으로 계산해도 같은 값이 나온다.

23 단순 계산형   난이도 下

정답 ②

접근 POINT

대류열 공식만 알고 있다면 풀 수 있다.

공식 CHECK

$\dot{Q} = hA \triangle T$

$\dot{Q}$: 대류열$[\mathrm{W}]$

h: 대류열전달계수$[\mathrm{W/m^2 \cdot ℃}]$

A: 면적$[\mathrm{m^2}]$

$\triangle T$: 온도차$[℃]$

해설

대류열 공식을 대류열전달계수 기준으로 정리
한다.

$$h = \frac{\dot{Q}}{A \triangle T} = \frac{50}{4\pi \times 0.025^2 \times 30}$$

$$= 212.207[\mathrm{W/m^2 \cdot ℃}]$$

상세해설

면적 구하기

이 문제에서는 구의 표면에서 열이 방출되기 때
문에 구의 표면적 공식$(4\pi r^2)$을 단면적에 적용
해야 한다.

24 복합 계산형   난이도 上

정답 ①

접근 POINT

전도열량과 대류열량이 모두 주어졌으므로 두
식을 모두 고려하여 벽의 외부 표면온도를 계산
한다.

열평형이 이루어지므로 전도열량과 대류열량
이 같은 원리를 이용하여 문제를 풀 수 있다.

공식 CHECK

(1) 전도열량

$$\dot{Q} = k \times \frac{A(T_2 - T_1)}{l}$$

$\dot{Q}$: 전도열량$[\mathrm{W}]$

k: 열전도율$[\mathrm{W/m \cdot K}]$

A: 단면적$[\mathrm{m^2}]$

$T_2 - T_1 = \triangle T$: 온도차$[\mathrm{K}]$

l: 벽체의 두께$[\mathrm{m}]$

(2) 대류열량

$$\dot{Q} = hA(T_2 - T_1)$$

$\dot{Q}$: 대류열량$[\mathrm{W}]$

h: 대류열전달계수$[\mathrm{W/m^2 \cdot K}]$

A: 대류면적$[\mathrm{m^2}]$

$T_2 - T_1 = \triangle T$: 온도차$[\mathrm{K}]$

해설

문제의 조건을 그림으로 나타내면 다음과 같다.
열평형이 이루어지므로 벽에서 전도된 열량과
공기중으로 대류된 열량은 같다.
벽의 외부 표면온도를 x로 놓고 계산한다.

$$k \times \frac{A(x-293)}{l} = hA(263-x)$$

$$k \times \frac{(x-293)}{l} = h(263-x)$$

$$4 \times \frac{(x-293)}{0.2} = 20(263-x)$$

$$20(x-293) = 20(263-x)$$

$$x-293 = 263-x$$

$$2x = 263+293$$

$$2x = 556$$

$$x = 278[\text{K}] = 5[\text{℃}]$$

상세해설

$\triangle T$는 나중 온도-처음 온도이다.

벽에서 전도되는 열량 기준으로 벽의 온도는 $20[\text{℃}] = 293[\text{K}]$에서 $x[\text{℃}]$로 변한다.

$\triangle T = x - 293$

벽 외부 공기의 온도가 $-10[\text{℃}]$이므로 벽의 외부 표면온도도 시간이 지나면 $-10[\text{℃}]$가 된다고 볼 수 있으므로 나중 온도는 $-10[\text{℃}]$, 처음 온도는 $x[\text{℃}]$이다.

$\triangle T = 263 - x$

간략해설

$\triangle T$는 섭씨온도나 절대온도나 수치가 같으므

로 273을 더하지 않고 섭씨온도 기준으로 계산해도 되고, $\triangle T$는 간단하게 보면 온도 차이이므로 고온에서 저온을 빼도 된다.

$$k \times \frac{A(20-x)}{l} = hA\{x-(-10)\}$$

$$k \times \frac{(20-x)}{l} = h\{x-(-10)\}$$

$$4 \times \frac{(20-x)}{0.2} = 20(x+10)$$

$$20(20-x) = 20(x+10)$$

$$20-x = x+10$$

$$2x = 10$$

$$x = 5[\text{℃}]$$

25 단순 계산형
난이도 下

정답 ③

접근 POINT

열확산계수 공식만 알고 있다면 풀 수 있는 문제이다.

열확산계수 공식을 활용하는 문제가 자주 출제되지는 않아 공식을 외우지 못해 답을 구하지 못하는 경우가 많은 문제이다.

공식 CHECK

$$\sigma = \frac{K}{\rho C}$$

σ: 열확산계수$[\text{m}^2/\text{sec}]$

K: 열전도도(열전도율)$[\text{W/m} \cdot \text{K}]$

ρ: 밀도$[\text{kg/m}^3]$

C: 비열$[\text{J/kg} \cdot \text{K}]$

해설

$$\sigma = \frac{K}{\rho C} = \frac{156}{1,740 \times 1,017}$$

$$= 8.816 \times 10^{-5} [\text{m}^2/\text{sec}]$$

26 단순 계산형

정답 ②

접근 POINT

스테판-볼츠만의 공식만 알고 있다면 풀 수 있는 문제이다.

공식 CHECK

$Q = aAFT^4$

Q: 복사열[W]

a: 스테판-볼츠만 상수[$\text{W}/\text{m}^2 \cdot \text{K}^4$]

A: 단면적[m^2]

F: 방사율

T: 절대온도[K]

해설

$T = 15 + 273 = 288 [\text{K}]$

$Q = aAFT^4$

$\quad = 5.67 \times 10^{-8} \times (0.4 \times 0.5) \times 0.85 \times 288^4$

$\quad = 66.313 [\text{W}]$

27 단순 계산형

정답 ③

접근 POINT

스테판-볼츠만의 공식만 알고 있다면 풀 수 있는 문제이다.

공식 CHECK

$Q = aAFT^4$

Q: 복사열[W]

a: 스테판-볼츠만 상수[$\text{W}/\text{m}^2 \cdot \text{K}^4$]

A: 면적[m^2]

F: 방사율

T: 절대온도[K]

해설

표면적은 같고, 표면온도가 주어졌으며 다른 조건은 주어지지 않았으므로 무시한다.

표면온도가 $1,000[\text{K}]$인 물체가 내는 복사열을 Q_1, 표면온도가 $2,000[\text{K}]$인 물체가 내는 복사열을 Q_2로 한다.

$$\frac{Q_2}{Q_1} = \frac{T_2^4}{T_1^4} = \frac{2,000^4}{1,000^4} = 16$$

28 단순 계산형

정답 ④

접근 POINT

흑체라는 용어가 나오면 스테판-볼츠만의 법칙을 떠올려야 한다.

공식 CHECK

$Q = aAFT^4$

Q: 복사열[W]

a: 스테판-볼츠만 상수[W/m^2 · K^4]

A: 면적[m^2]

F: 방사율

T: 절대온도[K]

해설

스테판-볼츠만의 법칙에 따르면 흑체에서 발산되는 복사열의 절대온도의 4제곱에 비례한다.

[29] 복합 계산형   난이도 中

정답 ①

접근 POINT

복사에너지 공식을 활용해야 하고, 흑체의 온도만 고려하는 것이 아니라 주변온도도 고려해야 하므로 복사열 관련 문제 중에서는 어려운 편에 속하는 문제이다.

공식 CHECK

복사에너지

$E = \sigma(T_2^4 - T_1^4) = \dfrac{Q}{A}$

E: 복사에너지[W/m^2]

a: 스테판-볼츠만 상수[W/m^2 · K^4]

T_1: 주변온도[K], T_2: 표면온도[K]

Q: 발열량[W]

A: 면적[m^2]=구의 표면적 공식($4\pi r^2$)

해설

$\sigma(T_2^4 - T_1^4) = \dfrac{Q}{A}$

$T_2^4 - T_1^4 = \dfrac{Q}{\sigma A}$

$T_2^4 = \dfrac{Q}{\sigma A} + T_1^4$

$T_2 = \sqrt[4]{\dfrac{Q}{\sigma A} + T_1^4} = \sqrt[4]{\dfrac{Q}{\sigma 4\pi r^2} + T_1^4}$

$= \sqrt[4]{\dfrac{1 \times 10^6}{5.67 \times 10^{-8} \times 4\pi \times 1^2} + 300^4}$

$= 1,090[\text{K}]$

[30] 단순 암기형   난이도 下

정답 ③

접근 POINT

응용되어 출제되지는 않는 문제로 내용을 깊이 이해하기 보다는 암기 위주로 접근해야 하는 문제이다.

해설

폴리트로픽 지수(n)별 과정

구분	과정
$n = 0$	정압 과정
$n = 1$	등온 과정
$n = K$	단열 과정
$n = \infty$	정적 과정

31 개념 이해형 난이도 下

▌정답 ②

▌접근 POINT

이상기체는 기체 분자들 사이에 작용하는 힘이 없다고 가정한 것이다.

기체 분자가 멀리 떨어져 있을수록 기체 분자들 사이에 작용하는 힘이 작아져 이상기체와 가까워진다.

▌해설

실제기체가 온도가 높을수록, 압력이 낮을수록 기체 분자가 멀리 떨어져 있어 기체 분자들 사이에 작용하는 힘이 작아진다.

②번일 때 실제기체가 이상기체에 가까워진다.

32 복합 계산형 난이도 中

▌정답 ③

▌접근 POINT

비체적과 온도와의 관계 등 자주 나오지 않는 공식을 활용해야 하는 문제이다.

▌공식 CHECK

(1) 정압과정에서 비체적과 온도와의 관계

$$\frac{v_2}{v_1} = \frac{T_2}{T_1}$$

v_1: 변화 전의 비체적$[\mathrm{m^3/kg}]$

v_2: 변화 후의 비체적$[\mathrm{m^3/kg}]$

T_1: 변화 전의 온도$[\mathrm{K}]$

T_2: 변화 후의 온도$[\mathrm{K}]$

(2) 외부에서 한 일(이상기체가 한 일)

$$_1W_2 = P(v_2 - v_1)$$

$_1W_2$: 외부에서 한 일(이상기체가 한 일)$[\mathrm{J/kg}]$

P: 압력$[\mathrm{Pa}]$

v_1: 변화 전의 비체적$[\mathrm{m^3/kg}]$

v_2: 변화 후의 비체적$[\mathrm{m^3/kg}]$

▌해설

절대온도가 $6\,T$로 상승했으므로 $T_2 = 6\,T_1$이다.

변화 후의 비체적을 계산한다.

$$v_2 = \frac{T_2}{T_1}v_1 = \frac{6\,T_1}{T_1}v_1 = 6v_1$$

이상기체가 한 일을 계산한다.

$$_1W_2 = P(v_2 - v_1) = P(6v_1 - v_1) = 5Pv$$

33 개념 이해형 난이도 中

▌정답 ①

▌접근 POINT

이상기체 관련 문제는 자주 출제되므로 기체상수 관련 내용은 정확하게 이해해야 한다.

▌공식 CHECK

이상기체상태방정식

$$PV = \frac{w}{M}RT = w\overline{R}T$$

P: 압력$[\mathrm{kPa}]$, V: 부피$[\mathrm{m^3}]$

w: 질량$[\mathrm{kg}]$, M: 분자량$[\mathrm{kg/kmol}]$

R: 일반 기체상수$[\mathrm{kN \cdot m/kmol \cdot K}]$

$\overline{R}$: 특정 기체상수$[\mathrm{kN \cdot m/kg \cdot K}]$

T: 절대온도$[\mathrm{K}]$

해설

기체상수의 단위는 다음과 같이 다양하게 있는데 비열의 단위와 같으므로 차원도 같다.

기체상수의 단위	비열의 단위
atm · m^3/kmol · K kJ/kg · K kJ/kmol · K	kJ/kg · K

기체상수의 단위는 [kJ/kmol · K]이다. 분모에 온도 단위[K]가 있으므로 온도가 낮을수록 기체상수는 커진다.

특정 기체상수($\overline{R}$)는 다음과 같이 정의된다.

$$\overline{R} = \frac{R}{M}$$

특정 기체상수($\overline{R}$)와 분자량(M)은 반비례하므로 분자량이 작은 기체의 특정 기체상수가 분자량이 큰 기체의 특정 기체상수보다 크다.

특정 기체상수 기준으로 보면 분자량에 따라 기체상수의 값이 달라진다.

관련개념

일반 기체상수와 특정 기체상수

특정 기체상수는 일반 기체상수를 그 기체의 분자량으로 나눈 값으로 일반적으로 일반 기체상수는 R, 특정 기체상수는 $\overline{R}$로 나타낸다.

$$\overline{R} = \frac{R}{M}$$

기체상수의 분모에 [mol] 단위가 있으면 일반 기체상수이고, 분모에 [kg] 단위가 있으면 특정 기체상수이다.

문제에서 기체상수 값과 단위만 주어지는 경우가 많기 때문에 단위만 보고도 일반 기체상수와 특정 기체상수를 구분할 수 있어야 한다.

34 단순 계산형

난이도 下

정답 ②

접근 POINT

압축계수(압축성 인자)와 관련된 식은 이상기체상태방정식에 Z만 넣어주면 된다.

공식 CHECK

이상기체상태방정식

$$PV = \frac{w}{M}RT = w\overline{R}T$$

P: 압력[kPa], V: 부피[m^3]

w: 질량[kg], M: 분자량[kg/kmol]

R: 일반 기체상수[kN · m/kmol · K]

$\overline{R}$: 특정 기체상수[kN · m/kg · K]

T: 절대온도[K]

해설

이상기체상태방정식에 압축계수 Z를 넣어 계산하면 압축계수를 구할 수 있다.

$P = 2[\text{MPa}] = 2,000[\text{kPa}]$

$T = 250 + 273 = 523[\text{K}]$

$PV = Zw\overline{R}T$

$$Z = \frac{PV}{w\overline{R}T} = \frac{2,000 \times 0.1}{1 \times 0.4615 \times 523} = 0.829$$

상세해설

문제에서 압력이 2[MPa]로 주어졌는데 단위를 맞추기 위해서 2,000[kPa]로 변환해서 식에 적용한다.

문제에 주어진 기체상수의 분모에 [kg]이 있기 때문에 특정 기체상수임을 알 수 있다.

35 단순 암기형   난이도 中

정답 ③

접근 POINT

실제 계산하는 문제로는 잘 출제되지 않고, 관계식을 묻는 문제로 주로 출제되기 때문에 관계식은 정확하게 암기해야 한다.

해설

① 이러한 관계식은 없다.

② $C_p > C_v$이다.

③ $R = C_p - C_v = \dfrac{\overline{R}}{M}$이므로 옳다.

④ $\dfrac{C_p}{C_v} = k$이다.

36 복합 계산형   난이도 中

정답 ②

접근 POINT

일반 기체상수와 특정 기체상수의 차이점을 이해하고 있는지 묻는 문제이다.
공기의 분자량은 문제에 주어진 조건에 따라 직접 계산해야 한다.

해설

(1) 공기의 분자량(M) 계산

산소와 질소의 분자량에 비율을 곱한다.

$$M = (32 \times 0.2) + (28 \times 0.8)$$

$$= 28.8[\text{g/mol}]$$

$$= 28.8[\text{kg/kmol}]$$

(2) 공기의 기체상수 계산

공기의 기체상수($\overline{R}$)는 일반 기체상수(R)를 공기의 분자량으로 나눈 값이다.

$$\overline{R} = \frac{R}{M} = \frac{\dfrac{8.3145[\text{kJ}]}{[\text{kmol} \cdot \text{K}]}}{\dfrac{28.8[\text{kg}]}{[\text{kmol}]}}$$

$$= 0.289[\text{kJ/kg} \cdot \text{K}]$$

37 복합 계산형   난이도 中

정답 ④

접근 POINT

문제에 주어진 기체상수는 일반 기체상수가 아니라 특정 기체상수임을 알아야 한다.

공식 CHECK

이상기체상태방정식

$$PV = \frac{w}{M}RT = w\overline{R}T$$

P: 압력$[\text{kPa}]$, V: 부피$[\text{m}^3]$
w: 질량$[\text{kg}]$, M: 분자량$[\text{kg/kmol}]$
R: 일반 기체상수$[\text{kN} \cdot \text{m/kmol} \cdot \text{K}]$
$\overline{R}$: 특정 기체상수$[\text{kN} \cdot \text{m/kg} \cdot \text{K}]$
T: 절대온도$[\text{K}]$

▌해설

$P = 1[\text{MPa}] = 1,000[\text{kPa}]$

$R = 189[\text{J/kg} \cdot \text{K}] = 0.189[\text{kJ/kg} \cdot \text{K}]$

$T = 273 + 20 = 293[\text{K}]$

이상기체상태방정식을 w 기준으로 정리한다.

$$w = \frac{PV}{RT} = \frac{1,000 \times 4}{0.189 \times 293} = 72.232[\text{kg}]$$

▌상세해설

기체상수의 단위를 맞추어서 계산하기

압력의 단위는 $[\text{kPa}]$로 $[\text{kN/m}^2]$이다.

기체상수의 단위는 $[\text{J/kg} \cdot \text{K}]$이다.

J은 일의 단위로 1$[\text{J}]$은 1$[\text{N}]$의 힘으로 물체를 힘의 방향으로 1$[\text{m}]$ 움직인 경우이다.

문제에 주어진 기체상수를 $[\text{N}]$ 단위를 포함한 식으로 나타내면 다음과 같다.

$189[\text{J/kg} \cdot \text{K}] = 189[\text{N} \cdot \text{m/kg} \cdot \text{K}]$

압력의 단위에는 $[\text{kN}]$이 들어가 있고, 기체상수의 단위에는 $[\text{N}]$이 들어가 있으므로 단위를 하나로 통일해서 식에 대입해야 한다.

이 문제를 풀이할 때에는 다음과 같이 기체상수 단위를 $[\text{kN}]$이 들어가도록 변환하여 계산했다.

$189[\text{N} \cdot \text{m/kg} \cdot \text{K}] = 0.189[\text{kN} \cdot \text{m/kg} \cdot \text{K}]$

38 복합 계산형
난이도 中

▌정답 ④

▌접근 POINT

이상기체상태방정식을 이용하여 부피(체적)를 계산한다. 문제에서 이산화탄소의 분자량은 주어지지 않았지만 44임을 알고 있어야 한다.

▌공식 CHECK

이상기체상태방정식

$$PV = \frac{w}{M}RT = w\overline{R}T$$

P: 압력$[\text{kPa}]$, V: 부피$[\text{m}^3]$

w: 질량$[\text{kg}]$, M: 분자량$[\text{kg/kmol}]$

R: 일반 기체상수$[\text{kN} \cdot \text{m/kmol} \cdot \text{K}]$

$\overline{R}$: 특정 기체상수$[\text{kN} \cdot \text{m/kg} \cdot \text{K}]$

T: 절대온도$[\text{K}]$

▌해설

$R = 8,314[\text{J/kmol} \cdot \text{K}]$

$\quad = 8.314[\text{kJ/kmol} \cdot \text{K}]$

$T = 273 + 15 = 288[\text{K}]$

$PV = \dfrac{w}{M}RT$식을 V 기준으로 정리한다.

$$V = \frac{wRT}{PM} = \frac{45 \times 8.314 \times 288}{101 \times 44} = 24.246[\text{m}^3]$$

39 복합 계산형
난이도 中

▌정답 ④

▌접근 POINT

문제에서 주어진 기체상수의 단위를 보고 특정 기체상수임을 알아야 한다.

▌공식 CHECK

이상기체상태방정식

$$PV = \frac{w}{M}RT = w\overline{R}T$$

P: 압력$[\text{kPa}]$, V: 부피$[\text{m}^3]$

w: 질량$[\text{kg}]$, M: 분자량$[\text{kg/kmol}]$

R: 일반 기체상수$[\mathrm{kN \cdot m/kmol \cdot K}]$

$\overline{R}$: 특정 기체상수$[\mathrm{kN \cdot m/kg \cdot K}]$

T: 절대온도$[\mathrm{K}]$

┃해설

$PV = w\overline{R}T$ 식을 w 기준으로 정리한다.

$$w = \frac{PV}{\overline{R}T} = \frac{100 \times 240}{0.287 \times 300} = 278.746[\mathrm{kg}]$$

40 복합 계산형

난이도 中

┃정답 ④

┃접근 POINT

특정 기체상수가 포함된 이상기체상태방정식으로 압력을 구한다.

┃공식 CHECK

이상기체상태방정식

$$PV = \frac{w}{M}RT = w\overline{R}T$$

P: 압력$[\mathrm{kPa}]$, V: 부피$[\mathrm{m}^3]$

w: 질량$[\mathrm{kg}]$, M: 분자량$[\mathrm{kg/kmol}]$

R: 일반 기체상수$[\mathrm{kN \cdot m/kmol \cdot K}]$

$\overline{R}$: 특정 기체상수$[\mathrm{kN \cdot m/kg \cdot K}]$

T: 절대온도$[\mathrm{K}]$

┃해설

$PV = w\overline{R}T$ 식을 P 기준으로 정리한다.

$$P = \frac{w\overline{R}T}{V} = \frac{1 \times 0.287 \times 300}{0.1} = 861[\mathrm{kPa}]$$

41 복합 계산형

난이도 上

┃정답 ②

┃접근 POINT

특정 기체상수가 포함된 이상기체상태방정식으로 원래 공기의 질량을 구한 뒤, 빠져나간 공기의 질량을 구해 차이를 계산한다.

┃공식 CHECK

이상기체상태방정식

$$PV = \frac{w}{M}RT = w\overline{R}T$$

P: 압력$[\mathrm{kPa}]$, V: 부피$[\mathrm{m}^3]$

w: 질량$[\mathrm{kg}]$, M: 분자량$[\mathrm{kg/kmol}]$

R: 일반 기체상수$[\mathrm{kN \cdot m/kmol \cdot K}]$

$\overline{R}$: 특정 기체상수$[\mathrm{kN \cdot m/kg \cdot K}]$

T: 절대온도$[\mathrm{K}]$

┃해설

압력의 단위는 $[\mathrm{kPa}]$이고 특정 기체상수의 단위는 $[\mathrm{J/kg \cdot K}]$이므로 특정 기체상수는 단위를 변환하여 적용해야 한다.

$\overline{R} = 287[\mathrm{J/kg \cdot K}] = 0.287[\mathrm{kJ/kg \cdot K}]$

원래 공기의 질량을 w_1, 빠져나간 공기의 질량을 w_2라고 한다.

$$w_1 = \frac{P_1 V_1}{\overline{R} T_1} = \frac{300 \times 0.3}{0.287 \times 400} = 0.7839[\mathrm{kg}]$$

$$w_2 = \frac{P_2 V_2}{\overline{R} T_2} = \frac{200 \times 0.3}{0.287 \times 350} = 0.5973[\mathrm{kg}]$$

$$w_1 - w_2 = 0.7839 - 0.5973 = 0.1866[\mathrm{kg}]$$

$$= 186.6[\mathrm{g}]$$

42 복합 계산형 난이도 上

▌정답 ③

▌접근 POINT

혼합기체의 분자량을 계산한 후 이상기체상태
방정식으로 질량을 계산한다.

▌공식 CHECK

이상기체상태방정식

$$PV = \frac{w}{M}RT = w\overline{R}T$$

P: 압력[kPa], V: 부피[m^3]

w: 질량[kg], M: 분자량[kg/kmol]

R: 일반 기체상수[kN・m/kmol・K]

$\overline{R}$: 특정 기체상수[kN・m/kg・K]

T: 절대온도[K]

▌해설

(1) 혼합기체의 분자량 계산

메탄(CH_4)의 분자량 = $12 + (1 \times 4) = 16$

수소(H_2)의 분자량 = $1 \times 2 = 2$

질소(N_2)의 분자량 = $14 \times 2 = 28$

혼합기체의 분자량은 다음과 같다.

$M = (16 \times 0.35) + (2 \times 0.4) + (28 \times 0.25)$

$\quad = 13.4[\text{kg/kmol}]$

(2) 이상기체상태방정식으로 기체의 질량 계산

$P = 0.4[\text{MPa}] = 400[\text{kPa}]$

$V = 2,000[\text{L}] = 2[\text{m}^3]$

$T = 55 + 273 = 328[\text{K}]$

$w = \dfrac{PVM}{RT} = \dfrac{400 \times 2 \times 13.4}{8.314 \times 328}$

$\quad = 3.931[\text{kg}]$

43 복합 계산형 난이도 上

▌정답 ②

▌접근 POINT

이상기체상태방정식을 이용하여 밀도를 구하
는 문제이다. 밀도를 구하는 공식을 바로 암기
해도 되지만 이상기체상태방정식을 응용하는
문제가 자주 출제되므로 이상기체상태방정식
으로 밀도를 구하는 식을 유도하는 것이 좋다.

▌공식 CHECK

이상기체상태방정식

$$PV = \frac{w}{M}RT = w\overline{R}T$$

P: 압력[kPa], V: 부피[m^3]

w: 질량[kg], M: 분자량[kg/kmol]

R: 일반 기체상수[kN・m/kmol・K]

$\overline{R}$: 특정 기체상수[kN・m/kg・K]

T: 절대온도[K]

▌해설

밀도는 단위부피당 질량으로 $\rho = \dfrac{w}{V}$ 이다.

특정 기체상수가 포함된 이상기체상태방정식
에서 밀도를 구하는 식을 유도한다.

$PV = w\overline{R}T$

$\rho = \dfrac{w}{V} = \dfrac{P}{\overline{R}T} = \dfrac{100}{0.18895 \times 293}$

$\quad = 1.806[\text{kg/m}^3]$

상세해설

기체상수의 단위환산

압력단위: $[\mathrm{kPa}] = [\mathrm{kN/m^2}]$

기체상수의 단위:

$[\mathrm{J/kg \cdot K}] = [\mathrm{N \cdot m/kg \cdot K}]$

기체상수의 단위는 다음과 같이 $[\mathrm{kN}]$으로 변환하여 식에 대입해야 한다.

$188.95[\mathrm{J/kg \cdot K}] = 0.18895[\mathrm{kJ/kg \cdot K}]$

44 복합 계산형

난이도 上

정답 ①

접근 POINT

기체의 부피는 구의 부피이고, 일반 기체상수를 이용하여 미지의 기체의 분자량을 계산한다.

공식 CHECK

(1) 구의 부피

$$V = \frac{4}{3}\pi r^3$$

V: 구의 부피$[\mathrm{m^3}]$, r: 구의 반지름$[\mathrm{m}]$

(2) 이상기체상태방정식

$$PV = \frac{w}{M}RT = w\overline{R}T$$

P: 압력$[\mathrm{kPa}]$, V: 부피$[\mathrm{m^3}]$

w: 질량$[\mathrm{kg}]$, M: 분자량$[\mathrm{kg/kmol}]$

R: 일반 기체상수$[\mathrm{kN \cdot m/kmol \cdot K}]$

$\overline{R}$: 특정 기체상수$[\mathrm{kN \cdot m/kg \cdot K}]$

T: 절대온도$[\mathrm{K}]$

해설

이상기체상태방정식을 일반 기체상수 기준으로 정리한다.

$$R = \frac{PVM}{wT} = 8,314[\mathrm{J/kmol \cdot K}]$$

미지의 기체가 구 안에 채워진다고 했으므로 기체의 부피 V는 구의 부피를 적용한다.

$P = 875[\mathrm{kPa}] = 875,000[\mathrm{Pa}] = 875,000[\mathrm{N/m^2}]$

$r = \dfrac{0.15[\mathrm{m}]}{2} = 0.075[\mathrm{m}]$

$$\frac{P \times \dfrac{4}{3}\pi r^3 \times M}{wT} = 8,314[\mathrm{J/kmol \cdot K}]$$

$$\frac{875,000 \times \dfrac{4}{3}\pi \times 0.075^3 \times M}{0.00125 \times 298} = 8,314[\mathrm{J/kmol \cdot K}]$$

$M = 2.002[\mathrm{kg/kmol}]$

45 복합 계산형

난이도 上

정답 ③

접근 POINT

문제에서 일반 기체상수가 주어졌으므로 일반 기체상수로 밀도를 구하는 공식을 유도한 뒤 기체의 분자량을 계산한다.

공식 CHECK

이상기체상태방정식

$$PV = \frac{w}{M}RT = w\overline{R}T$$

P: 압력$[\mathrm{kPa}]$, V: 부피$[\mathrm{m^3}]$

w: 질량$[\mathrm{kg}]$, M: 분자량$[\mathrm{kg/kmol}]$

R: 일반 기체상수$[\mathrm{kN \cdot m/kmol \cdot K}]$

$\overline{R}$: 특정 기체상수$[kN \cdot m/kg \cdot K]$

T: 절대온도$[K]$

▌ 해설

밀도(ρ)는 단위부피당 질량으로 $\rho = \dfrac{w}{V}$이다.

일반 기체상수가 포함된 이상기체상태방정식으로 밀도를 구하는 식을 유도한다.

$$PV = \frac{w}{M}RT$$

$$\rho = \frac{w}{V} = \frac{PM}{RT}$$

밀도 공식을 분자량(M) 기준으로 정리하여 분자량을 계산한다.

$R = 8,314[J/kmol \cdot K]$

$\quad = 8.314[kN \cdot m/kmol \cdot K]$

$T = 150 + 273 = 423[K]$

$$M = \frac{\rho RT}{P} = \frac{2 \times 8.314 \times 423}{95}$$

$$\quad = 74.038[kg/kmol]$$

46 복합 계산형   난이도 上

▌ 정답 ①

▌ 접근 POINT

먼저 밀도를 구한 후 질량유량 공식을 이용하여 공기의 평균유속을 구한다.

▌ 공식 CHECK

(1) 이상기체상태방정식을 이용한 밀도

$$\rho = \frac{P}{RT}$$

ρ: 밀도$[kg/m^3]$, P: 압력$[kPa]$

$\overline{R}$: 특정 기체상수$[kJ/kg \cdot K]$

T: 절대온도$[K]$

(2) 질량유량

$$\overline{m} = \rho A V$$

$\overline{m}$: 질량유량$[kg/sec]$

ρ: 밀도(물의 밀도 $= 1,000[kg/m^3]$)

A: 단면적$[m^2]$, V: 유속$[m/sec]$

▌ 해설

(1) 이상기체상태방정식을 이용한 밀도 계산

$P = 0.32[MPa] = 320[kPa]$

$\overline{R} = 287[J/kg \cdot K]$

$\quad = 0.287[kJ/kg \cdot K]$

$T = 27 + 273 = 300[K]$

$$\rho = \frac{P}{RT} = \frac{320}{0.287 \times 300}$$

$$\quad = 3.7166[kg/m^3]$$

(2) 질량 유량을 이용한 유속 계산

$$V = \frac{\overline{m}}{\rho A} = \frac{4}{3.7166 \times \frac{\pi}{4} \times 0.3^2}$$

$$\quad = 15.226[m/sec]$$

47 단순 계산형   난이도 下

▌ 정답 ②

▌ 접근 POINT

보일-샤를의 법칙을 이용해서 부피 변화를 구하는 문제이다.

일정한 압력으로 냉각시킨다고 했으므로 압력 변화는 없다는 것을 주목해야 한다.

보일-샤를의 법칙

$$\frac{P_1 V_1}{T_1} = \frac{P_2 V_2}{T_2}$$

P_1, P_2: 압력$[\mathrm{kPa}]$

V_1, V_2: 부피$[\mathrm{m}^3]$

T_1, T_2: 온도$[\mathrm{K}]$

■ 해설

문제에서 일정한 압력으로 냉각시킨다고 했으므로 P_1, P_2는 무시할 수 있다.

$T_1 = 273 + 30 = 303[\mathrm{K}]$

$T_2 = 273 + 0 = 273[\mathrm{K}]$

$$\frac{V_1}{T_1} = \frac{V_2}{T_2}$$

$$V_2 = \frac{T_2}{T_1} V_1 = \frac{273}{303} \times 10 = 9.0099[\mathrm{L}]$$

이 문제에서는 문제에 주어진 부피 조건이 $[\mathrm{L}]$이고, 문제에서 원하는 부피의 단위도 $[\mathrm{L}]$이므로 단위를 변환하지 않아도 된다.

48 단순 계산형   난이도 下

■ 정답 ①

■ 접근 POINT

보일-샤를의 법칙을 이용해서 부피 변화를 구하는 문제이다.
압력의 변화가 없다고 했으므로 압력은 무시할 수 있다.

■ 공식 CHECK

보일-샤를의 법칙

$$\frac{P_1 V_1}{T_1} = \frac{P_2 V_2}{T_2}$$

P_1, P_2: 압력$[\mathrm{kPa}]$

V_1, V_2: 부피$[\mathrm{m}^3]$

T_1, T_2: 온도$[\mathrm{K}]$

■ 해설

문제에서 압력의 변화가 없다고 했으므로 P_1, P_2는 무시할 수 있다.

문제에서 부피가 2배로 된다고 했으므로 처음 부피를 V_1이라고 하면 나중 부피는 $2V_1$이다.

$T_1 = 273 + 0 = 273[\mathrm{K}]$

$$\frac{V_1}{T_1} = \frac{V_2}{T_2}$$

$$T_2 = \frac{V_2}{V_1} \times T_1 = \frac{2V_1}{V_1} \times T_1 = 2T_1$$

$$= 2 \times 273 = 546[\mathrm{K}] = 273[\text{℃}]$$

49 단순 계산형   난이도 下

■ 정답 ③

■ 접근 POINT

보일-샤를의 법칙을 이용해서 부피 변화를 구하는 문제이다.
등온 압축한다고 했으므로 온도 변화는 무시할 수 있다.

공식 CHECK

보일-샤를의 법칙

$$\frac{P_1 V_1}{T_1} = \frac{P_2 V_2}{T_2}$$

P_1, P_2: 압력[kPa]

V_1, V_2: 부피[m^3]

T_1, T_2: 온도[K]

해설

문제에서 등온 압축(온도는 일정)이라고 했으므로 T_1, T_2는 무시할 수 있다.

$$P_1 V_1 = P_2 V_2$$

$$V_2 = \frac{P_1}{P_2} V_1 = \frac{0.2}{1} V_1 = \frac{1}{5} V_1$$

초기 체적에 비해 1/5로 감소한다.

---

50 복합 계산형   난이도 中

정답 ②

접근 POINT

압력이 게이지 압력과 대기압으로 구분되어 조건에 제시되어 있으므로 절대압력을 계산하여 보일-샤를의 법칙을 적용해야 한다.

공식 CHECK

(1) 절대압력

　절대압력＝대기압력＋계기압력

(2) 보일-샤를의 법칙

$$\frac{P_1 V_1}{T_1} = \frac{P_2 V_2}{T_2}$$

　P_1, P_2: 압력[kPa]

V_1, V_2: 부피[m^3]

T_1, T_2: 온도[K]

해설

운행 전을 1지점, 운행 후를 2지점으로 하면 운행 전 압력이 P_1이다.

$$P_1 = 101.3 + 183 = 284.3 [\mathrm{kPa}]$$

$$\because 0.183[\mathrm{MPa}] = 183[\mathrm{kPa}]$$

문제에서 타이어의 체적(부피)은 변하지 않았다고 했으므로 보일-샤를의 법칙에서 V_1, V_2는 무시할 수 있다.

$$T_2 = 273 + 80 = 353[\mathrm{K}]$$

$$T_1 = 273 + 20 = 293[\mathrm{K}]$$

$$\frac{P_1}{T_1} = \frac{P_2}{T_2}$$

$$P_2 = \frac{T_2}{T_1} P_1 = \frac{353}{293} \times 284.3 = 342.5184[\mathrm{kPa}]$$

문제에서는 압력 상승을 묻고 있다.

$$P_2 - P_1 = 342.5184 - 284.3 = 58.218[\mathrm{kPa}]$$

---

51 복합 계산형   난이도 中

정답 ④

접근 POINT

표준대기압을 적용하여 수압을 구한 뒤 보일의 법칙으로 기포의 부피를 구한다.

공식 CHECK

(1) 물속의 압력

　$P_1 = P_2 + \gamma H$

　P_1: 수면 아래의 압력[kPa]

P_2: 수면 위의 압력(대기압)[kPa]

γ: 비중량[kN/m^3]

　　물의 비중량$=9.8$[kN/m^3]

H: 높이[m]

(2) 보일의 법칙

　　$P_1 V_1 = P_2 V_2$

　　P_1, P_2: 압력[kPa]

　　V_1, V_2: 부피[m^3]

┃해설

(1) 물속의 압력 계산

　　$P_1 = P_2 + \gamma H$

　　　　$= 101.325 + (9.8 \times 72.4)$

　　　　$= 810.845$[kPa]

(2) 기포의 부피 계산

문제에서 묻고 있는 것은 정확한 부피 수치가 아니라 호수 밑에 있던 공기가 수면으로 올라왔을 때 부피가 최초 부피의 몇 배가 되는지를 묻는 것이다.

따라서 처음 부피(V_1)를 1로 놓고 나중 부피(V_2)를 계산하는 것이 계산과정이 더 간단하게 나온다.

　　$P_1 V_1 = P_2 V_2$

　　$V_2 = \dfrac{P_1}{P_2} V_1 = \dfrac{810.845}{101.325} \times 1 = 8.002 \fallingdotseq 8$

물속에 있던 기포가 수면 위로 떠오른 것이므로 물속의 압력이 P_1, 수면 위로 떠올랐을 때의 압력이 P_2이고, P_2는 표준대기압이다.

---

52 복합 계산형　　　　　　　난이도 上

┃정답 ②

┃접근 POINT

표준대기압을 적용하여 수압을 구한 뒤 보일의 법칙으로 공기방울의 부피를 구한다.

┃공식 CHECK

(1) 구의 부피

　　$V = \dfrac{4}{3} \pi r^3$

　　V: 구의 부피[m^3], r: 구의 반지름[m]

(2) 보일의 법칙

　　$P_1 V_1 = P_2 V_2$

　　P_1, P_2: 압력[kPa]

　　V_1, V_2: 부피[m^3]

(3) 물속의 압력

　　$P_1 = P_2 + \gamma H$

　　P_1: 수면 아래의 압력[kPa]

　　P_2: 수면 위의 압력(대기압)[kPa]

　　γ: 비중량[kN/m^3]

　　H: 높이[m]

┃해설

(1) 수면 아래와 수면 위에서의 공기의 부피 변화 계산

문제에서 공기방울이 수면 위로 올라오면서 지름이 1.5배가 되었다고 했다.

$1.5 d_1 = d_2$

지름이 1.5배 팽창하면 반지름도 1.5배 팽창한다.

$1.5 r_1 = r_2$

수면 아래의 부피를 V_1, 수면 위의 부피를 V_2라고 하면 다음 식이 성립한다.

$$V_2 = \frac{4}{3}\pi r_2^3 = \frac{4}{3}\pi \times (1.5r_1)^3$$
$$= 3.375 \times \frac{4}{3}\pi r_1^3$$
$$= 3.375\,V_1$$

(2) 보일의 법칙으로 수면 아래 압력 계산

수면 아래의 압력을 P_1, 수면 위의 압력을 P_2라고 하면 다음 식이 성립한다.

$$P_1 V_1 = P_2 V_2$$
$$P_1 = \frac{V_2}{V_1}P_2 = \frac{3.375\,V_1}{V_1}P_2 = 3.375 P_2$$

(3) 물속의 압력 공식으로 높이 계산

수면 위의 압력(P_2)은 대기압이고, 대기압은 문제에서 $750[\mathrm{mmHg}]$로 주어졌다.

$$P_2 = 750[\mathrm{mmHg}] \times \frac{101.325[\mathrm{kPa}]}{760[\mathrm{mmHg}]}$$
$$= 99.9917[\mathrm{kPa}]$$
$$P_1 = P_2 + \gamma H$$
$$3.375 P_2 = P_2 + \gamma H$$
$$2.375 P_2 = \gamma H$$
$$H = \frac{2.375 P_2}{\gamma} = \frac{2.375 \times 99.9917}{9.8}$$
$$= 24.233[\mathrm{m}]$$

53 복합 계산형

난이도 上

┃ 정답 ④

┃ 접근 POINT

보일-샤를의 법칙을 이용해서 압력 변화를 구하는 문제이다.
문제의 조건을 자세히 보고 반응 전과 반응 후에 변하지 않는 조건이 무엇인지 찾아본다.

┃ 공식 CHECK

보일-샤를의 법칙

$$\frac{P_1 V_1}{T_1} = \frac{P_2 V_2}{T_2}$$

P_1, P_2: 압력$[\mathrm{kPa}]$

V_1, V_2: 부피$[\mathrm{m}^3]$

T_1, T_2: 온도$[\mathrm{K}]$

┃ 해설

문제의 조건을 그림으로 나타내면 다음과 같다.

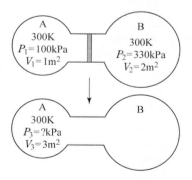

문제의 조건을 보면 견고한 밀폐용기에서 일어나는 반응으로 공기는 밀폐용기를 가득 채우고 있으므로 반응 후의 부피를 V_3라고 하면 다음 식이 성립한다.

$$V_3 = V_1 + V_2 = 3[\mathrm{m}^3]$$

반응 전과 반응 후의 온도의 변화는 없으므로 다음 식이 성립한다.

$$P_1 V_1 + P_2 V_2 = P_3 V_3$$

$$P_3 = \frac{P_1 V_1 + P_2 V_2}{V_3} = \frac{(100 \times 1) + (330 \times 2)}{3}$$

$$= 253.333 [\text{kPa}]$$

54 | 개념 이해형   난이도 下

▌정답 ②

▌접근 POINT

열역학 제1법칙은 에너지 보존의 법칙이라고도 한다.

▌해설

구분	내용
열역학 제0법칙	• 온도가 높은 물체에서 온도가 낮은 물체로 열이 이동한다. • 열평형 상태에 있는 물체의 온도는 같다.
열역학 제1법칙	• 에너지 보존의 법칙이다. • 일은 열로 변환시킬 수 있고 열은 일로 변환시킬 수 있다.
열역학 제2법칙	• 열은 스스로 저온에서 고온으로 흐르지 않는다. • 엔트로피 증가의 법칙이다. • 사이클 과정에서 열이 모두 일로 변화할 수 없다.
열역학 제3법칙	절대온도가 0으로 접근할 때 계의 엔트로피는 어떤 일정한 값을 갖는다.

55 | 개념 이해형   난이도 下

▌정답 ③

▌접근 POINT

비가역이란 다시 돌아갈 수 없는 변화라는 뜻이므로 열이 저온에서 고온으로 스스로 이동할 수 없다는 의미이다.

▌해설

열역학 제2법칙은 엔트로피 증가의 법칙으로 열은 스스로 저온에서 고온으로 흐르지 않는다는 법칙이다.

56 | 개념 이해형   난이도 下

▌정답 ④

▌접근 POINT

열역학 제1법칙과 열역학 제2법칙을 구분할 수 있어야 한다.

▌해설

에너지 보존의 법칙은 열역학 제1법칙이다.
제2종 영구기관은 열을 그대로 모두 일로 바꾸는 효율 100%의 열기관이다.
열역학 제2법칙에 따라 열이 모두 일로 변화될 수는 없으므로 제2종 영구기관은 만들 수 없다.

57 단순 계산형　　난이도 中

정답　①

접근 POINT

자주 출제되지는 않지만 엔탈피 공식만 알고 있다면 풀 수 있는 문제이다.

공식 CHECK

엔탈피

$H = U - Pv$

H: 엔탈피[kJ/kg]

U: 내부에너지[kJ/kg]

P: 압력[kPa]

v: 비체적[m³/kg]

해설

엔탈피 공식을 내부에너지(U)로 정리한다.

$P = 0.1[\text{MPa}] = 100[\text{kPa}]$

$U = H - Pv = 2,974.33 - (100 \times 2.40604)$

$\quad = 2,733.726[\text{kJ/kg}]$

58 단순 계산형　　난이도 中

정답　①

접근 POINT

자주 출제되지는 않지만 엔탈피 관련 에너지 보존 공식만 알고 있다면 풀 수 있는 문제이다.

공식 CHECK

에너지 보존의 법칙

$$H_1 + \frac{V_1^2}{2} = H_2 + \frac{V_2^2}{2}$$

H_1: 입구에서의 엔탈피[J/kg]

H_2: 출구에서의 엔탈피[J/kg]

V_1: 입구에서의 유속[m/sec]

V_2: 출구에서의 유속[m/sec]

해설

문제에서 입구속도는 무시한다고 했으므로 V_1는 0으로 본다.

H_1, H_2는 공식에서의 단위가 [J/kg]이므로 단위를 환산하여 적용한다.

$H_1 = 3,243,300[\text{J/kg}]$

$H_2 = 2,345,800[\text{J/kg}]$

$H_1 = H_2 + \dfrac{V_2^2}{2}$

$V_2^2 = 2(H_1 - H_2)$

$V_2 = \sqrt{2(H_1 - H_2)} = \sqrt{2(3,243,300 - 2,345,800)}$

$\quad = 1,339.776[\text{m/sec}]$

59 개념 이해형　　난이도 下

정답　①

접근 POINT

등엔트로피 과정은 엔트로피 변화가 없는 과정이라고 볼 수 있다.

용어 CHECK

엔트로피: 열역학적인 계에서 무질서 정도를 나타내는 척도로 엔트로피가 높을수록 계의 무질서도가 높다.

해설

엔트로피의 변화

구분	엔트로피 변화
가역 단열과정	$\triangle S = 0$
비가역 단열과정	$\triangle S > 0$

유사문제

가열 단열과정에서 엔트로피 변화를 묻는 문제도 출제되었다.
정답은 $\triangle S = 0$이다.

60 개념 이해형 난이도 中

정답 ④

접근 POINT

가역 단열과정과 비가역 단열과정의 차이점을 알아야 한다.

해설

① 마찰로 인해 열이 손실되면 비가역성의 원인이 될 수 있다.
② 열역학 제1법칙은 에너지 보존의 법칙이다.
③ 실제기체는 이상기체상태방정식을 만족하지 않지만 이상기체는 이상기체상태방정식을 만족한다.
④ 가역 단열과정은 엔트로피 변화가 없다.

61 단순 계산형 난이도 下

정답 ②

접근 POINT

엔트로피 변화량 공식만 알고 있다면 풀 수 있는 문제이다.

공식 CHECK

$$\triangle S = C_P m \ln \frac{T_2}{T_1}$$

$\triangle S$: 엔트로피 증가량[kJ/K]
C_P: 정압비열[kJ/kg · K]
m: 질량[kg]
T_1: 변화 전 온도[K]
T_2: 변화 후 온도[K]

해설

$T_1 = 273 + 10 = 283[\text{K}]$
$T_2 = 273 + 70 = 343[\text{K}]$

$\triangle S = C_P m \ln \frac{T_2}{T_1} = 4.18 \times 10 \times \ln \frac{343}{283}$

$\qquad = 8.037[\text{kJ/K}]$

62 단순 계산형 난이도 中

정답 ③

접근 POINT

물의 상태변화에 대한 공식을 암기해서 풀 수도 있지만 비열, 기화열의 단위를 보고 온도 구간을 나누어서 푸는 것이 좋다.

공식 CHECK

$$Q = r_1 m + mC \triangle T + r_2 m$$

Q: 열량[kJ]

r_1: 융해열[kJ/kg], r_2: 기화열[kJ/kg]

m: 질량[kg], C: 비열[kJ/kg · K]

$\triangle T$: 온도차[K]

해설 ①-공식을 이용한 풀이

문제에서 융해열은 주어지지 않았으므로 무시하고, 비열과 기화열만 고려하여 식을 세운다.

$$Q = mC \triangle T + r_2 m$$

$$= (2 \times 4.2 \times 90) + (2,250 \times 2) = 5,256[\text{kJ}]$$

해설 ②-온도 구간을 나누어서 푸는 방법

(1) 물 2[kg]이 10[℃]에서 100[℃]로 변하는 데 흡수되는 열량

$$Q_1 = \frac{4.2[\text{kJ}]}{[\text{kg · K}]} \times 2[\text{kg}] \times 90[\text{K}]$$

$$= 756[\text{kJ}]$$

(2) 물 2[kg]이 수증기로 변하는 데 흡수되는 열량

$$Q_2 = \frac{2,250[\text{kJ}]}{[\text{kg}]} \times 2[\text{kg}] = 4,500[\text{kJ}]$$

(3) 총 열량 Q 계산

$$Q = Q_1 + Q_2 = 756 + 4,500 = 5,256[\text{kJ}]$$

63 복합 계산형

난이도 上

정답 ③

접근 POINT

얼음의 융해열과 평균 비열도 주어졌으므로 온도별로 구간을 나누어서 계산하는 것이 좋다.

해설

(1) $-15[℃]$의 얼음 10[g]이 0[℃]의 얼음이 될 때 필요한 열량[kJ]

$$Q_1 = \frac{2.1[\text{kJ}]}{[\text{kg · K}]} \times 0.01[\text{kg}] \times 15[\text{K}]$$

$$= 0.315[\text{kJ}]$$

(2) 0[℃]의 얼음 10[g]이 0[℃]의 물이 될 때 필요한 열량[kJ]

$$Q_2 = \frac{335[\text{kJ}]}{[\text{kg}]} \times 0.01[\text{kg}] = 3.35[\text{kJ}]$$

(3) 0[℃]의 물 10[g]이 100[℃]의 물이 될 때 필요한 열량[kJ]

$$Q_3 = \frac{4.18[\text{kJ}]}{[\text{kg · K}]} \times 0.01[\text{kg}] \times 100[\text{K}]$$

$$= 4.18[\text{kJ}]$$

(4) 100[℃]의 물 10[g]이 수증기로 될 때 필요한 열량[kJ]

$$Q_4 = \frac{2,256[\text{kJ}]}{[\text{kg}]} \times 0.01[\text{kg}] = 22.56[\text{kJ}]$$

(5) 총 열량 Q 계산

$$Q = Q_1 + Q_2 + Q_3 + Q_4$$

$$= 0.315 + 3.35 + 4.18 + 22.56$$

$$= 30.405[\text{kJ}]$$

64 복합 계산형

정답 ③

접근 POINT

포화압력과 포화온도의 개념을 이해한 후 열량을 계산해야 하는 문제로 난이도가 높은 문제이다. 물의 끓는점(포화온도)을 $100[℃]$라고 하는 것은 포화압력이 대기압($101.325[kPa]$)일 때 해당되는 기준이다.

문제에 특별한 조건이 제시되지 않았다면 물의 끓는점(포화온도)을 $100[℃]$로 계산하면 되지만 이 문제는 포화압력에 따른 포화온도가 주어졌으므로 문제의 조건에 맞는 포화압력과 포화온도를 적용해야 한다.

해설

(1) 절대압(포화압력) 계산

절대압(포화압력)=대기압＋게이지압

$= 100 + 400 = 500[kPa]$

이 문제의 조건에서는 물이 $500[kPa]$ 해당되는 $151.86[℃]$에서 끓게 된다.

(2) $20[℃]$의 물 $1[kg]$이 $151.86[℃]$의 물이 될 때 필요한 열량$[kJ]$

$$Q_1 = \frac{4.18[kJ]}{[kg \cdot K]} \times 1[kg] \times (151.86 - 20)[K]$$

$$= 551.1748[kJ]$$

온도 변화는 섭씨온도와 절대온도가 같으므로 섭씨온도로 적용해도 된다.

(3) $151.86[℃]$의 물 $1[kg]$이 수증기로 될 때 필요한 열량$[kJ]$

이 문제의 조건에서는 수증기의 증발엔탈피는 $500[kPa]$ 해당되는 $2,108.47[kJ/kg]$

이다.

$$Q_2 = \frac{2,108.47[kJ]}{[kg]} \times 1[kg]$$

$$= 2,108.47[kJ]$$

(4) 전체 열량 계산

$$Q = Q_1 + Q_2 = 551.1748 + 2,108.47$$

$$= 2,659.645[kJ]$$

SUBJECT 02 소방기계시설의 구조 및 원리

대표유형 ❶
소화기구　　　　80쪽

01	02	03	04	05	06	07	08	09	10
②	①	②	①	③	①	②	③	②	③

11	12	13	14	15	16				
①	④	②	①	③	④				

01 단순 암기형　　　　난이도 下

▮ 정답　②

▮ 접근 POINT

대형소화기의 능력단위는 자주 출제되므로 A급, B급을 구분하여 수치를 정확하게 암기해야 한다.

▮ 해설

대형소화기란 화재 시 사람이 운반할 수 있도록 운반대와 바퀴가 설치되어 있고 능력단위가 A급 10단위 이상, B급 20단위 이상인 소화기를 말한다.

▮ 관련개념

「소화기구 및 자동소화장치의 화재안전기술기준」상 용어 정의

• 소화약제: 소화기구 및 자동소화장치에 사용되는 소화성능이 있는 고체·액체 및 기체의 물질
• 능력단위: 소화기 및 소화약제에 따른 간이소화용구에 있어서는 법에 따라 형식승인 된 수치
• 소형소화기: 능력단위가 1단위 이상이고 대형소화기의 능력단위 미만인 소화기
• 대형소화기: 화재 시 사람이 운반할 수 있도록 운반대와 바퀴가 설치되어 있고 능력단위가 A급 10단위 이상, B급 20단위 이상인 소화기

▮ 유사문제

수동으로 조작하는 대형소화기 B급의 능력단위를 묻는 문제도 출제되었다.
정답은 20단위 이상이다.

02 단순 암기형　　　　난이도 下

▮ 정답　①

▮ 접근 POINT

간이소화용구는 두 종류가 있는데 능력단위는 서로 같다.

▎해설

간이소화용구의 능력단위

간이소화용구		능력단위
마른모래	삽을 상비한 50L 이상의 것 1포	0.5단위
팽창질석 또는 팽창진주암	삽을 상비한 80L 이상의 것 1포	

▎유사문제

같은 표를 이용한 문제인데 다음과 같이 간이소화용구 부분에 ( ) 표시가 된 문제도 출제되었다.

간이소화용구		능력단위
팽창질석 또는 팽창진주암	삽을 상비한 (㉠)L 이상의 것 1포	0.5단위
마른모래	삽을 상비한 (㉡)L 이상의 것 1포	

㉠은 80, ㉡은 50이 답이 된다.

---

03 개념 이해형 난이도 中

▎정답 ②

▎접근 POINT

기준에 있는 능력단위를 암기한 상태에서 능력단위의 합을 계산해야 한다.

▎해설

간이소화용구의 능력단위

간이소화용구		능력단위
마른모래	삽을 상비한 50L 이상의 것 1포	0.5단위
팽창질석 또는 팽창진주암	삽을 상비한 80L 이상의 것 1포	

삽을 상비한 마른모래 50L포 2개=1.0단위
삽을 상비한 팽창질석 80L포 1개=0.5단위
능력단위의 합=1.5단위

▎유사문제

능력단위에 대한 문제 중 능력단위는 "간이소화용구에는 적용하지 않는다." 라는 오답 보기가 출제된 적이 있다.
능력단위는 간이소화용구에도 적용한다.

---

04 단순 암기형 난이도 下

▎정답 ①

▎접근 POINT

소방원론에서도 출제되는 문제로 우리 주변에서 가장 쉽게 볼 수 있는 화재가 일반화재이다.

▎해설

화재의 분류

화재의 분류	내용
일반화재 (A급)	나무, 섬유, 종이, 고무, 플라스틱류와 같은 일반 가연물이 타고 나서 재가 남는 화재
유류화재 (B급)	인화성 액체, 가연성 액체, 석유 그리스, 타르, 오일, 유성도료, 솔벤트, 래커, 알코올 및 인화성 가스와 같은 유류가 타고 나서 재가 남지 않는 화재
전기화재 (C급)	전류가 흐르고 있는 전기기기, 배선과 관련된 화재
주방화재 (K급)	주방에서 동식물유를 취급하는 조리기구에서 일어나는 화재

05 단순 암기형   난이도 下

┃ 정답 ③

┃ 접근 POINT

소방원론에서 화재를 분류할 때는 D급 화재(금속화재)가 있지만 「소화기구 및 자동소화장치의 화재안전기술기준」상에는 D급 화재는 없는 것에 주의해야 한다.

┃ 해설

A급 화재는 일반화재, B급 화재는 유류화재, C급 화재는 전기화재, K급 화재는 주방화재이다.

G급 화재는 화재안전기술기준상 화재의 종류에 해당되지 않는다.

06 단순 암기형   난이도 下

┃ 정답 ①

┃ 접근 POINT

법상에는 표로 화재의 분류별 적응성이 있는 소화약제가 정리되어 있다.

암기 위주로 접근해도 되지만 전기화재인 C급 화재에 마른모래를 붓는 경우는 거의 없다는 점을 생각하면 답을 고를 수 있다.

┃ 해설

「소화기구 및 자동소화장치의 화재안전기술기준」상 전기화재(C급)에 적응성이 있는 소화약제

• 이산화탄소 소화약제
• 할론 소화약제

• 할로겐화합물 및 불활성기체 소화약제
• 인산염류 소화약제
• 중탄산염류 소화약제
• 고체 에어로졸 화합물

┃ 유사문제

거의 같은 문제인데 마른모래 대신 팽창진주암이 보기로 출제된 적이 있다.

마른모래와 팽창진주암은 모두 C급 화재에 적응성이 없다.

07 단순 암기형   난이도 下

┃ 정답 ②

┃ 접근 POINT

우리 주변에서 가장 많이 사용하는 분말 소화약제가 인산염류소화약제를 이용한 제3종 분말 소화약제이다.

┃ 해설

「소화기구 및 자동소화장치의 화재안전기술기준」상 일반화재, 유류화재, 전기화재 모두에 적응성이 있는 소화약제

• 할론 소화약제
• 할로겐화합물 및 불활성기체 소화약제
• 인산염류소화약제
• 고체 에어로졸 화합물

┃ 유사문제

A급 화재(일반화재)에 적응성이 없는 소화약제를 묻는 문제도 출제되었다.

정답은 이산화탄소 소화약제이다.

08 단순 암기형 난이도 下

정답 ③

접근 POINT

기준에 나온 수치를 암기하고 있는 문제로 자주 출제되는 유형의 문제이다.

해설에 나온 표 중 기출문제에 자주 출제된 특정소방대상물에 밑줄 표기를 해 놓았으니 자주 출제된 특정소방대상물부터 해당 수치를 암기해야 한다.

해설

「소화기구 및 자동소화장치의 화재안전기술기준」상 특정소방대상물별 소화기구의 능력단위

소화기구의 능력단위를 산출함에 있어서 건축물의 주요 구조부가 내화구조이고, 벽 및 반자의 실내에 면하는 부분이 불연재료 · 준불연재료 또는 난연재료로 된 특정소방대상물에 있어서는 아래 표의 바닥면적의 2배를 해당 특정소방대상물의 기준면적으로 한다.

특정소방대상물	소화기구의 능력단위
위락시설	해당 용도의 바닥면적 30m² 마다 능력단위 1단위 이상
공연장, 집회장, 관람장, 문화재, 장례식장 및 의료시설	해당 용도의 바닥면적 50m² 마다 능력단위 1단위 이상
근린생활시설, 판매시설, 운수시설, 숙박시설, 노유자 시설, 전시장, 공동주택, 업무시설, 방송통신시설, 공장, 창고시설, 항공기 및 자동차 관련 시설 및 관광휴게시설	해당 용도의 바닥면적 100m² 마다 능력단위 1단위 이상
그 밖의 것	해당 용도의 바닥면적 200m² 마다 능력단위 1단위 이상

유사문제

좀더 간단한 문제로 공연장의 경우 바닥면적 몇 m² 마다 소화기구의 능력단위 1단위 이상의 소화기구를 설치해야 하는지 묻는 문제도 출제되었다.

정답은 50m²이다.

09 복합 계산형 난이도 上

정답 ②

접근 POINT

문제에서 주요 구조부가 내화구조이고, 벽 및 반자의 실내와 면하는 부분이 불연재료로 되어 있다는 조건이 있으므로 능력단위 기준의 바닥면적을 2배로 적용해야 함을 주의해야 한다.

해설

「소화기구 및 자동소화장치의 화재안전기술기준」상 특정소방대상물별 소화기구의 능력단위

소화기구의 능력단위를 산출함에 있어서 건축물의 주요 구조부가 내화구조이고, 벽 및 반자의 실내에 면하는 부분이 불연재료 · 준불연재료 또는 난연재료로 된 특정소방대상물에 있어서는 표의 바닥면적의 2배를 해당 특정소방대상물의 기준면적으로 한다.

특정소방대상물	소화기구의 능력단위
공연장, 집회장, 관람장, 문화재, 장례식장 및 의료시설	해당 용도의 바닥면적 50m² 마다 능력단위 1단위 이상

$$능력단위 = \frac{1,300m^2}{50 \times 2m^2} = 13단위$$

10 단순 계산형

난이도 中

▮정답 ③

▮접근 POINT

화재안전기준에는 부속용도별로 추가해야 할 소화기의 최소 수량이 크게 6가지로 분류되어 제시되어 있다.

이 기준을 전부 암기하기는 어렵지만 기출문제에는 발전실 관련 기준이 자주 출제되므로 발전실 관련 기준은 정확하게 암기해야 한다.

▮해설

「소화기구 및 자동소화장치의 화재안전기술기준」상 부속 용도별로 추가해야 할 소화기구

용도	소화기구
발전실, 변전실, 송전실, 변압기실, 배전반실, 통신기기실, 전산기기실	해당 용도의 바닥면적 50m² 마다 적응성이 있는 소화기 1개 이상

소화기 최소수량 $= \dfrac{280\text{m}^2}{50\text{m}^2} = 5.6 \doteqdot 6$개

11 단순 암기형

난이도 下

▮정답 ①

▮접근 POINT

기준에는 부속용도별로 추가해야 할 소화기의 최소 수량이 크게 6가지로 분류되어 제시되어 있다.

이 기준을 전부 암기하기는 어렵지만 기출문제 출제된 기준은 정확하게 암기해야 한다.

▮해설

「소화기구 및 자동소화장치의 화재안전기술기준」상 보일러실 · 건조실 · 세탁소 · 대량화기취급소에 추가해야 할 소화기구

• 해당 용도의 바닥면적 25m² 마다 능력단위 1단위 이상의 소화기로 할 것
• 자동확산소화기는 해당 용도의 바닥면적을 기준으로 10m² 이하는 1개, 10m² 초과는 2개 이상을 설치하되 방호대상에 유효하게 분사될 수 있는 위치에 배치될 수 있는 수량으로 할 것

12 단순 암기형

난이도 下

▮정답 ④

▮접근 POINT

주거용 주방자동소화장치와 관련되서는 주로 탐지부의 위치에 관한 내용이 출제된다.

▮해설

「소화기구 및 자동소화장치의 화재안전기술기준」상 탐지부의 설치기준

가스용 주방자동소화장치를 사용하는 경우 탐지부는 수신부와 분리하여 설치하되, 공기보다 가벼운 가스를 사용하는 경우에는 천장면으로부터 30cm 이하의 위치에 설치하고, 공기보다 무거운 가스를 사용하는 장소에는 바닥면으로부터 30cm 이하의 위치에 설치할 것

13 개념 이해형

난이도 中

┃ 정답 ②

┃ 접근 POINT

액화천연가스(LNG)가 공기보다 가벼운 가스
인지, 무거운 가스인지를 알아야 풀 수 있는 문
제이다.

LNG의 주성분은 메탄(CH_4)으로 공기보다 가
볍고, LPG의 주성분은 부탄(C_4H_{10})으로 공기
보다 무겁다.

┃ 해설

사용 가스별 탐지부 위치

사용 가스	탐지부 위치
LNG(공기보다 가벼움)	천장면으로부터 30cm 이하
LPG(공기보다 무거움)	바닥면으로부터 30cm 이하

14 단순 암기형

난이도 下

┃ 정답 ①

┃ 접근 POINT

소방관계법규 과목에 좀더 어울리는 문제일 수
있으나 소방기계시설의 구조 및 원리 과목에도
종종 출제되므로 대비가 필요하다.

┃ 해설

「소방시설법 시행령」 별표4 자동소화장치를 설치해
야 하는 특정소방대상물

아파트 등 및 오피스텔의 모든 층에는 주거용 주
방자동소화장치를 설치해야 한다.

15 단순 암기형

난이도 下

┃ 정답 ③

┃ 접근 POINT

형식승인에 나온 내용으로 해설에 있는 표의 수
치만 암기했다면 풀 수 있는 문제이다.

┃ 해설

「소화기의 형식승인 및 제품검사의 기술기준」 제10
조 대형소화기에 충전하는 소화약제의 양

구분	충전량
포소화기	20L 이상
강화액 소화기	60L 이상
물소화기	80L 이상
분말소화기	20kg 이상
할로겐화합물 소화기	30kg 이상
이산화탄소 소화기	50kg 이상

┃ 유사문제

분말소화기, 물소화기, 이산화탄소 소화기의
충전량을 괄호 넣기로 묻는 문제도 출제되었다.
분말소화기는 20kg 이상, 물소화기는 80L 이
상, 이산화탄소 소화기는 50kg 이상이다.

16 단순 암기형

난이도 中

┃ 정답 ④

┃ 접근 POINT

산알칼리 소화기는 액체계 소화기에 해당된다
는 점을 알아야 풀 수 있는 문제이다.

해설

산알칼리 소화기는 액체계 소화기이므로 용량이 3L 이하일 경우 소화기에 호스를 부착하지 않을 수 있다.

관련법규

「소화기의 형식승인 및 제품검사의 기술기준」 제15조 소화기에 호스를 부착하지 않을 수 있는 기준

- 소화약제의 중량이 4kg 이하인 할로겐화합물 소화기
- 소화약제의 중량이 3kg 이하인 이산화탄소 소화기
- 소화약제의 중량이 2kg 이하인 분말소화기
- 소화약제의 용량이 3L 이하인 액체계 소화기

유사문제

비슷한 문제인데 옳은 기준을 고르는 문제도 출제된 적이 있다.

옳은 보기로 "소화약제의 용량이 3L 이하인 액체계 소화기"가 출제된 적 있다.

대표유형 ❷
옥내, 옥외소화전설비   85쪽

01	02	03	04	05	06	07	08	09	10
③	④	④	④	②	②	①	①	④	④

11	12	13							
②	①	③							

01 단순 암기형   난이도 下

정답 ③

접근 POINT

자주 출제되는 유형의 문제로 기준에 나온 수치가 변형되어 출제되는 경우가 많다.

해설

① 5m/s 이하 → 4m/s 이하
② 주배관은 구경 80mm 이상 → 주배관은 구경 100mm 이상
④ 체절압력 이상 → 체절압력 미만

02 단순 암기형   난이도 下

정답 ④

접근 POINT

옥내소화전설비의 가지배관과 주배관 중 수직배관의 구경이 다른 것을 주의해야 한다.

해설

옥내소화전설비의 배관 구경

구분		구경 기준
가지배관		40mm 이상
주배관 중 수직배관		50mm 이상
연결송수관설비와 겸용	주배관	100mm 이상
	방수구로 연결되는 배관	65mm 이상

03 단순 암기형

난이도 下

정답 ④

접근 POINT

정격토출량과 숫자 175를 연관지어 암기한다.

해설

유량측정장치는 펌프의 정격토출량의 175% 이상까지 측정할 수 있는 성능이 있어야 한다.

관련법규

「옥내소화전설비의 화재안전기술기준」상 소화펌프의 성능시험 방법 및 배관의 설치기준

• "정격토출량"이란 펌프의 정격부하운전 시 토출량으로서 정격토출압력에서의 펌프의 토출량을 말한다.

• "정격토출압력"이란 펌프의 정격부하운전 시 토출압력으로서 정격토출량에서의 펌프의 토출측 압력을 말한다.

• 펌프의 성능은 체절운전 시 정격토출압력의 140%를 초과하지 않고, 정격토출량의 150%로 운전 시 정격토출압력의 65% 이상이 되어야 하며, 펌프의 성능을 시험할 수 있는 성능

시험배관을 설치할 것

• 성능시험배관은 펌프의 토출 측에 설치된 개폐밸브 이전에서 분기하여 직선으로 설치할 것

• 유량측정장치는 펌프의 정격토출량의 175% 이상까지 측정할 수 있는 성능이 있을 것

04 단순 암기형

난이도 下

정답 ④

접근 POINT

사용압력에 따른 배관의 종류는 스프링클러설비와 옥내소화전설비가 동일하므로 함께 암기하는 것이 좋다.

1.2MPa 이상에 해당되는 배관의 종류를 암기한 후 그 외의 배관은 1.2MPa 미만에서 사용하는 배관이라고 생각하면 된다.

해설

「옥내소화전설비의 화재안전기술기준」상 배관의 사용압력에 따른 배관의 종류

구분	배관의 종류
1.2MPa 미만	• 배관용 탄소 강관 • 이음매 없는 구리 및 구리합금관(습식의 배관에 한함) • 배관용 스테인리스 강관 또는 일반 배관용 스테인리스 강관 • 덕타일 주철관
1.2MPa 이상	• 압력 배관용 탄소 강관 • 배관용 아크용접 탄소강 강관

05 단순 암기형   난이도 下

▌정답 ②

▌접근 POINT

출제 당시에는 후드밸브였으나 풋밸브로 용어가 개정되었다. 글로 보는 것보다 다음과 같이 그림으로 보면 좀더 쉽게 이해할 수 있다.

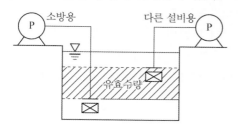

▌해설

「옥내소화전설비의 화재안전기술기준」상 수원

다른 설비와 겸용하여 옥내소화전설비용 수조를 설치하는 경우에는 <u>옥내소화전설비의 풋밸브·흡수구 또는 수직배관의 급수구와 다른 설비의 풋밸브·흡수구 또는 수직배관의 급수구와의 사이의 수량을 그 유효수량으로 한다.</u>

06 단순 암기형   난이도 下

▌정답 ②

▌접근 POINT

옥내소화전설비에서는 압력챔버의 용적과 물올림탱크의 유효수량 기준이 모두 100L이다. 기출문제에는 압력챔버 관련 문제가 물올림탱크 유효수량보다 더 자주 출제되었다.

▌해설

「옥내소화전설비의 화재안전기술기준」상 압력챔버의 용적 기준

기동용수압개폐장치 중 압력챔버를 사용할 경우 그 용적은 100L 이상의 것으로 한다.

07 단순 계산형   난이도 中

▌정답 ①

▌접근 POINT

옥내소화전 설치개수를 그대로 적용하지 않고, 기준에 있는 최대수량을 적용해야 한다.

▌해설

「옥내소화전설비의 화재안전기술기준」상 수원

옥내소화전설비의 수원은 그 저수량이 옥내소화전의 설치개수가 가장 많은 층의 설치개수(2개 이상 설치된 경우에는 2개)에 2.6m²를 곱한 양 이상이 되도록 해야 한다.

설치개수가 가장 많은 층의 옥내소화전 개수가 6개이므로 기준에 있는 최대수량인 2개를 적용하여 계산한다.

수원의 최소수량$= 2.6 \text{m}^3 \times 2 = 5.2 \text{m}^3$

08 단순 암기형   난이도 下

▌정답 ①

▌접근 POINT

지하층과 지상층 중 동결의 우려가 더 큰 곳이 어디인지 생각해 본다.

지하층만 있는 건축물이 조치를 취해야 하는 제외조건에 해당되므로 지상층만 있는 건축물은 해당 조치를 취해야 한다.

| 관련법규

「옥내소화전설비의 화재안전기술기준」상 내연기관의 기동과 연동하여 작동하거나 비상전원을 연결한 펌프를 추가 설치해야 하는 경우의 제외조건

• 지하층만 있는 건축물
• 고가수조를 가압송수장치로 설치한 경우
• 수원이 건축물의 최상층에 설치된 방수구보다 높은 위치에 설치된 경우
• 건축물의 높이가 지표면으로부터 10m 이하인 경우
• 가압수조를 가압송수장치로 설치한 경우

09 단순 암기형   난이도 下

| 정답 ④

| 접근 POINT

옥상 수조 설치제외 조건은 앞의 비상전원을 연결한 펌프를 추가로 설치해야 하는 경우의 제외조건과 거의 비슷하므로 함께 암기하면 좋다.

| 해설

「옥내소화전설비의 화재안전기술기준」상 옥상수조 설치 제외조건

• 지하층만 있는 건축물
• 고가수조를 가압송수장치로 설치한 경우
• 수원이 건축물의 최상층에 설치된 방수구보다 높은 위치에 설치된 경우

• 건축물의 높이가 지표면으로부터 10m 이하인 경우
• 주펌프와 동등 이상의 성능이 있는 별도의 펌프로서 내연기관의 기동과 연동하여 작동되거나 비상전원을 연결하여 설치한 경우

| 유사문제

거의 같은 문제인데 객관식 보기로 문제가 출제되었고 오답 보기로 "건축물의 높이가 지표면으로부터 15m인 경우"가 출제되었다.

옥상수조 설치제외 조건은 "건축물의 높이가 지표면으로부터 10m 이하인 경우"이다.

10 단순 암기형   난이도 下

| 정답 ④

| 접근 POINT

옥내소화전함의 두께 기준은 두 가지가 있는데 합성수지 관련 기준이 자주 출제된다.

| 해설

「소화전함의 성능인증 및 제품검사의 기술기준」 제3조 소화전함의 일반구조

소화전함의 두께(현무암 무기질 복합소재 포함)는 1.5mm 이상이어야 한다. 다만, 합성수지를 사용하는 것은 두께 4.0mm 이상이어야 한다.

11 단순 암기형

난이도 下

정답 ②

접근 POINT

이 문제는 옥외소화전 기준을 묻고 있지만 옥내소화전 기준을 묻는 문제도 출제될 수 있으니 다음과 같이 함께 정리하여 암기하는 것이 좋다.

구분	방수압력	방수량
옥내소화전	0.17MPa	130L/min
옥외소화전	0.25MPa	350L/min

해설

「옥외소화전설비의 화재안전기술기준」상 가압송수장치의 설치기준

특정소방대상물에 설치된 옥외소화전(2개 이상 설치된 경우에는 2개의 옥외소화전)을 동시에 사용할 경우 각 옥외소화전의 <u>노즐선단에서의 방수압력이 0.25MPa 이상이고, 방수량이 350L/min 이상이 되는 성능의 것</u>으로 할 것. 다만, 하나의 옥외소화전을 사용하는 노즐선단에서의 방수압력이 0.7MPa을 초과할 경우에는 호스접결구의 인입측에 감압장치를 설치해야 한다.

12 단순 암기형

난이도 下

정답 ①

접근 POINT

필기에서는 자주 출제되는 문제는 아니지만 실기에도 출제되는 유형의 문제로 옥외소화전설비의 자연낙차수두와 옥내소화전설비의 자연낙

차수두 공식은 구분하여 암기해 놓는 것이 좋다.

해설

옥외 · 옥내소화전설비의 자연낙차를 이용한 가압송수장치의 자연낙차수두 산출 공식

구분	공식
옥외소화전	$H = h_1 + h_2 + 25$ H: 필요한 낙차[m] h_1 : 호스의 마찰손실 수두[m] h_2: 배관의 마찰손실 수두[m]
옥내소화전	$H = h_1 + h_2 + 17$ H: 필요한 낙차[m] h_1 : 호스의 마찰손실 수두[m] h_2: 배관의 마찰손실 수두[m]

13 단순 암기형

난이도 下

정답 ③

접근 POINT

수평거리 관련 기준은 다른 소화설비에도 출제되기 때문에 한번에 정리하여 암기하는 것이 좋다.

구분	설비
10m 이하	예상제연구역의 각 부분으로부터 하나의 배출구까지의 수평거리
15m 이상	포소화설비의 방사거리
25m 이하	포소화설비의 발신기, 옥내소화전 수평거리
40m 이하	옥외소화전 수평거리

∎ 해설

「옥외소화전설비의 화재안전기술기준」상 호스접결구 설치기준

호스접결구는 지면으로부터의 높이가 0.5m 이상 1m 이하의 위치에 설치하고 특정소방대상물의 각 부분으로부터 하나의 호스접결구까지의 수평거리가 40m 이하가 되도록 설치해야 한다.

대표유형 ❸

스프링클러설비　　89쪽

01	02	03	04	05	06	07	08	09	10
②	①	④	③	①	④	①	④	③	③
11	12	13	14	15	16	17	18	19	20
④	④	④	②	①	①	④	④	②	②
21	22	23	24	25	26	27	28	29	30
②	④	②	④	①	③	③	③	③	①
31	32	33	34	35	36				
①	②	①	①	①	①				

---

01 | 단순 암기형　　난이도 下

∎ 정답　②

∎ 접근 POINT

갑자기 물이 분사되었을 때 위험한 상황이 벌어질 수 있거나 화재발생 위험성이 적은 장소가 스프링클러설비헤드를 설치하지 않을 수 있는 장소이다.

∎ 해설

①, ③: 병원의 경우 수술실, 응급처치실은 스프링클러헤드 설치제외 대상이지만 병실은 해당되지 않는다.

④: 아파트에는 스프링클러헤드를 설치해야 한다.

▌관련법규

「스프링클러설비의 화재안전기술기준」상 스프링클러헤드를 설치하지 않을 수 있는 장소

- 계단실(특별피난계단의 부속실 포함) · 경사로 · 승강기의 승강로 · 비상용승강기의 승강장 · 파이프덕트 및 덕트피트 · 목욕실 · 수영장(관람석 부분 제외) · 화장실 · 직접 외기에 개방되어 있는 복도
- 통신기기실 · 전자기기실
- 발전실 · 변전실 · 변압기 · 기타 이와 유사한 전기설비가 설치되어 있는 장소
- 병원의 수술실 · 응급처치실
- 펌프실 · 물탱크실 · 엘리베이터 권상기실
- 현관 또는 로비 등으로서 바닥으로부터 높이가 20m 이상인 장소
- 영하의 냉장창고의 냉장실 또는 냉동창고의 냉동실
- 고온의 노가 설치된 장소 또는 물과 격렬하게 반응하는 물품의 저장 또는 취급장소
- 실내에 설치된 테니스장 · 게이트볼장 · 정구장 또는 이와 비슷한 장소로서 실내 바닥 · 벽 · 천장이 불연재료 또는 준불연재료로 구성되어 있고 가연물이 존재하지 않는 장소로서 관람석이 없는 운동시설(지하층은 제외)

▌유사문제

스프링클러헤드를 설치해야 하는 장소를 묻는 문제도 출제되었다.

발전실, 보일러실, 병원의 수술실, 직접 외기에 개방된 복도가 보기로 출제되었는데 스프링클러헤드를 설치해야 하는 장소는 보일러실이다.

02 단순 암기형

난이도 下

▌정답 ①

▌접근 POINT

천장과 반자의 재료에 따라 거리 기준이 달라지는 것을 주의해야 한다.

기출문제에서는 천장과 반자 양쪽이 불연재료일 때 기준이 틀린 보기로 자주 출제되었다.

▌해설

① 2.5m 미만 → 2m 미만

▌관련법규

「스프링클러설비의 화재안전기술기준」상 스프링클러헤드를 설치하지 않을 수 있는 장소

천장 및 반자의 재료	천장과 반자 사이의 거리
천장과 반자 양쪽이 불연재료	2m 미만
천장과 반자 양쪽이 불연재료, 천장과 반자 사이의 벽이 불연재료이고, 그 사이에 가연물이 존재하지 않는 경우	2m 이상
천장과 반자 한쪽이 불연재료	1m 미만
천장과 반자가 모두 불연재료 외의 것	0.5m 미만

03 단순 암기형

난이도 下

▌정답 ④

▌접근 POINT

이 문제는 배관의 압력기준을 묻고 있으나 배관의 종류를 묻는 문제도 출제될 수 있으므로 대비가 필요하다.

「스프링클러설비의 화재안전기술기준」상 배관의 사용압력에 따른 배관의 종류

구분	배관의 종류
1.2MPa 미만	• 배관용 탄소 강관 • 이음매 없는 구리 및 구리합금관(습식의 배관에 한함) • 배관용 스테인리스 강관 또는 일반배관용 스테인리스 강관 • 덕타일 주철관
1.2MPa 이상	• 압력 배관용 탄소 강관 • 배관용 아크용접 탄소강 강관

04 단순 암기형

난이도 下

| 정답 ③

| 접근 POINT

기준에 나온 제외조건을 묻는 문제로 관련 기준을 정확하게 암기해야 한다.

| 해설

스프링클러헤드에 공급되는 물은 유수검지장치를 지나도록 해야 하지만 송수구를 통하여 공급되는 물은 그렇지 않다.

| 관련법규

「스프링클러설비의 화재안전기술기준」상 폐쇄형 스프링클러헤드의 방호구역 · 유수검지장치 설치기준

• 하나의 방호구역의 바닥면적은 3,000m²를 초과하지 않을 것
• 하나의 방호구역에는 1개 이상의 유수검지장치를 설치하되, 화재 시 접근이 쉽고 점검하기 편리한 장소에 설치할 것

• 하나의 방호구역은 2개 층에 미치지 않도록 할 것. 다만, 1개 층에 설치되는 스프링클러헤드의 수가 10개 이하인 경우와 복층형 구조의 공동주택에는 3개 층 이내로 할 수 있다.
• 유수검지장치를 실내에 설치하거나 보호용 철망 등으로 구획하여 바닥으로부터 0.8m 이상 1.5m 이하의 위치에 설치할 것
• 스프링클러헤드에 공급되는 물은 유수검지장치를 지나도록 할 것. 다만, 송수구를 통하여 공급되는 물은 그렇지 않다.
• 조기반응형 스프링클러헤드를 설치하는 경우에는 습식유수검지장치 또는 부압식스프링클러설비를 설치할 것

05 단순 암기형

난이도 中

| 정답 ①

| 접근 POINT

간이스프링클러설비(폐쇄형 헤드)와 스프링클러설비(폐쇄형 헤드)의 방호구역 기준이 다른 것을 주의해야 한다.

| 해설

스프링클러설비의 방호구역 기준

간이스프링클러설비 (폐쇄형 헤드)	스프링클러설비 (폐쇄형 헤드)
1,000m² 이하	3,000m² 이하

06 단순 암기형 난이도 中

정답 ④

접근 POINT

간이스프링클러설비가 아니라 폐쇄형 스프링클러헤드를 사용한다는 것에 주목해야 한다.

해설

폐쇄형 스프링클러헤드를 사용하는 설비 하나의 방호구역의 바닥면적은 3,000m²를 초과하지 않아야 한다.

07 단순 암기형 난이도 下

정답 ①

접근 POINT

조기반응형 스프링클러헤드란 더 빨리 반응하는 헤드로 화재 발생 시 위험성이 높은 곳에 설치한다고 생각할 수 있다.

해설

「스프링클러설비의 화재안전기술기준」상 조기반응형 스프링클러헤드를 설치해야 하는 장소
- 공동주택 · 노유자 시설의 거실
- 오피스텔 · 숙박시설의 침실
- 병원 · 의원의 입원실

08 단순 암기형 난이도 下

정답 ④

접근 POINT

교차배관과 수직배수배관의 구경 기준을 구분해서 암기해야 한다.

해설

「스프링클러설비의 화재안전기술기준」상 구경 기준

교차배관	수직배수배관
40mm 이상	50mm 이상

급수배관의 경우 헤드의 개수에 따라 구경이 달라지는데 최소 구경이 25mm이다.
배관을 지하에 매설하는 경우에는 압력 기준에 관계없이 소방용 합성수지배관으로 설치할 수 있다.

유사문제

스프링클러설비의 배관에 대한 기준을 묻는 문제 중 "수직배수배관의 구경을 65mm 이상으로 해야 한다."라는 오답 보기가 출제된 적 있다. 수직배수배관의 구경은 50mm 이상으로 해야 한다는 점을 기억해야 한다.

09 단순 암기형 난이도 下

정답 ③

접근 POINT

압력수조와 고가수조에 설치해야 하는 기구를 구분할 수 있어야 한다.

| 용어 CHECK

고가수조: 구조물 또는 지형지물 등에 설치하여 자연낙차의 압력으로 급수하는 수조

| 해설

압력수조와 고가수조에 설치해야 하는 기구

구분	기구
압력수조	수위계, 급수관, 배수관, 급기관, 맨홀, 압력계, 안전장치 및 압력저하 방지를 위한 자동식 공기압축기
고가수조	수위계, 배수관, 급수관, 오버플로우관 및 맨홀

10 단순 암기형   난이도 下

| 정답   ③

| 접근 POINT

글로 암기하는 것보다 다음과 같이 그림으로 보며 암기하는 것이 좋다.

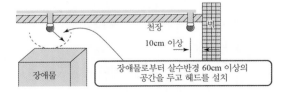

| 해설

「스프링클러설비의 화재안전기술기준」상 스프링클러헤드의 설치기준

스프링클러헤드는 살수가 방해되지 않도록 스프링클러헤드로부터 반경 60cm 이상의 공간을 보유할 것. 다만, 벽과 스프링클러헤드간의 공간은 10cm 이상으로 한다.

| 유사문제

벽과 스프링클러헤드 간의 공간 기준만 묻는 문제도 출제되었다.
정답은 10cm 이상이다.

11 단순 암기형   난이도 中

| 정답   ④

| 접근 POINT

스프링클러헤드의 설치기준 중 세부기준까지 묻고 있는 문제로 다소 난이도가 높은 문제이다. 전체 규정을 전부 암기하기보다는 기출문제에 출제된 보기 위주로 암기하고 해설에 제시된 기준은 한번 정독하는 정도로 공부하는 것이 좋다.

| 해설

① 반경 30cm 이상 → 반경 60cm 이상
② 60cm 이하 → 30cm 이하
③ 3.2m 이내 → 3.6m 이내

| 관련법규

「스프링클러설비의 화재안전기술기준」상 스프링클러헤드 설치기준

• 살수가 방해되지 않도록 스프링클러헤드로부터 반경 60cm 이상의 공간을 보유할 것. 다만, 벽과 스프링클러헤드간의 공간은 10cm 이상으로 한다.
• 스프링클러헤드와 그 부착면과의 거리는 30cm 이하로 할 것
• 연소할 우려가 있는 개구부에는 그 상하좌우에 2.5m 간격으로 스프링클러헤드를 설치하되, 스프링클러헤드와 개구부의 내측 면으로

부터 직선거리는 15cm 이하가 되도록 할 것
- 측벽형스프링클러헤드를 설치하는 경우 긴 변의 한쪽 벽에 일렬로 설치하고 3.6m 이내마다 설치할 것

12 단순 암기형

난이도 中

┃정답 ④

┃접근 POINT

앞의 문제는 일반적인 상황에서의 스프링클러설비 헤드의 설치기준을 묻는 문제이고, 이 문제는 특수한 상황에서의 설치기준을 묻는 문제이다.

┃해설

「스프링클러설비의 화재안전기술기준」상 스프링클러헤드의 설치기준

배관·행거 및 조명기구 등 살수를 방해하는 것이 있는 경우에는 그로부터 아래에 설치하여 살수에 장애가 없도록 할 것. 다만, 스프링클러헤드와 장애물과의 이격거리를 장애물 폭의 3배 이상 확보한 경우에는 그렇지 않다.

13 단순 암기형

난이도 下

┃정답 ④

┃접근 POINT

기출문제 출제 당시에는 랙크식 창고라는 보기가 있었으나 「창고시설의 화재안전기술기준」, 「공동주택의 화재안전기술기준」이 제정됨에

따라 기준이 변경되어 변경된 기준으로 문제를 수정했다.

무대부·특수가연물을 저장 또는 취급하는 장소에 관한 기준이 가장 자주 출제된다.

┃해설

특수가연물을 저장 또는 취급하는 장소에 있어서는 1.7m 이하로 스프링클러헤드를 설치해야 한다.

┃관련법규

스프링클러헤드의 수평거리 기준

소방대상물		수평거리
무대부·특수가연물을 저장 또는 취급하는 장소		1.7m 이하
기타구조		2.1m 이하
내화구조		2.3m 이하
아파트 등의 세대		2.6m 이하
라지드롭형 스프링클러헤드를 설치하는 창고	특수가연물을 저장 또는 취급	1.7m 이하
	그 외의 창고	2.1m 이하
	내화구조된 창고	2.3m 이하

14 단순 암기형

난이도 下

┃정답 ②

┃접근 POINT

이 문제는 자주 출제되는 문제로 아래 해설에 있는 표의 수치는 정확하게 암기해야 한다.

┃해설

「스프링클러설비의 화재안전기술기준」상 설치장소의 평상시 최고 주위온도에 따른 폐쇄형스프링클러헤드의 표시온도

최고 주위온도	표시온도
39℃ 미만	79℃ 미만
39℃ 이상 64℃ 미만	79℃ 이상 121℃ 미만
64℃ 이상 106℃ 미만	121℃ 이상 162℃ 미만
106℃ 이상	162℃ 이상

15 단순 암기형
난이도 下

▌정답 ②

▌접근 POINT
정격토출압력은 소화설비마다 수치가 다르지만 스프링클러설비의 정격토출압력이 자주 출제된다.

▌해설
「스프링클러설비의 화재안전기술기준」상 정격토출압력 기준
가압송수장치의 정격토출압력은 하나의 헤드선단에 0.1MPa 이상 1.2MPa 이하의 방수압력이 될 수 있게 하는 크기일 것

16 단순 암기형
난이도 下

▌정답 ①

▌접근 POINT
연결살수설비에서 하나의 송수구역에 설치하는 살수헤드의 수는 10개 이하인 것과 구분해서 암기해야 한다.

▌해설
「스프링클러설비의 화재안전기술기준」상 헤드의 개수 기준
교차배관에서 분기되는 지점을 기점으로 한쪽 가지배관에 설치되는 헤드의 개수는 8개 이하로 할 것

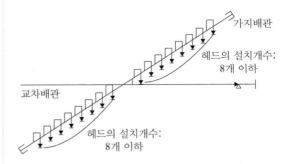

17 단순 암기형
난이도 下

▌정답 ④

▌접근 POINT
기출문제 출제 당시에는 연결송수관설비의 배관과 겸용할 경우 주배관은 구경 100mm 이상으로 한다는 보기가 있었으나 현행 기준상 이 기준은 삭제되어 보기를 수정한 문제이다.

▌해설
「스프링클러설비의 화재안전기술기준」상 가지배관 설치기준
가지배관에는 헤드의 설치지점 사이마다 1개 이상의 행가를 설치하되, 헤드 간의 거리가 3.5m를 초과하는 경우에는 3.5m 이내마다 1개 이상 설치해야 한다.

18 단순 암기형   난이도 下

| 정답 ④

| 접근 POINT

다른 보기는 자주 출제되지 않으므로 깊게 공부할 필요는 없고 흡입측 배관에 설치해야 하는 밸브의 종류 정도만 정확하게 암기하는 것이 좋다.

| 해설

「스프링클러설비의 화재안전기술기준」상 급수배관 설치기준

펌프의 흡입측배관에는 버터플라이밸브 외의 개폐표시형밸브를 설치해야 한다.

19 단순 암기형   난이도 下

| 정답 ②

| 접근 POINT

스프링클러설비와 옥내소화전설비는 유속 기준이 다르므로 구분하여 암기해야 한다.

| 해설

배관 내의 유속 기준

구분		유속
옥내소화전설비 토출 측 주배관		4m/s 이하
스프링클러설비	가지배관	6m/s 이하
	기타	10m/s 이하

20 복합 계산형   난이도 中

| 정답 ②

| 접근 POINT

법에 정해진 기준개수를 암기한 상태에서 수원의 양을 계산해야 하는 문제이다.

실기에도 출제되는 유형의 문제로 필기 때부터 이러한 문제에 익숙해지는 것이 좋다.

| 해설

「스프링클러설비의 화재안전기술기준」상 설치장소별 폐쇄형 스프링클러헤드의 기준개수

지하층을 제외한 층수가 10층 이하인 특정소방대상물의 경우는 다음 표를 기준으로 한다.

설치장소		기준개수
공장	특수가연물을 저장·취급	30
	그 밖의 것	20
근린생활시설·판매시설·운수시설 또는 복합건축물	판매시설 또는 복합건축물	30
	그 밖의 것	20
그 밖의 것	헤드의 부착높이가 8m 이상	20
	헤드의 부착높이가 8m 미만	10

문제에서 층수는 10층이고, 특수가연물에 대한 언급은 없는 공장이라고 했으므로 스프링클러헤드의 기준개수는 공장(그 밖의 것)으로 20개이다.

헤드가 가장 많이 설치된 층은 8층으로서 40개가 설치되어 있다고 했으므로 기준개수보다 많기 때문에 기준개수인 20에 1.6m³을 곱한 것이 수원의 양이다.

만약 기준개수보다 적게 스프링클러헤드가 설치되어 있다면 설치된 개수를 적용한다.

수원의 양 $= 20 \times 1.6\text{m}^3 = 32\text{m}^3$

21 단순 암기형

난이도 下

정답 ②

접근 POINT

손으로 조작하는 제어밸브는 대부분 조작하기 편한 위치인 0.8m 이상 1.5m 이하의 위치에 설치한다.

용어 CHECK

드렌처설비: 건축물의 창이나 처마 등 외부 화재 시 연소되기 쉬운 부분에 설치하여 연소의 확대를 막기 위한 설비

해설

「스프링클러설비의 화재안전기술기준」상 드렌처설비를 설치한 경우 해당 개구부에 한하여 스프링클러헤드를 설치하지 아니할 수 있는 기준

• 드렌처헤드는 개구부 위 측에 2.5m 이내마다 1개를 설치할 것
• 제어밸브는 특정소방대상물 층마다에 바닥면으로부터 0.8m 이상 1.5m 이하의 위치에 설치할 것
• 수원의 수량은 드렌처헤드가 가장 많이 설치된 제어밸브의 드렌처헤드의 설치개수에 1.6m^3를 곱하여 얻은 수치 이상이 되도록 할 것
• 드렌처설비는 드렌처헤드가 가장 많이 설치된 제어밸브에 설치된 드렌처헤드를 동시에 사용하는 경우에 각각의 헤드선단에 방수압력이 0.1MPa 이상, 방수량이 80L/min 이상이 되도록 할 것

22 단순 암기형

난이도 下

정답 ④

접근 POINT

문제 안에 답이 있는 경우로 유수현상을 검지하는 장치가 무엇인지 생각해 본다.

해설

「스프링클러설비의 화재안전기술기준」상 용어 정의 "유수검지장치"란 유수현상을 자동적으로 검지하여 신호 또는 경보를 발하는 장치를 말한다.

유사문제

스프링클러설비의 소화수 공급계통의 자동경보장치와 직접 관계가 있는 장치를 묻는 문제도 출제되었다.
정답은 유수검지장치이다.

23 단순 암기형

난이도 下

정답 ②

접근 POINT

스프링클러설비 관련 문제 중 단순하면서도 자주 출제되는 문제로 반드시 맞혀야 하는 문제이다.

해설

리타딩 챔버는 안전밸브의 역할을 하는 것으로 유수검지장치의 오작동을 방지하는 역할을 한다.

24 단순 암기형　　　　난이도 下

정답 ④

접근 POINT

응용되어 출제되는 문제는 아니므로 정답을 확인하는 정도로 공부하는 것이 좋다.

해설

스프링클러헤드의 구분

구분	설명
프레임	스프링클러헤드의 나사부분과 디플렉터를 연결하는 이음쇠
디플렉터	스플링클러헤드의 방수구에서 유출되는 물을 분사시키는 부분
퓨지블링크	감열체 중 이융성 금속으로 융착되거나 이융성 물질에 의해 조립된 것

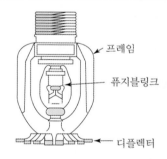

25 단순 암기형　　　　난이도 下

정답 ①

접근 POINT

소화설비용 헤드 중 디프렉타형이 가장 많이 사용되고 문제에도 가장 자주 출제된다.

해설

「소화설비용 헤드의 성능인증 및 제품검사의 기술기준」상 소화설비용 헤드의 분류

• 충돌형: 유수와 유수의 충돌에 의해 미세한 물방울을 만드는 물분무헤드
• 분사형: 소구경의 오리피스로부터 고압으로 분사하여 미세한 물방울을 만드는 물분무헤드
• 슬리트형: 수류를 슬리트에 의해 방출하여 수막상의 분무를 만드는 물분무헤드
• 디프렉타형: 수류를 살수판에 충돌하여 미세한 물방울을 만드는 물분무헤드

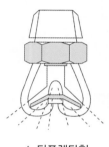

▲ 디프렉타형

26 단순 암기형　　　　난이도 下

정답 ③

접근 POINT

글로 암기하면 어렵기 때문에 다음과 같이 그림으로 관련 수치를 기억하는 것이 좋다.

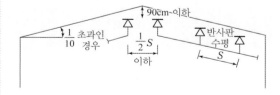

「스프링클러설비의 화재안전기술기준」상 천장의 기울기가 10분의 1을 초과할 경우 스프링클러헤드의 설치기준

천장의 최상부를 중심으로 가지관을 서로 마주 보게 설치하는 경우에는 최상부의 가지관 상호 간의 거리가 가지관상의 스프링클러헤드 상호 간의 거리의 2분의 1 이하(최소 1m 이상)가 되게 스프링클러헤드를 설치하고, 가지관의 최상부에 설치하는 스프링클러헤드는 <u>천장의 최상부로부터의 수직거리가 90cm 이하</u>가 되도록 할 것. 톱날지붕, 둥근지붕 기타 이와 유사한 지붕의 경우에도 이에 준한다.

27 단순 암기형   난이도 中

I 정답   ③

I 접근 POINT

자주 출제되는 문제는 아니고 표를 암기해야 하는 문제로 표 전체를 암기하는 것은 어려우므로 정답 위주로 암기하는 것이 좋다.

I 해설

「스프링클러설비의 화재안전기술기준」 스프링클러헤드 수별 급수관의 구경

(단위: mm)

구경 구분	25	32	40	50	65	80	90	100
폐쇄형 헤드수	2	3	5	10	30	60	80	100
개방형 헤드수	1	2	5	8	15	27	<u>40</u>	55

문제에서 헤드의 개수가 30개로 주어졌으므로 30과 같거나 30보다 큰 값인 40개에 해당되는 구경을 선택해야 한다.

28 단순 암기형   난이도 下

I 정답   ③

I 접근 POINT

자주 출제되는 문제는 아니므로 정답을 암기하는 방법으로 공부하는 것이 좋다.

I 해설

「화재조기진압용 스프링클러설비의 화재안전기술기준」상 헤드의 설치기준

헤드 하나의 방호면적은 $6.0m^2$ 이상 $9.3m^2$ 이하로 한다.

29 복합 계산형   난이도 上

I 정답   ③

I 접근 POINT

스프링클러 정방형 헤드 공식을 활용하여 가로 헤드 설치개수와 세로 헤드 설치개수를 각각 구한 후 전체 헤드 설치개수를 계산해야 한다.

가로와 세로 설치개수를 구할 때 소수점으로 숫자가 나오면 기준을 충족하기 위해 반올림하는 것이 아니라 절상(올림)해야 함을 주의해야 한다.

필기에서는 어려운 문제에 속하지만 실기에도 자주 출제되는 유형의 문제이므로 필기 때부터 이러한 문제 유형에 익숙해지는 것이 좋다.

▌공식 CHECK

정방형 스프링클러헤드의 간격

$S = 2R\cos 45°$

S: 헤드간격[m]

R: 수평거리[m]

▌해설

헤드간격(S)를 계산한다.

$S = 2R\cos 45° = 2 \times 2.1 \times \cos 45° = 2.97\text{m}$

가로 설치개수= $\dfrac{25\text{m}}{2.97\text{m}} = 8.41 ≒ 9$개

세로 설치개수= $\dfrac{15\text{m}}{2.97\text{m}} = 5.05 ≒ 6$개

총 설치개수=$9 \times 6 = 54$개

30 복합 계산형

난이도 中

▌정답 ①

▌접근 POINT

문제에서 수평거리는 주어지지 않았으므로 2.1m를 적용하여 푼다.
헤드간격을 먼저 계산한 후 벽과의 이격거리를 계산한다.

▌공식 CHECK

(1) 정방형 헤드의 간격

$S = 2R\cos 45°$

S: 헤드간격[m]

R: 수평거리[m]

(2) 헤드와 벽과의 이격거리

$L = \dfrac{S}{2}$

L: 헤드와 벽과의 이격거리[m]

S: 헤드간격[m]

▌해설

헤드의 간격을 계산한다.

$S = 2R\cos 45° = 2 \times 2.1 \times \cos 45° = 2.97\text{m}$

헤드와 벽과의 이격거리를 계산한다.

$L = \dfrac{S}{2} = \dfrac{2.97\text{m}}{2} = 1.485\text{m}$

31 단순 암기형

난이도 中

▌정답 ①

▌접근 POINT

자주 출제되는 문제는 아니므로 정답을 확인하는 정도로 공부하는 것이 좋다.

▌해설

「스프링클러설비의 화재안전기술기준」상 동 장치를 시험할 수 있는 시험장치 설치기준

습식스프링클러설비 및 부압식스프링클러설비에 있어서는 유수검지장치 2차 측 배관에 연결하여 설치하고 건식스프링클러설비인 경우 유수검지장치에서 가장 먼 거리에 위치한 가지배관의 끝으로부터 연결하여 설치할 것

32 단순 암기형　　　난이도 中

정답　②

접근 POINT

기출문제에서는 Special response이 답이 되는 경우로 많이 출제되었다.

해설

「스프링클러헤드의 형식승인 및 제품검사의 기술기준」 제13조 감도시험

구분	RTI 값
조기반응(Fast response)	50 이하
특수반응(Special response)	50 초과 80 이하
표준반응(Standard response)	80 초과 350 이하

33 개념 이해형　　　난이도 中

정답　①

접근 POINT

답을 암기하기보다는 반응시간지수(RTI)를 이해하고 보기를 해석하는 것이 좋다.
RTI가 작다는 것은 더 빨리 작동(민감한)하는 헤드라고 생각할 수 있다.

해설

반응시간지수(RTI)란 기류의 온도·속도 및 작동시간에 대하여 스프링클러헤드의 반응을 예상한 지수로 아래 식으로 계산한다.

$RTI = \tau \sqrt{\mu}$

τ: 감열체의 시간상수[초]

μ: 기류속도[m/s]

RTI가 작으면 열을 조기에 감지하여 스프링클러헤드가 빨리 작동한다는 것이므로 헤드의 설치간격을 넓게 할 수 있다.

선지분석

② RTI에 따라 감지기의 설치간격을 조정한다.

③ 주위온도가 크면 스프링클러헤드가 작동할 가능성이 높으므로 RTI를 크게 설정한다.

④ 천장이 높으면 열이 도달하는 데 시간이 오래 걸리므로 RTI를 작게 설치한다.

34 단순 암기형　　　난이도 下

정답　①

접근 POINT

천장의 높이에 따라서 가지배관 사이의 거리기준이 달라지는 것에 주의해야 한다.

해설

「화재조기진압용 스프링클러설비의 화재안전기술기준」상 가지배관 배열기준

- 토너먼트(tournament) 배관방식이 아닐 것
- 가지배관 사이의 거리는 2.4m 이상 3.7m 이하로 할 것. 다만, 천장의 높이가 9.1m 이상 13.7m 이하인 경우에는 2.4m 이상 3.1m 이하로 한다.
- 교차배관에서 분기되는 지점을 기점으로 한 쪽 가지배관에 설치되는 헤드의 개수는 8개 이하로 한다.

35 단순 암기형 　　　　난이도 下

▐ 정답 ①

▐ 접근 POINT

기준상에는 순서가 명시되어 있지만 이 순서를 전부 암기하기는 어렵고, 자주 출제되는 문제는 아니므로 정답을 확인하는 정도로 공부하는 것이 좋다.

▐ 해설

「간이스프링클러설비의 화재안전기술기준」상 배관 및 밸브의 설치순서

- 상수도직결형: 수도용계량기, 급수차단장치, 개폐표시형밸브, 체크밸브, 압력계, 유수검지장치(압력스위치 등 유수검지장치와 동등 이상의 기능과 성능이 있는 것을 포함), 2개의 시험밸브의 순
- 펌프 등의 가압송수장치를 이용하여 배관 및 밸브 등을 설치하는 경우: 수원, 연성계 또는 진공계(수원이 펌프보다 높은 경우는 제외), 펌프 또는 압력수조, 압력계, 체크밸브, 성능시험배관, 개폐표시형밸브, 유수검지장치, 시험밸브의 순
- 가압수조를 가압송수장치로 이용하여 배관 및 밸브 등을 설치하는 경우: 수원, 가압수조, 압력계, 체크밸브, 성능시험배관, 개폐표시형밸브, 유수검지장치, 2개의 시험밸브의 순
- 캐비닛형의 가압송수장치에 배관 및 밸브 등을 설치하는 경우: 수원, 연성계 또는 진공계(수원이 펌프보다 높은 경우는 제외), 펌프 또는 압력수조, 압력계, 체크밸브, 개폐표시형밸브, 2개의 시험밸브의 순

36 단순 암기형 　　　　난이도 下

▐ 정답 ①

▐ 접근 POINT

형식승인에 있는 내용으로 자주 출제되는 문제는 아니기 때문에 전체 표를 암기하기 보다는 정답 위주로 암기하는 것이 좋다.

▐ 해설

「스프링클러헤드의 형식승인 및 제품검사의 기술기준」 제12조의6 표지블링크형의 표시온도별 색별

표시온도(℃)	프레임의 색별
77℃ 미만	색 표시 안 함
78℃~120℃	흰색
121℃~162℃	파랑
163℃~203℃	빨강
204℃~259℃	초록
260℃~319℃	오렌지
320℃ 이상	검정

대표유형 ❹

포소화설비 　　　97쪽

01	02	03	04	05	06	07	08	09	10
①	④	③	③	④	③	②	②	④	③

11	12	13	14	15	16	17	18	19	20
①	④	④	①	①	②	①	③	④	③

01 │ 단순 암기형 　　　난이도 中

┃ 정답　①

┃ 접근 POINT

보기에 있는 내용은 기준에 나온 세부규정으로 모든 규정을 전부 암기하기는 어려운 면이 있다. 좀더 자주 출제되는 특수가연물을 저장·취급 하는 공장 또는 창고에 설치할 수 있는 포소화설 비만 알고 있다면 정답을 고를 수 있다.

┃ 해설

특수가연물을 저장·취급하는 공장 또는 창고 에는 포워터스프링클러설비·포헤드설비 또는 고정포방출설비, 압축공기포소화설비를 설치 하고, 호스릴포소화설비는 설치할 수 없다. ②~④번은 모두 「포소화전설비의 화재안전기 술기준」에 설치기준으로 명시된 내용이 그대로 출제된 것이다.

02 │ 단순 암기형 　　　난이도 下

┃ 정답　④

┃ 접근 POINT

전기와 관련된 장소에는 포소화설비 중 고정식 압축공기포소화설비를 설치한다고 암기하면 좋다.

┃ 해설

발전기실, 엔진펌프실, 변압기, 전기케이블실, 유압설비에서 바닥면적의 합계가 $300m^2$ 미만 의 장소에는 고정식 압축공기포소화설비를 설 치할 수 있다.

03 │ 단순 암기형 　　　난이도 下

┃ 정답　③

┃ 접근 POINT

기출문제 출제 당시에는 연결송수관설비의 배 관과 겸용하는 기준이 있었으나 이 기준은 삭제 되어 ④번 보기는 수정했다.
개정된 기준을 확인해야 하는 문제이다.

┃ 해설

① 포워터스프링클러설비 또는 포헤드설비의 가지배관의 배열은 토너먼트방식이 아니어 야 한다.
② 송액관은 전용으로 해야 한다. 다만, 포소화 전의 기동장치의 조작과 동시에 다른 설비의 용도에 사용하는 배관의 송수를 차단할 수 있거나, 포소화설비의 성능에 지장이 없는

경우에는 다른 설비와 겸용할 수 있다.

④ 유량측정장치는 펌프의 정격토출량의 175% 이상 측정할 수 있는 성능이 있을 것

04 단순 암기형 난이도 下

정답 ③

접근 POINT

동결방지조치는 배관보다는 수조에 더 연관되어 있는 기준이다.

해설

「포소화설비의 화재안전기술기준」상 소방용 합성수지배관을 설치할 수 있는 경우

- 배관을 지하에 매설하는 경우
- 다른 부분과 내화구조로 구획된 덕트 또는 피트의 내부에 설치하는 경우
- 천장과 반자를 불연재료 또는 준불연재료로 설치하고 소화배관 내부에 항상 소화수가 채워진 상태로 설치하는 경우

05 단순 암기형 난이도 下

정답 ④

접근 POINT

이러한 유형의 문제에서는 프레셔사이드 프로포셔너 방식이 답이 되는 경우가 많다.
압입기와 사이드 단어를 연관시켜서 암기한다.

해설

「포소화설비의 화재안전기술기준」상 포소화약제를 압입시켜 혼합하는 방식의 종류

- 펌프 프로포셔너방식: 펌프의 토출관과 흡입관 사이의 배관 도중에 설치한 흡입기에 펌프에서 토출된 물의 일부를 보내고, 농도조정밸브에서 조정된 포소화약제의 필요량을 포소화약제 저장탱크에서 펌프 흡입측으로 보내어 이를 혼합하는 방식
- 프레셔 프로포셔너방식: 펌프와 발포기의 중간에 설치된 벤추리관의 벤추리 작용과 펌프 가압수의 포소화약제 저장탱크에 대한 압력에 따라 포소화약제를 흡입·혼합하는 방식
- 라인 프로포셔너방식: 펌프와 발포기의 중간에 설치된 벤추리관의 벤추리 작용에 따라 포소화약제를 흡입·혼합하는 방식
- 프레셔사이드 프로포셔너방식: 펌프의 토출관에 압입기를 설치하여 포소화약제 압입용 펌프로 포소화약제를 압입시켜 혼합하는 방식

06 단순 암기형 난이도 下

정답 ③

접근 POINT

포소화약제를 압입시켜 혼합하는 방식의 종류는 암기하고 있어야 한다.

해설

리퀴드펌핑 프로포셔너 방식은 포소화약제를 혼합하는 방식에 해당되지 않는다.

07 단순 암기형 난이도 下

정답 ②

접근 POINT

이러한 유형의 문제에서는 프레셔사이드 프로포셔너 방식이 답이 되는 경우가 많다.
압입기와 사이드 단어를 연관시켜서 암기한다.

해설

① 펌프 프로포셔너방식이다.
③ 라인 프로포셔너방식이다.
④ 프레셔 프로포셔너방식이다.

08 단순 암기형 난이도 下

정답 ②

접근 POINT

수평거리 관련 기준은 다른 소화설비에도 출제되기 때문에 한번에 정리하여 암기하는 것이 좋다.

구분	설비
10m 이하	예상제연구역의 각 부분으로부터 하나의 배출구까지의 수평거리
15m 이상	포소화설비의 방사거리
25m 이하	포소화설비의 발신기, 옥내소화전 수평거리
40m 이하	옥외소화전 수평거리

해설

「포소화설비의 화재안전기술기준」상 발신기 설치기준
• 조작이 쉬운 장소에 설치하고, 스위치는 바닥으로부터 0.8m 이상 1.5m 이하의 높이에 설치할 것
• 특정소방대상물의 층마다 설치하되, 해당 특정소방대상물의 각 부분으로부터 수평거리가 25m 이하가 되도록 할 것. 다만, 복도 또는 별도로 구획된 실로서 보행거리가 40m 이상일 경우에는 추가로 설치해야 한다.
• 발신기의 위치를 표시하는 표시등은 함의 상부에 설치하되, 그 불빛은 부착면으로부터 15° 이상의 범위 안에서 부착지점으로부터 10m 이내의 어느 곳에서도 쉽게 식별할 수 있는 적색등으로 할 것

09 단순 암기형 난이도 下

정답 ④

접근 POINT

포소화설비 관련 문제 중 자주 출제되는 문제로 반드시 맞혀야 하는 문제이다.

해설

「포소화설비의 화재안전기술기준」상 폐쇄형스프링클러헤드의 설치기준
• 표시온도가 79℃ 미만인 것을 사용하고, 1개의 스프링클러헤드의 경계면적은 20m² 이하로 할 것
• 부착면의 높이는 바닥으로부터 5m 이하로 하고, 화재를 유효하게 감지할 수 있도록 할 것
• 하나의 감지장치 경계구역은 하나의 층이 되도록 할 것

10 단순 암기형　　난이도 下

정답 ③

접근 POINT

기출문제 출제 당시에는 연결송수관설비의 배관과 겸용할 경우의 내용도 포함되어 있었으나 이 기준은 삭제되어 문제를 수정했다.
펌프의 정격토출압력과 관련된 기준은 개정되지 않았으므로 괄호 넣기 형태로 출제될 수 있다.

해설

「포소화설비의 화재안전기술기준」상 포소화설비에서 배관 등의 설치기준

펌프의 성능은 체절운전 시 정격토출압력의 140%를 초과하지 않고, 정격토출량의 150%로 운전 시 정격토출압력의 65% 이상이 되어야 하며, 펌프의 성능을 시험할 수 있는 성능시험배관을 설치해야 한다.

11 단순 암기형　　난이도 下

정답 ①

접근 POINT

옥내소화전설비, 물분무소화설비, 연결송수관설비, 스프링클러설비 등에도 송수구 설치기준에 모두 구경 65mm의 쌍구형으로 한다는 기준이 공통적으로 있다.

해설

② 0.5m 이상 1.5m 이하 → 0.5m 이상 1m 이하

③ 2,000m^2 → 3,000m^2

④ 3mm의 배수공 → 5mm의 배수공

관련법규

「포소화설비의 화재안전기술기준」상 포소화설비 송수구의 설치기준

• 송수구는 구경 65mm의 쌍구형으로 할 것
• 송수구에는 그 가까운 곳의 보기 쉬운 곳에 송수압력범위를 표시한 표지를 할 것
• 송수구는 하나의 층의 바닥면적이 3,000m^{2}를 넘을 때마다 1개 이상(5개를 넘을 경우에는 5개로 함)을 설치할 것
• 지면으로부터 높이가 0.5m 이상 1m 이하의 위치에 설치할 것
• 송수구의 부근에는 자동배수밸브(또는 직경 5mm의 배수공) 및 체크밸브를 설치할 것
• 송수구에는 이물질을 막기 위한 마개를 씌울 것

12 단순 암기형　　난이도 下

정답 ④

접근 POINT

유류탱크 주위와 특수가연물저장소의 기준이 다른 것에 주의해야 한다.
시험문제에는 유류탱크 주위와 관련된 기준이 더 자주 출제되었다.

❙ 해설

「포소화설비의 화재안전기술기준」상 압축공기포소화설비의 분사헤드 설치기준

구분	기준
유류탱크 주위	바닥면적 13.9m² 마다 1개 이상
특수가연물저장소	바닥면적 9.3m² 마다 1개 이상

13 단순 암기형   난이도 下

❙ 정답 ④

❙ 접근 POINT

자주 출제되는 문제는 아니므로 관련 수치 정도만 정확하게 암기하는 것이 좋다.

❙ 해설

「포소화설비의 화재안전기술기준」상 차고·주차장에 설치하는 포소화설비의 설치기준

특정소방대상물의 어느 층에 있어서도 그 층에 설치된 호스릴포방수구 또는 포소화전방수구(포소화전방수구가 5개 이상 설치된 경우에는 5개)를 동시에 사용할 경우 각 이동식 <u>포노즐 선단의 포수용액 방사압력이 0.35MPa 이상이고 300L/min 이상</u>(1개 층의 바닥면적이 200m² 이하인 경우에는 230L/min 이상)의 포수용액을 수평거리 15m 이상으로 방사할 수 있도록 할 것

14 단순 암기형   난이도 下

❙ 정답 ①

❙ 접근 POINT

물분무소화설비의 방사시간이 20분인 것과 구분할 수 있어야 한다.

❙ 해설

「포소화설비의 화재안전기술기준」상 방사시간 기준
포헤드방식 및 압축공기포소화설비에 있어서는 하나의 방사구역 안에 설치된 포헤드를 동시에 개방하여 <u>표준방사량으로 10분간 방사</u>할 수 있는 양 이상으로 할 것

15 단순 암기형   난이도 下

❙ 정답 ①

❙ 접근 POINT

필기에서는 자주 출제되지는 않지만 실기에서도 종종 출제되므로 방사량 기준은 암기하는 것이 좋다.

❙ 해설

「포소화설비의 화재안전기술기준」상 포소화약제의 종류에 따른 포헤드의 방사량(m³/min)

(1) 차고·주차장 및 항공기 격납고

포소화약제의 종류	바닥면적 1m²당 방사량
단백포	6.5L 이상
합성계면활성제포	8.0L 이상
수성막포	3.7L 이상

(2) 특수가연물을 저장 · 취급하는 소방대상물

포소화약제의 종류	바닥면적 1m²당 방사량
단백포	6.5L 이상
합성계면활성제포	6.5L 이상
수성막포	6.5L 이상

16 단순 암기형   난이도 中

정답 ②

접근 POINT

필기에서는 자주 나오는 문제는 아니지만 실기에서 포소화약제의 저장량을 직접 계산하는 문제로 출제되므로 관련 공식은 암기하는 것이 좋다.

해설

「포소화설비의 화재안전기술기준」상 고정포방출구에서 방출하기 위해 필요한 양

$Q = A \times Q_1 \times T \times S$

Q: 포소화약제의 양[L]

A: 저장탱크의 액표면적[m²]

Q_1: 단위 포소화수용액의 양[L/m² · min]

T: 방출시간[min]

S: 포소화약제의 사용농도[%]

Q_1은 보통 문제에서 주어지는데 위험물의 종류에 따라 수치가 달라진다.

옥외탱크저장소에 설치하는 포소화설비는 고정된 장소에 설치하여 탱크의 액표면적에 소화액을 분사하므로 탱크의 높이는 고려하지 않는다. 공식에서도 탱크의 높이 관련 기준은 포함되지 않음을 알 수 있다.

17 단순 암기형   난이도 下

정답 ①

접근 POINT

필기에서는 자주 나오는 문제는 아니지만 실기에서 포소화약제의 저장량을 계산할 때 고려해야 하는 조건으로 출제되는 내용이다.

필기에서는 포소화약제의 저장량을 계산하는 공식까지는 암기하지 않아도 되지만 계산에 반영해야 하는 송액관의 내경 기준 정도는 정확하게 암기해야 한다.

해설

「포소화설비의 화재안전기술기준」상 송액관 충전량 가장 먼 탱크까지의 송액관(내경 75mm 이하의 송액관을 제외)에 충전하기 위하여 필요한 양

$Q = V \times S \times 1,000 L/m^3$

Q: 포소화약제의 양[L]

V: 송액관 내부의 체적[m³]

S: 포소화약제의 사용농도[%]

18 단순 암기형   난이도 下

정답 ③

접근 POINT

자주 출제되는 문제는 아니므로 모든 기준을 암기하기 보다는 출제된 보기 위주로 공부하는 것이 좋다.

┃ 해설

① 고정포방출구는 바닥면적 500m²마다 1개 이상으로 한다.

② 고정포방출구는 방호대상물의 최고 부분보다 높은 위치에 설치한다.

④ 포의 팽창비에 따른 종별에 따라 방호구역의 관포체적 1m³에 대한 1분당 포수용액 방출량은 소방대상물과 포의 팽창비에 따라 다르다.

19 ┃ 단순 암기형 　　　　　난이도 下

┃ 정답　④

┃ 접근 POINT

고정지붕식에 포를 방출하는 기기는 고정되어 있어야 한다고 간단하게 생각할 수 있다.

┃ 해설

고정포 방출구는 포를 주입할 수 있도록 옥외탱크에 반영구적으로 부착된 방출기기이다.
가솔린을 저장하는 고정지붕식의 옥외탱크에는 고정포 방출구가 설치된다.

20 ┃ 단순 암기형 　　　　　난이도 下

┃ 정답　③

┃ 접근 POINT

주위가 거의 개방된 차고 또는 주차장에 호스릴포소화설비를 설치할 수 있다.

┃ 해설

「포소화설비의 화재안전기술기준」상 차고·주차장에 호스릴포소화설비를 설치할 수 있는 경우

• 완전 개방된 옥상주차장

• 고가 밑의 주차장으로서 주된 벽이 없고 기둥뿐이거나 주위가 위해방지용 철주 등으로 둘러쌓인 부분

• 지상 1층으로서 지붕이 없는 부분

구분	기준
자동 냉동장치	저압식 저장용기에는 용기 내부의 온도가 -18℃ 이하에서 2.1MPa의 압력을 유지할 수 있는 자동냉동장치 설치
저장용기	고압식은 25MPa 이상, 저압식은 3.5MPa 이상의 내압시험압력에 합격한 것

대표유형 ❺
가스계 소화설비 103쪽

01	02	03	04	05	06	07	08	09	10
②	③	③	②	③	①	①	②	④	②

11	12	13	14	15	16	17	18	19	20
④	②	④	③	②	③	②	②	③	①

21	22	23	24	25	26	27	28	29	30
①	①	①	①	③	①	②	①	③	①

31	32	33
①	①	③

01 단순 암기형 난이도 下

정답 ②

접근 POINT
이산화탄소 소화설비 중에서 자주 출제되는 문제로 기준의 수치가 변형되어 출제되는 경향이 많다.

해설
「이산화탄소 소화설비의 화재안전기술기준」상 소화약제 저장용기 기준

구분	기준
충전비	고압식은 1.5 이상 1.9 이하, 저압식은 1.1 이상 1.4 이하
봉판	저압식 저장용기에는 내압시험압력의 0.64~0.8배의 압력에서 작동하는 안전밸브와 내압시험압력의 0.8배부터 작동하는 봉판 설치
압력 경보장치	저압식 저장용기에는 액면계 및 압력계와 2.3MPa 이상 1.9MPa 이하의 압력에서 작동하는 압력경보장치 설치

02 단순 암기형 난이도 下

정답 ③

접근 POINT
이산화탄소 소화설비 중에서 자주 출제되는 문제로 기준의 수치가 변형되어 출제되는 경향이 많으므로 수치 기준을 정확하게 암기해야 한다.

해설
저압식 저장용기에는 내압시험압력의 0.64~0.8배의 압력에서 작동하는 안전밸브를 설치해야 한다.

03 단순 암기형 난이도 下

정답 ③

접근 POINT
이산화탄소 소화설비 중에서 자주 출제되는 문제로 기준의 수치가 변형되어 출제되기 때문에 수치 기준을 정확하게 암기해야 한다.

해설
① 저장용기의 충전비는 고압식은 1.5 이상 1.9 이하, 저압식은 1.1 이상 1.4 이하로

할 것

② 저압식 저장용기에는 액면계 및 압력계와 2.3MPa 이상 1.9MPa 이하의 압력에서 작동하는 압력경보장치를 설치할 것

④ 저압식 저장용기에는 내압시험압력의 0.64배부터 0.8배의 압력에서 작동하는 안전밸브와 내압시험압력의 0.8배부터 내압시험압력에서 작동하는 봉판을 설치할 것

04 단순 암기형 난이도 下

정답 ②

접근 POINT

이산화탄소 소화약제는 저압식과 고압식 저장용기의 충전비가 주로 출제되므로 함께 정리해서 암기하는 것이 좋다.

해설

「이산화탄소 소화설비의 화재안전기술기준」상 저장용기의 충전비

구분	충전비
저압식	1.1 이상 1.4 이하
고압식	1.5 이상 1.9 이하

05 개념 이해형 난이도 上

정답 ③

접근 POINT

수치만 암기했다면 풀 수 없고 충전비에 대한 개념을 이해해야 풀 수 있다.

해설

충전비란 소화약제 저장용기의 내부 용적(L)과 소화약제의 중량(kg)과의 비(용적/중량)이다. 충전비를 구해서 그 값이 고압식의 기준인 1.5 이상 1.9 이하에 해당되는 보기를 찾으면 답이 된다.

① 충전비 $= \dfrac{50L}{45kg} = 1.11 \rightarrow$ 저압식

② 충전비 $= \dfrac{72L}{62kg} = 1.16 \rightarrow$ 저압식

③ 충전비 $= \dfrac{68L}{45kg} = 1.51 \rightarrow$ 고압식

④ 충전비 $= \dfrac{68L}{50kg} = 1.36 \rightarrow$ 저압식

06 단순 암기형 난이도 下

정답 ①

접근 POINT

국소라는 용어는 전체가 아니라 어느 특정 부분을 뜻하는 말로 국소방출방식이라는 것은 불이 발생한 지점에 소화약제를 방출하는 것임을 알 수 있다.

해설

「이산화탄소 소화설비의 화재안전기술기준」상 용어 정의

• 전역방출방식: 소화약제 공급장치에 배관 및 분사헤드 등을 설치하여 밀폐 방호구역 전체에 소화약제를 방출하는 방식
• 국소방출방식: 소화약제 공급장치에 배관 및 분사헤드 등을 설치하여 직접 화점에 소화약제를 방출하는 방식

• 호스릴방식: 소화수 또는 소화약제 저장용기 등에 연결된 호스릴을 이용하여 사람이 직접 화점에 소화수 또는 소화약제를 방출하는 방식

07 단순 암기형 　　　　　난이도 下

┃ 정답　①

┃ 접근 POINT

전역방출방식과 국소방출방식의 차이점을 이해하고 있다면 쉽게 답을 고를 수 있다.

┃ 해설

방호대상물마다 설치하는 것은 국소방출방식에 해당되는 설명이다.

┃ 관련법규

「이산화탄소 소화설비의 화재안전기술기준」상 수동식 기동장치의 설치기준

• <u>전역방출방식은 방호구역마다, 국소방출방식은 방호대상물마다 설치할 것</u>
• 해당 방호구역의 출입구 부근 등 조작을 하는 자가 쉽게 피난할 수 있는 장소에 설치할 것
• <u>기동장치의 조작부는 바닥으로부터 0.8m 이상 1.5m 이하의 위치에 설치하고, 보호판 등에 따른 보호장치를 설치할 것</u>
• <u>전기를 사용하는 기동장치에는 전원표시등을 설치할 것</u>
• <u>기동장치의 방출용 스위치는 음향경보장치와 연동하여 조작될 수 있는 것으로 할 것</u>

08 단순 암기형 　　　　　난이도 下

┃ 정답　②

┃ 접근 POINT

이산화탄소 소화설비의 기동장치는 수동식 기동장치, 자동식 기동장치, 가스압력식 기동장치로 구분하여 암기하는 것이 좋다.

┃ 해설

이산화탄소 소화설비의 기동용 가스용기 및 해당 용기에 사용하는 밸브는 25MPa 이상의 압력에 견딜 수 있는 것으로 해야 한다.

┃ 관련법규

「이산화탄소 소화설비의 화재안전기술기준」상 기동장치의 설치기준

(1) 수동식 기동장치

• 수동식 기동장치의 부근에는 소화약제의 방출을 지연시킬 수 있는 방출지연스위치(자동복귀형 스위치로서 수동식 기동장치의 타이머를 순간 정지시키는 기능의 스위치)를 설치해야 한다.
• 전역방출방식은 방호구역마다, 국소방출방식은 방호대상물마다 설치할 것
• 기동장치의 조작부는 바닥으로부터 0.8m 이상 1.5m 이하의 위치에 설치하고, 보호판 등에 따른 보호장치를 설치할 것

(2) 자동식 기동장치

• 수동으로도 기동할 수 있는 구조로 할 것
• 전기식 기동장치로서 7병 이상의 저장용기를 동시에 개방하는 설비는 2병 이상의 저장용기에 전자 개방밸브를 부착할 것

(3) 가스압력식 기동장치

- 기동용 가스용기 및 해당 용기에 사용하는 밸브는 25MPa 이상의 압력에 견딜 수 있는 것으로 할 것
- 기동용 가스용기에는 내압시험압력의 0.8배부터 내압시험압력 이하에서 작동하는 안전장치를 설치할 것
- 기동용 가스용기의 체적은 5L 이상으로 하고, 해당 용기에 저장하는 질소 등의 비활성기체는 6.0MPa 이상(21℃ 기준)의 압력으로 충전할 것

---

09 | 단순 암기형 난이도 下

▎**정답** ④

▎**접근 POINT**

이산화탄소 소화설비의 기동장치 관련 문제는 자주 출제되므로 수치 기준을 정확하게 암기해야 한다.

▎**해설**

① 3L 이상 → 5L 이상
② 5병 → 7병
③ 방호대상물마다 → 방호구역마다

---

10 | 복합 계산형 난이도 上

▎**정답** ②

▎**접근 POINT**

기준에 정해진 소화약제량을 암기한 상태에서

소화약제의 양을 계산해야 한다.
문제의 조건을 보고 개구부 가산량을 산정할지를 정해야 한다.

▎**해설**

전역방출방식 심부화재의 경우 방호대상물 및 방호구역 체적에 따른 소화약제의 양

방호대상물	방호구역 1m³에 대한 소화약제량
유압기기를 제외한 전기설비, 케이블실	1.3kg
체적 55m³ 미만의 전기설비	1.6kg
서고, 전자제품창고, 목재가공품창고, 박물관	2.0kg
고무류 · 면화류창고, 모피창고, 석탄창고, 집진설비	2.7kg

방호구역의 개구부에 자동폐쇄장치를 설치하지 아니한 경우에는 위의 기준에 따라 산출한 양에 개구부 면적 1m²당 10kg을 가산해야 한다.

소화약제량 $= (750 \times 1.3) + (3 \times 10)$
$\qquad\qquad = 1,005kg$

---

11 | 복합 계산형 난이도 上

▎**정답** ④

▎**접근 POINT**

필기에서는 어려운 문제이지만 실기에서도 출제되는 유형의 문제로 필기 때부터 이러한 문제 유형에 익숙해져야 한다.
기준에 나온 수치를 암기한 상태에서 계산을 해서 정답을 구해야 한다.

┃해설

면화류창고이므로 방호구역의 체적 $1m^3$에 대한 소화약제의 양은 2.7kg이다.

개구부에 자동폐쇄장치가 부착되어 있다고 했으므로 개구부 가산량은 고려하지 않는다.

소화약제의 저장량=$100 \times 2.7 = 270kg$

---

12 복합 계산형   난이도 上

┃정답 ④

┃접근 POINT

기준에 정해진 소화약제량을 암기한 상태에서 소화약제의 양을 계산해야 한다.

설계농도는 기준상 나온 내용이기는 한데 계산 과정에서 필요한 수치는 아니다.

┃해설

모피창고의 방호구역 $1m^3$에 대한 소화약제량은 2.7kg이다.

문제에서 개구부 면적은 무시한다고 했으므로 개구부 가산량은 산정하지 않는다.

소화약제량=$600 \times 2.7 = 1,620kg$

---

13 개념 이해형   난이도 上

┃정답 ②

┃접근 POINT

실기에서는 실제 약제 저장량을 계산하는 문제로 출제되므로 필기 때부터 약제 저장량을 계산하는 방법은 이해하는 것이 좋다.

┃해설

약제 저장량=(방호구역의 체적×소화약제량) +(개구부 면적×개구부 가산량)

표면화재의 경우 방호구역의 체적에 따라 소화약제량을 계산하지만 심부화재의 경우 방호대상물에 따라 소화약제량이 달라지므로 방호대상물의 종류도 알아야 한다.

포소화설비의 경우 10분간 방사할 수 있는 양 이상으로 소화약제를 저장해야 한다는 기준이 있어 약제 저장량을 계산할 때 방출시간도 고려한다.

이산화탄소 소화설비의 약제 저장량에서는 방출시간까지는 고려하지 않는다.

---

14 단순 암기형   난이도 中

┃정답 ②

┃접근 POINT

호칭압력 관련 기준이 개정되어 ③번 보기는 개정 기준에 맞게 수정한 문제이다.

개정된 기준을 확인해야 하는 문제이다.

┃해설

배관의 호칭구경이 20mm 이하인 경우에는 스케줄 40 이상인 것을 사용할 수 있다.

┃관련법규

「이산화탄소 소화설비의 화재안전기술기준」상 배관의 설치기준

• 배관은 전용으로 할 것

- 강관을 사용하는 경우의 배관은 압력배관용 탄소 강관 중 스케줄 80(저압식은 스케줄 40) 이상의 것 또는 이와 동등 이상의 강도를 가진 것으로 아연도금 등으로 방식 처리된 것을 사용할 것. 다만, 배관의 호칭구경이 20mm 이하인 경우에는 스케줄 40 이상인 것을 사용할 수 있다.
- 동관을 사용하는 경우의 배관은 이음이 없는 동 및 동합금관으로서 고압식은 16.5MPa 이상, 저압식은 3.75MPa 이상의 압력에 견딜 수 있는 것을 사용할 것
- 고압식의 1차측(개폐밸브 또는 선택밸브 이전) 배관부속의 최소사용설계압력은 9.5MPa로 하고, 고압식의 2차측과 저압식의 배관부속의 최소사용설계압력은 4.5MPa로 할 것

15 단순 암기형

정답 ②

접근 POINT

모든 보기의 의미를 이해하기 보다는 이산화탄소 소화설비에서 배기덕트를 차단하는 방식 정도만 알아도 된다.

해설

배기덕트를 차단하는 장치

구분	내용
피스톤 릴리져댐퍼	이산화탄소 소화설비에서 방출되는 가스압력을 이용하여 배기덕트를 차단하는 장치
모터식 릴리져댐퍼	이산화탄소 소화설비에서 전기를 이용하여 배기덕트를 차단하는 장치

16 단순 암기형

난이도 下

정답 ③

접근 POINT

20℃와 60kg/min 수치를 연관지어 함께 암기한다. 기출문제에서는 온도 기준보다는 방사량 기준이 자주 출제되었다.

해설

「이산화탄소 소화설비의 화재안전기술기준」상 호스릴이산화탄소 소화설비 설치기준

- 방호대상물의 각 부분으로부터 하나의 호스접결구까지의 수평거리가 15m 이하가 되도록 할 것
- 호스릴이산화탄소 소화설비의 노즐은 20℃에서 하나의 노즐마다 60kg/min 이상의 소화약제를 방출할 수 있는 것으로 할 것
- 소화약제 저장용기는 호스릴을 설치하는 장소마다 설치할 것
- 소화약제 저장용기의 개방밸브는 호스릴의 설치장소에서 수동으로 개폐할 수 있는 것으로 할 것

유사문제

비슷한 문제인데 "소화약제 저장용기를 호스릴 2개 마다 1개 이상 설치해야 한다."는 오답 보기가 출제된 적이 있다.

소화약제 저장용기는 호스릴을 설치하는 장소마다 설치해야 한다.

338 SUBJECT 02 소방기계시설의 구조 및 원리

17 단순 암기형   난이도 下

| 정답 ②

| 접근 POINT

가스계 소화설비는 대부분 사람에게도 위험하므로 기동하기 전에 자동으로 음향경보가 울려야 한다.

| 해설

기동장치의 방출용 스위치는 음향경보장치와 연동하여 조작될 수 있는 것으로 해야 한다.

| 관련법규

「할론소화설비의 화재안전기술기준」상 수동식 기동장치의 설치기준

- 전역방출방식은 방호구역마다, 국소방출방식은 방호대상물마다 설치할 것
- 해당 방호구역의 출입구 부근 등 조작을 하는 자가 쉽게 피난할 수 있는 장소에 설치할 것
- 기동장치의 조작부는 바닥으로부터 0.8m 이상 1.5m 이하의 위치에 설치하고, 보호판 등에 따른 보호장치를 설치할 것
- 전기를 사용하는 기동장치에는 전원표시등을 설치할 것
- 기동장치의 방출용 스위치는 음향경보장치와 연동하여 조작될 수 있는 것으로 할 것

18 단순 암기형   난이도 中

| 정답 ①

| 접근 POINT

기준상에는 할론 1301, 할론 2402, 할론 1211이 구분되어 4가지 소방대상물로 분류되어 소화약제의 양이 규정되어 있다.

이 기준을 모두 암기하기는 어렵지만 차고, 주차장, 통신기기실에서 할론 1301을 전역방출방식으로 설치할 경우 소화약제의 양 기준은 자주 출제되므로 아래 표 규정은 암기하는 것이 좋다.

| 해설

「할론소화설비의 화재안전기술기준」상 할론 1301 소화약제량(전역방출방식)

소방대상물	방호구역의 체적 $1m^3$당 소화약제의 양
차고 · 주차장 · 전기실 · 통신기기실 · 전산실 기타 이와 유사한 전기설비가 설치되어 있는 부분	0.32kg 이상 0.64kg 이하

19 단순 암기형   난이도 下

| 정답 ②

| 접근 POINT

할론 소화설비의 분사헤드 방출압력 기준은 자주 출제되므로 해당 수치는 정확하게 암기해야 한다.

┃ 해설

「할론소화설비의 화재안전기술기준」상 분사헤드의 방출압력 기준

- 할론 2402: 0.1MPa 이상
- 할론 1211: 0.2MPa 이상
- 할론 1301: 0.9MPa 이상

20 단순 암기형

┃ 정답   ①

┃ 접근 POINT

할론소화설비의 경우 저장압력과 방출압력의 수치가 다르므로 구분할 수 있어야 한다.

구분	할론 1301	할론 1211	할론 2402
저장압력	2.5MPa 또는 4.2MPa	1.1MPa 또는 2.5MPa	–
방출압력	0.9MPa 이상	0.2MPa 이상	0.1MPa 이상

┃ 해설

「할론소화설비의 화재안전기술기준」상 국소방출방식의 할론소화설비의 분사헤드 설치기준

- 할론 2402를 방출하는 분사헤드는 해당 소화약제가 무상으로 분무되는 것으로 할 것
- 분사헤드의 방출압력은 할론 2402를 방출하는 것은 0.1MPa 이상, 할론 1211을 방출하는 것은 0.2MPa 이상, 할론 1301을 방출하는 것은 0.9MPa 이상으로 할 것
- 기준저장량의 소화약제를 10초 이내에 방출할 수 있는 것으로 할 것

21 단순 암기형

┃ 정답   ①

┃ 접근 POINT

할론소화설비의 경우 저장압력과 방출압력의 수치가 다르므로 구분할 수 있어야 한다.

구분	할론 1301	할론 1211	할론 2402
저장압력	2.5MPa 또는 4.2MPa	1.1MPa 또는 2.5MPa	–
방출압력	0.9MPa 이상	0.2MPa 이상	0.1MPa 이상

┃ 해설

「할론소화설비의 화재안전기술기준」상 할론소화약제 저장용기의 설치기준

축압식 저장용기의 압력은 온도 20℃에서 할론 1211을 저장하는 것은 1.1MPa 또는 2.5MPa, 할론 1301을 저장하는 것은 2.5MPa 또는 4.2MPa이 되도록 질소가스로 축압할 것

22 단순 암기형

┃ 정답   ①

┃ 접근 POINT

방출지연스위치가 있어야 할 위치가 어디인지 생각해 본다.

┃ 해설

방출지연스위치는 할론소화설비의 수동식 기동장치 부근에 설치한다.

| 관련법규

「할론소화설비의 화재안전기술기준」상 화재표시반의 설치기준

- 각 방호구역마다 음향경보장치의 조작 및 감지기의 작동을 명시하는 표시등과 이와 연동하여 작동하는 벨·버저 등의 경보기를 설치할 것. 이 경우 <u>음향경보장치의 조작 및 감지기의 작동을 명시하는 표시등을 겸용할 수 있다.</u>
- <u>수동식 기동장치는 그 방출용 스위치의 작동을 명시하는 표시등을 설치할 것</u>
- <u>소화약제의 방출을 명시하는 표시등을 설치할 것</u>
- <u>자동식 기동장치는 자동·수동의 절환을 명시하는 표시등을 설치할 것</u>

23 단순 암기형   난이도 下

| 정답 ①

| 접근 POINT

직접 계산을 하는 문제는 잘 출제되지 않고, 공식의 의미를 묻는 문제가 주로 출제되므로 공식의 의미를 암기해야 한다.

| 해설

국소방출방식에서 할론소화설비의 약제량

$$Q = X - Y\frac{a}{A}$$

Q: 방호공간 $1m^3$에 대한 할론소화약제의 양 $[kg/m^3]$

a: 방호대상물 주위에 설치된 벽 면적의 합계 $[m^2]$

A: 방호공간의 벽면적의 합계 $[m^2]$

X, Y는 다음 표의 수치

소화약제의 종류	X의 수치	Y의 수치
할론 2402	5.2	3.9
할론 1211	4.4	3.3
할론 1301	4.0	3.0

| 유사문제

거의 비슷한 문제인데 a가 의미하는 것을 묻는 문제도 출제되었다.

정답은 방호대상물 주위에 설치된 벽 면적의 합계 $[m^2]$이다.

24 단순 암기형   난이도 中

| 정답 ③

| 접근 POINT

자주 출제되는 문제는 아니지만 실제로 출제된 문제이므로 할론 1301의 X, Y 수치는 암기하는 것이 좋다.

| 해설

X, Y의 수치

소화약제의 종류	X의 수치	Y의 수치
할론 2402	5.2	3.9
할론 1211	4.4	3.3
할론 1301	4.0	3.0

| 유사문제

공식의 의미를 묻는 문제 중 "X는 개구부 면적이다."라는 오답 보기가 출제된 적이 있다.

X는 소화약제의 종류에 따라 정해진 수치이다.

25 개념 이해형

┃ 정답 ③

┃ 접근 POINT

수동식 기동장치와 자동식 기동장치의 차이점을 이해한다면 쉽게 답을 고를 수 있다.

┃ 해설

수동식 기동장치를 설치한 것은 그 기동장치의 조작과정에서, 자동식 기동장치를 설치한 것은 화재감지기와 연동하여 자동으로 경보를 발하는 것으로 해야 한다.

┃ 관련법규

「할론소화설비의 화재안전기술기준」상 수동식 기동장치의 설치기준

- 수동식 기동장치의 부근에는 소화약제의 방출을 지연시킬 수 있는 방출지연스위치를 설치할 것
- 전역방출방식은 방호구역마다, 국소방출방식은 방호대상물마다 설치할 것
- 기동장치의 조작부는 바닥으로부터 0.8m 이상 1.5m 이하의 위치에 설치하고, 보호판 등에 따른 보호장치를 설치할 것
- 전기를 사용하는 기동장치에는 전원표시등을 설치할 것
- 기동장치의 방출용 스위치는 음향경보장치와 연동하여 조작될 수 있는 것으로 할 것

26 단순 암기형

┃ 정답 ①

┃ 접근 POINT

저장용기의 온도 기준은 이산화탄소, 할론, 분말소화설비는 40℃인데 할로겐화합물 및 불활성기체 소화설비만 온도 기준이 다른 것에 주의해야 한다.

┃ 해설

① 40℃ 이하 → 55℃ 이하

┃ 관련법규

「할로겐화합물 및 불활성기체 소화설비의 화재안전기술기준」상 저장용기 설치기준

- 방호구역 외의 장소에 설치할 것
- 온도가 55℃ 이하이고, 온도 변화가 작은 곳에 설치할 것
- 직사광선 및 빗물이 침투할 우려가 없는 곳에 설치할 것
- 저장용기를 방호구역 외에 설치한 경우에는 방화문으로 구획된 실에 설치할 것
- 용기의 설치장소에는 해당 용기가 설치된 곳임을 표시하는 표지를 할 것
- 용기 간의 간격은 점검에 지장이 없도록 3cm 이상의 간격을 유지할 것

27 단순 암기형 　　　난이도 下

▌정답 ②

▌접근 POINT

이산화탄소 소화설비, 할론 소화설비, 분말 소화설비의 소화약제 저장용기를 저장하는 곳의 온도 기준은 모두 40℃이다.
할로겐화합물 및 불활성기체 소화약제의 저장용기를 보관해야 하는 장소의 온도 기준은 다른 소화약제와 다르다는 점을 기억해야 한다.

▌해설

할로겐화합물 및 불활성기체 소화약제의 저장용기는 온도가 55℃ 이하이고, 온도 변화가 작은 곳에 설치해야 한다.

28 단순 암기형 　　　난이도 下

▌정답 ①

▌접근 POINT

자주 출제되는 문제는 아니므로 전체 기준을 암기하기 보다는 정답 위주로 암기하는 것이 좋다.

▌해설

「할로겐화합물 및 불활성기체 소화설비의 화재안전기술기준」상 분사헤드 설치기준
분사헤드의 설치높이는 방호구역의 바닥으로부터 최소 0.2m 이상 최대 3.7m 이하로 해야 하며 천장높이가 3.7m를 초과할 경우에는 추가로 다른 열의 분사헤드를 설치할 것. 다만, 분사헤드의 성능인정 범위 내에서 설치하는 경우에는 그렇지 않다.

29 단순 암기형 　　　난이도 下

▌정답 ③

▌접근 POINT

"사람이 삼삼오오 모여 있는 곳에는 할로겐화합물 및 불활성기체 소화설비를 설치할 수 없다." 는 암기방법으로 기억하면 좋다.

▌해설

「할로겐화합물 및 불활성기체 소화설비의 화재안전기술기준」상 설치제외 장소
• 사람이 상주하는 곳으로써 최대허용설계농도를 초과하는 장소
• 제3류 위험물 및 제5류 위험물을 저장 · 보관 · 사용하는 장소

30 단순 암기형 　　　난이도 下

▌정답 ①

▌접근 POINT

자동폐쇄장치 설치기준과 관련해서는 이 문제 외에는 잘 출제되지 않으므로 관련 수치 정도만 정확하게 암기하는 것이 좋다.

해설

「할로겐화합물 및 불활성기체 소화설비의 화재안전기술기준」상 자동폐쇄장치 설치기준

개구부가 있거나 천장으로부터 <u>1m 이상의 아래부분 또는 바닥으로부터 해당 층의 높이의 3분의 2 이내의 부분</u>에 통기구가 있어 소화약제의 유출에 따라 소화효과를 감소시킬 우려가 있는 것은 소화약제가 방출되기 전에 해당 개구부 및 통기구를 폐쇄할 수 있도록 할 것

---

31 단순 암기형   난이도 下

정답   ①

접근 POINT

자주 출제되는 문제는 아니므로 정답을 확인하는 정도로 공부하는 것이 좋다.

해설

할로겐화합물 및 불활성기체 소화설비의 수동식 기동장치는 50N 이하의 힘을 가하여 기동할 수 있는 구조로 해야 한다.

유사문제

거의 같은 문제인데 틀린 보기로 "기동장치는 50N 이상의 힘을 가하여 기동할 수 있는 구조로 해야 한다."가 출제된 적이 있다.
50N 이상이 아니라 50N 이하임을 기억해야 한다.

---

32 단순 암기형   난이도 下

정답   ①

접근 POINT

IG로 시작하는 불활성기체 소화약제의 저장상태가 기체이다.

해설

할로겐화합물 및 불활성기체 소화약제의 구분

구분	내용
할로겐화합물 소화약제	• 불소, 염소, 브롬 또는 요오드 중 하나 이상의 원소를 포함하고 있는 유기화합물을 기본성분으로 하는 소화약제이다. • 저장상태는 액체이다. • HCFC BLEND A, HFC-227ea, HFC-23, HFC-125 등이 있다.
불활성기체 소화약제	• 네온, 아르곤 또는 질소가스 중 하나 이상의 원소를 기본성분으로 하는 소화약제이다. • 저장상태는 기체이다. • IG-100, IG-541, IG-55 등이 있다.

---

33 단순 암기형   난이도 下

정답   ③

접근 POINT

할로겐화합물 소화약제와 불활성기체 소화약제를 구분할 수 있다면 쉽게 풀 수 있는 문제이다.

해설

IG-541은 불활성기체 소화약제로 네온, 아르곤 또는 질소가스 중 하나 이상의 원소를 기본성분으로 한다.

대표유형 ❻
분말소화설비 111쪽

01	02	03	04	05	06	07	08	09	10
③	①	③	③	②	①	①	②	③	②
11	12	13	14	15	16	17	18	19	20
③	③	③	④	②	④	②	②	①	①
21	22								
①	①								

01 단순 암기형 난이도 下

정답 ③

접근 POINT

분말소화설비에서는 저장용기와 관련해서 3병과 7병과 관련된 기준이 있으므로 구분하여 암기해야 한다.

해설

(1) 분말소화약제의 가압용 가스용기 기준
분말소화약제의 가압용 가스용기를 3병 이상 설치한 경우에는 2개 이상의 용기에 전자개방밸브를 부착해야 한다.

(2) 자동식 기동장치 기준
전기식 기동장치로서 7병 이상의 저장용기를 동시에 개방하는 설비는 2병 이상의 저장용기에 전자 개방밸브를 부착해야 한다.

02 단순 암기형 난이도 下

정답 ①

접근 POINT

기출문제가 출제될 당시에는 비상스위치였으나 방출지연스위치로 용어가 개정되어 문제를 수정했다.
방출지연스위치는 분말소화설비가 작동하는 곳에 사람이 있으면 위험할 수 있기 때문에 방출을 일시적으로 지연시키는 스위치라고 생각할 수 있다.

해설

「분말소화설비의 화재안전기술기준」상 방출지연스위치 설치기준
분말소화설비의 수동식 기동장치의 부근에는 소화약제의 방출을 지연시킬 수 있는 방출지연스위치(자동복귀형 스위치로서 수동식 기동장치의 타이머를 순간정지시키는 기능의 스위치를 말함)를 설치해야 한다.

03 단순 암기형 난이도 下

정답 ③

접근 POINT

가압식과 축압식 사용가스 설치기준은 표로 정리하여 함께 암기하는 것이 좋다.

구분	가압식	축압식
질소	40L/kg	10L/kg
이산화탄소	20g/kg+배관 청소에 필요한 양	20g/kg+배관 청소에 필요한 양

┃ 해설

가압용 가스에 질소가스를 사용하는 것의 질소가스는 소화약제 1kg마다 40L(35℃에서 1기압의 압력상태로 환산한 것) 이상으로 해야 한다.

┃ 관련법규

「분말소화약제의 화재안전기술기준」상 가압용 가스용기의 설치기준

- 분말소화약제의 가압용 가스용기를 <u>3병 이상 설치한 경우에는 2개 이상의 용기에 전자개방 밸브를 부착해야 한다.</u>
- <u>분말소화약제의 가압용 가스용기에는 2.5MPa 이하의 압력에서 조정이 가능한 압력조정기를 설치해야 한다.</u>
- 가압용 가스 또는 축압용 가스는 질소가스 또는 이산화탄소로 할 것
- <u>가압용 가스에 질소가스를 사용하는 것의 질소가스는 소화약제 1kg마다 40L(35℃에서 1기압의 압력상태로 환산한 것) 이상,</u> 이산화탄소를 사용하는 것의 이산화탄소는 소화약제 1kg에 대하여 20g에 배관의 청소에 필요한 양을 가산한 양 이상으로 할 것
- <u>축압용 가스에 질소가스를 사용하는 것의 질소가스는 소화약제 1kg에 대하여 10L(35℃에서 1기압의 압력상태로 환산한 것) 이상,</u> 이산화탄소를 사용하는 것의 이산화탄소는 소화약제 1kg에 대하여 20g에 배관의 청소에 필요한 양을 가산한 양 이상으로 할 것
- 저장용기 및 배관의 청소에 필요한 양의 가스는 별도의 용기에 저장할 것

---

04 단순 암기형　　　　　　난이도 下

┃ 정답 ③

┃ 접근 POINT

가압식과 축압식 사용가스 설치기준은 표로 정리하여 함께 암기하는 것이 좋다.

구분	가압식	축압식
질소	40L/kg	10L/kg
이산화탄소	20g/kg+배관 청소에 필요한 양	20g/kg+배관 청소에 필요한 양

┃ 해설

축압용 가스에 질소가스를 사용하는 것의 질소가스는 소화약제 1kg에 대하여 10L(35℃에서 1기압의 압력상태로 환산한 것) 이상으로 한다.

---

05 단순 암기형　　　　　　난이도 下

┃ 정답 ②

┃ 접근 POINT

배관의 청소용으로 사용하는 가스는 주변에서 쉽게 구할 수 있고, 다른 물질과 잘 반응하지 않아야 한다.

┃ 해설

분말소화설비가 작동한 후 배관 내 잔여분말의 청소용으로 사용되는 가스는 질소, 이산화탄소이다.

06 단순 암기형   난이도 下

정답 ①

접근 POINT

분말소화설비와 관련된 문제 중에서는 간단하면서도 자주 출제되는 문제로 반드시 맞혀야 하는 문제이다.

해설

분말소화약제의 가압용 가스용기에는 2.5MPa 이하의 압력에서 조정이 가능한 압력조정기를 설치해야 한다.

유사문제

거의 비슷한 문제로 분말소화약제의 "가압용 가스용기에 2.5MPa 이상의 압력에서 압력 조정이 가능한 압력조정기를 설치하여야 한다."가 오답 보기로 출제된 적 있다.
2.5MPa 이상이 아니라 2.5MPa 이하임을 기억해야 한다.

07 단순 암기형   난이도 下

정답 ①

접근 POINT

분말소화설비와 관련된 문제 중에서는 간단하면서도 자주 출제되는 문제로 반드시 맞혀야 하는 문제이다.

해설

ⓐ에는 전자개방밸브, ⓑ에는 압력조정기가 들어가야 한다.

08 단순 암기형   난이도 下

정답 ②

접근 POINT

소화약제 방사시간은 필기와 실기에서 모두 자주 출제되므로 다음과 같이 함께 정리하여 암기하는 것이 좋다.

구분		전역방출방식	국소방출방식
할론소화설비		10초 이내	10초 이내
분말소화설비		30초 이내	
CO_2 소화설비	표면화재	1분 이내	30초 이내
	심부화재	7분 이내	

해설

분말소화설비는 전역방출방식과 국소방출방식 모두 방사시간이 30초 이내이다.

09 복합 계산형   난이도 上

정답 ③

접근 POINT

방사시간을 알아야 풀 수 있는 문제이다. 방사시간은 필기와 실기에서 모두 자주 출제되므로 다음과 같이 함께 정리하여 암기하는 것이 좋다.

구분		전역방출방식	국소방출방식
할론소화설비		10초 이내	10초 이내
분말소화설비		30초 이내	
CO_2 소화설비	표면화재	1분 이내	30초 이내
	심부화재	7분 이내	

해설

문제에서 체적 1m³당 소화약제의 양은 0.60kg 라고 주어졌으므로 소화약제 저장량은 다음과 같다.

$$500\text{m}^3 \times 0.60\text{kg}/\text{m}^3 = 300\text{kg}$$

전역방출방식의 분말소화설비의 방사시간은 30초 이내이다.

문제에서 분사헤드 1개의 분당 표준 방사량은 18kg이라고 했다. 따라서 이 분사헤드는 30초 동안 9kg을 방사할 수 있는 것이다.

300kg의 분말 소화약제를 30초 동안 9kg을 분사할 수 있는 분사헤드로 모두 방사하기 위한 분사헤드 개수는 다음과 같다.

$$\frac{300\text{kg}}{9\text{kg}/\text{개}} = 33.33 \fallingdotseq 34\text{개}$$

10 단순 암기형

난이도 中

정답 ②

접근 POINT

배관의 스케줄 기준이 오답 보기로 자주 출제되는 경향이 있으므로 대비가 필요하다.

해설

배관을 모두 스케줄 40 이상으로 해야 하는 것은 아니다.

관련법규

「분말소화설비의 화재안전기술기준」상 배관에 관한 설치기준

• 배관은 전용으로 할 것
• 강관을 사용하는 경우의 배관은 아연도금에 따른 배관용 탄소 강관이나 이와 동등 이상의 강도·내식성 및 내열성을 가진 것으로 할 것. 다만, 축압식분말소화설비에 사용하는 것 중 20℃에서 압력이 2.5MPa 이상 4.2MPa 이하인 것은 압력배관용탄소 강관 중 이음이 없는 스케줄 40 이상의 것 또는 이와 동등 이상의 강도를 가진 것으로서 아연도금으로 방식 처리된 것을 사용해야 한다.
• 동관을 사용하는 경우의 배관은 고정압력 또는 최고사용압력의 1.5배 이상의 압력에 견딜 수 있는 것을 사용할 것
• 밸브류는 개폐위치 또는 개폐방향을 표시한 것으로 할 것

11 단순 암기형

난이도 下

정답 ③

접근 POINT

차고 또는 주차장에 설치하는 분말소화약제는 A, B, C급에 모두 적응성이 있어야 한다.

해설

차고 또는 주차장에 설치하는 분말소화설비의 소화약제는 제3종 분말로 해야 한다.

▌관련개념

분말 소화약제의 성분 및 적응화재

종별	주성분	착색	적응화재
제1종	탄산수소나트륨 $NaHCO_3$	백색	BC급
제2종	탄산수소칼륨 $KHCO_3$	담회색	BC급
제3종	제1인산암모늄 $NH_4H_2PO_4$	담홍색	ABC급
제4종	탄산수소칼륨+요소 $KHCO_3+$ $(NH_2)_2CO$	회색	BC급

▌유사문제

같은 문제인데 정답 보기가 "인산염을 주성분으로 한 분말"로 출제된 적 있다.
제3종 분말소화약제가 인산염을 주성분으로 한 분말이다.

12 단순 암기형　　　난이도 下

▌정답 ③

▌접근 POINT

소화약제의 양을 묻는 문제와 개구부 가산량을 묻는 문제 두 가지 유형으로 출제된다.
실기에서도 출제되는 부분으로 해설의 표의 수치는 정확하게 암기해야 한다.

▌해설

「분말소화설비의 화재안전기술기준」상 전역방출방식에서 소화약제의 종류에 따른 방호구역의 체적 $1m^3$에 대한 소화약제의 양
방호구역의 개구부에 자동폐쇄장치를 설치하지 아니한 경우에는 개구부 가산량을 가산한다.

소화약제의 종류	소화약제의 양	개구부 가산량
제1종 분말	0.60kg	4.5kg
제2종 분말 또는 제3종 분말	0.36kg	2.7kg
제4종 분말	0.24kg	1.8kg

13 단순 암기형　　　난이도 下

▌정답 ③

▌접근 POINT

소화약제의 양을 묻는 문제와 개구부 가산량을 묻는 문제 두 가지 유형으로 출제되므로 대비가 필요하다.

▌해설

제3종 분말의 개구부 가산량은 2.7kg이다.

14 단순 암기형　　　난이도 下

▌정답 ④

┃접근 POINT

법에 나온 기준을 묻는 문제로 암기 위주로 접근해야 한다.

기출문제에는 제4종 분말이 틀린 보기로 출제된 적이 많다.

┃해설

「분말소화설비의 화재안전기술기준」상 저장용기의 내용적

소화약제의 종류	소화약제 1kg당 저장용기의 내용적
제1종 분말	0.8L
제2종 분말	1.0L
제3종 분말	1.0L
제4종 분말	1.25L

┃유사문제

소화약제 1kg당 1종 분말의 내용적을 묻는 문제도 출제되었다.

정답은 0.8L이다.

---

15 복합 계산형　　　　　　　난이도 上

┃정답　②

┃접근 POINT

기준에 있는 분말소화약제의 내용적 기준을 암기한 후 계산해야 하는 문제로 난이도가 높은 문제이다.

실기에도 출제되는 유형의 문제로 필기 때부터 이러한 문제에 익숙해지는 것이 좋다.

┃해설

주차장에는 제3종 분말소화약제를 설치해야 하고, 제3종 분말소화약제의 1kg당 내용적은 1.0L이다.

저장용기의 내용적=저장량[kg]×내용적[L/kg]
= 120kg × 1.0L/kg = 120L

---

16 단순 암기형　　　　　　　난이도 下

┃정답　④

┃접근 POINT

일상생활에서 사용하는 소화기가 대부분 축압식 분말소화기로 정상 사용압력 범위가 녹색으로 표기되어 있다.

┃해설

축압식 분말소화기의 지시압력계의 정상 사용압력은 범위는 0.7~0.98MPa이다.

---

17 단순 암기형　　　　　　　난이도 下

┃정답　②

┃접근 POINT

저장용기의 충전비는 분말소화설비와 이산화탄소 소화설비의 기준이 다므르로 다음과 같이 정리해서 함께 암기하는 것이 좋다.

구분	충전비
분말소화설비	0.8 이상
이산화탄소 소화설비	고압식: 1.5 이상 1.9 이하 저압식: 1.1 이상 1.4 이하

┃ 해설

① 저장용기에는 가압식은 최고사용압력의 1.8배 이하, 축압식은 용기의 내압시험압력의 0.8배 이하의 압력에서 작동하는 안전밸브를 설치할 것

③ 5cm 이상 → 3cm 이상

④ 압력조정기 → 정압작동장치

┃ 관련법규

「분말소화설비의 화재안전기술기준」상 저장용기 설치기준

• 온도가 40℃ 이하이고, 온도 변화가 작은 곳에 설치할 것

• 직사광선 및 빗물이 침투할 우려가 없는 곳에 설치할 것

• 방화문으로 방화구획 된 실에 설치할 것

• 용기 간의 간격은 점검에 지장이 없도록 3cm 이상의 간격을 유지할 것

• 저장용기에는 가압식은 최고사용압력의 1.8배 이하, 축압식은 용기의 내압시험압력의 0.8배 이하의 압력에서 작동하는 안전밸브를 설치할 것

• 저장용기에는 저장용기의 내부압력이 설정압력으로 되었을 때 주밸브를 개방하는 정압작동장치를 설치할 것

• 저장용기의 충전비는 0.8 이상으로 할 것

18 단순 암기형

난이도 下

┃ 정답 ②

┃ 접근 POINT

안전밸브 설치기준은 가압식과 축압식 관련 기준이 다른 것에 주의해야 한다.

┃ 해설

분말소화설비의 안전밸브 설치기준

구분	기준
가압식	최고사용압력의 1.8배 이하
축압식	내압시험압력의 0.8배 이하

19 단순 암기형

난이도 下

┃ 정답 ①

┃ 접근 POINT

호스릴분말소화설비는 최근에는 많이 사용하지 않고 시험문제에도 자주 출제되지는 않으나 이러한 문제는 수치만 암기하면 풀 수 있는 문제이므로 해당 수치 정도만 정확하게 암기하는 것이 좋다.

┃ 해설

「분말소화설비의 화재안전기술기준」상 호스릴방식의 분말소화설비를 설치할 수 있는 경우

• 지상 1층 및 피난층에 있는 부분으로서 지상에서 수동 또는 원격조작에 따라 개방할 수 있는 개구부의 유효면적의 합계가 바닥면적의 15% 이상이 되는 부분

- 전기설비가 설치되어 있는 부분 또는 다량의 화기를 사용하는 부분의 바닥면적이 해당 설비가 설치되어 있는 구획의 <u>바닥면적의 5분의 1 미만</u>이 되는 부분

20 개념 이해형 　　　　　　난이도 中

| 정답　①

| 접근 POINT

잔압을 방출한다는 것은 분말소화설비의 방출을 중단했을 경우 탱크 내 압력가스를 방출한다는 의미이다.
이 경우 개방되어야 하는 밸브가 무엇인지 생각해 본다.

| 해설

잔압을 방출할 때에는 탱크 내 압력가스를 방출해야 하기 때문에 다음과 같이 배기밸브만 개방되어야 한다.
- 개방상태: 배기밸브
- 폐쇄상태: 가스도입밸브, 주밸브. 클리닝밸브

| 유사문제

분말소화약제의 압송 중에 개방되지 않는 밸브를 묻는 문제도 출제되었다.
압송은 소화약제 탱크에 약제를 충전하기 위한 것으로 가스도입밸브, 주밸브는 개방되지만 클리닝밸브는 개방되지 않는다.

21 단순 암기형 　　　　　　난이도 下

| 정답　①

| 접근 POINT

자주 출제되는 문제는 아니므로 정답을 확인하는 정도로 공부하는 것이 좋다.

| 해설

드라이밸브는 분말소화설비가 아니라 건식 스프링클러설비의 구성요소이다.

22 단순 암기형 　　　　　　난이도 下

| 정답　①

| 접근 POINT

문제에서 압력스위치가 동작한다고 했으므로 문제에 답이 있다고 볼 수 있다.

| 해설

정압작동장치의 종류

구분	내용
압력 스위치식	가압용 가스가 저장용기 내에 가압되어 압력스위치가 동작되면 솔레노이드밸브가 동작하여 주밸브를 개방시킴
봉판식	저장용기에 가압용 가스가 충전되면 밸브의 봉판이 개방되어 주밸브를 개방시킴
기계식	저장용기 내의 압력이 작동압력에 도달하면 밸브가 작동되어 정압작동레버가 이동하여 주밸브를 개방시킴
스프링식	저장용기 내의 압력이 작동압력에 도달하면 스프링이 상부로 밀려 주밸브를 개방시킴

대표유형 ❼

물분무 및 미분무소화설비 117쪽

01	02	03	04	05	06	07	08	09	10
④	③	①	③	④	②	③	②	③	①

11	12	13	14	15	16	17	18	19	20
②	①	②	④	④	③	①	③	④	④

01 단순 암기형

난이도 下

정답 ④

접근 POINT

물분무소화설비 관련 문제 중 자주 출제되는 유형으로 토출량 수치가 잘못된 보기로 출제되므로 해당 수치는 정확하게 암기해야 한다.

해설

콘베이어 벨트 등은 벨트 부분의 바닥면적 $1m^2$에 대하여 10L/min로 20분간 방수할 수 있는 양 이상으로 해야 한다.

02 단순 계산형

난이도 中

정답 ③

접근 POINT

케이블트레이의 토출량만 알고 있다면 풀 수 없고 기준상 물분무소화설비를 몇 분간 방수할 수 있어야 하는지도 알고 있어야 풀 수 있는 문제이다.

해설

「물분무소화설비의 화재안전기술기준」상 수원의 저수량 기준

수원의 저수량은 아래 표의 토출량을 20분간 방수할 수 있는 양 이상으로 하여야 한다.

구분	토출량
콘베이어벨트	$10L/mim \cdot m^2$
절연유 봉입변압기	$10L/mim \cdot m^2$
특수가연물 저장 · 취급	$10L/mim \cdot m^2$
케이블트레이, 케이블덕트	$12L/mim \cdot m^2$
차고 · 주차장	$20L/mim \cdot m^2$

$$저수량 = 12L/mim \cdot m^2 \times 70m^2 \times 20min$$

$$= 16,800L = 16.8m^3$$

03 단순 암기형

난이도 中

정답 ①

접근 POINT

토출량 외에 면적을 계산하는 기준도 출제되어 다소 복잡해 보이는 문제이나 토출량이 맞게 제시된 보기가 하나만 있기 때문에 토출량 수치만 암기하고 있다면 풀 수 있는 문제이다.

해설

「물분무소화설비의 화재안전기술기준」상 수원의 저수량 기준

• 케이블트레이, 케이블덕트 등은 투영된 바닥면적 $1m^2$에 대하여 12L/min로 20분간 방수할 수 있는 양 이상으로 할 것

• 절연유 봉입 변압기는 바닥 부분을 제외한 표면적을 합한 면적 $1m^2$에 대하여 10L/min로

20분간 방수할 수 있는 양 이상으로 할 것

- 차고 또는 주차장은 그 바닥면적(최대 방수구역의 바닥면적을 기준으로 하며, 50m² 이하인 경우에는 50m²) 1m²에 대하여 20L/min로 20분간 방수할 수 있는 양 이상으로 할 것
- 콘베이어 벨트 등은 벨트 부분의 바닥면적 1m²에 대하여 10L/min로 20분간 방수할 수 있는 양 이상으로 할 것

04 단순 암기형 　　　　　　　　난이도 下

▎정답 ③

▎접근 POINT

물분무소화설비 관련 문제 중 자주 출제되면서도 간단한 문제로 반드시 맞혀야 하는 문제이다.

▎해설

「물분무소화설비의 화재안전기술기준」상 물분무헤드를 설치하지 않을 수 있는 장소

- 물에 심하게 반응하는 물질 또는 물과 반응하여 위험한 물질을 생성하는 물질을 저장 또는 취급하는 장소
- 고온의 물질 및 증류범위가 넓어 끓어 넘치는 위험이 있는 물질을 저장 또는 취급하는 장소
- 운전시에 표면의 온도가 260℃ 이상으로 되는 등 직접 분무를 하는 경우 그 부분에 손상을 입힐 우려가 있는 기계장치 등이 있는 장소

05 개념 이해형 　　　　　　　　난이도 中

▎정답 ④

▎접근 POINT

물분무헤드는 물을 분무하는 소화설비이기 때문에 물을 이용하여 소화하기 적절하지 않은 장소에 설치하지 않아야 한다.

▎해설

니트로셀룰로스·셀룰로이드제품 등 자기연소성물질을 저장·취급하는 장소에는 이산화탄소 소화설비의 분사헤드 설치제외 장소이다.
자기연소성물질은 내부에 산소를 포함하고 있어 이산화탄소 소화설비와 같은 질식소화 효과를 이용한 소화설비는 효과가 없다.

06 단순 암기형 　　　　　　　　난이도 下

▎정답 ②

▎접근 POINT

이 문제는 자주 출제되고 배수설비 설치기준의 수치가 바뀌어서 출제되는 경향이 있다.
다음과 같이 그림으로 암기하면 수치를 좀더 쉽게 암기할 수 있다.

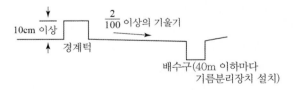

▎해설

② 5cm → 10cm

▌관련법규

「물분무소화설비의 화재안전기술기준」상 배수설비 설치기준

- 차량이 주차하는 장소의 적당한 곳에 높이 10cm 이상의 경계턱으로 배수구를 설치할 것
- 배수구에는 새어 나온 기름을 모아 소화할 수 있도록 길이 40m 이하마다 집수관·소화핏트 등 기름분리장치를 설치할 것
- 차량이 주차하는 바닥은 배수구를 향하여 100분의 2 이상의 기울기를 유지할 것
- 배수설비는 가압송수장치의 최대송수능력의 수량을 유효하게 배수할 수 있는 크기 및 기울기로 할 것

▌유사문제 ①

거의 같은 문제인데 오답 보기로 "배수구에는 새어나온 기름을 모아 소화할 수 있도록 길이 30m 이하마다 집수관·소화핏트 등 기름분리장치를 설치할 것"이 출제된 적이 있다.

길이 30m 이하가 아니라 길이 40m 이하임을 기억해야 한다.

▌유사문제 ②

거의 같은 문제인데 오답 보기로 "차량이 주차하는 바닥은 배수구를 향하여 100분의 1 이상의 기울기를 유지할 것"이 출제된 적이 있다.

100분의 1이 아니라 100분의 2 이상의 기울기를 유지해야 함을 기억해야 한다.

07 단순 암기형　　난이도 下

▌정답　③

▌접근 POINT

송수구의 설치기준은 자주 출제되는 문제이나 대부분 수치가 잘못된 보기가 출제되므로 숫자 기준을 정확하게 암기해야 한다.

▌해설

③ $1,500m^2$를 넘을 → $3,000m^2$를 넘을

▌관련법규

「물분무소화설비의 화재안전기술기준」상 송수구의 설치기준

- 송수구는 화재 층으로부터 지면으로 떨어지는 유리창 등이 송수 및 그 밖의 소화작업에 지장을 주지 않는 장소에 설치할 것. 이 경우 <u>가연성 가스의 저장·취급시설에 설치하는 송수구는 그 방호대상물로부터 20m 이상의 거리를 두거나, 방호대상물에 면하는 부분이 높이 1.5m 이상 폭 2.5m 이상의 철근콘크리트 벽으로 가려진 장소에 설치해야 한다.</u>
- 송수구로부터 물분무소화설비의 주배관에 이르는 연결배관에 개폐밸브를 설치한 때에는 그 개폐상태를 쉽게 확인 및 조작할 수 있는 옥외 또는 기계실 등의 장소에 설치할 것
- 송수구는 <u>구경 65mm의 쌍구형</u>으로 할 것
- 송수구에는 그 가까운 곳의 보기 쉬운 곳에 송수압력범위를 표시한 표지를 할 것
- <u>송수구는 하나의 층의 바닥면적이 $3,000m^2$를 넘을 때마다 1개 이상(5개를 넘을 경우에는 5개로 함)을 설치할 것</u>

- 지면으로부터 높이가 0.5m 이상 1m 이하의 위치에 설치할 것
- 송수구에는 이물질을 막기 위한 마개를 씌울 것

┃ 유사문제

거의 같은 문제인데 오답 보기로 송수구는 "지면으로부터 높이가 0.8m 이상 1.5m 이하의 위치에 설치할 것"이 출제된 적 있다.
물분무소화설비의 송수구는 지면으로부터 높이가 0.5m 이상 1m 이하의 위치에 설치해야 한다.

08 │ 단순 암기형   난이도 下

┃ 정답 ②

┃ 접근 POINT

주펌프는 자동으로 정지하지 않아야 한다는 점을 기억해야 한다.

┃ 해설

「물분무소화설비의 화재안전기술기준」상 가압송수장치의 설치기준
가압송수장치가 기동이 된 경우에는 자동으로 정지되지 않도록 해야 한다. 다만, 충압펌프의 경우에는 그렇지 않다.

09 │ 단순 암기형   난이도 下

┃ 정답 ③

┃ 접근 POINT

자동식 기동장치가 연동하여 경보를 발해야 하는 설비와 기동을 시키는 설비를 구분해야 한다.

┃ 해설

「물분무소화설비의 화재안전기술기준」상 자동식 기동장치 기준
자동식 기동장치는 화재감지기의 작동 또는 폐쇄형스프링클러헤드의 개방과 연동하여 경보를 발하고, 가압송수장치 및 자동개방밸브를 기동할 수 있는 것으로 해야 한다.

10 │ 단순 암기형   난이도 下

┃ 정답 ①

┃ 접근 POINT

응용되어 출제되는 부분은 없어 아래 표에 나온 기준만 암기하면 답을 고를 수 있는 문제이다.

┃ 해설

「물분무소화설비의 화재안전기술기준」상 전기기기와 물분무헤드 사이의 거리

전압(kV)	거리(cm)
66kV 이하	70cm 이상
66kV 초과 77kV 이하	80cm 이상
77kV 초과 110kV 이하	110cm 이상
110kV 초과 154kV 이하	150cm 이상
154kV 초과 181kV 이하	180cm 이상
181kV 초과 220kV 이하	210cm 이상
220kV 초과 275kV 이하	260cm 이상

22,900V=22.9kV이므로 66kV 이하 기준에 해당된다.

11 단순 암기형 　　　　　난이도 下

정답 ②

접근 POINT

응용되어 출제되는 부분은 없어 기준만 암기하면 답을 고를 수 있는 문제이다.

해설

① 60cm 이상 → 70cm 이상
③ 100cm 이상 → 110cm 이상
④ 140cm 이상 → 150cm 이상

유사문제

110kV 초과 154kV 이하의 고압 전기기기와 물분무 헤드 사이의 최소 이격거리를 묻는 문제도 출제되었다.
정답은 150cm 이상이다.

12 개념 이해형 　　　　　난이도 中

정답 ①

접근 POINT

물분무소화설비는 물을 이용한 소화설비로 물의 소화작용이 무엇인지 생각해 본다.

해설

부촉매작용은 화재의 연쇄반응을 차단하여 소화하는 것으로 할론 소화약제에 주로 해당된다.

선지분석

② 물분무소화설비는 물을 이용한 소화설비이기 때문에 냉각작용을 한다.
③ 물분무소화설비는 물을 매우 작은 입자(안개 형태)로 분무하는 것으로 공기 중의 산소를 차단하는 질식작용을 한다.
④ 희석작용은 수용성 가연물에 다량의 물을 주입하여 소화하는 것으로 물분무소화설비도 물을 이용한 소화설비이므로 희석작용을 한다.

13 개념 이해형 　　　　　난이도 中

정답 ②

접근 POINT

스프링클러설비는 물을 물방울 형태로 분무하는 것이고, 물분무소화설비는 물 입자를 작은 입자 상태로 분무하는 것이다.

해설

물분무소화설비는 스프링클러설비에 비해 운동에너지가 작으므로 파괴주수 효과는 작다.
물분무소화설비는 물을 매우 작은 입자(안개 모양)으로 분무하는 것으로 전기화재에도 사용할 수 있다.

14 단순 암기형 　　　　　난이도 下

정답 ④

접근 POINT

물분무소화설비에서 사용하지 않는 부품이 무엇인지 생각해 본다.

해설

「물분무소화설비의 화재안전기술기준」상 압력수조를 이용한 가압송수장치의 압력수조 압력

$P = P_1 + P_2 + P_3$

P: 필요한 압력[MPa]

P_1: 물분무헤드의 설계압력[MPa]

P_2: 배관의 마찰손실 수두압[MPa]

P_3: 낙차의 환산 수두압[MPa]

15 단순 암기형   난이도 下

정답 ④

접근 POINT

압력수조와 고가수조에 설치해야 하는 설비를 구분할 수 있어야 한다.

해설

「물분무소화설비의 화재안전기술기준」상 압력수조와 고가수조에 설치해야 하는 설비

구분	설비
압력수조	수위계, 급수관, 배수관, 급기관, 맨홀, 압력계, 안전장치 및 압력저하 방지를 위한 자동식 공기압축기를 설치
고가수조	수위계, 배수관, 급수관, 오버플로우관 및 맨홀을 설치

16 개념 이해형   난이도 下

정답 ③

접근 POINT

물분무가 물을 어떤 상태로 분무하는지에 대한 의미를 이해한다면 쉽게 답을 고를 수 있다.

해설

물분무란 물을 충돌, 확산시켜 매우 작은 입자(미립상태)로 분무하는 것으로 물을 안개 상태와 비슷하게 분무하는 것이다.

물이 분무상태로 되면 전기적으로 비전도성이 되어 전기설비 화재에 사용할 수 있다.

17 단순 암기형   난이도 下

정답 ①

접근 POINT

미분무소화설비 관련 문제 중 자주 출제되면서도 간단한 문제로 반드시 맞혀야 하는 문제이다.

해설

「미분무소화설비의 화재안전기술기준」상 용어 정의

"미분무"란 물만을 사용하여 소화하는 방식으로 최소설계압력에서 헤드로부터 방출되는 물 입자 중 99%의 누적체적분포가 $400\mu m$ 이하로 분무되고 A, B, C급 화재에 적응성을 갖는 것을 말한다.

18 │ 단순 암기형   난이도 下

┃ 정답 ③

┃ 접근 POINT

이 문제는 고압 미분무소화설비의 압력 범위를 묻고 있지만 저압, 중압, 고압 미분무소화설비의 압력범위도 출제될 수 있으므로 함께 암기해야 한다.

┃ 해설

「미분무소화설비의 화재안전기술기준」상 미분무소화설비의 종류

구분	내용
저압	최고사용압력이 1.2MPa 이하인 미분무소화설비
중압	사용압력이 1.2MPa를 초과하고 3.5MPa 이하인 미분무소화설비
고압	최저사용압력이 3.5MPa를 초과하는 미분무소화설비

┃ 유사문제

중압 미분무소화설비의 압력 범위를 괄호 넣기로 묻는 문제도 출제되었다.
중압 미분무소화설비의 압력범위는 1.2MPa 초과 3.5MPa 이하이다.

19 │ 단순 암기형   난이도 下

┃ 정답 ④

┃ 접근 POINT

기울기 관련 기준은 자주 출제되므로 다음과 같이 정리하여 함께 암기하는 것이 좋다.

기울기	설비
$\frac{1}{100}$ 이상	연결살수설비의 수평주행배관
$\frac{2}{100}$ 이상	물분무소화설비의 배수설비
$\frac{1}{250}$ 이상	• 개방형 미분무소화설비의 가지배관 • 습식 · 부압식 스프링클러설비 외의 가지배관
$\frac{1}{500}$ 이상	• 개방형 미분무소화설비의 수평주행배관 • 습식 · 부압식 스프링클러설비 외의 수평주행배관

┃ 해설

「미분무소화설비의 화재안전기술기준」상 개방형 미분무소화설비의 설치기준

개방형 미분무소화설비에는 헤드를 향하여 상향으로 수평주행배관의 기울기를 500분의 1 이상, 가지배관의 기울기를 250분의 1 이상으로 할 것

20 단순 암기형

정답 ④

접근 POINT

자주 출제되는 문제는 아니므로 정답을 확인하는 정도로 공부하는 것이 좋다.

해설

「미분무소화설비의 화재안전기술기준」상 설계도서 작성 시 고려해야 할 사항

- 점화원의 형태
- 초기 점화되는 연료 유형
- 화재 위치
- 문과 창문의 초기상태(열림, 닫힘) 및 시간에 따른 변화 상태
- 공기조화설비, 자연형(문, 창문) 및 기계형 여부
- 시공 유형과 내장재 유형

대표유형 ⑧

피난구조설비   123쪽

01	02	03	04	05	06	07	08	09	10
②	④	④	③	④	④	④	②	④	④
11	12	13	14	15	16	17	18	19	20
④	④	④	②	④	②	④	①	②	①
21	22	23	24						
③	②	③	②						

---

01 단순 암기형

정답 ②

접근 POINT

이러한 유형의 문제는 수치 기준이 잘못된 보기가 오답 보기로 자주 출제된다.

해설

4층 이상의 층에 피난사다리(하향식 피난구용 내림식사다리는 제외)를 설치하는 경우에는 금속성 고정사다리를 설치하고, 당해 고정사다리에는 쉽게 피난할 수 있는 구조의 노대를 설치해야 한다.

---

02 단순 암기형

정답 ④

접근 POINT

피난기구 수를 감소할 수 있는 기준보다는 감소 방법이 더 자주 출제된다.

┃ 해설

「피난기구의 화재안전기술기준」상 피난기구 수의 설치 감소방법

피난기구를 설치해야 할 소방대상물 중 주요구조부가 내화구조이고 다음의 기준에 적합한 건널복도가 설치되어 있는 층에는 피난기구의 수에서 해당 건널복도의 수의 2배의 수를 뺀 수로 한다.

• 내화구조 또는 철골조로 되어 있을 것
• 건널복도 양단의 출입구에 자동폐쇄장치를 한 60분+ 방화문 또는 60분 방화문(방화셔터를 제외)이 설치되어 있을 것

03 단순 암기형   난이도 中

┃ 정답 ④

┃ 접근 POINT

기준상에는 피난기구를 설치하지 않아도 되는 특정소방대상물이 다양하게 규정되어 있다.
이 문제는 자주 출제되는 문제는 아니므로 출제된 보기 위주로 암기하는 것이 좋다.

┃ 해설

「피난기구의 화재안전기술기준」상 피난기구를 설치하지 않을 수 있는 특정소방대상물

주요구조부가 내화구조이고 지하층을 제외한 층수가 4층 이하이며 소방사다리차가 쉽게 통행할 수 있는 도로 또는 공지에 면하는 부분에 개구부가 2 이상 설치되어 있는 층(문화집회 및 운동시설·판매시설 및 영업시설 또는 노유자 시설의 용도로 사용되는 층으로서 그 층의 바닥면적이 1,000m² 이상인 것은 제외)

04 단순 암기형   난이도 下

┃ 정답 ③

┃ 접근 POINT

완강기와 간이완강기의 차이점만 알고 있다면 쉽게 답을 고를 수 있는 문제이다.

┃ 해설

피난기구의 종류

종류	내용
완강기	사용자의 몸무게에 따라 자동적으로 내려올 수 있는 기구 중 사용자가 교대하여 연속적으로 사용할 수 있는 것
간이 완강기	사용자의 몸무게에 따라 자동적으로 내려올 수 있는 기구 중 사용자가 연속적으로 사용할 수 없는 것
구조대	포지 등을 사용하여 자루 형태로 만든 것으로서 화재 시 사용자가 그 내부에 들어가서 내려옴으로써 대피할 수 있는 것
피난사다리	화재 시 긴급대피를 위해 사용하는 사다리

05 단순 암기형   난이도 下

┃ 정답 ④

┃ 접근 POINT

층별로 설치해야 하는 피난기구 관련 문제 중에서는 의료시설, 노유자 시설 관련 문제가 자주 출제되므로 두 시설에 설치해야 하는 피난기구는 정확하게 암기해야 한다.

┃ 해설

의료시설에서 구조대는 지상 3층 이상에 설치한다.

▎ 관련법규

「피난기구의 화재안전기술기준」상 의료시설, 근린
생활시설 중 입원실이 있는 의원 · 접골원 · 조산원
에 설치해야 하는 피난기구

구분	피난기구
3층	• 미끄럼대 • 구조대 • 피난교 • 피난용트랩 • 다수인피난장비 • 승강식 피난기
4층 이상 10층 이하	• 구조대 • 피난교 • 피난용트랩 • 다수인피난장비 • 승강식 피난기

▎ 유사문제

의료시설에 구조대를 설치해야 할 층이 아닌 것
을 묻는 문제도 출제되었다.
구조대는 3층 이상에 설치하므로 정답은 2층
이다.

06 단순 암기형   난이도 下

▎ 정답   ④

▎ 접근 POINT

미끄럼대는 미끄럼틀과 비슷한 형태로 화재 발
생 시 타고 내려와서 대피하는 피난기구이다.
미끄럼대를 이용하여 너무 높은 층에서 대피하
면 추락의 위험이 있다.

▎ 해설

미끄럼대는 지상 3층까지만 설치할 수 있다.

▎ 관련법규

「피난기구의 화재안전기술기준」상 노유자 시설에
설치해야 하는 피난기구

구분	피난기구
1층, 2층, 3층	• 미끄럼대 • 구조대 • 피난교 • 다수인피난장비 • 승강식 피난기
4층 이상 10층 이하	• 구조대 • 피난교 • 다수인피난장비 • 승강식 피난기

07 단순 암기형   난이도 下

▎ 정답   ④

▎ 접근 POINT

노유자 시설은 노인과 어린이들이 사용하는 시
설로 쉽게 피난할 수 있는 피난기구가 설치되어
야 한다.

▎ 해설

노유자 시설에는 완강기, 간이완강기는 설치할
수 없다.
완강기는 다중이용업소 등의 건축물에 설치할
수 있으나 간이완강기는 숙박시설의 객실에만
설치할 수 있다.

08 단순 암기형　　　　난이도 下

정답 ②

접근 POINT

피난기구 중에서는 3층까지만 설치할 수 있는 것이 많이 있다.

해설

백화점에 피난용트랩은 3층까지만 설치할 수 있다.

관련법규

「피난기구의 화재안전기술기준」상 그 밖의 시설에 설치해야 하는 피난기구

구분	피난기구
3층	• 미끄럼대 • 피난사다리 • 구조대 • 완강기 • 피난교 • 피난용트랩 • 간이완강기 • 공기안전매트 • 다수인피난장비 • 승강식 피난기
4층 이상 10층 이하	• 피난사다리 • 구조대 • 완강기 • 피난교 • 간이완강기 • 공기안전매트 • 다수인피난장비 • 승강식 피난기

09 단순 암기형　　　　난이도 下

정답 ④

접근 POINT

형식승인에 나온 기준으로 자주 출제되지는 않지만 수치만 기억하면 풀 수 있는 문제로 해당 수치 정도만 암기하는 방법으로 접근하는 것이 좋다.

해설

「완강기의 형식승인 및 제품검사의 기술기준」 제4조 최대사용하중 및 최대사용자수 등

• 최대사용하중은 1,500N 이상의 하중이어야 한다.

• 최대사용자수(1회에 강하할 수 있는 사용자의 최대수)는 최대사용하중을 1,500N으로 나누어서 얻은 값으로 한다.

10 단순 암기형　　　　난이도 下

정답 ④

접근 POINT

최대사용하중 기준이 1,500N 것과 구분할 수 있어야 한다.

강도시험은 최대사용하중 기준보다 수치 기준이 더 높다.

해설

「완강기의 형식승인 및 제품검사의 기술기준」 제19조 강도시험

지지대는 연직 방향으로 최대사용자수에

5,000N을 곱한 하중을 가하는 경우 파괴 · 균열 및 현저한 변형이 없어야 한다.

11 단순 암기형 난이도 下

정답 ④

접근 POINT

형식승인에 나온 내용으로 수치만 암기하는 정도로 공부하는 것이 좋다.

해설

「완강기의 형식승인 및 제품검사의 기술기준」 제6조 강도
완강기 및 간이완강기 벨트의 강도는 늘어뜨린 방향으로 1개에 대하여 6,500N의 인장하중을 가하는 시험에서 끊어지거나 현저한 변형이 생기지 아니하여야 한다.

12 단순 암기형 난이도 下

정답 ④

접근 POINT

같은 그림으로 종종 출제되는 문제로 깊게 이해하기 보다는 답을 암기하는 방법으로 공부하는 것이 좋은 문제이다.

해설

완강기를 설치할 때 조속기 또는 밧줄이 벽면에 닿지 않게 하기 위해 D 부분에 부착 금속구를 부착한다.

13 단순 암기형 난이도 中

정답 ④

접근 POINT

2세대 이상이라는 조건을 주의해서 답을 골라야 한다.

해설

「피난기구의 화재안전기술기준」상 승강식 피난기 및 하향식 피난구용 내림식 사다리 설치기준
대피실의 면적은 $2m^2$(2세대 이상일 경우에는 $3m^2$) 이상으로 하고, 「건축법 시행령」의 규정에 적합하여야 하며 하강구(개구부) 규격은 직경 60cm 이상일 것

14 단순 암기형 난이도 下

정답 ②

접근 POINT

다수인피난장비 설치기준은 자주 출제되는 문제는 아니므로 기준 전체를 암기하기 보다는 정답을 확인하는 정도로 공부하는 것이 좋다.

해설

다수인피난장비는 화재 시 2인 이상의 피난자가 동시에 해당 층에서 지상 또는 피난층으로 하강하는 피난기구이다.
보관실의 문은 항상 개방되어 있어야 하는 것이 아니라 문에 오작동 방지조치를 하고, 문 개방 시에는 해당 특정소방대상물에 설치된 경보설비와 연동하여 유효한 경보음을 발하도록 해야 한다.

15 단순 암기형 　　　　난이도 下

정답 ②

접근 POINT

기출문제에서는 길이가 1,300mm일 때가 주로 출제되었다.
전체 표를 암기하기에는 시간이 오래 걸리므로 750mm 초과 1,500mm 이하 기준을 우선적으로 암기해야 한다.

해설

「특별피난계단의 계단실 및 부속실 제연설비의 화재안전기술기준」상 풍도의 크기에 따른 강판의 두께 기준

풍도 단면의 긴 변 또는 직경의 크기	강판 두께
450mm 이하	0.5mm
450mm 초과 750mm 이하	0.6mm
750mm 초과 1,500mm 이하	0.8mm
1,500mm 초과 2,250mm 이하	1.0mm
2,250mm 초과	1.2mm

16 단순 암기형 　　　　난이도 下

정답 ②

접근 POINT

풍도의 배출댐퍼를 점검하기 위해서는 어떤 구조로 되어 있어야 하는지 생각해 본다.

해설

풍도의 배출댐퍼는 점검 및 정비가 가능한 이·탈착식 구조로 해야 한다.

관련법규

「특별피난계단의 계단실 및 부속실 제연설비의 화재안전기술기준」상 배출댐퍼 설치기준

• 배출댐퍼는 두께 1.5mm 이상의 강판 또는 이와 동등 이상의 성능이 있는 것으로 설치해야 하며 비내식성 재료의 경우에는 부식방지 조치를 할 것
• 평상시 닫힌 구조로 기밀상태를 유지할 것
• 개폐여부를 당해 장치 및 제어반에서 확인할 수 있는 감지기능을 내장하고 있을 것
• 풍도의 내부마감 상태에 대한 점검 및 댐퍼의 정비가 가능한 이·탈착식 구조로 할 것
• 화재층에 설치된 화재감지기의 동작에 따라 당해층의 댐퍼가 개방될 것

17 단순 암기형 　　　　난이도 下

정답 ④

접근 POINT

형식승인에 나온 기준으로 전체 기준을 암기하기 보다는 출제된 내용 위주로 공부하는 것이 좋다.

해설

① 피난사다리는 2개 이상의 종봉 및 횡봉으로 구성되어야 한다. 다만, 고정식사다리인 경우에는 종봉의 수를 1개로 할 수 있다.

② 피난사다리(종봉이 1개인 고정식사다리는 제외)의 종봉의 간격은 최외각 종봉 사이의 안치수가 30cm 이상이어야 한다.

③ 피난사다리의 횡봉은 지름 14mm 이상 35mm 이하의 원형인 단면이거나 또는 이와 비슷한 손으로 잡을 수 있는 형태의 단면이 있는 것이어야 한다.

18 단순 암기형   난이도 中

▎정답 ①

▎접근 POINT

형식승인에 있는 내용으로 설치기준은 자세히 암기하기 보다는 사다리의 종류 정도만 암기하는 것이 좋다.

▎해설

「피난사다리의 형식승인 및 제품검사의 기술기준」 제2조 용어의 정의

• 피난사다리란 화재시 긴급대피에 사용하는 사다리로서 고정식 · 올림식 및 내림식 사다리를 말한다.

• 고정식사다리는 항시 사용 가능한 상태로 소방대상물에 고정되어 사용하는 사다리(수납식 · 접는식 · 신축식을 포함)를 말한다.

19 단순 암기형   난이도 下

▎정답 ②

▎접근 POINT

형식승인에 있는 내용으로 자주 출제되는 문제는 아니기 때문에 정답 위주로 암기하는 것이 좋다.

▎해설

「피난사다리의 형식승인 및 제품검사의 기술기준」 제6조 내림식사다리의 구조

사용시 소방대상물로부터 10cm 이상의 거리를 유지하기 위한 유효한 돌자를 횡봉의 위치마다 설치하여야 한다. 다만, 그 돌자를 설치하지 아니하여도 사용시 소방대상물에서 10cm 이상의 거리를 유지할 수 있는 것은 그러하지 아니하다.

20 단순 암기형   난이도 下

▎정답 ①

▎접근 POINT

이러한 유형의 문제는 인공소생기와 공기호흡기가 바뀌어서 출제되는 경향이 많다.

인공소생기는 연기를 흡입한 사람에게 산소를 투여할 수 있는 작은 산소통 정도로 생각할 수 있다.

병원의 경우 인공소생기보다 더 좋은 산소 공급장치가 있으므로 설치제외가 가능하다고 볼 수 있다.

▎해설

지하가 중 지하상가는 공기호흡기를 층마다 2개 이상 설치해야 한다.

▎관련법규

「인명구조기구의 화재안전기술기준」상 특정소방대상물의 용도 및 장소별로 설치해야 할 인명구조기구

특정소방대상물	인명구조기구	설치수량
지하층 포함하는 층수가 7층 이상인 관광호텔 및 5층 이상인 병원	방열복 또는 방화복, 공기호흡기, 인공소생기	각 2개 이상(병원은 인공소생기 설치 제외 가능)
수용인원 100명 이상인 영화상영관, 대규모 점포, 지하역사, 지하상가	공기호흡기	층마다 2개 이상
물분무등소화설비 중 이산화탄소 소화설비를 설치해야 하는 특정소방대상물	공기호흡기	이산화탄소 소화설비가 설치된 장소의 출입구 외부 인근에 1개 이상

21 단순 암기형

난이도 下

▎정답 ③

▎접근 POINT

이산화탄소는 소화효과가 크지만 사람도 질식시킬 수 있다는 점을 생각해야 한다.

▎해설

물분무등소화설비 중 이산화탄소 소화설비를 설치해야 하는 특정소방대상물에 공기호흡기를 설치해야 한다.

22 개념 이해형

난이도 下

▎정답 ②

▎접근 POINT

암기 위주로 접근하는 것보다는 인명구조기구의 정의에 맞지 않는 보기를 고르는 것이 좋다. 인명구조기구란 화열, 화염, 유해성 가스 등으로부터 인명을 보호하거나 구조하는데 사용되는 기구를 말한다.

▎해설

① 방열복: 고온의 복사열에 가까이 접근하여 소방활동을 수행할 수 있는 내열피복으로 인명구조기구이다.
② 구조대: 포지 등을 사용하여 자루 형태로 만든 것으로서 화재 시 사용자가 그 내부에 들어가서 내려옴으로써 대피할 수 있는 것으로 피난기구이다.
③ 공기호흡기: 소화활동 시에 화재로 인하여 발생하는 각종 유독가스 중에서 일정시간 사용할 수 있도록 제조된 압축공기식 개인호흡장비로 인명구조기구이다.
④ 인공소생기: 호흡 부전 상태인 사람에게 인공호흡을 시켜 환자를 보호하거나 구급하는 기구로 인명구조기구이다.

23 단순 암기형   난이도 下

▌정답   ③

▌접근 POINT

형식승인 기준이 개정되어 입구틀 및 고정틀의 입구의 지름 기준이 50cm에서 60cm로 개정되었다.

개정된 기준을 확인해야 하는 문제이다.

▌해설

③ 40cm → 60cm

▌관련법규

「구조대의 형식승인 및 제품검사의 기술기준」 제3조 경사강하식 구조대의 구조

- 연속하여 활강할 수 있는 구조로 안전하고 쉽게 사용할 수 있어야 한다.
- 입구틀 및 고정틀의 입구는 지름 60cm 이상의 구체가 통과할 수 있어야 한다.
- 포지는 사용시에 수직 방향으로 현저하게 늘어나지 아니하여야 한다.
- 경사구조대 본체는 강하방향으로 봉합부가 설치되지 않아야 한다.
- 경사구조대 본체의 활강부는 낙하방지를 위해 포를 이중 구조로 하거나 또는 망목의 변의 길이가 8cm 이하인 망을 설치하여야 한다.
- 본체의 포지는 하부지지장치에 인장력이 균등하게 걸리도록 부착하여야 하며 하부지지장치는 쉽게 조작할 수 있어야 한다.
- 손잡이는 출구 부근에 좌우 각 3개 이상 균일한 간격으로 견고하게 부착하여야 한다.

- 경사구조대 본체의 끝부분에는 길이 4m 이상, 지름 4mm 이상의 유도선을 부착하여야 하며, 유도선 끝에는 중량 3N 이상의 모래주머니 등을 설치하여야 한다.

▌유사문제 ①

좀더 간단한 문제로 입구틀 및 고정틀의 입구는 지름 몇 cm 이상의 구체가 통과할 수 있어야 하는지 묻는 문제도 출제되었다.

정답은 60cm이다.

▌유사문제 ②

비슷한 문제인데 오답 보기로 "구조대 본체는 강하방향으로 봉합부가 설치되어야 한다."가 출제된 적이 있다.

"경사구조대 본체는 강하방향으로 봉합부가 설치되지 않아야 한다."는 점을 기억해야 한다.

24 단순 암기형   난이도 下

▌정답   ②

▌접근 POINT

구조대는 사람이 들어가서 대피하는 것으로 어떤 구조로 되어 있어야 안전할지 생각해 본다.

▌해설

포지는 사용시 수직 방향으로 현저하게 늘어나지 않아야 한다.

▌관련법규

「구조대의 형식승인 및 제품검사의 기술기준」 제17조 수직 강하식 구조대의 구조

- 수직 구조대의 포지는 외부포지와 내부포지로 구성하되, 외부포지와 내부포지의 사이에 충분한 공기층을 두어야 한다.
- 입구틀 및 고정틀의 입구는 지름 60cm 이상의 구체가 통과할 수 있는 것이어야 한다.
- 수직 구조대는 연속하여 강하할 수 있는 구조이어야 한다.
- 포지는 사용시 수직 방향으로 현저하게 늘어나지 않아야 한다.
- 포지, 지지틀, 고정틀 그 밖의 부속장치 등은 견고하게 부착되어야 한다.

▌유사문제

거의 같은 문제인데 오답 보기로 "수직 강하식 구조대가 사람의 중량에 의하여 하강속도를 조절할 수 있어야 한다."가 출제된 적 있다.

사람의 중량에 의해 하강속도를 조절하는 것은 수직 강하식 구조대가 아니라 완강기에 대한 설명이다.

대표유형 ❾

소화용수설비

129쪽

01	02	03	04	05	06	07			
①	③	④	④	③	②	③			

01 단순 암기형

난이도 下

▌정답 ①

▌접근 POINT

소화용수설비 관련된 문제 중 가장 단순한 유형의 문제로 수치만 암기하면 된다.

▌해설

「소화수조 및 저수조의 화재안전기술기준」상 소화수조 설치제외 조건

소화용수설비를 설치해야 할 특정소방대상물에 있어서 <u>유수의 양이 $0.8m^3/min$ 이상인 유수를 사용</u>할 수 있는 경우에는 소화수조를 설치하지 않을 수 있다.

02 단순 암기형 난이도 下

∣ 정답 ③

∣ 접근 POINT

손으로 조작하는 장치의 경우 대부분 0.8m 이하 1.5m 이하의 높이에 설치한다.
채수구는 소방차의 소방호스를 연결하는 것이므로 손으로 조작하는 장치보다 약간 낮은 위치에 설치해야 한다.

∣ 해설

「소화수조 및 저수조의 화재안전기술기준」상 채수구 설치기준
채수구는 지면으로부터의 높이가 0.5m 이상 1m 이하의 위치에 설치하고 "채수구"라고 표시한 표지를 한다.

03 복합 계산형 난이도 上

∣ 정답 ④

∣ 접근 POINT

법에 나온 기준면적을 암기해서 풀어야 하는 문제로 필기에서는 난이도가 높은 문제이다.
기준면적으로 나누어서 나온 값을 반올림이 아니라 절상해야 함을 주의해야 한다.
실기에는 이러한 유형의 문제가 많이 출제되므로 필기 때부터 이러한 문제 유형에 익숙해지는 것이 좋다.

∣ 해설

소화수조 또는 저수조의 저수량은 소방대상물의 연면적을 다음 표에 따른 기준면적으로 나누어 얻은 수(소수점 이하의 수는 1로 봄)에 20m^{3}를 곱한 양 이상이 되도록 해야 한다.

소방대상물별 기준면적

소방대상물의 구분	기준면적
1층 및 2층의 바닥면적의 합계가 15,000m^2 이상인 소방대상물	7,500m^2
그 밖의 소방대상물	12,500m^2

$$최소\ 저수량 = \frac{40,000\text{m}^2}{7,500\text{m}^2}(절상) \times 20\text{m}^3$$

$$= 6 \times 20\text{m}^3 = 120\text{m}^3$$

04 단순 암기형 난이도 下

∣ 정답 ④

∣ 접근 POINT

소화용수설비 유형 중 자주 출제되는 문제이다.
기출문제는 대부분 해설에 나온 설치기준에서 수치가 변동되어 출제되므로 수치 기준을 정확하게 암기해야 한다.

∣ 해설

④ 0.1MPa 이상 → 0.15MPa 이상

▌관련법규

「소화수조 및 저수조의 화재안전기술기준」상 소화수조 등, 가압송수장치의 설치기준

(1) 소화수조 등의 설치기준

- 소화수조 및 저수조의 채수구 또는 흡수관투입구는 소방차가 2m 이내의 지점까지 접근할 수 있는 위치에 설치해야 한다.
- 지하에 설치하는 소화용수설비의 흡수관투입구는 그 한변이 0.6m 이상이거나 직경이 0.6m 이상인 것으로 한다.
- 채수구는 지면으로부터의 높이가 0.5m 이상 1m 이하의 위치에 설치하고 "채수구"라고 표시한 표지를 한다.

(2) 가압송수장치의 설치기준

- 소화수조 또는 저수조가 지표면으로부터의 깊이가 4.5m 이상인 지하에 있는 경우에는 가압송수장치를 설치해야 한다.
- 소화수조가 옥상 또는 옥탑의 부분에 설치된 경우에는 지상에 설치된 채수구에서의 압력이 0.15MPa 이상이 되도록 해야 한다.

▌유사문제

소화용수설비의 소화수조가 옥상 또는 옥탑의 부분에 설치된 경우 지상에 설치된 채수구에서의 압력은 얼마 이상이어야 하는지 묻는 문제도 출제되었다.
정답은 0.15MPa 이상이다.

05 단순 암기형 난이도 下

▌정답 ③

▌접근 POINT

상수도소화용수설비 관련 문제 중 자주 출제되면서도 간단한 문제로 반드시 맞혀야 하는 문제이다.

▌해설

「상수도소화용수설비의 화재안전기술기준」상 상수도소화용수설비의 설치기준

- 호칭지름 75mm 이상의 수도배관에 호칭지름 100mm 이상의 소화전을 접속할 것
- 소화전은 소방자동차 등의 진입이 쉬운 도로변 또는 공지에 설치할 것
- 소화전은 특정소방대상물의 수평투영면의 각 부분으로부터 140m 이하가 되도록 설치할 것

06 단순 암기형 난이도 下

▌정답 ②

▌접근 POINT

자주 출제되는 문제로 수도배관과 소화전의 호칭지름이 다른 것을 주의해야 한다.

▌해설

상수도 소화용수설비는 호칭지름 75mm 이상의 수도배관에 호칭지름 100mm 이상의 소화전을 접속해야 한다.

07 단순 암기형

정답 ③

접근 POINT

화재안전기술기준에는 나오지 않고 소방시설법 시행령에 있는 내용이다.
관련 수치에 괄호 넣기 형태로 주로 출제되므로 관련 수치를 정확하게 암기해야 한다.

해설

「소방시설법 시행령」 별표4 소화용수설비
상수도소화용수설비를 설치해야 하는 특정소방대상물은 다음 각 목의 어느 하나에 해당하는 것으로 한다. 다만, 상수도소화용수설비를 설치해야 하는 특정소방대상물의 <u>대지 경계선으로부터 180m 이내에 지름 75mm 이상인 상수도용 배수관이 설치되지 않은 지역</u>의 경우에는 화재안전기준에 따른 소화수조 또는 저수조를 설치해야 한다.

대표유형 ⑩

소화활동설비　　132쪽

01	02	03	04	05	06	07	08	09	10
③	②	③	①	③	①	②	③	④	②
11	12	13	14	15	16	17	18	19	20
④	④	①	②	④	③	①	②	③	①
21	22								
①	①								

01 단순 암기형

난이도 下

정답 ③

접근 POINT

제연구역이란 연기가 퍼져나가는 것이 구분될 수 있는 벽이나 제연경계벽에 의해 구분된 건물 내의 공간이다.
이러한 제연구역이 여러 층에 걸쳐서 있을 수 있는지 생각해 본다.

해설

「제연설비의 화재안전기술기준」상 제연설비 설치장소의 제연구역 구획기준
- 하나의 제연구역의 면적은 $1,000m^2$ 이내로 할 것
- 거실과 통로(복도 포함)는 각각 제연구획 할 것
- 통로상의 제연구역은 보행중심선의 길이가 60m를 초과하지 않을 것
- 하나의 제연구역은 직경 60m 원 내에 들어갈 수 있을 것

372 SUBJECT 02 소방기계시설의 구조 및 원리

• 하나의 제연구역은 2 이상의 층에 미치지 않도록 할 것

유사문제

제연설비에서 통로상의 제연구역은 최대 얼마까지로 할 수 있는지 묻는 문제도 출제되었다. 정답은 보행중심선의 길이가 60m를 초과하지 않는 것이다.

02 단순 암기형   난이도 下

정답 ②

접근 POINT

하나의 제연구역의 면적 기준과 원 내에 들어갈 수 있는 기준을 구분할 수 있어야 한다.

해설

하나의 제연구역의 면적은 $1,000m^2$ 이내로 해야 한다.

03 단순 암기형   난이도 下

정답 ③

접근 POINT

제연설비에서 풍도와 관련된 문제는 대부분 풍속 기준이 출제되므로 풍속 기준은 정확하게 암기해야 한다.

해설

배출기의 흡입측 풍도 안의 풍속은 15m/s 이하로 한다.

04 단순 암기형   난이도 下

정답 ①

접근 POINT

제연설비 관련 문제 중에서 자주 출제되면서도 간단한 문제로 다음과 같이 그림으로 관련 수치를 암기하는 것이 좋다.

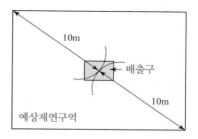

용어 CHECK

예상제연구역: 화재 시 연기의 제어가 요구되는 제연구역

해설

예상제연구역의 각 부분으로부터 하나의 배출구까지의 수평거리는 10m 이내가 되도록 해야 한다.

05 단순 암기형   난이도 下

정답 ③

접근 POINT

문제에 제시된 "바닥면적 $400m^2$ 미만"이라는 조건을 기억하고 답을 골라야 한다.

「제연설비의 화재안전기술기준」상 공기유입구의 설치기준

(1) 바닥면적 400m² 미만의 거실: 공기유입구와 배출구 간의 직선거리는 5m 이상 또는 구획된 실의 장변의 2분의 1 이상

(2) 바닥면적 400m² 이상의 거실: 바닥으로부터 1.5m 이하의 높이에 설치하고 그 주변은 공기의 유입에 장애가 없도록 할 것

06 단순 암기형 　　　　　난이도 下

| 정답　①

| 접근 POINT

자주 출제되는 문제는 아니므로 정답을 확인하는 정도로 공부하는 것이 좋다.

| 해설

「제연설비의 화재안전기술기준」상 바닥면적이 400m² 미만인 예상제연구역에 대한 배출구의 설치위치에 관한 기준

• 예상제연구역이 벽으로 구획되어 있는 경우의 배출구는 천장 또는 반자와 바닥 사이의 중간 윗부분에 설치할 것
• 예상제연구역 중 어느 한 부분이 제연경계로 구획되어 있는 경우에는 천장·반자 또는 이에 가까운 벽의 부분에 설치할 것

07 단순 암기형 　　　　　난이도 下

| 정답　②

| 접근 POINT

응용되어 출제되지는 않는 문제로 기준에 나온 수치를 정확하게 암기해야 한다.

| 해설

「제연설비의 화재안전기술기준」상 거실의 바닥면적이 400m² 미만인 경우 배출량 기준

바닥면적 1m²당 1m³/min 이상으로 하되, 예상제연구역에 대한 최소 배출량은 5,000m³/hr 이상으로 할 것

08 단순 암기형 　　　　　난이도 下

| 정답　③

| 접근 POINT

기준에 명확하게 명시되지는 않은 내용으로 기출문제에 출제된 보기 위주로 공부하는 것이 좋다.

| 해설

기계제연방식의 구분

구분	내용
제1종 기계제연방식	송풍기+제연기(배출기)
제2종 기계제연방식	송풍기
제3종 기계제연방식	제연기(배출기)

제3종 기계제연방식의 경우 화재 초기에 화재실의 내압을 낮추고 연기를 다른 구역으로 누출시키지 않으나 연기 온도가 상승하면 기기의 내열성에 한계가 있다.

유사문제

화재 시 배출기만 작동하여 연기를 배출시키며 송풍기는 설치하지 않고 연기를 배출시킬 수 있으나 연기량이 많으면 배출이 완전하지 못한 설비로 화재 초기에 유리한 기계 제연방식을 묻는 문제도 출제되었다.
정답은 배출기만 사용하는 제3종 기계제연방식이다.

09 단순 암기형 　난이도 下

정답 ④

접근 POINT

차압과 관련된 문제는 자주 출제되는데 대부분 수치와 관련된 문제가 출제되므로 수치와 관련된 기준은 정확하게 암기해야 한다.

해설

① 150N 이하 → 110N 이하
② 40Pa 이상 → 12.5Pa 이상
③ 3Pa 이하 → 5Pa 이하

관련법규

「특별피난계단의 계단실 및 부속실 제연설비의 화재안전기술기준」상 차압 등에 관한 기준
• 제연구역과 옥내와의 사이에 유지해야 하는 최소차압은 40Pa(옥내에 스프링클러설비가 설치된 경우에는 12.5Pa) 이상으로 해야 한다.
• 제연설비가 가동되었을 경우 출입문의 개방에 필요한 힘은 110N 이하로 해야 한다.
• 출입문이 일시적으로 개방되는 경우 개방되지 않은 제연구역과 옥내와의 차압은 기준에 따른 차압의 70% 이상이어야 한다.
• 계단실과 부속실을 동시에 제연하는 경우 부속실의 기압은 계단실과 같게 하거나 계단실의 기압보다 낮게 할 경우에는 부속실과 계단실의 압력 차이는 5Pa 이하가 되도록 해야 한다.

10 단순 암기형 　난이도 下

정답 ②

접근 POINT

차압과 관련된 문제는 대부분 수치 기준이 잘못된 보기를 찾는 형태로 출제되므로 수치 기준을 정확하게 암기해야 한다.

해설

① 130N 이하 → 110N 이하
③ 60% 미만 → 70% 미만
④ 10Pa 이하 → 5Pa 이하

11 단순 암기형   난이도 下

정답 ④

접근 POINT

차압과 관련된 문제 대부분 수치와 관련된 부분이 출제되므로 수치 부분은 정확하게 암기해야 한다.

해설

제연설비가 가동되었을 경우 출입문의 개방에 필요한 힘은 110N 이하로 해야 한다.

12 단순 암기형   난이도 中

정답 ④

접근 POINT

다소 생소한 보기가 출제되었으나 모두 화재안전기술기준에 있는 내용으로 모든 기준을 암기하기 보다는 출제된 내용 위주로 공부하는 것이 좋다.

해설

제연구역의 출입문 및 복도와 거실(옥내가 복도와 거실로 되어 있는 경우에 한함) 사이의 출입문마다 제연설비가 작동하고 있지 아니한 상태에서 그 폐쇄력을 측정해야 한다.

제연설비가 가동되었을 경우 출입문의 개방에 필요한 힘은 110N 이하로 해야 하고, 폐쇄력은 제연설비가 가동되지 않은 상태에서 문이 닫혀 있는 힘을 측정하는 것임을 구분해야 한다.

13 단순 암기형   난이도 下

정답 ①

접근 POINT

기준상에는 방연풍속이 3가지 분류로 되어 있는데 계단실 및 부속실을 동시에 제연하는 것과 관련된 기준이 자주 출제된다.

용어 CHECK

방연풍속: 옥내로부터 제연구역 내로 연기의 유입을 유효하게 방지할 수 있는 풍속

해설

「특별피난계단의 계단실 및 부속실 제연설비의 화재안전기술기준」상 방연풍속 기준

제연구역		방연풍속
계단실 및 부속실 동시 제연 또는 계단실만 단독으로 제연		0.5m/s 이상
부속실만 단독 제연	부속실 또는 승강장이 면하는 옥내가 거실인 경우	0.7m/s 이상
	부속실이 면하는 옥내가 복도로서 그 구조가 방화구조인 것	0.5m/s 이상

14 단순 암기형   난이도 下

정답 ②

접근 POINT

수치 기준을 괄호 넣기 형태로 묻는 문제로 대부분 출제된다.

ㅣ해설

「연결송수관설비의 화재안전기술기준」상 방수구를 설치하지 않을 수 있는 기준

송수구가 부설된 옥내소화전을 설치한 특정소방대상물(집회장·관람장·백화점·도매시장·소매시장·판매시설·공장·창고시설 또는 지하가는 제외)로서 다음의 어느 하나에 해당하는 층
- 지하층을 제외한 층수가 4층 이하이고 연면적의 6,000m² 미만인 특정소방대상물의 지상층
- 지하층의 층수가 2 이하인 특정소방대상물의 지하층

15 단순 암기형 　　난이도 下

ㅣ정답 ④

ㅣ접근 POINT

높이 기준과 층수 기준 중 하나라도 기준에 해당되면 연결송수관설비의 배관을 습식으로 해야 한다.

ㅣ해설

층수 기준으로는 11층 이상이어야 배관을 습식으로 하는데 ①~④번 모두 해당되지 않는다.
지면으로부터 높이가 31m 이상인 경우 배관을 습식으로 해야 하기 때문에 ④번이 답이 된다.

ㅣ관련법규

「연결송수관설비의 화재안전기술기준」상 배관의 설치기준
- 주배관의 구경은 100mm 이상의 것으로 할 것. 다만, 주배관의 구경이 100mm 이상인 옥내소화전설비의 배관과는 겸용할 수 있다.

- 지면으로부터의 높이가 31m 이상인 특정소방대상물 또는 지상 11층 이상인 특정소방대상물에 있어서는 습식설비로 할 것

ㅣ유사문제

좀더 간단한 문제로 연결송수관설비에서 습식설비로 해야 하는 건축물의 높이 기준을 묻는 문제도 출제되었다.
정답은 높이가 31m 이상인 것이다.

16 단순 암기형 　　난이도 中

ㅣ정답 ③

ㅣ접근 POINT

자주 출제되지는 않으므로 정답을 확인하는 정도로 공부하는 것이 좋다.

ㅣ해설

「연결송수관설비의 화재안전기술기준」상 호스와 방사형 관창 설치기준

방수기구함에는 길이 15m의 호스와 방사형 관창을 다음의 기준에 따라 비치할 것
- 호스는 방수구에 연결하였을 때 그 방수구가 담당하는 구역의 각 부분에 유효하게 물이 뿌려질 수 있는 개수 이상을 비치할 것. 이 경우 쌍구형 방수구는 단구형 방수구의 2배 이상의 개수를 설치해야 한다.
- 방사형 관창은 단구형 방수구의 경우에는 1개, 쌍구형 방수구의 경우에는 2개 이상 비치할 것

17 단순 암기형　　　난이도 中

▌정답　①

▌접근 POINT
자주 출제되지는 않으므로 전체 기준을 암기하기 보다는 출제된 보기 위주로 공부하는 것이 좋다.

▌해설
방수기구함은 피난층과 가장 가까운 층을 기준으로 3개층마다 설치하되, 그 층의 방수구마다 보행거리 5m 이내에 설치한다.

18 단순 암기형　　　난이도 下

▌정답　②

▌접근 POINT
지하구의 연소방지설비 전용 헤드 수별 급수관의 구경 기준과 같고, 자주 출제되는 문제이므로 아래 표의 수치는 암기해야 한다.

▌해설
「연결살수설비의 화재안전기술기준」상 연결살수설비 전용헤드 수별 급수관의 구경

하나의 배관에 부착하는 연소방지설비 전용헤드의 개수	배관의 구경
1개	32mm
2개	40mm
3개	50mm
4개 또는 5개	65mm
6개 이상 10개 이하	80mm

▌유사문제
살수헤드의 개수가 7개인 경우 배관의 구경을 묻는 문제도 출제되었다.
정답은 6개 이상 10개 이하에 해당되는 80mm 이다.

19 단순 암기형　　　난이도 下

▌정답　③

▌접근 POINT
자주 출제되는 문제는 아니므로 전체 기준을 보기보다는 출제된 보기 위주로 공부하는 것이 좋다.

▌해설
① 개방형 헤드를 사용하는 연결살수설비의 수평주행배관은 헤드를 향하여 상향으로 100분의 1 이상의 기울기로 설치하고 주배관 중 낮은 부분에는 자동배수밸브를 설치해야 한다.
② 가지배관 또는 교차배관을 설치하는 경우에는 가지배관의 배열은 토너먼트(Tournament)방식이 아니어야 한다.
④ 가지배관은 교차배관 또는 주배관에서 분기되는 지점을 기점으로 한쪽 가지배관에 설치되는 헤드의 개수는 8개 이하로 해야 한다.

20 단순 암기형 난이도 下

정답 ①

접근 POINT

연결살수설비 관련 문제 중 자주 출제되면서도 간단한 문제로 반드시 맞혀야 하는 문제이다.

해설

「연결살수설비의 화재안전기술기준」상 연결살수설비의 헤드 설치기준

천장 또는 반자의 각 부분으로부터 하나의 살수헤드까지의 수평거리 기준은 다음과 같다.

• 연결살수설비 전용헤드: 3.7m 이하
• 스프링클러헤드: 2.3m 이하
• 살수헤드의 부착면과 바닥과의 높이가 2.1m 이하인 부분은 살수헤드의 살수분포에 따른 거리로 할 수 있다.

21 단순 암기형 난이도 下

정답 ①

접근 POINT

자주 출제되는 문제는 아니므로 정답을 확인하는 정도로 공부하는 것이 좋다.

해설

「연결살수설비의 화재안전기술기준」상 폐쇄형 헤드를 사용하는 연결살수설비의 배관 설치기준

주배관은 다음의 어느 하나에 해당하는 배관 또는 수조에 접속해야 한다. 이 경우 접속 부분에는 체크밸브를 설치하되 점검하기 쉽게 해야

한다.
• 옥내소화전설비의 주배관
• 수도배관
• 옥상에 설치된 수조

22 단순 암기형 난이도 下

정답 ①

접근 POINT

스프링클러설비의 교차배관에서 분기되는 지점을 기점으로 한쪽 가지배관에 설치되는 헤드의 개수는 8개 이하로 하는 것과 구분할 수 있어야 한다.

해설

「연결살수설비의 화재안전기술기준」상 살수헤드 설치기준

개방형헤드를 사용하는 연결살수설비에 있어서 하나의 송수구역에 설치하는 살수헤드의 수는 10개 이하가 되도록 해야 한다.

대표유형 ⑪

지하구의 화재안전기술기준 138쪽

01	02	03	04						
①	③	③	②						

01 단순 암기형   난이도 下

정답 ①

접근 POINT

연소방지설비 전용 헤드 기준과 스프링클러헤드를 구분하여 수치 기준을 암기해야 한다.

해설

방수헤드 간의 수평거리는 연소방지설비 전용 헤드의 경우에는 2m 이하, 개방형스프링클러헤드의 경우에는 1.5m 이하로 할 것

02 단순 암기형   난이도 下

정답 ③

접근 POINT

「지하구의 화재안전기술기준」과 관련된 문제 중에서는 자주 출제되는 문제로 관련 수치가 변형되어 출제되는 경향이 많다.

해설

① 1.5m 이하 → 2m 이하
② 2m 이하 → 1.5m 이하
④ 2m 이상 → 3m 이상

유사문제

좀더 간단한 문제로 연소방지설비 방수헤드의 설치기준 중 살수구역은 환기구 등을 기준으로 지하구의 길이 방향으로 몇 m 이내마다 1개 이상 설치해야 하는지 묻는 문제도 설치되었다. 정답은 700m이다.

03 단순 암기형 난이도 下

정답 ③

접근 POINT

「연결살수설비의 화재안전기술기준」에 있는 연소방지설비 전용 헤드 수별 급수관의 구경 기준과 수치가 같으므로 함께 암기하면 좋다.

해설

「지하구의 화재안전기술기준」상 연소방지설비 전용 헤드 수별 급수관의 구경

하나의 배관에 부착하는 연소방지설비 전용헤드의 개수	배관의 구경
1개	32mm
2개	40mm
3개	50mm
4개 또는 5개	65mm
6개 이상	80mm

04 단순 암기형 난이도 下

정답 ②

접근 POINT

자주 출제되는 문제는 아니므로 정답을 확인하는 정도로 공부하는 것이 좋다.

해설

②번은 「지하구의 화재안전기술기준」에 통합감시시설의 설치기준에 포함되어 있지 않다.

관련법규

「지하구의 화재안전기술기준」상 통합감시시설의 설치기준

- 소방관서와 지하구의 통제실 간에 화재 등 소방활동과 관련된 정보를 상시 교환할 수 있는 정보통신망을 구축할 것
- 정보통신망(무선통신망 포함)은 광케이블 또는 이와 유사한 성능을 가진 선로일 것
- 수신기는 지하구의 통제실에 설치하되 화재신호, 경보, 발화지점 등 수신기에 표시되는 정보가 기준에 적합한 방식으로 119상황실이 있는 관할 소방관서의 정보통신장치에 표시되도록 할 것